U0227292

栎类害虫及防控技术

主 编 薛照宇 王 捷 董建军 孙新杰

黄河水利出版社
·郑 州·

图书在版编目(CIP)数据

栎类害虫及防控技术/薛照宇等主编. —郑州:黄河水利
出版社,2019.7

ISBN 978 – 7 – 5509 – 2333 – 1

Ⅰ.①栎… Ⅱ.①薛… Ⅲ.①栎属 – 植物害虫 – 防治
Ⅳ.①S436.8

中国版本图书馆 CIP 数据核字(2019)第 070191 号

组稿编辑:李洪良   电话:0371 – 66026352   E-mail:hongliang0013@163.com

出 版 社:黄河水利出版社   网址:www.yrcp.com
          地址:河南省郑州市顺河路黄委会综合楼 14 层   邮政编码:450003
发行单位:黄河水利出版社
          发行部电话:0371 – 66026940、66020550、66028024、66022620(传真)
          E-mail:hhslcbs@126.com
承印单位:虎彩印艺股份有限公司
开本:787 mm × 1 092 mm   1/16
印张:19.25
字数:515 千字   印数:1—1 000
版次:2019 年 7 月第 1 版   印次:2019 年 7 月第 1 次印刷

定价:180.00 元

《栎类害虫及防控技术》
编 委 会

主　　编	薛照宇	王　捷	董建军	孙新杰	
副 主 编	范培林	候　波	杨　君	刘　瑜	薛　丹
	李俊红	丁修强	丛海江	刘　聪	李　昌
	申军伟	王　焱	刘　兴		
执行主编	孙新杰				

编　　者　（按姓氏笔画排序）

马晓茹	王万强	王亚苏	王志敏	王新建
王　峥	王彦芳	王雪峰	王　蕊	王德清
付　豪	刘全德	刘　坦	刘朝侠	吕　辉
陈天武	陈明会	张　冰	张　驰	张　丽
张　政	张晓辰	张清浩	张晚霞	张　鹏
李振晓	李　博	李　翔	杨艳梅	郑小亮
岳建顺	金爱侠	周海青	庞　彬	范彬钊
胡　阳	赵改定	赵艳丽	段淑娟	党　英
宰文强	黄小朴	梁林丽	裴志涛	潘　孟　等

其他参与野外调查人员

徐康同	王东升	张雪杰	刘　勋	王庆合
曹　苗	雷政平	王国锋	邹　波	王梅林
范付红	刘　卓	史俊喜	梁　潭	杨　贺
王珊珊	庞雪娜	吴保红	毕学伟	

作者简介

薛照宇,女,汉族,1973年生,南阳市森林病虫害防治检疫站高级工程师,市学术技术带头人,国家森防网络医院专家、市森防技术服务专家。1996年毕业于华中农业大学,主要从事森林病虫害监测防治研究工作。已获得发明专利2项,市政府科技成果奖10多项;发表优秀论文20多篇;参与重大科研项目20多项。

王捷,女,汉族,1971年生,镇平县森林病虫害防治检疫站高级工程师,毕业于华中农业大学,主要从事森林病虫害监测防治研究工作。获得实用新型专利2项,市政府科技成果奖1项;发表优秀论文5篇;参与重大科研项目10多项。

董建军,男,汉族,1968年生,南阳市白河国家湿地公园管理处副主任、高级工程师,市学术技术带头人,省市林业技术服务专家。1991年毕业于河南农业大学,主要从事林木栽培和湿地保护管理工作。先后获得省、市科技成果奖10多项;发表优秀论文10多篇;参与重大科研项目20多项。

孙新杰,男,汉族,1968年生,南阳市森林病虫害防治检疫站教授级高级工程师,市学术技术带头人、科技拔尖人才,国家森防网络医院专家、省市森防技术服务专家。1991年毕业于河南农业大学,主要从事林果栽培和病虫害监测防治研究工作。已获得发明专利5项,省、市科技成果奖20多项;发表优秀论文100多篇;参与重大科研项目50多项。

前　言

在社会飞速发展的今天,林业已成为一种改善生存环境、提高人类生活质量的重要产业。近年来,各级政府加大投入,组织了退耕还林、天然林保护、次生林改造和人工造林,森林覆盖率、蓄积量大幅增加。其中,栎类以其适应性强、生长繁殖快、生态经济价值高,为社会广泛接受,成为生态保护和园林绿化的重要树种。我国栎类总面积 1 672 万 hm²,其中天然的有 1 610 万 hm²,是杨树总面积的 170%、杉木总面积的 153%、桉树总面积的 375%,河南南阳市有栎类面积 54.67 万 hm²,占全市有林地面积的近 50%。但是由于树种单一、纯林面积大,重造轻管,加之气候异常,监测手段更新速度慢、防治技术落后,投入不足,以栎尺蛾、栎旋木柄天牛等为主的栎类食叶、蛀干害虫连年大面积暴发,造成巨大的社会生态、经济损失。

为全面掌控栎类害虫,尤其是主要栎类害虫的发生危害特性和监测防治技术,近 20 年来,南阳及周边地市多位林业森防工作者,不辞辛苦,不断地开展观察试验研究。本书系统总结了 20 多年来栎类害虫普查、观察试验研究实践成果,立足南阳南北过渡兼具的气候特点,同时查阅大量相关文献,选录吸收最新的科学研究成果,编写了《栎类害虫及防控技术》一书。本书主要分三篇,系统地总结了栎类主要害虫的监测预报方法、防治技术措施,介绍了常见栎类害虫的形态特征、生物学特性、发生危害规律和防治技术方法。其中首次系统提出了栓皮栎波尺蛾的世代发育历期、生命表和防治指标,是一部林业有害生物防控技术重要论著,有较高的学术应用价值。本书图文并茂,内容详细全面,理论联系实际,可供广大林业生产、科研、教学人员以及各级政府制定林业生产政策参考使用。本书是林业生产活动实用性很强的技术指导参考书。

本书由河南省南阳市林渊林果技术服务中心和南阳市森防站主编,有关林业、森防、园林等部门技术人员参与编写。另外,在前期的试验研究以及编著本书过程中,得到了有关林业企业的大力支持,同时也收录了部分院校、科研单位和作者的最新研究成果,在此一并致谢。

由于编者业务水平有限,书中疏漏和不妥之处在所难免,敬请广大读者指正,以便完善和提高。

编　者
2019 年 4 月

目　录

第一篇 栎类主要害虫监测预报方法

栎类害虫的发生现状及防控对策

南阳市有栎类总面积 54.67 万 hm^2,是山区绿化、森林旅游、林副产品加工和森林生态保护的重要树种。多年来,由于栎类栽植树种单一,重造轻管,防治技术相对滞后,以栓皮栎尺蛾、波尺蛾为主的食叶害虫,以栎旋木柄天牛、木蠹蛾、蚧壳虫、象甲和蝉类为主的根、枝干、果实害虫发生危害严重,每年发生危害面积可达 8.5 万 hm^2,严重影响栎类生长和森林生态保护功能。近 10 多年来,三次大规模组织调查人员,对栎类各种害虫的发生种类、面积、危害现状进行了全面调查,并借鉴周围其他地市栎类害虫的发生危害防治情况,在总结各类主要害虫监测预报、防治试验研究的基础上,分类提出了各类害虫的主要监测预报和有效防治技术措施。

1 栎类害虫的种类

河南省伏牛山区有栎类害虫 200 多种,危害严重的有:栓皮栎尺蠖 Erannis dira Butler、栓皮栎波尺蠖 Larerannis filipjevi Wehrli、栎掌舟蛾 Phalera assimilis Bremer et Grey、栎黄枯叶蛾 Trabala vishnou gigantina Yang、舞毒蛾 Lymantria dispar Linnaeus、栎粉舟蛾 Fentonia ocypete Bremer、栎叶瘿蜂 Diplolepis agama Hart、大袋蛾 Cryptothelea variegata Snellen、桃小食心虫 Carposina niponensis Walsingham、桃蛀螟 Dichocrocis punctiferalis Guenee、咖啡木蠹蛾 Zeuzera coffeae Neitner、栗实象甲 Curculio davidi Fairmaire、剪枝象甲 Cyllorhynchites ursulus(Roelofs)、云斑天牛 Batocera horsfieldi Hope、栎旋木柄天牛 Aphrodisium sauteri(Matsushita)、铜绿丽金龟 Anomala corpulenta Motschulsky、栗叶瘿螨 Eriophyes castanis Lu、桃蚜 Myzuspersicae(Sulzer)、日本龟蜡蚧 Ceroplastes japonicus Creen、桑盾蚧 Pseudaulacaspis pentagona Targioni - Tozzetti 等。

2 栎类害虫的发生、危害现状

2.1 常发性害虫发生面积居高不下

20 世纪 90 年代以来,以栓皮栎尺蠖、栎粉舟蛾、栎掌舟蛾、舞毒蛾、栎叶瘿蜂为主的栎类食叶害虫和以云斑天牛、栎旋木柄天牛、栗实象甲、剪枝象甲、咖啡木蠹蛾为主的果实、枝干害虫,连续多年大面积发生(见图 1)。1995~2000 年每年发生面积 3 万 hm^2,2001~2010 年每年发生面积 5.0 万 hm^2,2010 年以来每年发生面积 6.5 万 hm^2,涉及河南省西峡、淅川、内乡、南召、方城、桐柏等大部分山区,每年造成的直接经济损失上亿元,对森林旅游、生态环境造成的损失更加难以估量。近年来,虽然在部分地区开展了综合治理,遏制了害虫扩散蔓延的势头,但随着山区造林、退耕还林和封山育林,栎类人工纯林面积的迅速扩大,相当部分区域栎树林分抗逆性降低,害虫发生面积居高不下,且有增加趋势。

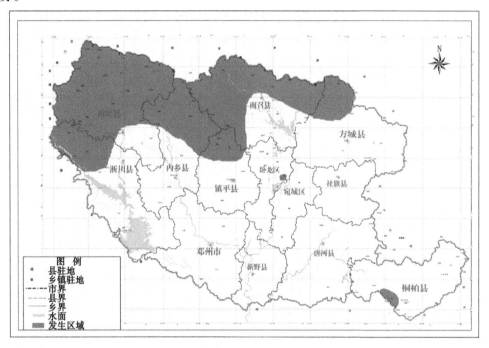

图1　南阳市栎树食叶害虫发生分布图

2.2　区域性害虫不断扩散蔓延

栎粉舟蛾20世纪90年代以前主要在西峡县的寺山、黑烟镇林区发生,现在发生区域扩散到西峡、淅川、内乡等县的大部分林区;栓皮栎尺蠖原来主要发生在西峡、淅川、南召等县的几个林场,现已扩散到伏牛山南侧整个区域;栎掌舟蛾原来发生在内乡县与西峡县交界处林地,现已扩散到内乡、西峡等县的大部分林区。栎旋木柄天牛、云斑天牛原来主要发生在西峡县几个林场,但近10年来已扩散到西峡、淅川、内乡、南召等县的大部分栎类林区;栗实象甲、日本龟蜡蚧原来主要发生在西峡、淅川县几个林场,但近年来也已扩散到西峡、淅川、内乡、南召、方城等县的大部分栎类林区。

2.3　偶发性害虫不断出现

近十多年来,栓皮栎尺蠖、栎黄枯叶蛾、栎叶瘿蜂、栎黄二星舟蛾、栎旋木柄天牛、栎云斑天牛、日本龟蜡蚧、桑盾蚧这几种害虫在南阳西峡县寺山森林公园、黑烟镇林场、淅川上寺林场、内乡宝曼自然保护区、独山森林公园等主要景区,每隔几年都要突然暴发一次,来势凶猛,造成很大的危害。

3　害虫发生、危害严重的主要原因

3.1　气候异常

近年来气候异常,连续几年出现了大范围暖冬暖春多雨水现象,提高了害虫的存活和繁殖率。

3.2 栎树纯林面积大,管理粗放

由于栎类自然萌发率高、栽植成本低、成活率高、生长迅速、加工林副产品价值大等特点,已成为南阳市山区绿化、生态保护和发展经济的主栽树种,每年人工造林面积都在3.0万 hm² 以上,且大多数为纯林,并且大多数地方重造轻管,乱砍乱伐现象严重,导致林分抗逆性差,极易感染病虫害,为病虫害的发生及扩散创造了适宜的条件。

3.3 防治面积较小

该区域栎类害虫每年中度以上发生面积都在3.0万 hm² 以上,由于林地条件差、资金缺少、重视程度不够等原因,每年防治面积多在1.2万 hm² 左右,控灾效果达不到预期目的。

3.4 滥用化学农药

多年来,防治虫害相当部分还用高毒高残留化学农药,在杀死害虫的同时,大量杀死害虫天敌,生态平衡失调,林分自控能力下降。

3.5 防治机械手段落后

发生栎类害虫的大部分地方,由于资金缺少和重视程度不够,严重缺少性能好、机动性强的防治器械和先进的防治技术,只能用现有常规的方法,加之林地条件差,防治效率较低。

4 治理对策

实施以营林为基础的综合治理。

4.1 营林措施

引进先进技术和人才,大力培育栎类抗虫树种,营造松栎、栎桐、栎柏等点状、带状、块状类型的混交林,对纯林实施间伐和更新改造,保护利用天敌,提高林分抵御自然灾害的能力。

4.2 常发性害虫防治

在经常发生栎类害虫的区域,采用以人工和生物防治为主,控制害虫的发生危害。利用频振式诱虫灯,诱杀成虫;在林地条件合适的林区,采用飞机喷洒生物仿生制剂(如 BT、病毒、杆菌、灭幼脲、甲威盐、绿化威雷、噻虫啉等)进行防治;利用高射程喷雾机喷洒阿维菌素灭幼脲混配剂、噻虫啉乳剂或采用喷雾喷粉机,喷洒绿得宝 BT 粉剂进行叶面、干部防治。

4.3 区域性害虫防治

实施以人工生物防治为主,辅以释放烟剂、叶面喷洒药剂、干部喷洒药剂方式的化学防治方法,迅速降低虫口,控制害虫的扩散蔓延。

4.4 偶发性害虫防治

对突然暴发栎类害虫的相对较小区域,要以化学防治方法为主,准确预测害虫的暴发期,迅速利用烟雾剂、高效化学药剂实施重点人工防治,迅速遏制害虫造成的危害。

4.5 加强宣传,提高认识

栎类害虫防治工作是巩固荒山绿化成果,提高林木经济价值,保证森林资源安全,保护改善生态旅游环境,提高山区人民生活质量的重要措施。各级要把宣传工作放在首位,加强对栎类灾害严重危害性与防治重要性的宣传,使各级领导重视林业生态建设,把栎类害虫防治工作纳入林业生产的全过程,相互协调。同时加大对法律及其配套法规的宣传,逐步增强各级政府和广大群众依法防治的自觉性。

4.6 加大投入,保证防治经费

要认真贯彻"谁受益,谁防治"的原则,加大政府对生态公益林有害生物防治的投入,保证各项防治资金足额到位。

4.7 提高害虫监测水平,为防治决策提供科学依据

加强害虫监测预报水平研究,逐步提高病虫害预测预报水平,为领导决策提供依据,实施科学防治。

栎类主要蛀干害虫监测预报方法

本方法中的"栎类主要蛀干害虫"是特指严重危害栓皮栎、麻栎和槲栎等的栎旋木柄天牛(Aphrodisium sauteri Matsushita)和云斑天牛(Batocera horsfieldi Hope),见图1～图7。栎旋木柄天牛主要发生在河南省的伏牛山、陕西省的秦岭林区。云斑天牛在全国各地均有分布。

图1 栎旋木柄天牛幼虫

图2 栎旋木柄天牛成虫

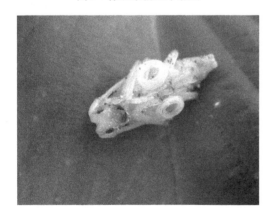

图3 栎旋木柄天牛蛹

图4 云斑天牛卵

图 5　云斑天牛幼虫

图 6　云斑天牛蛹

图 7　云斑天牛成虫

1　虫情监测

在栎类主要蛀干害虫未发生区或其发生区周围,每年分两次,4～5 月幼虫开始活动后和 9～10 月越冬前,采取踏查和设置临时标准地的方法进行虫情调查和监测。

1.1　踏查

栎类主要生长在山区、半山区,根据各地森林资源分布图,选好踏查路线,主要沿道路、林网、林班线、山脊线、山谷线等,每 500 株左右树 1 株样株的比例,用肉眼或望远镜,仔细观察是否有风折木,天牛幼虫排出的木屑、虫粪,或成虫羽化孔,将调查结果填入附表 1。

1.2　标准地调查

在已发生区,设立适当数量的固定标准地或临时标准地,一般 1 亩❶片林设一块标准地。在标准地内调查 20 株样株,将调查结果填入附表 2。

1.3　发生面积统计

在已发生区,有虫株率 5% 以上的林地统计为发生面积。

2　系统虫情调查

该项调查一般连续进行 2～3 年即可,主要目的是积累基本参数。

---

❶　1 亩 = 1/15 hm² ≈ 666.67 m²。

2.1 标准地设置

根据栎类主要蛀干害虫的发生情况,选择有代表性的林分设立 3~5 个固定标准地,每个固定标准地内的树木不少于 200 株,在标准地内选取有代表性的标准株 20 株。若固定标准地当年无虫,可在有虫林分另设辅助性标准地进行观察,若固定标准地内的树木已被砍伐更新,或由于天牛多年危害造成树木大量死亡,应及时设置新的固定标准地。

2.2 虫情调查

2.2.1 卵期

产卵高峰期后(在 8 月上旬至 9 月下旬),在固定标准地附近的被害样树(标准株)上一次性标记当年新刻槽数 100 个(如标准株上的新刻槽数不足 100 个,应在标准地内的其他树木上增补至 100 个刻槽)。于标记 30 d 后调查新刻槽数,观察刻槽上是否有初孵幼虫的粪屑排出,如有,即视为已孵化;对仍无粪屑出现的刻槽,剖开检查,区分是空槽或卵死亡。最后统计有卵刻槽数、有卵刻槽率和卵死亡率。

2.2.2 小幼虫期

在卵期调查的同时,观察小幼虫存活情况,产卵刻槽中无新鲜虫粪排出者,说明小幼虫不能蛀入木质部且不排木屑则视为死亡,反之则为成活。

将以上各项观察结果填入栎类主要蛀干害虫标准株虫情调查记录表(附表 3)。

2.2.3 成虫出现期

在前述选取的 20 株标准株中,此年 5 月初至 7 月下旬,每 10 d 一次调查每株树上的羽化孔,出现新羽化孔视为新成虫出现,调查结果记入附表 4。同时每 10 d 观察一次标准株上有无刻槽出现,然后观察刻槽是否有粪屑排出,有粪屑的视为小幼虫孵化。

3 资料汇总

填写栎类主要蛀干害虫虫情汇总表(附表 5)、栎类主要蛀干害虫发生期年终汇总表(附表 6)和栎类主要蛀干害虫发生量年终汇总表(附表 7)。

4 预测方法

4.1 发生期预测

4.1.1 物候预测法

利用天牛发育进度与周围其他生物之间的直接或间接物候关系预测发生期,见表 1、表 2。

表 1 云斑天牛物候期(南阳西峡县)

发育进度	物候特征
化蛹盛期	大枣成熟时期
成虫羽化始期	桂花盛开季节
成虫产卵盛期	夏玉米收获季节

表 2　栎旋木柄天牛物候期(南阳西峡县)

发育进度	物候特征
化蛹盛期	冬小麦收割季节
成虫羽化始期	秋玉米出穗时期
成虫产卵盛期	大枣成熟季节

4.1.2　期距法

根据栎类主要蛀干害虫有关虫态的林间发育进度调查和期距,预测各有关虫态的发生期。

计算公式为:

$$F = H_i + (X_i \pm S_x)$$

式中:F 为预测某虫态出现日期;H_i 为起始虫态发生期实际出现日期;X_i 为平均期距值;S_x 为平均期距值的标准差。

4.1.3　有效积温法

通过试验观察计算出有关虫态的发育起点温度和有效积温,根据当地有效积温和近期的平均气温预测值,预测某一虫态的发生期。

计算公式为:

$$K = N(T - C)$$

式中:K 为有效积温;N 为历期;T 为平均环境温度;C 为发育起点。

4.2　发生量预测

4.2.1　基本方法

通过有效基数进行简单的直接推算,即通过当地或邻近地区已有的经验参数,或各地经过 2~3 年的直接观察的成虫雌性比 R、每雌产卵量 E、卵孵化率 H、大幼虫越冬存活率 F、化蛹率 P_1、羽化出孔率 P_2 等参数与基数简单累乘即可。

4.2.2　当年发生量的预测

在越冬结束后(约在 4 月中旬),通过林间调查得到栎类主要蛀干害虫发生区平均每株寄主树的越冬后大幼虫 L_1,则当年平均单株成虫发生量为

$$A_1 = L_1 P_2$$

当年单株小幼虫数为 $A_1 REH$。

4.3　发生范围预测

根据一个地区树种所占比例、分布和面积,以及成虫扩散距离、风向、人为活动和物流等情况,可大致预测该虫的分布范围和可能达到的危害程度。

5　资料汇总与上报

将以上各项监测结果和预测预报情况,应按附件及报表汇总后向国家、省级业务主管部门报告和传输。

原林业部林护防〔1991〕37 号《森林病虫害统计报表及统计指标说明的通知》中,栎

旋木柄天牛、云斑天牛幼虫发生等级的规定:有虫株率3%~5%为轻,6%~15%为中,16%以上为重。

附表

乡镇名称: 乡镇代码: 村名称:

村代码: 标准地号:

植被类型: 林木组成:

主要寄主树种的树龄(年):   胸径(cm):   树高(m):

调查株数: 调查虫态: 有虫株数: 有虫株率(%):

是否新扩散区(是、否):

其他病虫发生情况:

防治时间: 防治方式:

药剂种类: 用药单位: 用药量:

防治效果(%):   是否为预防:

调查人: 调查时间: 年   月   日

填写说明:1. 固定标准地每年填写一次,临时的随查随添。

2. 固定标准地代码001~100;乡(镇)代码01~99,以县为单位统一编号;村代码01~99,以乡为单位统一编号。标准地编号由7位数字组成,前两位为乡镇代码,中间两位为村屯代码。标准地编号一经确定,不得随意改变。

附表2 栎类主要蛀干害虫标准地记录表

乡镇名称: 乡镇代码:

村名称: 村代码:

标准地号: 地点描述:

林班面积(hm^2):   土壤质地及土层厚度(cm):

坡向(阴、阳)及坡度: 植被类型: 林木组成:

主要寄主树种的年龄(年):   胸径(cm):   树高(m):

发生类型(安全、偶发、常发):

调查株数: 代表面积(hm^2):

调查虫态: 有虫株数: 有虫株率(%):

总虫数(头):   虫口密度(头/株):

虫情级别(轻、中、重):   是否新扩散区(是、否):

其他病虫发生情况:

防治时间: 防治方式:

药剂种类: 用药单位: 用药量:

防治效果(%):   是否为预防:

调查人: 调查时间: 年   月   日

附表3 栎类主要蛀干害虫标准株虫情调查记录表

标准地号： 标准株树种： 虫情级(轻、中、重)：
乡镇名称： 乡镇代码：
村名称： 村代码：

株号	刻槽数（个）	有卵刻槽数（个）	总卵数（粒）	总幼虫数（条）	蛀入木质部幼虫数（条）	有卵刻槽率（%）	卵孵化率（%）	幼虫蛀入木质部率（%）
1								
20								
平均								

调查人： 调查时间： 年 月 日

附表4 栎类主要蛀干害虫成虫出现记录表

标准地号： 标准株树种： 虫情级(轻、中、重)：
乡镇名称： 乡镇代码：
村名： 村代码：

标准株号	调查时间	新成虫数量(头)

调查人： 调查时间： 年 月 日

附表 5　栎类主要蛀干害虫虫情及防治情况汇总表

年份：　　　　　汇总级别（县、乡镇、村）：

汇总单位：

地点	林分面积（hm²）	标准地块数（块）	发生面积（hm²）				防治面积（hm²）					备注
			计	轻	中	重	化防	仿生制剂	人工	生防	防治率（%）	
合计												

汇总人：　　　　汇总时间：　　　年　　月　　日

附表 6　栎类主要蛀干害虫发生期年终汇总表

汇总单位：

虫态	始见期	始盛期	高峰期	盛末期	备注
卵					
幼虫					
蛹					
成虫					

汇总人：　　　　　　　　　　汇总时间：

　　未进行系统调查的,卵、幼虫及蛹的始见期、始盛期、高峰期、盛末期 4 个时期可不填写。

附表 7　栎类主要蛀干害虫发生量年终汇总表

汇总单位：

项目		标准地号				合计	平均
卵	有卵刻槽率(%)						
	孵化率(%)						
幼虫	幼虫存活率(%)						
	平均幼虫数(头/株)						
成虫	平均成虫数(头/株)						

汇总人：　　　　　　　　　　　汇总时间：

云斑天牛危险性风险分析

云斑天牛属鞘翅目天牛科,在南阳 2~3 年发生 1 代。成虫啃食嫩枝皮层和叶片,初孵化幼虫蛀食韧皮部和木质部,第 1 年以幼虫越冬,次年继续危害,虫道纵横交错,树木易倒伏和风折,危害很大。

1　寄主植物及其分布

云斑天牛主要危害杨、核桃、栎、柳、白蜡、女贞、梨等林木,其寄主植物在全国各地有着不同种类和数量的分布,资源丰富。南阳市自 2005 年以来主要在栎树林连年发生,面积不断增大,已发展成为南阳市栎树的主要蛀干害虫。

2　目前采取的控制措施

(1)人工捕捉成虫,砸卵和初孵幼虫。
(2)冬季砍除严重受害的树木集中烧毁。
(3)成虫期,树冠喷洒 2% 噻虫啉微囊剂 1 500 倍液。
(4)幼虫孵化期,树干喷涂 50% 杀扑磷 1 000 倍液。
(5)对树干内幼虫用棉签蘸 50% 敌敌畏原液或用磷化铝片剂等堵塞蛀孔,熏杀蛀道中的幼虫、蛹或成虫。
(6)加强对苗木、木材及木制品的检疫力度,发现虫情及时除治。

3　扩散蔓延的可能性

成虫为完成补充营养,能够在取食寄主和产卵寄主之间远距离穿梭飞行,从而完成自然扩散传播。云斑天牛一生的多数时间都在树干木质部内,存活率高,外运带虫原木和苗木,很容易将云斑天牛传入他地。

4 天敌分布情况及制约能力

云斑天牛幼虫和蛹期,有柄腹茧蜂、肿腿蜂、红头茧蜂、白腹茧蜂等多种天敌,制约能力明显,应加以保护利用。

5 对经济和非经济方面的影响

云斑天牛以幼虫在木质部钻蛀危害,形成大量蛀道,严重时造成树木生长衰弱、死亡或风折,若不采取有效的防范措施,分布范围将会不断扩大,且该虫在树干内危害,一旦发现,往往灾害已经发生。因此,云斑天牛具有相当大的潜在经济危险性。

云斑天牛的寄主植物种类多、分布广,一旦发生严重危害,势必会对造林绿化成果和以林业为主的生态环境建设造成重大威胁,影响绿化和林业生态景观。其潜在非经济方面的影响很大。

6 检疫和铲除的难度

云斑天牛可随苗木和木材的调运进行远距离传播,通过危害症状观察和虫卵的鉴定等,一般能够确定该虫,辨认检疫难度不是很大;但依靠现有苗木、木材的检疫手段和目前的防治措施处理难度较大,云斑天牛一旦传入某地并且定殖后,将很难根除。

7 风险性定量评估

参照有害生物分析方法,本文从云斑天牛的国内分布状况 P_1,传入、定殖和扩散的可能性 P_{21-25},潜在经济危害性 P_{31-33},受害寄主植物的经济重要性 P_{41-43},以及危险性管理难度 P_{51-53} 等5大方面入手,建立综合性评价指标体系并给予赋分(见表1)。有害生物风险性评估 R 值计算公式如下:

$$P_1 = 2.0$$

$$P_2 = \sqrt[5]{p_{21} \times p_{22} \times p_{23} \times p_{24} \times p_{25}} = \sqrt[5]{2.5 \times 2.5 \times 2.5 \times 1.5 \times 2.3} = 2.5$$

$$P_3 = 0.4P_{31} + 0.4P_{32} + 0.2P_{33} = 0.4 \times 1.5 + 0.4 \times 2 + 0.2 \times 1.5 = 1.7$$

$$P_4 = \text{Max}(P_{41}, P_{42}, P_{43}) = \text{Max}(2.5, 2.5, 2.5) = 2.5$$

$$P_5 = (P_{51} + P_{52} + P_{53})/3 = (1.5 + 1.5 + 2.5)/3 = 1.83$$

$$R = \sqrt[5]{P_1 P_2 P_3 P_4 P_5} = 2.08$$

则云斑天牛的风险性 R 值为2.08。按照 R 值的危险程度分级标准,云斑天牛在南阳市属于高度危险的林业有害生物。

8 结论

云斑天牛寄主范围广,存活率高,危害严重,传入扩散快,根除困难;属高度危险性林业有害生物,必须采取相关措施,控制其危害。

表1 栎云斑天牛风险分析表

目标层	准则层 P_i	指标层 P_{ij}	评判指标	赋分区间	赋分值
林业有害生物风险综合评价值 R	分析区域内分布情况 P_1	国内分布情况 P_{11}	有害生物分布面积占其寄主(包括潜在的寄主)面积的百分率 <5%	2.01~3.00	2.0
			5%≤有害生物分布面积占其寄主(包括潜在的寄主)面积的百分率 <20%	1.01~2.00	
			20%≤有害生物分布面积占其寄主(包括潜在的寄主)面积的百分率 <50%	0.01~1.00	
			有害生物分布面积占其寄主(包括潜在的寄主)面积的百分率 ≥50%	<0.01	
	传入、定殖和扩散的可能性 P_2	有害生物被截获的可能性 P_{21}	寄主植物、产品调运的可能性和携带有害生物的可能性都大	2.01~3.00	2.5
			寄主植物、产品调运可能性大,携带有害生物的可能性小或寄主植物、产品调运可能性小,携带有害生物的可能性大	1.01~2.00	
			寄主植物、产品调运可能性和携带有害生物的可能性都小	0.01~1.00	
		运输过程中有害生物存活率 P_{22}	存活率≥40%	2.01~3.00	2.5
			10%≤存活率 <40%	1.01~2.00	
			存活率 <10%	0~1.00	
		有害生物的适生性 P_{23}	繁殖能力和抗逆性都强	2.01~3.00	2.5
			繁殖能力强,抗逆性弱或繁殖能力弱,抗逆性强	1.01~2.00	
			繁殖能力和抗逆性都弱	0.01~1.00	
		自然扩散能力 P_{24}	随介体携带扩散能力或自身扩散能力强	2.01~3.00	1.5
			随介体携带扩散能力或自身扩散能力一般	1.01~2.00	
			随介体携带扩散能力或自身扩散能力弱	0.01~1.00	
		分析区域内适生范围 P_{25}	≥50%的地区能够适生	2.01~3.00	2.3
			25%≤能够适生的地区 <50%	1.01~2.00	
			<25%的地区能够适生	0.01~1.00	

目标层	准则层 P_i	指标层 P_{ij}	评判指标	赋分区间	赋分值
林业有害生物风险综合评价值 R	潜在危害性 P_3	潜在经济危害性 P_{31}	如传入可造成的树木死亡率或产量损失≥20%	2.01~3.00	1.5
			20%＞如传入可造成的树木死亡率或产量损失≥5%	1.01~2.00	
			5%＞如传入可造成的树木死亡率或产量损失≥1%	0.01~1.00	
			如传入可造成的树木死亡率或产量损失＜1%	0	
		非经济方面的潜在危害性 P_{32}	潜在的环境、生态、社会影响大	2.01~3.00	2.0
			潜在的环境、生态、社会影响中等	1.01~2.00	
			潜在的环境、生态、社会影响小	0.01~1.00	
		官方重视程度 P_{33}	曾经被列入我国植物检疫性有害生物名录	2.01~3.00	1.5
			曾经被列入省（区、市）补充林业检疫性有害生物名单	1.01~2.00	
			曾经被列入我国林业危险性有害生物名单	0.01~1.00	
			从未列入以上名单	0	
	受害寄主经济重要性 P_4	受害寄主的种类 P_{41}	10种以上	2.01~3.00	2.5
			5~9种	1.01~2.00	
			1~4种	0.01~1.00	
		受害寄主的分布面积或产量 P_{42}	分布面积广或产量大	2.01~3.00	2.5
			分布面积中等或产量中等	1.01~2.00	
			分布面积小或产量有限	0.01~1.00	
		受害寄主的特殊经济价值 P_{43}	经济价值高,社会影响大	2.01~3.00	2.5
			经济价值和社会影响都一般	1.01~2.00	
			经济价值低,社会影响小	0.01~1.00	
	危险性管理难度 P_5	检疫识别难度 P_{51}	现场识别可靠性低、费时,由专家才能识别确定	2.01~3.00	1.5
			现场识别可靠性一般,由经过专门培训的技术人员才能识别	1.01~2.00	
			现场识别非常可靠,简便快速,一般技术人员就可掌握	0~1.00	
		除害处理难度 P_{52}	常规方法不能杀死有害生物	2.01~3.00	1.5
			常规方法的除害效率＜50%	1.01~2.00	
			50%≤常规方法的除害效率≤100%	0~1.00	
		根除难度 P_{53}	效果差、成本高、难度大	2.01~3.00	2.5
			效果好、成本低、简便易行	0~1.00	
			介于效果差、成本高、难度大和效果好、成本低、简便易行之间	1.01~2.00	

弧纹虎天牛危险性风险分析

弧纹虎天牛(Chlorophorus miwai Gressitt)属蛀干害虫,以幼虫危害古柏、柏、松、杨、栎等树,严重破坏树木的表皮输导组织,使树木衰弱至枯死,特别是对树势衰弱的古柏危害更为严重。该虫虽未在南阳造成重大危害,但其潜在的危险性仍不容忽视。为了加强对弧纹虎天牛的管理,使广大林农能科学地预防和防治,笔者对弧纹虎天牛的危险性风险进行了系统的分析。

1 生物学特性

1.1 形态特征

成虫:体长14~18 mm,宽3~5 mm,体黑色,被黄色绒毛,无绒毛处形成黑色斑纹。触角长达鞘翅中部,第3节和第4节等长。前胸背板中区有2个黑斑在前端相接,两侧各有1圆形黑斑。

卵:近球形,直径0.6~0.9 mm。

幼虫:老熟幼虫体长15~18 mm,幼虫初孵时为白色,老熟时为黄白色。前胸背板近呈梯形,上有细波纹,腹部末端有细刚毛。

蛹:近纺锤形,长约10 mm,初化蛹时为黄褐色,后变为暗褐色。

1.2 生活史和生活习性

1.2.1 生活史

弧纹虎天牛在南阳一年发生1代,幼虫共5龄,以2~3龄幼虫在木质部表面的虫道内越冬。次年3月下旬开始活动,5月下旬开始注入木质部边材内,6月中旬在边材内化蛹;7月上旬成虫羽化,7月下旬成虫陆续飞出,交尾产卵,卵历期15 d左右;8月中旬幼虫孵出,随后注入皮层虫道,9月下旬进入越冬期。

1.2.2 生活习性

成虫多在晴天中午12时至14时飞行活动,其余时间多潜伏在隐蔽处。卵单产,单雌可产卵10粒左右,多产在树干基部的翘皮下、伤痕处、皮缝内等。幼虫孵出2 d后开始蛀入皮层,再由皮层虫道蛀入木质部表面,2~3龄时在虫道内越冬。3月下旬越冬幼虫开始取食活动,在木质部表层蛀多条不规则的弯曲虫道,虫道内充满黄白色粪屑。5月下旬幼虫开始蛀入木质部边材内,做椭圆形虫道并在虫道顶端做蛹室化蛹,7月上旬成虫羽化,咬孔出树。

2 防治技术措施

2.1 加强林地管理

冬季进行疏伐,伐除虫害木、衰弱木、被压木等,使林分疏密适宜、通风透光良好,生长旺盛,增强对虫害的抵抗力;夏季及时砍除枯死木和风折木,除去根际萌蘖,清除林内枝丫。

2.2 组织人工捕捉

成虫羽化前,在树干距离地面 2 m 以下刷白涂剂预防成虫产卵;成虫交尾时期,在林内人工捕捉;初孵幼虫为害处,用小刀刮破树皮,搜杀幼虫,也可用木锤敲击流脂处,击死初孵幼虫。

2.3 药剂防治

成虫期采用绿色威雷 250 倍液喷洒树木枝干,触杀成虫或林内释放烟剂熏杀成虫;幼虫期,刮去树干下部老粗翘皮 20 ~ 30 cm 宽,涂 40% 的杀扑磷 5 倍液,涂后用塑料薄膜包扎,利用药剂内吸作用杀死幼虫;5 月下旬,用注射器向虫孔内注射 40% 的杀扑磷 5 倍液,或用磷化铝毒签插入虫孔,随后用棉球堵塞虫孔,熏杀幼虫。

3 风险分析

3.1 进入的可能性

弧纹虎天牛是靠昆虫运动自然传播和人类活动携带虫木做远距离跳跃式传播。人为活动传播是造成新疫区的主要扩散途径,随着市场经济的发展,物资流通的日益频繁,流入南阳市或从南阳市过境的弧纹虎天牛易感树木明显增加,因此弧纹虎天牛传入南阳市并向其他非疫区蔓延的危机时刻存在。

3.2 定殖的可能性

南阳市是农业大市,古柏、侧柏等弧纹虎天牛易感树种在南阳市普遍有分布,南阳市弧纹虎天牛寄主树种多、面积广,同时南阳市地处中原,气候属暖温带与北亚热带过渡类型。综上所述,南阳市的环境条件、寄主条件完全适合弧纹虎天牛定殖。

3.3 对南阳市森林资源的潜在威胁性

弧纹虎天牛严重威胁着我国森林资源的安全和造林绿化成果,其侵害树木后,破坏树木的生理机能,轻则长势衰退,重则引起风折、雪折,甚至造成大片林木枯死。该虫一旦传入,必将造成巨大的经济、社会、生态效益损失,而且南阳市山区自然条件恶劣、水土流失比较严重,如果再次实施绿化,恢复植被难度非常大。

3.4 除治的困难性

目前,在河南省乃至全国还没有防治蛀干类害虫十分成熟有效的方法。随着大面积人工纯林的增加,为弧纹虎天牛提供了丰富的寄主资源,易感树种分布广、面积大,而天敌等制约因素匮乏,因此弧纹虎天牛一旦传入并定殖,防治将十分困难。

3.5 风险评估结论

通过对影响弧纹虎天牛发生、危害因素和南阳市自然条件、社会条件的分析,我们认为弧纹虎天牛是一种寄主范围广、适应性强、传播迅速、破坏性很大的森林害虫。由于目前还没有十分有效的防治方法,该虫一旦传入并定殖,必将引起巨大的潜在破坏性。因此,要采取积极主动的防范措施,拒该虫于省门之外、非疫区之外。

4 风险管理

（1）树立风险意识，主动介入对该虫的认识和研究，积极制定应急对策，做到有备无患。

（2）制定预防方案，积极行动起来，分类施策，采取果断措施，严防死堵。

（3）加强检疫监测，定期开展疫情普查，一旦发现有该虫传入，做到早发现，早防治，治早治小。

栓皮栎尺蛾危害性风险性评估分析

栓皮栎尺蛾（*Erannis dira* Butler），属昆虫纲鳞翅目尺蛾科尺蛾属。该虫主要危害栗、栓皮栎等，以幼虫取食叶片，大发生时常在早春树叶刚萌发不久即将树叶蚕食一空，严重影响森林景观和林木生长。栓皮栎尺蛾以蛹在树下表土层 1～6 cm 中越夏、越冬。可采取释放烟剂和在幼虫期喷洒仿生制剂等措施防治该虫。

1 分布和管理

1.1 国内分布状况

国内在河南、山东、陕西、四川等省，省内南阳、三门峡、洛阳、济源等。

1.2 目前采取的控制措施

（1）成虫出土期围绕树干基部地面喷洒 15% 蓖麻油酸烟碱乳油 800 倍液，熏杀出土成虫。

（2）树干涂胶环或药带，阻止雌虫上树。

（3）人工振动树干，收集幼虫，集中杀死。

（4）幼虫期喷洒青虫菌 500～800 倍液或苏云金杆菌（含 1 亿孢子数/mL）2 000 倍液或 26% 阿维灭幼脲 3 号悬浮剂 2 000 倍液，对虫口密度大的林区可使用飞机低量喷洒阿维灭幼脲或 BT 进行防治。

（5）郁闭度在 0.6 以上的林分，采用敌马烟剂防治，用药 15 kg/hm²，于无风的早晨或傍晚放烟防治幼虫。

（6）保护利用天敌。

2 扩散蔓延的可能性

2.1 寄主植物及其分布

栓皮栎波尺蛾是杂食性害虫。危害栓皮栎、麻栎、槲栎等栎类，也危害苹果、杏、海棠、山茱萸、山楂等林木、果树。主要发生在河南、陕西、山西、安徽、湖北。

2.2 在全国的适生性、抗逆性和适应性分析

栓皮栎、麻栎、槲栎等栎类在我国部分省市都是在山区大面积分布，有大面积的天然

林和人工林,因此上述地区是该虫的潜在危害区,是栓皮栎尺蛾发生的适生区。

2.3 传播渠道

其传播途径:一是靠成虫飞翔,在林内扩散较快。二是幼虫吐丝下垂,可随风做近距离传播。三是人为远距离带虫运输,也是重要的传播途径。由于幼虫繁殖快、数量多、分布广,大发生时极易成灾,为我国重要的害虫之一。

3 我国天敌分布情况及制约能力

栓皮栎尺蛾的天敌较多,卵期主要有黑卵蜂、赤眼蜂,以及黑蚂蚁、甲虫等,卵期寄生情况受温、湿度影响大,一般温度高、湿度小寄生率高;幼虫和蛹期天敌主要有瓢虫、黑蚂蚁、虎甲、步甲、毛虫追寄蝇、杆菌、灰喜鹊、麻雀等;蛹期最主要的天敌为鼠类;成虫期主要天敌是鸟类。

4 对经济和非经济方面的影响

4.1 在国内的危害情况

初孵幼虫在芽苞内取食,幼虫共5龄,4~5龄危害最严重,可将叶片吃光或仅残留叶脉。幼虫耐饥力很强,并随虫龄增加而增大,老熟幼虫耐饥可达15~20 d。在我国许多地方,每隔几年大发生一次,可将大面积叶片吃光,虫粪满地,严重影响树木生长,破坏生态环境。

4.2 潜在经济危害性

栎属是河南省的主要树种,也是河南省天然林保护工程区的优势树种。栓皮栎尺蛾主要危害栎属,以幼虫取食叶片,大发生时树叶被蚕食一空,形成夏树冬景,严重威胁森林景观和林木生长,影响生物多样性、生态安全等。因此,栓皮栎尺蛾在河南省有较大的潜在危害性。

4.3 潜在的非经济方面的影响

栎树有其生长周期长、适应性强、容易繁殖等优点,具有重要的生态价值,是我国荒山绿化的先锋树种,也是河南省天然林保护工程区的优势树种,具有不可替代的作用。我国大面积天然、人工栎树林,对改善祖国的生态环境发挥了重要的作用。

5 检疫和铲除难度

栓皮栎尺蛾除自身传播外,还可随树木调运进行远距离传播,通过危害症状观察,比较容易确定,因此检疫防治难度不大。栓皮栎尺蛾寄主是河南省山区的主要树种,交通不便,地形复杂,地势险要,寄主资源丰富,因此栓皮栎尺蛾一旦蔓延开来,管理难度大,防治将十分困难。

6 栓皮栎尺蛾风险性的定量分析

参照有害生物分析方法,本文从栓皮栎尺蛾的国内外区域分布状况,传入、定殖和扩散的可能性,潜在危害性,受害寄主经济重要性,危险性管理难度等方面入手,建立综合性的评价指标体系并给予赋分(见表1)。

按照危险性有害生物综合评价方法,栓皮栎尺蛾的危险性(R)为1.09。

按照有害生物风险性 R 值计算公式:

$$P_1 = 2.5$$
$$P_2 = \sqrt[5]{P_{21} \times P_{22} \times P_{23} \times P_{24} \times P_{25}} = 1.53$$
$$P_3 = 0.4 \times 0.5 + 0.4 \times 1.5 + 0.2 \times 0 = 0.8$$
$$P_4 = \text{Max}(P_{41}, P_{42}, P_{43}) = \text{Max}(2.0, 1.5, 0.5) = 2.0$$
$$P_5 = (P_{51} + P_{51} + P_{51})/3 = (0.5 + 0.5 + 0.5)/3 = 0.5$$
$$R = \sqrt[5]{P_1 \times P_2 \times P_3 \times P_4 \times P_5} = 1.09$$

我国林业有害生物的危险程度一般分为4级,R 值3.0~2.5为特别危险,2.4~2.0为高度危险,1.9~1.5为中度危险,1.4~1.0为低度危险。栓皮栎尺蛾的 R 值为1.09,在河南省属于低度危险的林业有害生物,对河南省的生态系统、生物多样性、国土绿化有一定的危险。

7 风险管理措施

(1)树立风险意识,主动介入对该虫的认识和研究,积极制定防控对策,做到有备无患。

(2)加强虫情监测,定期开展虫情普查,做到早发现、早防治。

(3)叶面喷药。对栗园、疏林地,采用叶面喷洒2.5%敌杀死2 500倍液(或快杀灵),防治效果可达90%以上。

(4)施放烟剂。对郁闭度0.6以上的林分,采用敌敌畏烟剂(或敌马烟剂)防治,每公顷用药15 kg,于无风的早晨或傍晚放烟,防治幼虫效果可达80%以上,但要注意预防火灾发生。

(5)生物及仿生制剂防治。注意保护利用天敌资源,如捕食性天敌鸟类、步甲、螳螂等,各种寄生蜂、黑卵蜂、舟蛾赤眼蜂等。在幼虫期喷洒仿生制剂、病毒等,如26%阿维灭幼脲Ⅲ号2 000倍液,或苏云金杆菌(BT)1 000倍液,进行防治,也可取得满意效果。

8 结论

通过栓皮栎尺蛾的风险分析,其风险评估值为 $R = 1.09$,在我国属于低度危险性林业有害生物,对我国的生态系统、国土绿化有较大危险;目前该病虫在河南省部分山区分布面积较大,对河南省栎树生长造构成很大影响,必须采取措施控制该虫的扩散和危害。建议列入林业危险性有害生物名单。

表1　栓皮栎尺蛾风险分析表

目标层	准则层 P_i	指标层 P_{ij}	评判指标	赋分区间	赋分值
林业有害生物风险综合评价值 R	分析区域内分布情况 P_1	国内分布情况 P_{11}	有害生物分布面积占其寄主(包括潜在的寄主)面积的百分率<5%	2.01~3.00	2.5
			5%≤有害生物分布面积占其寄主(包括潜在的寄主)面积的百分率<20%	1.01~2.00	
			20%≤有害生物分布面积占其寄主(包括潜在的寄主)面积的百分率<50%	0.01~1.00	
			有害生物分布面积占其寄主(包括潜在的寄主)面积的百分率≥50%	<0.01	
	传入、定殖和扩散的可能性 P_2	有害生物被截获的可能性 P_{21}	寄主植物、产品调运的可能性和携带有害生物的可能性都大	2.01~3.00	1.0
			寄主植物、产品调运可能性大,携带有害生物的可能性小或寄主植物、产品调运可能性小,携带有害生物的可能性大	1.01~2.00	
			寄主植物、产品调运可能性和携带有害生物的可能性都小	0.01~1.00	
		运输过程中有害生物存活率 P_{22}	存活率≥40%	2.01~3.00	1.5
			10%≤存活率<40%	1.01~2.00	
			存活率<10%	0~1.00	
		有害生物的适生性 P_{23}	繁殖能力和抗逆性都强	2.01~3.00	1.5
			繁殖能力强,抗逆性弱或繁殖能力弱,抗逆性强	1.01~2.00	
			繁殖能力和抗逆性都弱	0.01~1.00	
		自然扩散能力 P_{24}	随介体携带扩散能力或自身扩散能力强	2.01~3.00	1.5
			随介体携带扩散能力或自身扩散能力一般	1.01~2.00	
			随介体携带扩散能力或自身扩散能力弱	0.01~1.00	
		分析区域内适生范围 P_{25}	≥50%的地区能够适生	2.01~3.00	2.5
			25%≤能够适生的地区<50%	1.01~2.00	
			<25%的地区能够适生	0.01~1.00	

目标层	准则层 P_i	指标层 P_{ij}	评判指标	赋分区间	赋分值
林业有害生物风险综合评价值 R	潜在危害性 P_3	潜在经济危害性 P_{31}	如传入可造成的树木死亡率或产量损失≥20%	2.01~3.00	0.5
			20%>如传入可造成的树木死亡率或产量损失≥5%	1.01~2.00	
			5%>如传入可造成的树木死亡率或产量损失≥1%	0.01~1.00	
			如传入可造成的树木死亡率或产量损失<1%	0	
		非经济方面的潜在危害性 P_{32}	潜在的环境、生态、社会影响大	2.01~3.00	1.5
			潜在的环境、生态、社会影响中等	1.01~2.00	
			潜在的环境、生态、社会影响小	0.01~1.00	
		官方重视程度 P_{33}	曾经被列入我国植物检疫性有害生物名录	2.01~3.00	0
			曾经被列入省(区、市)补充林业检疫性有害生物名单	1.01~2.00	
			曾经被列入我国林业危险性有害生物名单	0.01~1.00	
			从未列入以上名单	0	
	受害寄主经济重要性 P_4	受害寄主的种类 P_{41}	10种以上	2.01~3.00	2.0
			5~9种	1.01~2.00	
			1~4种	0.01~1.00	
		受害寄主的分布面积或产量 P_{42}	分布面积广或产量大	2.01~3.00	1.5
			分布面积中等或产量中等	1.01~2.00	
			分布面积小或产量有限	0.01~1.00	
		受害寄主的特殊经济价值 P_{43}	经济价值高,社会影响大	2.01~3.00	1.5
			经济价值和社会影响都一般	1.01~2.00	
			经济价值低,社会影响小	0.01~1.00	
	危险性管理难度 P_5	检疫识别难度 P_{51}	现场识别可靠性低、费时,由专家才能识别确定	2.01~3.00	0.5
			现场识别可靠性一般,由经过专门培训的技术人员才能识别	1.01~2.00	
			现场识别非常可靠,简便快速,一般技术人员就可掌握	0~1.00	
		除害处理难度 P_{52}	常规方法不能杀死有害生物	2.01~3.00	0.5
			常规方法的除害效率<50%	1.01~2.00	
			50%≤常规方法的除害效率≤100%	0~1.00	
		根除难度 P_{53}	效果差、成本高、难度大	2.01~3.00	0.5
			效果好、成本低、简便易行	0~1.00	
			介于效果差、成本高、难度大和效果好、成本低、简便易行之间	1.01~2.00	

栓皮栎波尺蛾、栎尺蛾监测预报方法

南阳市森防部门从 2010 年至 2015 年,结合对栎波尺蛾、栎尺蛾生物学特性和生态学习性的观察,对栎波尺蛾生命表的研制,幼虫空间分布型的观察研究,以及参考其他食叶害虫常规监测预报方法,系统地研究归纳出栎波尺蛾和栎尺蛾的系统监测调查方法与预测预报办法。

1 一般调查方法

1.1 调查时间

根据食叶害虫调查基本原则,一般调查是调查一下当年树叶的受害情况。在每一代幼虫发生危害期进行,栓皮栎波尺蛾、栓皮栎尺蛾在 4 月上旬和下旬各调查一次。

1.2 线路踏查方法

以县(市、区)为单位,掌握栎树资源划分到小班的详细资料,并绘制于图上。原则上每个乡(镇)或 1 万亩为 1 个监测区,监测区要编号,并不得跨乡(镇)设置。在监测区内,根据道路情况、林业有害生物发生的历史资料选择沿林间小道、林班线或调查线等有代表性的路线进行踏查,每年的踏查线路应固定并上图。踏查时,边走边观测调查,目测监测区内各小班叶片保存率等受害情况,大致区分出危害程度相近的小班,掌握发生面积和范围。

统计栎树主要食叶害虫危害情况的树叶保存率按无明显危害、1/3 以下、1/3 ~ 2/3、2/3 以上区分为 4 类。

1.3 临时、固定标准地设置

为掌握具体发生危害情况,原则上每个监测区设置一个固定标准地。在充分考虑栎树资源状况、立地条件、历史上的发生危害情况和调查工作量因素的基础上,将固定标准地设置在其中一个有代表性的小班内,小班面积就是标准地面积。固定标准地要登记编号,基本情况填入附表 1。

踏查时,如监测区无危害状况发生,年初确定的应报各病虫,均按零发生零报告处理;若有危害状况发生,且危害程度一致,不需另设临时标准地,此时可认为固定标准地发生情况即为所在监测区发生情况;若监测区各小班间危害程度不一致,则固定标准地不能代表整个监测区危害情况,需在固定标准地之外不同危害程度处另设临时标准地,临时标准地也要设于踏查路线上某个有代表性的小班内,并如前述分别调查和记录固定及临时标准地相应情况,借以分别代表危害程度相近的小班的情况。每个临时标准地就是其所在小班面积。临时标准地根据需要设置若干个。

1.4 样株调查方法

在固定和临时标准地内,片林按对角线或"Z"字形,选取 10 ~ 15 株树为调查标准株,标准株每株必查。每标准株随机剪 1 ~ 3 枝标准枝,调查登记病虫种类、发育进度,标准株平均的虫口密度,目测估计单株树叶保存率并计算标准株平均数等情况。

调查时,每标准株随机剪取 50 cm 标准枝 2 枝,在地面上铺一块 2 m² 的白布(以防找不到部分落地虫),详细检查树叶及白布上各龄幼虫数量、死虫数、感病数、寄生数,计算虫口密度。

根据发生程度不同将小班分类。以小班为基本统计单位,分别核算出监测区内固定及临时标准地所能代表的小班情况。分虫种将以上有关调查数据填入附表2。

通过调查,要掌握每个小班发生的虫种类,发生程度分类等要素。

1.5　发生程度和危害程度分级标准

1.5.1　发生程度等级(数值含下不含上)

栎树主要食叶害虫发生程度标准如表1所示。

表1　栎树主要食叶害虫发生程度标准

种类	调查阶段	划分指标	统计单位	发生(危害)程度		
				轻	中	重
栓皮栎波尺蛾 Larerannis filipjevi Wehrli	幼虫	虫口密度	头/百叶	5~10	10~15	15以上
栓皮栎尺蛾 Larerannis filipjevi Wehrlif	幼虫	虫口密度	头/百叶	5~10	10~15	15以上

1.5.2　成灾标准

栎树失叶率65%以上,或者死亡率5%以上。发生在景观林或生态保护林中,成灾标准为失叶率55%以上,或者死亡率3%以上。

1.6　数据统计、汇总和上报

根据附表2,计算得到每种病虫当月实际发生面积,亦即"本世代或本次累计发生"数字,填入附表3。

对同一林地不同时段不同林业有害生物发生情况的统计,要结合当年以往调查统计资料(附表2、附表3等)及调查简图登记的各小班的有关情况,并按照"本次累计发生"和"发生面积合计"的概念,计算出"发生面积合计"面积,计算得到各项报表数字,填入附表4。

每月的调查任务全部结束后,将林业有害生物发生数据填入《森林病虫害防治信息系统》中的发生防治月报表中。全年的调查任务全部结束后,由各月的发生表月报汇总处理为年报。

每次野外调查记录表、数据汇总表及调查简图均要存档备查。

2　系统调查研究方法

系统调查研究同害虫生物学特性观察和生命表研究相互结合进行。

2.1　调查时间

成虫调查时间:栓皮栎波尺蛾、栓皮栎尺蛾在1月下旬至3月上旬。

卵调查时间:栓皮栎波尺蛾、栓皮栎尺蛾在2月上旬到3月中旬。

幼虫调查时间:栓皮栎波尺蛾、栓皮栎尺蛾在3月中旬至5月上旬。

蛹期调查时间:栓皮栎波尺蛾、栓皮栎尺蛾以蛹越冬每年5月中旬至次年2月下旬调查。

2.2 调查研究方法

2.2.1 成虫期调查

按蛹发育进度调查,老熟幼虫化蛹后,继续进行室内饲养,等待成虫羽化时,调查记录蛹羽化成虫情况,调查数量填入调查表(附表5和附表6)。

2.2.2 卵期调查

为便于观察,采集越冬蛹在其化蛹场所套笼,待羽化后分别置于3株生长好的萌蘖株上,并做标记,同时清除树上现有栓皮栎波尺蛾、栓皮栎尺蛾卵块,套笼,或采新产卵块置于萌蘖株上套笼,并标记,每天观察一次,统计单块卵量、已孵化卵粒数、未孵卵粒数,同时记载当天温度数据,结果记入附表5;统计卵未孵化数及原因,结果记入附表6。

2.2.3 幼虫期调查

2.2.3.1 幼虫发育进度观察(室内养虫)

分别于相应时期接前边的卵历期观察,待幼虫孵化后,取同一天初孵幼虫接入养虫笼中标准株上开展幼虫期观察,每种虫设3个笼,每笼保持50头左右初孵幼虫,同时清除树上已有栓皮栎波尺蛾、栓皮栎尺蛾幼虫,每天观察一次,记录幼虫孵化时间、死亡和发育进度等情况。发育进度和死亡有关情况分别记入附表5和附表6。

2.2.3.2 幼虫危害调查(野外调查)

1. 野外直接调查

方法同一般调查。调查结果填入附表6,标准地树叶保存率及虫口密度记入备注。

2. 虫粪法调查

用室内饲养和野外调查相结合的方法。

室内饲养观察:于2012年3月下旬和2013年3月下旬,栎波尺蛾幼虫期于野外带虫于笼中饲养,养虫笼底铺上白纸。观察记载1、2龄,3、4龄和5龄期幼虫产粪粪粒的大小,以及一昼夜,同一龄期的幼虫产粪的重量。本观察结果如表2所示。

表2　栓皮栎波尺蛾24 h基础产粪量统计表

调查时间 (年-月-日)	调查虫量(头)	虫龄	排粪时间 (h)	粪重量 (g)	采虫 地点
2007-03-23 ~ 04-13	30	1、2龄	24	0.87	
2007-04-14 ~ 05-01	20	3、4龄	24	2.90	
2007-05-02 ~ 05-09	20	5龄	24	2.35	
2008-03-22 ~ 04-14	30	1、2龄	24	0.87	独山
2008-04-15 ~ 04-24	20	3、4龄	24	2.89	
2008-05-03 ~ 05-10	20	5龄	24	2.37	
平均			24		

经计算,栎波尺蛾30条1、2龄幼虫平均24 h产粪0.87 g;20条3、4龄幼虫产2.90

g;20 条 5 龄虫产 2.36 g。以上基础数据可以作为虫粪法调查推算栎波尺蛾幼虫虫口密度的依据。

具体调查方法:在幼虫发生期,在林中铺一扇形白色塑料膜,大小 1 m²,接虫粪 24 h,以虫粪大小划分对应虫龄,分别称重不同大小粒粪重量,计算出 1 m² 各龄虫数量,再按全树冠面积折算出整株树的总虫数和各龄虫数。

3. 幼虫食叶量测定

4 月上旬,在一标准地内选 3 株生长比较好的萌蘖株,剪去各枝中上部梢头嫩叶,各留下 150 片已生长定型的叶片(以后再萌发叶片除去),用网格纸测量其叶片总面积,然后分别取 50 头刚孵出的幼虫接于萌蘖株上,上用养虫笼盖上,下部用土封严。每天观察一次害虫的食叶情况,若发现害虫死亡,立即寻找同龄的幼虫进行补充,直到害虫老熟化蛹。1、2 龄期,3、4 龄期,老熟幼虫结束期分别各测量一次每笼中 50 头幼虫的食叶量,计算以上三个虫龄阶段每头幼虫各自的平均食叶量,以及 3 个笼中平均每头幼虫的总食叶面积。填入附表 7。

经 2013 年试验测量,栎波尺蛾幼虫各龄期食叶面积数据见表 3。

表 3　食叶面积测量表

不同龄期	各笼食叶面积(cm²)			平均食叶面积(cm²)	平均每虫食叶面积(cm²)
	Ⅰ	Ⅱ	Ⅲ		
1、2 龄	284	282	280	282	14.1
3、4 龄	1 117	1 111	1 108	1 112	55.6
5 龄	1 101	1 099	1 094	1 098	54.9
合计	2 502	2 492	2 482	2 492	124.6

2.2.4　蛹期调查

2.2.4.1　蛹发育进度调查(室内养虫)

各种幼虫近老熟时分别取 50 头,分别放入 3 个养虫笼内。将养虫笼底部埋入疏松土中 15 cm 左右。每天定时统计幼虫化蛹入土情况,填写发育进度表(附表 5)。

2.2.4.2　蛹密度调查(野外调查)

按两种栎树食叶害虫各自化蛹时期,在每标准地按隔几株取 1 株的方法抽标准株 10 株,在每标准株树冠下以植株为中心挖 1/4 的扇形样坑,样坑深度为 10 ~ 20 cm,仔细调查蛹的密度(调查数据乘以 4 得全株蛹数)和蛹死亡情况,填写蛹密度调查表(附表 6)。

3　预测预报模式

3.1　发生期预测

3.1.1　历期预测法

根据两种栎树食叶害虫在林间发育进度的系统调查,掌握不同虫态或虫龄的起始日期,计算多年相应历期的平均值(期距值)。按下列公式预测出各虫态或虫龄发生期。

$$F = H_i + (X_i \pm S_X)$$

式中:F 为某虫态出现日期;H_i 为前期虫态发生期实际出现日期;X_i 为期距值;S_X 为相应的标准差。

3.1.2 有效积温预测法

当林间查到卵始见期、高峰期后,利用当地近期天气预报的平均温度,根据有效积温公式就能预测幼虫孵化始见期或高峰期(已经成熟的预测公式,利用测量参数,直接计算)。

$$N = \frac{K \pm S_K}{T - (C \pm S_C)}$$

式中:N 为各虫态历期;C 为发育起点温度;K 为有效积温;S_K 为有效积温标准差;T 为日平均温度;S_C 为发育起点温度标准差。

3.1.3 物候预测法

根据当地某些动植物与栎树主要食叶害虫发生期的相关性,经长期观察,建立物候期表进行预测。项目组经过观察,发现两种栎尺蛾 3 月中下旬栎树叶片初展期正是卵孵化初期,5 月上中旬小麦落花灌浆期是幼虫老熟下树化蛹期。

3.2 发生量预测方法

3.2.1 有效基数预测法

结合生命表研制调查,预测下一世代同一虫态的发生量。

利用已经应用成熟的预测公式,预测栓皮栎波尺蛾的发生量:

$$P = P_0 \left[ef/(m + f)(1 - a)(1 - b)(1 - c)(1 - d) \right]$$

式中:P 为预测下一世代幼虫发生量;P_0 为越冬基数(蛹平均密度);e 为产卵量(粒/雌);f 为雌蛹数;m 为雄蛹数;$1 - a$ 为蛹期生存率;$1 - b$ 为成虫产卵前的生存率;$1 - c$ 为卵孵化率;$1 - d$ 为 1、2 龄期幼虫生存率。

3.2.2 以生命表为基础的回归预测式

以生命表为基础,以关键因子所引起的存活率为自变量,以下一代卵量为因变量,建立单回归预测式,预测下一代种群数量。下面是已经成熟的预测公式,利用测量参数,可以直接计算。

$$N_{n+1} = 10^{0.079\,81 \lg S_n + 3.516\,5}$$

式中:N_{n+1} 为下一代种群数量;S_n 为三龄幼虫期存活率。

3.2.3 昆虫种群消长趋势指数法

以生命表为基础,以关键因子所引起的存活率为自变量,以种群趋势指数为因变量建立单回归预测式,预测下一代种群数量的增减。也是已经成熟的预测公式,可以直接利用计算。

$$I = 10^{0.112\,61 \lg S_n + 0.333\,8}$$

式中:I 为种群趋势指数;S_n 为三龄幼虫期存活率。

$I = 1$ 时,下代种群数量将保持不变。

$I > 1$ 时,下代种群数量将增加。

$I < 1$ 时,下代种群数量将减少。

4 发生范围预测法

预测方法同一般调查法。

附表

附表1 _____县(市、区)栎树主要食叶害虫固定标准地记录表

乡镇名称:　　　　乡镇代码:　　　　村名称:　　　　村代码:

标准地号:　　　　小班号:　　　　地点描述:

土壤质地:　　　　土层厚度(cm):　　　　植被种类:

面积(亩):　　　　主要树种及所占比率:　　　　树龄(年):

平均树高(m):　　　　平均冠幅(m):　　　　平均胸径(cm):

代表面积(亩):

主要林业有害生物种类:

调查人:　　　　调查时间:　　　年　　月　　日

填写说明:

(1)固定标准地概况每三年填写一次。

(2)乡镇代码:01~99,以县为单位统一编码;村代码:01~99,以乡镇为单位统一编码;固定标准地代码:001~999。即标准地号=乡镇代码+村代码+标准地代码。

(3)固定标准地号一经确定,不得随意更改。

附表2 _____县(市、区)栎树主要食叶害虫标准地调查及踏查情况记录表

监测区号_____种类名称:_____ _____世代/次　计量单位

标准地号	所在小班号	踏查同危害等级小班号	标准株虫口数量情况记录							叶片数	虫口密度	被害株率(%)	树叶保存率(%)	发生程度	树叶保存率分级
			1	2	3	4	5	6	计						
固定															
临时1															
临时2															

调查人:_____　填表时间:_____年___月___日

注:1.发生程度分为低虫口、轻、中、重。

2.虫口密度:头/百叶、头/50 cm标准枝。

3.树叶保存率分级按每10个百分点为间隔分为10级。

4.栎树主要食叶害虫按虫口密度区分。

附表3 _____县（市、区）栎树主要食叶害虫调查数据汇总表一

林业有害生物种类：

监测区号	林地面积	轻度发生情况		中度发生情况		重度发生情况	
		同危害等级小班号	面积合计	同危害等级小班号	面积合计	同危害等级小班号	面积合计
		1					
		2					

注：同类型小班号指危害程度相同。

附表4 _____县（市、区）栎树主要食叶害虫调查数据汇总表二

汇总时间：_____年___月___日　　　　　　计量单位：

监测区号	林地面积	种类	累计发生面积			发生面积			同病虫新发生
			低虫口	轻	中	重	轻	中	重	
合计									

调查人：_____　　　　　　　审核人：_____

注：1.发生程度和防治以小班面积计算时，可在轻、中、重任选一项做标记。

2.小班内不是全部发生、防治，可在面积栏填具体面积。

3.防治方式面积等同上填写具体面积数。

附表5 _____成虫、卵、幼虫、蛹发育进度观察记录表

虫态：

株笼号	2		3		4		备注
日期	始虫态数	入下一虫态数	始虫态数	入下一虫态数	始虫态数	入下一虫态数	

附表6 卵、幼虫、蛹存活率观察记录表

虫态：

标准株（笼号）	起始虫数	观察期间死亡数及原因					存活率	备注
		寄生	感病	捕食	气候	其他		
1								
2								
3								
4								
5								
6								
总计								

观察起始时间： 观察终止时间： 观察记录人：

附表7 幼虫食叶量测量表　　　　　　　　　　　　（单位：cm²/头）

日期	1	2	3	备注
1				
2				
3				
4				
…				
平均				

栎波尺蛾、栎尺蛾生物学及生态学特性观察研究

栓皮栎波尺蛾（Larerannis filipjevi Wehrli）又名栓皮栎波尺蠖、波尺蛾，主要危害栓皮栎、麻栎、槲栎等栎类；栓皮栎尺蛾（Erannis dira Butler）又名栓皮栎尺蠖、栎步曲，危害栓皮栎、麻栎、青冈、板栗等树种。

1 试验研究设计

本试验研究时间从 2010 年到 2015 年，试验地主要设在南阳市独山、西峡县寺山，南召县乔端林场、内乡县宝天曼保护区、桐柏县太白顶保护区、淅川县上集镇草庙沟 6 个地点，共设 20 块固定标准地（独山 5 块，其他地点各 3 块，见图 1），每块标准地 0.33 hm² 以上，在每块标准地按对角线抽取标准株 10 株。同时在以上地点根据情况再另设临时标准地。标准地基本情况见表 1。同时制作室外养虫笼 19 个（独山 4 个，其他地点各 3 个），室内小型养虫笼 12 个，市森防站 4 个，西峡、内乡、淅川、桐柏森防站各 2 个。室外养虫笼规格 40 cm×50 cm×60 cm，室内小型养虫笼 30 cm×40 cm×50 cm。

图 1　栎波尺蛾调查标准地

表 1　标准地基本情况表

样地号	地点	土层厚度（cm）	林龄（a）	胸径（cm）	树高（m）	郁闭度	海拔	经纬度坡度	树种	备注
01	独山西下林沿	20	27	15	16	0.8	216		杂	西坡
02	独山下林内	20	27	13	15	0.8	217	112°37.1′	松	西北
03	滑道中部林沿	15	27	12	15	0.8	287	33°04′	松	西坡
04	滑道上林内	15	27	11	13	0.8	340	25°～30°		西南
05	山上庙旁林沿	20	27	7	10	0.7	361			东南
06	寺山下部	20	27	17	19	0.8	342	111°28.2′	松	东坡
07	寺山中平台	20	26	15	17	0.8	440	33°17.1′	杂	北坡
08	寺山上部	12	25	10	12	0.7	508	30°～35°		南坡
09	乔端山下林沿	25	23	17	18	0.85	281	112°06′	松	东南
10	乔端山中林内	20	23	13	17	0.8	411	33°34.2′	杂	南坡
11	乔端山上林沿	10	23	9	12	0.6	503	25°～30°	杂	南坡
12	宝天曼下林内	20	25	17	18	0.8	279	112°04′	松	南坡
13	宝天曼中林沿	15	25	14	16	0.7	430	33°33.2′		西南
14	宝天曼上林内	10	25	10	11	0.7	512	30°～35°	杂	北坡
15	太白顶下林沿	25	21	13	14	0.9	395	113°17.3′	松	东北
16	太白顶中林内	15	21	10	11	0.7	660	32°17.8′	松	东坡
17	太白顶上林沿	10	25	7	9	0.6	890	30°～40°		南坡
18	上集下林内	25	11	8	11	0.9	340	111°33.9′	松	南坡
19	上集中林沿	20	11	6	11	0.8	415	33°13.3′	松	东南
20	上集上林内	10	11	5	8	0.6	470	15°～20°		东北

2 试验研究方法

按照试验研究方案,采取室外观察与室内饲养相结合,6个试验观察点同时进行,相互校正。对栎波尺蛾、栎尺蛾的生物学特性、生态学习性及各虫态虫情进行定期、定时观察研究,详细记录、补充验证、分析汇总。

3 试验结果与分析

3.1 栓皮栎波尺蛾的生物学特性

栓皮栎波尺蛾(Larerannis filipjevi Wehrli)又名栓皮栎波尺蠖、波尺蛾,属尺蛾科。

3.1.1 形态特征

成虫:小型蛾子。体灰褐色,雌雄异形。雄虫体长6~8 mm,翅展22~30 mm。前后翅各有3条黑褐色波状带(后翅不明显),前后翅外缘线有黑褐色三角形小斑点7~8枚。触角栉齿状,复眼圆形、黑色。雌虫体长7~10 mm,黑褐色,体粗壮,背面有灰黑色鳞片组成的两条纵纹;翅退化,狭长,翅展仅有5~6 mm。前翅约为后翅的1/2,有3条黑色波纹(见图2)。

卵:圆柱形,长约0.8 mm,粗0.5 mm左右,卵壳表面有排列整齐的花纹(见图3)。初产翠绿色,后渐变淡绿色或半红半绿色。孵化前灰黑色或紫黑色。

幼虫:老熟幼虫体长23~28 mm,黑褐色,腹部第2、3节两侧有2个黑色圆形突起;体背有4条黄色或褐色纵线(见图4、图5)。

蛹:纺锤形,体长6.5~9.3 mm,宽2.4~3.0 mm。初淡绿色,后变棕黑色或棕红色。第6节近气门处有1棱形凹陷,尾端分叉(见图6)。

图2 栓皮栎波尺蛾成虫

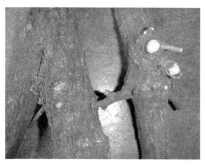

图3 栓皮栎波尺蛾卵

图4 栓皮栎波尺蛾2、3龄幼虫

图5 栓皮栎波尺蛾老熟幼虫

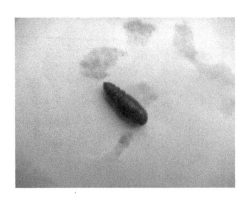

图6　栓皮栎波尺蛾蛹

3.1.2　生活史

1年发生1代,以蛹在土内越夏、越冬。成虫1月下旬开始羽化、交尾,2月为羽化、产卵盛期。3月下旬幼虫开始孵化,5月上旬老熟幼虫开始入土化蛹,蛹期长达9个月,并且6个地点山的阳坡发育期基本一致,阴坡比阳坡同一虫态发育始期平均晚1~3 d,发育历期一致。生活史见表2。

表2　栓皮栎波尺蛾生活史(2006~2009年)

月	1			2			3			4			5			6~12		
旬	上	中	下	上	中	下	上	中	下	上	中	下	上	中	下	上	中	下
越冬代	○	○	○	○	○	○	○											
第一代			+	+·	+·	+·	+·	+	−	−	−	−	−	○	○	○	○	○

注:○蛹;+成虫;·卵;−幼虫。

3.1.3　生活习性

卵:历期30~35 d。多产在树干的粗皮裂缝内和枝叉间,很少产在树冠枝条上。产卵量平均180粒,最高可达300粒,孵化率高达90%。

幼虫:历期40~45 d。初孵幼虫在芽苞内取食,幼虫共5龄,4~5龄危害最严重,可将叶片吃光或仅残留叶脉。幼虫有吐丝下垂习性,初龄靠风力传播,活动能力随虫龄增加而增大。幼虫耐饥力很强,并随虫龄增加而增大,老熟幼虫耐饥可达15~20 d。幼虫食性专一,除栎类外,一般不食其他树叶。

蛹:历期长达9个月。老熟幼虫落地在土中化蛹,其深度在6 cm以内的土层中,以2 cm处数量最多。

成虫:平均历期30~35 d。成虫羽化与温度、湿度的变化关系很大,一般是温度高、湿度小羽化数量多,相反则降低,甚至不羽化。羽化1 d后开始交尾,多在傍晚活动,白天隐蔽;耐寒性较强,气温为3~5℃时羽化数量最多;雌蛾性引诱能力很明显。

3.2　栓皮栎尺蛾的生物学特性

栓皮栎尺蛾(Erannis dira Butler)又名栓皮栎尺蠖、栎步曲,属尺蛾科。

3.2.1 形态特征

成虫:雄虫体黄黑色,长7.5~10 mm,翅展24~32 mm。触角栉齿状。复眼大、黑色、圆形。前翅有黑色波状纹2条,近中室处有1个明显的棕黑色斑点。外缘线端有1列三角形斑点,内缘、外缘有缘毛,后翅灰白色,间有黑色鳞片。雌虫体长6.3~7.2 mm,黑色。腹末渐尖。触角丝状,复眼黑色。翅极小,前翅较后翅稍长,具不整齐长缘毛。

卵:圆柱形,长0.75 mm,宽0.4 mm,两端略圆,具光泽,卵壳表面有整齐刻纹,初产绿色,渐变褐色,孵化前呈黑紫色。

幼虫:老熟幼虫体长23 mm,头壳黑棕色,上具棕黄色龟纹。体黄褐色,第五、第六节两侧具褐色突起。

蛹:长6~10 mm,宽约3.4 mm,棕色有光泽。

3.2.2 生活史

1年发生1代,以蛹在1~6 cm深土中越夏、越冬。每年1月下旬成虫羽化,2月上中旬达羽化盛期;3月下旬幼虫孵化,5月上中旬幼虫老熟,并落地入土化蛹。6个调查地点山的阳坡发育期基本一致,阴坡比阳坡同一虫态发育始期平均晚1~3 d,发育历期一致。生活史如表3所示。

表3 栓皮栎尺蛾生活史(2006~2009年)

月	1			2			3			4			5			6~12		
旬	上	中	下	上	中	下	上	中	下	上	中	下	上	中	下	上	中	下
越冬代	○	○	○	○	○	○	○											
第一代			+	+	+	+	+	+										
			·	·	·	·	·	·		−	−	−	−	−	○	○	○	○

注:○蛹;＋成虫;·卵;－幼虫。

3.2.3 生活习性

卵:历期30~35 d,多散产在树干粗皮裂缝内,少数产在树冠枝条上。产卵量平均150粒左右,孵化率85%左右。

幼虫:历期40~45 d。幼虫具吐丝习性,借此转移危害。幼虫多在夜间取食,白天多静止于枝条与叶柄之间,拟态极似小枝或叶柄。幼虫有假死性。

蛹:历期长达9个月。多在树下1~6 cm内的土层中。

成虫:平均历期30~35 d。羽化1 d后开始交尾,雄蛾飞翔力弱,一般飞行高度距地面不超过2 m,雌蛾不能飞行,但爬行迅速。成虫活动多在傍晚,白天隐蔽于草丛、树皮下。

3.3 栓皮栎波尺蛾、栓皮栎尺蛾主要生态学习性

栓皮栎波尺蛾、栓皮栎尺蛾成虫羽化与温度、湿度的变化关系很大,一般温度高、湿度小羽化数量多,相反则降低,甚至不羽化。调查发现林地边缘、林内空地、林间道路两旁树木虫口密度大,树叶受害比林内严重。

另外两种栎尺蛾,3月上中栎树叶片初展期正是卵孵化初期,5月上中旬小麦落花灌

浆期是幼虫老熟下树化蛹期。

栎树主要食叶害虫的天敌较多,卵期主要有黑卵蜂、赤眼蜂,以及黑蚂蚁、甲虫等,卵期寄生情况受温、湿度影响大,一般温度高、湿度小寄生率高;幼虫和蛹期天敌主要有瓢虫、黑蚂蚁、虎甲、步甲、毛虫追寄蝇、杆菌、灰喜鹊、麻雀等;蛹期最主要的天敌是鼠类;成虫期主要天敌是鸟类。

3.4 栓皮栎波尺蛾、栓皮栎尺蛾发育历期表

综合分析了4年积累的生活史观察资料并结合多年观察记录,推算出两种害虫世代、虫态的发育历期,并编制了发育历期表(见表4)。

表4 发育历期表

世代	虫态	各虫态发育历期(d)		世代发育历期(d)	
		栎波尺蛾	栎尺蛾	栎波尺蛾	栎尺蛾
一代	卵	30～35	30～35	365	365
	幼虫	40～45	38～42		
	蛹	255～270	250～265		
	成虫	30～35	30～35		

栓皮栎波尺蛾生命表研究

栎树是南阳市山区绿化和林副产品加工重要树种,面积达54.67 hm^2,占全市有林地面积近一半。近年来,由于树种结构单一,重造轻管,缺乏有效的监测、防控措施,以栓皮栎波尺蛾为主的食叶害虫大面积发生,生态环境遭到破坏,损失巨大。目前对该虫生命发育规律缺乏系统性研究,防治缺乏可靠依据。2010年开始对该虫生命表进行研究,提出了有价值的研究成果。

1 试验材料、方法

1.1 试验材料

3月中旬,在独山栎林内,选5株萌蘖苗作为试验树,清除其他昆虫,将树编号,在标准地内取5头成虫所产卵数作为试验初始数,待幼虫孵出后将幼虫分别接于已选好的5株树上,用20目的尼龙纱养虫笼罩住,每笼放一块卵所孵出的幼虫,定期进行观察记录,当笼内叶被食2/3时,更换树叶。

1.2 观察研究方法

1.2.1 卵期

成虫产卵后,每2 d观察一次,孵出后,将幼虫接入养虫笼内,统计孵化幼虫数;至幼虫不再孵出为止,把卵块取下,统计未孵卵粒数并分析未孵原因。

1.2.2 幼虫期

幼虫孵出期,每天观察一次,检查存活数、死亡数及死亡原因;2龄后,每2 d观察一次,统计存活数、死亡数及死亡原因,并观察幼虫脱皮情况以确定龄期,遇到风、雨、降温等

特殊天气,增加观察次数,掌握虫口变化情况和特殊气候对害虫的影响。同时进行野外辅助调查。

1.2.3 蛹期

接幼虫期观察,到化蛹期,每天观察一次,观察化蛹情况;全部化蛹后,暂时去掉笼子直到次年成虫羽化前,每 5 d 观察一次,记录幼虫化蛹数量、死亡率及死亡原因。同时辅助室内观察。

1.2.4 成虫期

接蛹期观察,在成虫羽化期再罩上养虫笼,每 2～3 d 观察一次,观察成虫羽化情况、交尾产卵特性,记录成虫寿命、死亡数量及死亡原因。

观察每一虫期每一阶段的活动情况,弄清其死亡原因及死亡数量,记入观察记录表。编制栓皮栎波尺蛾生命表。

2 结果与分析

2.1 编制生命表

从卵期开始,按照各虫态历期的观察结果记载起始数量、死亡虫数及死亡原因,虫期划分为卵期,1、2 龄幼虫期,3、4 龄幼虫期,老熟幼虫期,蛹期,成虫期等 6 个阶段。2010～2011 年、2011～2012 年和 2012～2013 年,跨年度各编制了一张生命表,如表 1～表 3 所示。

表 1 2010～2011 年栓皮栎波尺蛾生命表

虫期或龄期 (X)		每期开始存活量 L_X	致死因子 (dXF)	每期内死亡虫数 dX	死亡百分率 ($100q_X$)	存活率 ($1-q_X$)	累计存活率 (%)	观察时间 (月-日)
卵期(N_1)		950	不育/捕食 寄生/其他	25/10 5/15	2.63/1.05 0.53/1.58	0.942 1	94.21	02-26～03-26
幼虫期	1、2 龄	895	捕食/感病 寄生/其他	165/25 20/59	18.43/2.79 2.23/6.59	0.699 4	66.89	03-27～04-15
	3、4 龄	626	捕食/寄生 感病/其他	210/25 30/51	33.55/4.00 4.79/8.15	0.495 2	32.63	04-16～05-01
	5 龄	310	捕食/寄生 感病/其他	69/5 17/16	22.26/1.61 5.48/5.16	0.748 4	24.42	05-02～05-09
蛹		232	捕食/寄生 感病/其他	165/63 49/77	38.02/14.52 11.29/17.74	0.189 7	4.63	05-10～ 次年 01-21
成虫		44	雌性比 (1:1)	0		0.772 7	3.58	01-22～ 02-23
雌蛾 X_2		44	成虫死亡	10	24.30			
世代总计		34		916	96.42	0.357 9		

实际产卵量:3 060　　　　　单雌平均产卵量:180　　　　　单雌最高产卵量:300

期望产卵量:5 100　　　　$I = N_2/N_1 = 3\ 060/950 = 3.22$

表2 2011～2012年栓皮栎波尺蛾生命表

虫期或龄期（X）		每期开始存活量 L_X	致死因子（dXF）	每期内死亡虫数 dX	死亡百分率（$100q_X$）	存活率（$1-q_X$）	累计存活率（%）	观察时间（月-日）
卵期（N_1）		890	不育/捕食 寄生/其他	25/39 12/19	2.80/4.38 1.35/2.13	0.893 3	89.33	02-24～03-27
幼虫期	1、2龄	795	捕食/感病 寄生/其他	166/51 10/84	20.88/6.42 1.26/10.57	0.608 8	54.38	03-28～04-14
	3、4龄	484	捕食/寄生 感病/其他	173/31 35/49	35.74/6.40 7.23/10.12	0.405 0	22.02	04-15～05-02
	5龄	196	捕食/寄生 感病/其他	41/5 6/16	20.92/2.55 3.06/8.16	0.653 1	14.38	05-02～05-10
蛹		128	捕食/寄生 感病/其他	75/10 12/15	58.59/7.81 9.38/11.72	0.125 0	1.80	05-11～ 次年01-20
成虫		16	雌性比（1:1）	0		0.687 5	1.24	01-22～02-24
雌蛾 X_2		16	成虫死亡	5	31.25			
世代总计		11		879	98.76	0.012 4		

实际产卵量:850　　　　　单雌平均产卵量:170　　　　　单雌最高产卵量:280

期望产卵量:1 400　　　　$I = N_2/N_1 = 850/890 = 0.95$

表3 2012～2013年栓皮栎波尺蛾生命表

虫期或龄期（X）		每期开始存活量 L_X	致死因子（dXF）	每期内死亡虫数 dX	死亡百分率（$100q_X$）	存活率（$1-q_X$）	累计存活率（%）	观察时间（月-日）
卵期（N_1）		910	不育/捕食 寄生/其他	22/56 6/24	2.42/6.15 0.66/2.64	0.881 3	0.881 3	02-25～03-29
幼虫期	1、2龄	802	捕食/感病 其他	219/56 38	27.31/6.98 4.74	0.609 7	53.74	03-30～04-18
	3、4龄	489	捕食/寄生 感病/其他	178/38 27/26	36.40/7.77 5.52/5.32	0.450 0	24.18	04-19～05-03
	5龄	220	捕食/寄生 感病/其他	31/4 9/12	14.09/1.82 4.09/5.45	0.745 5	18.02	05-04～05-12
蛹		164	捕食/寄生 感病/其他	88/21 5/18	53.66/12.80 3.05/10.98	0.195 1	3.52	05-13～ 次年01-26
成虫		32	雌性比（1:1）	0		0.718 8	2.53	01-27～02-29
雌蛾 X_2		32	成虫死亡	9	28.13			
世代总计		23		887	97.47	0.025 3		

实际产卵量:1 870　　　　　单雌平均产卵量:170　　　　　单雌最高产卵量:280

期望产卵量:3 080　　　　$I = N_2/N_1 = 1 870/910 = 2.05$

2.2 生命表观察结果

通过对栎波尺蛾自然种群生命表观察,发现栎波尺蛾在南阳市每年发生1代,以蛹在土内越夏、越冬。成虫1月下旬开始羽化、交尾、产卵,2月为羽化盛期。3月下旬幼虫开始孵化,5月上旬老熟幼虫开始入土化蛹,5月中旬化蛹盛期,蛹期长达9个月。

2.3 各虫态生命分析

分析得知,卵期存活率比较高,在85%以上,主要致死因子是不育及捕食。1、2龄幼虫期,天气影响及天敌控制是种群变化的主要因子;3、4龄幼虫期,捕食和寄生是影响种群众数量的关键虫期;5龄幼虫期的种群数量变化相对稳定一些。蛹期长达9个月,种群数量变化最大,主要是由天敌捕食和寄生引起的。成虫期种群数量相对稳定一些。

2.4 种群趋势指数分析

分析得出,2010~2011年种群趋势指数最大,为3.22,2011年虫害发生比较严重;2011~2012年种群趋势指数减小,小于1,2012年虫害发生危害最轻;2012~2013年种群趋势指数上升为2.05,2013年虫口密度增加,虫害发生比上年严重一些。这种种群趋势变化,符合栎波尺蛾的自然发展规律。

2.5 关键虫期分析

经分析,蛹期种群数量减少最大,减少80%以上,成为控制种群数量变化的重要虫期,是制约害虫发展变化的关键因素。3、4龄幼虫期,种群的变化量最大,数量减少50%左右,也是控制害虫种群变化的关键虫期。

2.6 关键因子分析

按照数理统计学,关键因子一定在关键虫期内。通过对蛹期和3、4龄幼虫期,引起害虫死亡的因子进行统计计算,捕食因子造成的死亡量占该期死亡总量的60.44%(见表4),因此确定捕食因子是影响下一后代种群变化的关键因子。

表4 蛹及3、4龄幼虫期种群变动因子分析

因子	2007年	2008年	2009年	合计	
	死亡量	死亡量	死亡量	死亡量	死亡比率(%)
捕食	375	248	266	889	60.44
寄生	88	41	59	188	12.78
感病	79	47	32	158	10.74
其他	128	64	44	236	16.04
合计	670	400	401	1 471	

3 结论

(1)通过分析生命表发现,栎波尺蛾繁殖迅速,幼虫期短,暴食期集中。

（2）捕食因子是影响世代种群变化的关键因子,因此要大力宣传和保护害虫的天敌;蛹和3、4 龄幼虫期是控制害虫种群变化的关键虫期,由于蛹分布在土层内,非常分散,防治比较困难。因此,从防治角度,幼虫3、4 龄以前是防治的关键时期,只要在 4 龄前期进行全面防治,压低虫口,就不能造成大的灾害。

栓皮栎波尺蛾幼虫林间分布型观察研究

栎树是山区绿化、森林旅游、林副产品加工的重要树种,河南省南阳市栎树面积达 54.67 万 hm^2。栓皮栎波尺蛾(Larerannis filipjevi Wehrli) 是危害栎树的重要害虫,每年发生面积 2 多万 hm^2,该虫一年发生 1 代,以幼虫危害树叶,大发生时可将树叶吃光,影响栎木生长,破坏森林旅游景观。2008～2010 年在南阳市独山设点观察该虫生物学特性的同时,观察害虫幼虫的林间分布形态,为开展重点区域防治,迅速降低虫口,获得良好的防治效果提供了科学有效的依据。

1 试验区概况

试验区设在南阳市独山森林公园,为一孤立山地,海拔 320 m,相对高差 200 m,坡度 25°～40°,树种为栓皮栎、麻栎,林龄 25 年,树高 10 m 左右,郁闭度 0.8。

分别于 2008 年 4 月 9 日、2009 年 4 月 10 日和 2010 年 4 月 12 日开展调查,栎尺蛾以 2、3 龄为主。

2 观察方法

2.1 观察设计

在试验区设 5 块固定标准地,每块选 30 株固定样树作为标准株。试验区标准地分别为:Ⅰ独山西坡下部植物园前林沿;Ⅱ独山西坡下部林内;Ⅲ独山西坡中部林内;Ⅳ独山西坡中部停车场林沿;Ⅴ山顶祖师宫庙后林沿。

2.2 调查方法

采用固定标准地标准株调查法,每年分别在每一标准株的上、中、下三个方向,用高枝剪剪取 50 cm 长枝条,详细调查记录幼虫数量,计算百叶虫口量,然后合计求算每块标准地百叶虫口数量。对 3 年得到的调查数据进行统计分析,归纳害虫幼虫的林间分布形态。

3 结果与分析

3.1 调查结果

调查结果如表 1 所示。

表1　标准地虫口密度调查表

标准地	样株数	平均虫口密度(头/百叶)				说明
		2008 年	2009 年	2010 年	平均	
I	15	8.8	6.5	2.0	5.76	林沿
IV	15	9.9	7.0	2.5	6.46	林沿
V	15	10.2	7.2	2.6	6.66	林沿
S 平均		9.63	6.90	2.36	6.29	林沿平均虫口
II	15	6.7	5.0	1.5	4.40	林内
III	15	7.0	4.8	1.9	4.56	林内
W 平均		6.85	4.90	1.70	4.48	林内平均虫口

3.2　分析

由表1、表2分析得知,栎波尺蛾在栎树林中的发生呈现出林地边沿比林内严重,林地边沿中上部比下部严重的特点。表现在以下几方面:①栎树林林地边沿栎波尺蛾幼虫平均虫口密度明显高于林内,达40%;②林地上部边沿虫口密度比下部林地边沿虫口密度也较偏高,高15%;③栎树林林地中部和上部边沿之间害虫平均虫口密度没有明显差别;④林地下部同中上部林内虫口密度也没有明显差别。

表2　统计对比分析表

比值	$X_I = 5.76$	$X_{IV} = 6.46$	$X_V = 6.66$	$X_S = 6.29$	$X_{II} = 4.40$	$X_{III} = 4.56$	$X_W = 4.48$
$X_S - X_W / X_W$	40%						
$X_V - X_{IV} / X_{IV}$	3%						
$X_V - X_I / X_I$	15%						
$X_{III} - X_{II} / X_{II}$	3%						

4　讨论

(1)栎波尺蛾发生严重时,如果首先对林地边沿害虫进行集中防治,能够迅速降低虫口,防止虫害扩散蔓延,造成重大危害。

(2)防治栎波尺蛾要重点防治山中上部空地周围林地,尤其防治山地上部道路、旅游场所、寺庙四周的树木,以保持良好的旅游环境。

栎黄二星舟蛾生物学、生态学特性观察研究

黄二星舟蛾（Lampronadata cristata（Butler））又名黄二星天社蛾、槲天社蛾。主要危害板栗、栎类、柞树等，是柞蚕生产上的大害虫。幼虫危害叶片，将叶食成缺刻或孔洞，发生严重时可将树叶吃光。

1 试验研究设计

本试验研究时间为 2012～2015 年，试验地主要设在淅川县仓房乡香烟寺林区、西峡县寺山保护区、内乡县宝天曼保护区、桐柏县太白顶保护区 4 个地点，共设 12 块固定标准地（每个地点各 3 块），每块标准地 0.33 hm² 以上，在每块标准地按对角线抽取标准株 30 株。同时在以上地点根据情况再另设临时标准地。标准地基本情况见表 1。同时制作室外养虫笼 12 个（每个地点各 3 个）、室内小型养虫笼 10 个。室外养虫笼规格 40 cm × 50 cm × 60 cm，室内小型养虫笼 30 cm × 40 cm × 50 cm。

表 1 标准地基本情况

样地号	地点	土层厚度（cm）	林龄（a）	胸径（cm）	树高（m）	密度（株/亩）	郁闭度	海拔（m）	经纬度坡度	树种	备注
01	寺山下部	20	27	17	19	78	0.8	342	111°28.2′ 33°17.1′ 30°～35°	松	东坡
02	寺山中平台	20	26	15	17	80	0.8	440		杂	北坡
03	寺山上部	12	25	10	12	65	0.7	508			南坡
04	宝天曼下林	20	25	17	18	81	0.8	279	112°04′ 33°32′ 30°～35°	松	南坡
05	宝天曼中林	15	25	14	16	75	0.7	430			西南
06	宝天曼上林	10	25	10	11	64	0.7	512		杂	北坡
07	太白顶下林	25	21	13	14	79	0.9	395	113°17.3′ 32°17.8′ 30°～40°	松	东北
08	太白顶中林	15	21	10	11	71	0.7	660		松	东坡
09	太白顶上林	10	25	7	9	60	0.6	890			南坡
10	仓房下林	25	11	8	11	85	0.9	340	111°33.9′ 33°13′ 15°～20°	松	南坡
11	仓房中林	20	11	6	11	81	0.8	415		松	东南
12	仓房上林	10	11	5	8	72	0.6	470			东北

2 试验研究方法

按照研究方案，试验采取室外观察与室内饲养相结合，几个试验观察点同时进行，相互校正。对黄二星舟蛾的生物学特性、生态学习性及各虫态虫情进行定期、定时观察研究，详细记录、补充验证、分析汇总。

3 试验结果与分析

3.1 黄二星舟蛾的生物学特性

3.1.1 形态特征

成虫:体长 35～40 mm,雄性翅展 65～75 mm,雌性 72～88 mm,全体黄褐色。头、颈板灰白色,胸背中央色较深。触角栉状。前翅横脉纹由两个大小相同的黄色小圆点组成。后翅淡黄褐色(见图 1)。

卵:半球形,褐色,常 3～4 粒堆积在一起(见图 2)。

图 1 栎黄二星舟蛾成虫

图 2 栎黄二星舟蛾卵

幼虫:初龄幼虫 1～8 腹节两侧各具 7 对白色斜线。老熟幼虫体长 60～70 mm,头部较大,全体粉绿色,体肥大光滑(见图 3)。

蛹:黑褐色,体长 30～40 mm(见图 4)。

图 3 栎黄二星舟蛾幼虫

图 4 栎黄二星舟蛾蛹

3.1.2 生活史

据观察,南阳地区 1 年发生 1～2 代,以蛹越冬。翌年 6 月上旬成虫羽化产卵于叶面。幼虫 6 月中旬孵化,分散取食叶片,短期内可吃光树叶,老熟幼虫 7 月中旬入土化蛹。约85%的蛹在土中越夏越冬,另一部分蛹于 8 月初羽化、交配、产卵,出现第二代幼虫。第二代幼虫虫口密度低、危害较轻,于 10 月中下旬入土化蛹越冬。生活史见表 2。

表2 黄二星舟蛾生活史(2012～2015年)

月份	1～5月			6月			7月			8月			9月			10月			11～12月		
旬	上	中	下	上	中	下	上	中	下	上	中	下	上	中	下	上	中	下	上	中	下
越夏冬代	○	○	○	○	+	+	○	○	○	○	○	○	○	○	○	○	○	○	○	○	○
第一代				·	· −	· −	−	− ○	○ +	+	+										
第二代										·	·	· −	−	−	−	−	−	−	−	−	−

注:○蛹;+成虫;·卵;−幼虫。

3.1.3 生活习性

卵:历期20 d左右。卵多产在叶片背面,少量产在叶正面,常3～4粒在一起,单雌产卵量500粒左右,平均孵化率85%。

幼虫:第一代历期40～45 d,第二代历期70 d左右。幼虫孵化后,常吐丝下垂,分散啃食叶肉呈箩网状,大龄幼虫食叶留脉,近老熟时食量骤增,短期内可将叶片吃光,夜晚可听到沙沙吃叶声。幼虫共5龄,4～5龄危害最严重。幼虫食性专一,除栎类外,一般不食其他树叶。

蛹:越夏越冬代历期长达10个多月,少部分第一代蛹期20 d左右。幼虫老熟后入土做土室化蛹。其深度多在3 cm以内的土层中。

成虫:平均历期20～25 d。羽化后1～2 d开始交尾,成虫有趋光性,飞翔力强,多在傍晚活动,白天隐蔽。

3.2 黄二星舟蛾主要生态学习性

黄二星舟蛾发育与温度、湿度的变化关系很大,一般6～7月间高温多雨,对幼虫的发育最为有利。另外7月中下旬第一代蛹在温度高、湿度大时,羽化为成虫进入第二代数量相对较多;相反,绝大部分直接进入越夏越冬。

黄二星舟蛾的天敌较多,卵期主要有黑卵蜂、黑蚂蚁、甲虫等;幼虫期常有燕子、麻雀、喜鹊、鸡啄食;蛹期最主要的天敌为鼠类;步甲成虫可捕食幼虫和蛹。

3.3 黄二星舟蛾发育历期

综合分析了4年来积累的生活史观察资料并结合多年观察记录,推算出害虫世代、虫态的发育历期,并编制了发育历期表,见表3。

表3　黄二星舟蛾发育历期 （单位:d）

世代	虫态	各虫态发育历期	世代发育历期
一代	卵	20	100～110 或者 365
	幼虫	40～45	
	蛹	20 或 300	
	成虫	20～25	
二代	卵	20	320
	幼虫	70	
	蛹	210	
	成虫	20～25	

栎树其他主要食叶害虫的监测预报方法

　　通过近10年时间,对栎树主要食叶害虫监测预报方法的试验观察验证,全面总结了栓皮栎薄尺蛾、栎黄枯叶蛾、栎粉舟蛾、栎毛虫、栎黄掌舟蛾、栎叶瘿蜂、山楂叶螨、栎舞毒蛾和木橑尺蠖等栎树食叶害虫的监测调查方法。

1 一般调查方法

1.1 调查时间

　　原则上每一代幼虫发生危害高峰期进行。栓皮栎薄尺蛾4月中旬、5月上旬各调查一次;栎黄枯叶蛾5、6、7月各调查一次;栎粉舟蛾8、9月各调查一次;栎黄掌舟蛾7、8月各调查一次;栎毛虫(栎褐舟蛾)4月中旬、5月中旬各调查一次;栎叶瘿蜂4月和9月各调查一次;山楂叶螨年发生代数多,4～10月每月调查一次;舞毒蛾5月中旬和6月中旬各调查一次;木橑尺蠖于8月上旬调查。部分害虫形态如图1～图5所示。

图1　栎黄枯叶蛾幼虫

图2　栎黄枯叶蛾成虫

图3　栎叶瘿峰成虫

图4　木橑尺蠖幼虫

图5　木橑尺蠖成虫

1.2　线路踏查方法

以县(市、区)为单位,掌握栎树资源划分到小班的详细资料,并绘制于图上。原则上每个乡(镇)或5 000亩为1个监测区,监测区要编号,并不得跨乡(镇)设置。在监测区内根据道路情况、林业有害生物发生的历史资料选择沿林间小道、林班线或调查线等有代表性的路线进行踏查,每年的踏查线路应固定并上图。踏查时,边走边观测调查,目测监测区内各小班叶片保存率等受害情况,大致区分出危害程度相近的小班,掌握发生面积和范围。

统计栎树食叶害虫危害情况的树叶保存率按无明显危害、1/3以下、1/3~2/3、2/3以上区分为4类。

1.3　临时、固定标准地的设置

为掌握具体发生危害情况,原则上每个监测区设置一个固定标准地。在充分考虑栎树资源状况、立地条件、历史上的发生危害情况和调查工作量因素基础上,将固定标准地设置在其中一个有代表性的小班内,小班面积就是标准地面积。固定标准地要登记编号,基本情况填入附表1。

踏查时,如监测区无危害状况发生,年初确定的应报各病虫,均按零发生零报告处理;若有危害状发生,且危害程度一致,不需另设临时标准地,此时可认为固定标准地发生情况即为所在监测区发生情况;若监测区各小班间危害程度不一致,则固定标准地不能代表整个监测区危害情况,需在固定标准地之外不同危害程度处另设临时标准地,临时标准地也要设于踏查路线上某个有代表性的小班内,并如前述分别调查和记录固定及临时标准地相应情况,借以分别代表危害程度相近的小班的情况。每个临时标准地就是其所在小班面积。临时标准地根据需要设置若干个。

1.4 样株调查方法

在固定和临时标准地内,片林按对角线或"Z"字形,选取 15 株树为调查标准株。标准株每株必查。每标准株剪 1~2 枝标准枝,调查登记病虫种类、发育进度,标准株平均的虫口密度,目测估计单株树叶保存率并计算标准株平均数等情况。

调查时,每标准株剪取长 50 cm 标准枝 2 枝,在地面上铺一块 2 m² 的白布(以防找不到部分落地虫),详细检查树叶及白布上各龄幼虫数量、死虫数、感病数、寄生数,计算虫口密度。

根据发生程度不同将小班分类。以小班为基本统计单位,分别核算出监测区内固定及临时标准地所能代表的小班情况。分虫种将以上有关调查数据填入附表 2。

通过调查,要掌握每个小班发生的虫种类、发生程度分类等要素。

1.5 发生程度和危害程度分级标准

1.5.1 发生程度等级

(数值含下不含上)如表 1 所示。

表 1 发生程度等级

种类	调查阶段	划分指标	统计单位	发生(危害)程度		
				轻	中	重
栓皮栎薄尺蛾 lnurois fletcheri lnoue	幼虫	虫口密度	头/50 cm 标准枝	2~5	5~15	15 以上
栎粉舟蛾 Fentonia ocypete Bremer	幼虫	虫口密度	头/50 cm 标准枝	2~5	5~15	15 以上
栎毛虫 Phalerodonta albibasis Chiang	幼虫	虫口密度	头/50 cm 标准枝	2~5	5~10	10 以上
栎黄掌舟蛾 Phaler aassimilis(Bremer et Grey)	幼虫	虫口密度	头/50 cm 标准枝	2~5	5~10	10 以上
栎黄枯叶蛾 Trabala vishnou gigantina Yang	幼虫	虫口密度	头/50 cm 标准枝	2~5	5~15	15 以上
栎叶瘿蜂 Diplolepis agama Hart	幼虫	虫口密度	头/50 cm 标准枝	10~30	30~50	50 以上
舞毒蛾 Lymantria dispar Linnaeus	幼虫	虫口密度	头/50 cm 标准枝	2~5	5~15	15 以上
山楂叶螨 Tetranychhus Viennensis Zacher	幼虫	虫口密度	头/百叶	50~200	200~500	500 以上
木橑尺蠖 Culcula anterinaria Bremer et Grey	幼虫	虫口密度	头/50 cm 标准枝	2~5	5~15	15 以上

1.5.2 栎树主要食叶害虫发生程度标准

成灾标准:栎树失叶率60%以上,或者死亡率5%以上。发生在景观林中,成灾标准为失叶率50%以上,或者死亡率3%以上。

1.6 数据统计、汇总和上报

根据附表2,计算得到每种病虫当月实际发生面积,亦即"本世代或本次累计发生"数字,填入附表3。

对同一林地同一种林业有害生物多代重复发生,或者同一林地不同时段不同林业有害生物发生情况的统计,要结合当年以往调查统计资料(附表2、附表3等)及调查简图登记的各小班的有关情况,并按照"本世代或本次累计发生""发生面积合计""同病虫新发生"的概念,计算出"发生面积合计""同病虫新发生"面积,计算得到各项报表数字,填入附表4。

每月的调查任务全部结束后,将林业有害生物发生数据填入《森林病虫害防治信息系统》中的发生防治月报表中。全年的调查任务全部结束后,由各月的发生表月报汇总处理为年报。

每次野外调查记录表、数据汇总表及调查简图均要存档备查。

2 系统监测研究方法

2.1 调查时间

2.1.1 成虫调查时间

栓皮栎薄尺蛾在2月上旬;栎粉舟蛾在7月上中旬;栎黄枯叶蛾在8月中旬到9月中旬;栎黄掌舟蛾在6月中旬至7月中旬;栎毛虫(栎褐舟蛾)在11月上中旬;栎叶瘿蜂在6月;舞毒蛾6月上旬至7月中旬;木橑尺蠖在7月上中旬;山楂叶螨年发生代数多,4~10月每月调查一次。

2.1.2 卵调查时间

栓皮栎薄尺蛾在2月上旬至3月中旬;栎粉舟蛾7月上旬至8月中旬;栎黄枯叶蛾在8月中旬至9月中旬;栎黄掌舟蛾在5月中旬至6月下旬;栎毛虫(栎褐舟蛾)在11月和次年4月;栎叶瘿蜂在6月上旬至8月中旬;舞毒蛾8月至次年4月;木橑尺蠖在7月中下旬调查;山楂叶螨年发生代数多,4~10月每月调查一次。

2.1.3 幼虫调查时间

栓皮栎薄尺蛾在3月下旬至4月下旬;栎黄枯叶蛾在4月下旬至8月下旬;栎粉舟蛾在7月上旬至9月中旬;栎黄掌舟蛾在8~9月;栎毛虫(栎褐舟蛾)4月上旬至6月上旬;栎叶瘿蜂在8月中旬至10月中下旬和4月初至5月上旬;舞毒蛾4~5月;木橑尺蠖在7月下旬到8月下旬;山楂叶螨年发生代数多,4~10月每月调查一次。

2.1.4 蛹期调查时间

栓皮栎薄尺蛾以蛹越冬每年1月中旬至2月中旬调查;栎粉舟蛾在6月上旬至8月

中旬;栎黄掌舟蛾在6月至7月;栎黄枯叶蛾在8月下旬至9月中旬;栎毛虫(栎褐舟蛾)在6月上旬至10月底;栎叶瘿蜂在5月中旬至6月上旬;舞毒蛾在5月和6月;木橑尺蠖在到8~10月;山楂叶螨年发生代数多,4~10月每月调查一次。

2.2 调查研究方法

2.2.1 成虫期调查

2.2.1.1 灯诱调查法(野外调查)

栎粉舟蛾在7月上旬至8月下旬;栎黄掌舟蛾在5月初至6月底;栎黄枯叶蛾在8月中旬至9月下旬;栎毛虫在11月初至11月中旬;舞毒蛾在6月上旬至7月中旬;木橑尺蠖在7月上中旬悬挂黑光灯诱集成虫,每晚8时开灯,次日早7时关灯,统计诱虫数量,填入进度调查表(附表8),天气描述记入备注。

2.2.1.2 成虫羽化进度调查(室内调查法)

接2.2.4.1蛹发育进度调查,老熟幼虫化蛹后,继续进行室内饲养,等待成虫羽化时,调查记录蛹羽化成虫情况,调查数量填入调查表(附表5和附表6)。栎叶瘿蜂在虫苞内化蛹,5月下旬至6月中旬,可以在林间直接观察标准株,解剖虫苞,调查蛹羽化和蛹死亡情况(调查平均标准株数量,填写调查表(附表5和附表6)。

2.2.2 卵期调查

为便于观察,采集越冬蛹或每代蛹在其化蛹场所套笼,待羽化后分雌雄适量分别置于10株标准株上,并做标记,同时清除树上其他杂虫,套笼。或采新产卵块置于标准株上并做标记,每天观察一次,统计单块卵量、已孵化卵粒数、未孵卵粒数,同时记载当天温度数据,结果记入附表5;统计卵未孵化数及原因,结果记入附表6。

2.2.3 幼虫期调查

2.2.3.1 幼虫发育进度观察(室内养虫)

分别于相应时期接前边的卵历期观察,待幼虫孵化后,取同一天初孵幼虫接入养虫笼中标准株上,开展幼虫期观察,每种虫设3个笼,每笼保持100头左右初孵幼虫,同时清除其他杂虫,幼虫化蛹盛期每天观察一次,记录幼虫孵化时间、死亡和发育进度等情况。发育进度和死亡有关情况分别记入附表5、附表6。

2.2.3.2 幼虫危害期调查(野外调查)

方法同一般调查。调查结果填入附表6,标准地树叶保存率及虫口密度记入备注。

2.2.3.3 幼虫食叶量测定

幼虫孵化后,分不同虫种分别取120头初孵幼虫(或若虫),分为3组,每组40头,分置于预先运用方格纸法测定了面积的新鲜叶片的3个标本盒内,如有幼虫死亡,随时自备用饲养笼或野外采集补充同样大小的幼虫,并及时补充测定了面积的新鲜叶片,每天观察记录幼虫取食情况,观察结束后再测定一次叶面积。结果记入食叶量调查表(附表9)。

2.2.4 蛹期调查

2.2.4.1 蛹发育进度调查(室内养虫)

各种幼虫近老熟时分别取200头分别放入3个养虫笼内。笼规格都为0.5 m×0.5

m × 0.5 m,将养虫笼底部埋入疏松土中 15 cm 左右。每天定时统计幼虫化蛹入土情况,填写发育进度表(附表 5)。

2.2.4.2　蛹密度调查(野外调查)

按几种栎树食叶害虫各自化蛹时期,在每标准地按隔几株取 1 株的方法抽标准株 10 株,在每标准株树冠下以植株为中心挖 1/4 的扇形样坑,样坑深度为 10 ~ 30 cm,仔细调查蛹的密度(调查数据乘以 4 得全株蛹数)和蛹死亡情况,填写蛹密度调查表(附表 6)。栎叶瘿蜂 4 月下旬在虫苞内化蛹,5 月中下旬可以由专人在林间直接观察标准株,解剖虫苞,调查蛹的密度和蛹死亡情况(调查平均标准株数量),填写蛹密度调查表(附表 6)。

2.2.4.3　蛹重与产卵量关系调查(室内养虫)

按不同栎树食叶害虫不同发育时期,分别区分雌雄蛹各 30 头,对雌蛹称重登记后将蛹埋入花盆土中(所埋雌蛹位置要一一标记),外罩纱笼。成虫羽化后按雌雄 1 : 1 配对放入标本盒中待其交配产卵,填写蛹重与产卵量调查表(附表 7)。用直线回归法计算蛹重与产卵量的预测式。

3　预测方法

3.1　发生期预测方法

3.1.1　历期预测法

根据几种栎树食叶害虫在林间发育进度的系统调查,掌握不同虫态或虫龄的起始日期,计算不同种多年相应历期的平均值(期距值)。按下列公式预测出各虫态或虫龄发生期。

$$F = H_i + (X_i \pm S_X)$$

式中:F 为某虫态出现日期;H_i 为前期虫态发生期实际出现日期;X_i 为期距值;S_X 为相应的标准差。

3.1.2　有效积温预测法

当林间查到卵始见期、高峰期后,利用当地近期天气预报的平均温度,根据有效积温公式就能预测幼虫孵化始见期或高峰期。

$$N = \frac{K \pm S_K}{T - (C \pm S_C)}$$

式中:N 为各虫态历期;C 为发育起点温度;K 为有效积温;S_K 为有效积温标准差;T 为日平均温度;S_C 为发育起点温度标准差。

3.1.3　物候预测法

根据当地某些动植物与栎树食叶害虫发生期的相关性,经长期观察,建立物候期表进行预测。南阳市森防站经过常年观察,发现 3 月中下旬栎树叶片初展期是栎薄尺蛾卵孵化初期,5 月上中旬小麦落花灌浆期是幼虫老熟下树化蛹期;4 月上中旬栎树叶片展开期是栎毛虫卵孵化初期,也是防治最佳时机。

3.1.4 相关回归法预测

利用3月中下旬栎树叶片初展期时的平均气温、地温和与三种栎尺蛾幼虫孵化出现期的显著相关性建立回归预测式。利用4月上中旬栎树叶片展开期的平均气温、地温与栎毛虫卵孵化初期的显著相关性建立回归预测式。

3.2 发生量预测方法

3.2.1 有效基数预测法

栎粉舟蛾、栓皮栎薄尺蛾、栎黄掌舟蛾的预测式为：

$$P = P_0[ef/(m+f)(1-a)(1-b)(1-c)(1-d)]$$

式中：P 为预测下一代幼虫发生量；P_0 为越冬基数（蛹平均密度）；e 为产卵量（粒/雌）；f 为雌蛹数；m 为雄蛹数；$1-a$ 为蛹期生存率；$1-b$ 为成虫产卵前的生存率；$1-c$ 为卵孵化率；$1-d$ 为1、2龄期幼虫生存率。

栎毛虫、栎黄枯叶蛾的预测式为：

$$P = P_0[ef/(m+f)(1-a)(1-b)(1-c)(1-d)]$$

式中：P 为预测下一代幼虫发生量；P_0 为这一代平均幼虫密度；e 为产卵量（粒/雌）；f 为雌蛹数；m 为雄蛹数；$1-a$ 为卵孵化率；$1-b$ 为幼虫化蛹率；$1-c$ 为成虫羽化率；$1-d$ 为1、2龄期幼虫生存率。

3.2.2 相关回归预测法

根据产卵量与平均蛹重的关系建立回归预测式进行产卵量的预测。根据三龄幼虫发生量（头/50cm标准枝）与平均蛹数（头/株）的相关性建立预测式，进行幼虫发生量预测。

3.2.3 以生命表为基础的最优回归预测式

以关键因子所引起的存活率为自变量，以下一代卵量为因变量，建立单回归预测式，预测下一代种群数量：

$$N_{n+1} = 10^{0.079\,811\lg S_n + 3.516\,5}$$

式中：N_{n+1} 为下一代种群数量；S_n 为三龄幼虫期存活率。

3.2.4 昆虫种群消长趋势指数法

以关键因子所引起的存活率为自变量，以种群趋势指数为因变量建立单回归预测式，预测下一代种群数量的增减。

$$I = 10^{0.112\,61\lg S_n + 0.333\,8}$$

式中：I 为种群趋势指数；S_n 为三龄幼虫期存活率。

$I=1$ 时，下代种群数量将保持不变。

$I>1$ 时，下代种群数量将增加。

$I<1$ 时，下代种群数量将减少。

3.2.5 种群趋势指数分析

Morris 和 Watt 提出了著名的 I 值的模式，即 I 值可用世代内各虫期的存活率和繁殖力的乘积来表示：

$$I = S_E \times S_{L1} \times S_{L2} \times \cdots \times S_P \times S_A \times P_♀ \times F \times P_F$$

式中:S_E……S_A分别为卵、各龄幼虫、蛹、成虫的存活率;$P_♀$为雌性比率;F为雌虫最高产卵量(生殖率);P_F为 F 的实际产出率,$P_F = \dfrac{实际生殖力}{最高生殖力}$。

3.3 危害程度预测法

通过对几种栎树食叶害虫越冬蛹密度与叶片被害程度相关分析,建立当地适用的以蛹密度预测叶片被害率的经验对照表,如表2所示。

表2 以蛹密度预测叶片被害率的经验对照表

种类	程度	蛹(头/株)	叶片被害率(%)
栓皮栎薄尺蛾	轻	3~8	20~30
	中	8~15	31~60
	重	15以上	61以上
栎粉舟蛾	轻	3~8	20~30
	中	8~15	31~60
	重	15以上	61以上
栎黄掌舟蛾	轻	3~8	20~30
	中	8~15	31~60
	重	15以上	61以上
栎毛虫	轻	3~5	20~30
	中	5~10	31~60
	重	10以上	61以上
栎黄枯叶蛾	轻	3~8	20~30
	中	8~15	31~60
	重	15以上	61以上
舞毒蛾	轻	3~8	20~30
	中	8~15	31~60
	重	15以上	61以上
木橑尺蠖	轻	3~8	20~30
	中	8~15	31~60
	重	15以上	61以上

还可以根据栎树食叶害虫的一般调查得出虫口密度,结合食叶量进行危害程度预测。

3.4 发生范围预测法

见一般调查结果表(附表4)。

附表

附表1 _____县(区)栎树食叶害虫固定标准地记录表

乡镇名称:　　　乡镇代码:　　　村名称:　　　村代码:　　　标准地号:

小班号:　　　地点描述:

土壤质地:　　　土层厚度(cm):　　　植被种类:

面积(亩):　　　主要树种及所占比率:　　　树龄(年):

平均树高(m):　　　平均冠幅(m):　　　平均胸径(cm):

代表面积(亩):

主要林业有害生物种类:

调查人:　　　调查时间:　　　年　　月　　日

填写说明:

1. 固定标准地概况每三年填写一次。

2. 乡镇代码:01~99,以县为单位统一编码;村代码:01~99,以乡镇为单位统一编码;固定标准地代码:001~999。即标准地号=乡镇代码+村代码+标准地代码。

3. 固定标准地号一经确定,不得随意更改。

附表2 县(区)栎树食叶害虫标准地调查及踏查情况记录表

监测区号_____种类名称:_____　_____世代/次　计量单位

标准地号	所在小班号	踏查同危害等级小班号	标准株虫口数量情况记录										统计数	虫口密度	被害株率(%)	树叶保存率(%)	树叶保存率分级
			1	2	3	4	5	6	7	8	…	…合计					
固定标准地																	
临时标准地1																	
临时标准地2																	
临时标准地3																	
…																	

调查人:_____　　　　　　填表时间:_____年___月___日

注:1. 发生程度分为低虫口、轻、中、重。

2. 虫口密度:头/百叶、头/50 cm标准枝。

3. 树叶保存率分级,按每10个百分点为间隔分为10级。

4. 栎树食叶害虫按虫口密度区分。

附表3 _____县（区）栎树食叶害虫调查数据汇总表一

林业有害生物种类：

监测区号	林地面积	低虫发生情况		轻度发生情况		中度发生情况		重度发生情况	
		同危害等级小班号	面积合计	同危害等级小班号	面积合计	同危害等级小班号	面积合计	同危害等级小班号	面积合计
				1					
				2					

注：同类型小班号指危害程度相同。

附表4 _____县（区）栎树食叶害虫调查数据汇总表二

汇总时间：_____年___月___日   计量单位：

监测区号	林地面积	种类	累计发生面积				发生面积			同病虫新发生
			低虫口	轻	中	重	轻	中	重	
合计										

调查人：_____   审核人：_____

注：1.发生程度和防治以小班面积计算时,可在轻、中、重任选一项做标记。

   2.小班内不是全部发生、防治可在面积栏填具体面积。

   3.防治方式面积等同上填写具体面积数。

附表5 _____成虫、卵、幼虫、蛹发育进度观察记录表

虫态：

株笼号	2		3		4		备注
日期	始虫态数	入下一虫态数	始虫态数	入下一虫态数	始虫态数	入下一虫态数	

附表6 卵、幼虫、蛹存活率观察记录表

虫态：

标准株（笼）号	起始虫数	观察期间死亡数及原因					存活率	备注
		寄生	感病	捕食	气候	其他		
1								
2								
3								
4								
5								
6								
7								
8								
9								
10								
总计								

观察起始时间：　　　　　观察终止时间：　　　　　观察记录人：

附表7 蛹重与产卵量关系

编号	蛹重(g)	产卵日期	产卵量	编号	蛹重(g)	产卵日期	产卵量
1							
2							
3							
4							
5							
6							
7							
8							
9							
10							
11							
12							
13							
14							
15							

合计　　　　平均　　　　时间　　　　地点

附表8 成虫灯诱记录表

标准地号：　　　　年份：　　　　世代：　　　　虫种：
调查手段(灯诱)　　　　功率或数量(瓦或只)：

日期(月-日)	诱虫数(头)				天气情况
	计	雌	雄		

附表9　幼虫食叶量观察表　　　　　　　（单位：cm²/头）

日期	1	2	3	备注
	食叶量	食叶量	食叶量	
合计				
平均				

第二篇 栎类主要害虫防治技术研究

栓皮栎波尺蛾防治指标试验研究

栎树是南阳市荒山绿化、丹江库区水土保持和林副产品加工的重要树种,面积达54.67万 hm²。多年来,由于树种单一、管理粗放、监测防治技术手段落后,以栓皮栎波尺蛾为主的食叶害虫发生危害严重,每年发生面积3.5万 hm²,大量树叶被吃光,虫粪满地,并招引鸟类在林区电塔上筑巢、大量排便,对栎木的健康生长、山区旅游和电力通信运行安全都造成严重损失。目前,对该虫防治标准缺乏系统性研究,防治缺乏可靠依据。2009年对该虫防治指标进行研究,找到了控制害虫危害的重要标准。

1 试验材料与方法

2009年4月上旬在南阳独山准地内选3株生长比较好的萌蘖株,剪去各枝中上部梢头嫩叶,各留下100片已生长定型的叶片(以后再萌发叶片除去),用网格纸测量其叶片总面积,然后分别取20头刚孵出的幼虫接于萌蘖条上,上用细纱养虫笼盖上,下部用土封严。每天观察一次害虫的食叶情况,若发现害虫死亡,立即寻找同龄的幼虫进行补充,直到害虫老熟化蛹。

2 观察研究

2.1 食叶面积测量

1、2龄,3、4龄,老熟幼虫结束期分别各测量一次每笼中20头幼虫的食叶量,计算以上3个虫龄阶段每头幼虫各自的平均食叶面积,以及3个笼中平均每头幼虫的总食叶面积。数据见表1。

表1 食叶面积测量表　　　　　　　　　　　　　　（单位:cm²）

不同龄期	各笼虫食叶面积			平均食叶面积	平均每虫食叶面积
	I	II	III		
1、2龄	284	282	280	282	14.1
3、4龄	1 117	1 111	1 108	1 112	55.6
5龄	1 101	1 099	1 094	1 098	54.9
合计	2 502	2 492	2 482	2 492	124.6

2.2 栎树叶面积测量

5月上旬幼虫老熟期,在标准地内随机取10个长50~100 cm的枝条,将叶片分为特大、大、中、小型四类,核算每类所占比重,用网格纸测量并计算平均每片叶的面积,计算出平均每头幼虫一个世代可以取食叶片多少面积。调查数据见表2。

表2　栎树叶面积测量表

总面积(cm²)	总叶片量	平均每片叶面积(cm²)	平均每虫一生食叶
133 955	3 650	35.7	3.49 片

其中特大型叶占5%,大型叶占15%,中型叶占60%,小型叶占20%。

2.3 幼虫食叶辅助人工摘叶影响树木材积生长变化量的测定

2.3.1 试验设计与测量

2009 年,在西峡县寺山选幼虫虫口密度偏大,叶片受害程度不同的5块标准地(树木胸径在 10~15 cm),于5月上中旬幼虫老熟不再食叶后,分别选择叶片全部被吃光和 2/3、1/2、1/3 被吃掉及叶片没有被吃的树木各15株(如果有部分树失叶量达不到划定标准,可辅助人工摘去部分叶片),分成3组,每种情况的树木各5株,全部测量每株树的胸径,做好标记和记录。到当年12月底,树木停止生长后,再次测量以上全部树木胸径,查栎木生长量材积表(栎树食叶害虫具有强暴食性,暴食期5~10 d 时间,短时间对树木胸径生长量变化可不记),求算树木材积生长量(m³)。数据见表3、表4。

表3　树木胸径测量表

模式	各区组树木平均胸径(cm)						说明
	Ⅰ		Ⅱ		Ⅲ		
	失叶时	停长时	失叶时	停长时	失叶时	停长时	
1 失 1/3 叶	10.9	11.5	13.2	13.7	11.5	12.0	数 据 为各区组5株树 木 平 均胸径
2 失 1/2 叶	12.1	12.4	10.9	11.3	11.2	11.5	
3 失 2/3 叶	11.2	11.5	12.8	13.0	13.8	14.0	
4 叶全失去	10.6	10.8	14.1	14.2	10.7	10.9	
5 对照未失叶	12.5	13.1	11.2	11.8	14.6	15.2	

表4　栎木材积生长量测量表

模式	各区组树木平均单株材积生长期(m³)				说明
	Ⅰ	Ⅱ	Ⅲ	平均	
1 失 1/3 叶	0.005 3	0.005 8	0.004 7	0.005 3	
2 失 1/2 叶	0.003 1	0.003 5	0.002 7	0.003 1	
3 失 2/3 叶	0.002 7	0.002 1	0.002 4	0.002 4	
4 叶全失去	0.001 6	0.001 3	0.001 7	0.001 5	
5 对照未失叶	0.006 4	0.005 5	0.008 1	0.006 7	

3 结果与分析

3.1 方差分析

经方差分析(见表5和表6)$F = 28.5688$,均大于$F_{0.05} = 3.48$和$F_{0.01} = 2.61$,说明处理间差异显著。

表5 表3中生长量处理表

处理	区组材积生长量(m³)			T_j	X_i
	I	II	III		
1 失叶 1/3	0.005 3	0.005 8	0.004 7	0.015 8	0.005 3
2 失叶 1/2	0.003 1	0.003 5	0.002 7	0.009 3	0.003 1
3 失叶 2/3	0.002 7	0.002 1	0.002 4	0.007 2	0.002 4
4 全部失叶	0.001 6	0.001 3	0.001 7	0.004 6	0.001 5
5 不失叶	0.006 4	0.005 5	0.008 1	0.02	0.006 7
合计				0.056 9	0.011 4

表6 各处理间方差分析

变差来源	自由度	离差平方和	均方	均方比	$F_a(4,10)$
组间	4	0.000 053 869 34	0.000 013 467 33	28.568 8	$F_{0.10} = 2.61$
组内	10	0.000 004 714 06	0.000 000 471 406		$F_{0.05} = 3.48$
总和	14				$F_{0.01} = 5.99$

2.3.2.2 Q 检验

对以上因素(5种处理)各水平进行Q检验,取$\delta = 0.05$,级数$a = 4$,剩余自由度为14,则查Q检验表得$Q_{0.05} = 4.11$,$D = 4.11 \times (0.000\,004\,714/10) \times 1/2 = 0.002\,822$,按数大小次序排列得表7,经$Q$检验,$X_5$与$X_1$、$X_2$、$X_3$以及$X_4$与$X_1$、$X_2$之间差异显著。说明全失叶、失2/3叶、失1/2叶与不失叶之间差异显著,以及全失叶、失2/3叶与失1/3叶之间差异也显著。

表7 Q 检验表

X_i	$X_i - X_1$	$X_i - X_2$	$X_i - X_3$	$X_i - X_4$	说明
$X_5 = 0.006\,7$	0.005 2 *	0.004 3 *	0.003 5 *	0.001 4	不失叶
$X_4 = 0.005\,3$	0.003 8 *	0.002 9 *	0.002 2		失 1/3
$X_3 = 0.003\,1$	0.001 6	0.000 7			失 1/2
$X_2 = 0.002\,4$	0.000 9				失 2/3
$X_1 = 0.001\,5$					全失

3.2 结果

由以上方差分析和 Q 检验,得出树木最少失叶 1/2,即失 50% 叶对树木材积生长量影响明显。

3.2.1 幼虫不同龄期存活数量、食叶面积

根据栎波尺蛾三年生命表,计算幼虫 1、2 龄期存活量:3、4 龄期存活量:5 龄期存活量 =1.558:1:0.454。

不同龄期幼虫食叶面积,幼虫 1、2 龄期食叶面积:3、4 龄期食叶面积:5 龄期食叶面积 =14.1:55.6:54.9。

3.2.2 基础防治指标计算

栎树食叶害虫虫口密度常以头/百叶计算,防治指标即为平均食去 50% 叶片的最低虫口密度数量。平均每 50 片叶面积是:$35.7 \times 50 = 1\,785(\text{cm}^2)$。

基础防治指标:$1\,785/(1.558 \times 14.1 + 55.6 + 0.45 \times 54.9) = 17.45(\text{头/百叶})$。

4 结论与讨论

由于南阳市栎树绝大部分是风景林和重要生态林,按国家标准防治指标比基础指标降低 20%。$17.45 \times 0.8 = 13.96(\text{头/百叶})$。

因此,得栓皮栎波尺蛾 3、4 龄幼虫的防治指标是 13.96(头/百叶)。同时计算可得栎波尺蛾 1、2 龄幼虫的防治指标是 21.75(头/百叶)。

栓皮栎波尺蛾、栓皮栎尺蛾几种不同防治方法研究

栎树是山区绿化、森林旅游、林产品生产加工的重要树种,南阳市栎树种类主要有栓皮栎、麻栎和桷栎,重点分布在伏牛山区和桐柏山区,面积达 54.67 万 hm^2,占全市有林地面积的一半,在林业生产和山区林农致富增收中占有非常重要的位置。同时南阳市栎树林地大部分分布于国家"十二五"重大项目南水北调中线工程源头水源涵养地,担负着保持水土、净化水库水质为京津和华北地区输送优质水源的重要责任。

近年来,由于树种结构单一,纯林面积过大,重造轻管,缺乏有效的防控措施,以栓皮栎波尺蛾、栓皮栎尺蛾为主的食叶害虫大面积发生,每年发生面积 3.5 万 hm^2,严重影响栎木生长,破坏森林旅游景观和生态环境,每年造成直接经济损失在 3 000 万元以上,对生态危害造成的间接损失更是难以估量。灾情引起了国家和地方各级政府的高度重视,为迅速遏制栓皮栎波尺蛾、栓皮栎尺蛾严重发生的势头,巩固造林绿化成果,保护生态环境,提高广大农民的经济收入,促进南阳市经济可持续发展,2003 年由南阳市森防站牵头,主持成立了"南阳市栓皮栎波尺蛾、栓皮栎尺蛾防控技术研究课题组"。9 年来,在国家、省、市有关部门的支持下,经过有关单位的协作攻关,取得了预期的成果。全市试验研究区防治面积 0.67 万 hm^2,试验区外推广防治面积 3.1 万 hm^2,改造、营造混交林 0.7 万 hm^2,虫害成灾率控制在 5‰以下。圆满完成了项目计划任务,取得了显著的社会、生态效益和经济效益。

1 前言

栎树食叶害虫是南阳市主要林木害虫,种类有 30 多种,发生面积大、危害严重的主要有两种:①栓皮栎波尺蛾 (Larerannis filipjevi Wehrli),又名栓皮栎波尺蠖、波尺蛾;②栓皮栎尺蛾 (Erannis dira Butler),又名栓皮栎尺蠖、栎步曲。每年 3 ~ 5 月以幼虫危害栎树叶片,严重时将叶片吃光,既减缓树木生长,又破坏森林景观,阻碍生态环境建设的发展。

1.1 栓皮栎波尺蛾、栓皮栎尺蛾在南阳市发生危害情况

南阳市目前现有栎树面积 54.67 万 hm²,占全市有林地面积的 1/2,占山区绿化面积的 85% 以上,而且随着退耕还林工程、生态林工程建设以及以香菇、木耳为主的林副产品的大力发展,造林面积在不断地增加。但是由于面积大,树种单一,林相简单,监测防控技术落后,以栓皮栎波尺蛾、栓皮栎尺蛾为主的栎树食叶害虫已成为南阳市主要林木害虫,每年大面积栎树严重受害,发生范围涉及南阳市西部、东部伏牛山和桐柏山的全部山区县。1995 ~ 2000 年每年发生面积在 2.0 万 hm²,2000 ~ 2005 年每年发生面积在 2.67 万 hm² 以上,近几年每年发生面积达到 3.33 万 hm²,并且每年约有 0.67 万 hm² 栎树叶子被吃光,造成直接经济损失 3 000 多万元。灾情引起了国家和地方各级政府的高度重视,国家林业局多次要求做好栎树害虫的防治工作并已批复南阳市上报的"南水北调中线工程源头林业有害生物防控体系建设项目",计划两年投资千万元,作为防控体系基础设施建设和林业有害生物防控的专项资金。省林业主管部门也加大对栎树主要害虫防治工作的资金投入。南阳市政府和主要领导也先后做出批示。国家和省市政府、林业主管部门的大力支持,为开展项目研究和全面推广应用奠定了坚实的基础。

1.2 发生原因及项目研究的意义

造成害虫严重发生的原因是多方面的。

(1)纯林面积大。全市栎树 90% 为纯林,单一树种的大面积人工林为病虫害的发生蔓延提供了良好的寄主条件。

(2)栎木的社会需求迅速增加。栎木是香菇、木耳、坑木等林副产品的主要原料,近年来,价格上涨、销量大增,收入占西部山区许多林农家庭收入的一半以上,全市年交易总额约 5 亿元,加之栎树适应性强,生长迅速,栎木的社会需求急速增加。

(3)气候异常。近年来,出现了大范围暖冬现象,利于病虫害的存活和繁殖。

(4)重视不够。部分地方领导及干部群众对林木病虫害的防治重视不够,防治措施不力,导致病虫害在局部暴发成灾。

(5)资金缺乏。全市每年中度以上栎树虫害发生面积全部防治,需要经费 500 万元,但是受各种因素的影响,每年实际投入经费不足 100 万元,致使每年有相当部分虫害得不到及时有效防治。

(6)不重视保护生态环境。多年来,农民防治病虫害一般只顾眼前,不讲后果,用化学农药多,使用生物制剂少,致使在杀死害虫的同时,大量杀死有益天敌,生态平衡失调,林木自控能力下降。

(7)监测、防控技术及设备落后。多年来,防治技术设备更新缓慢,监测、防控技术研究滞后,尤其是生物、仿生药剂使用少、使用技术不当。以至于发生病害虫没有有效的防

治措施,造成了害虫连年发生,越来越严重的局面。

总之,近年来造成栓皮栎波尺蛾、栓皮栎尺蛾发生严重的原因,主要是没有按照综合防控的思路,从林分结构、生态环境因素和人为因素等多方面进行考虑,灾害预防方面缺乏完善的预警系统、灾害防治方面缺少系统的控制措施,加上对栓皮栎波尺蛾、栓皮栎尺蛾的生物学、生态学特性、发生发展规律仍没有清楚的掌握。至目前在栓皮栎波尺蛾、栓皮栎尺蛾监测预测及防控技术方面还缺乏系统研究,没有成熟的经验,国内尚无系统报道。因此,开展此项研究,在生产上、学术上都有积极意义。

1.3 项目来源

为迅速遏制栓皮栎波尺蛾、栓皮栎尺蛾严重发生的势头,巩固造林绿化成果,有效地保护和治理南水北调中线工程水库水源涵养地的生态环境,促进南阳市林业经济的大力发展。按照省市林业主管部门的要求,南阳市成立了"南阳市栓皮栎波尺蛾、栓皮栎尺蛾防控技术"课题研究小组,由南阳市森防站负责项目的实施。

2 项目涉及的范围和规模

该项目由南阳市森防站主持,另有西峡、淅川、内乡、南召、桐柏等县森防站协作。以上 5 县有栎树面积 46.67 多万 hm^2,每年栓皮栎波尺蛾、栓皮栎尺蛾发生面积近 2.67 万 hm^2,确定试验研究区为 0.67 万 hm^2。9 年来,我们坚持边研究、边总结、边推广的方法,试验区面积 0.67 万 hm^2,在取得科技成果的同时,在全市推广害虫防治面积累计达 3.1 万 hm^2、纯林改造营造混交林 0.7 万 hm^2。

3 研究的主要内容及结果分析

3.1 生物药剂防治栓皮栎波尺蛾、栓皮栎尺蛾试验研究

3.1.1 试验材料

3.1.1.1 药剂与药械

飞机防治用药为阿维 – BT 制剂,其配比为阿维 – BT:水 =50 g:250 g。

施药器械为湖北荆州市同诚通用航空有限公司的 S—300C 活塞式轻型直升机,机载 GPS 导航系统,机载低量喷雾系统。

3.1.1.2 试验区概况

2006 年实施防治试验,试验区设在南阳市郊卧龙区独山森林公园,为一孤立山地,海拔 360 m,相对高差 150 m,坡度 25°~45°,树种为栓皮栎、麻栎,林龄 27 年,树高 6~10 m,郁闭度 0.7~0.8。

4 月 4 日调查,栎尺蛾以 2、3 龄为主,虫口密度为 19~49 头/百叶,虫株率 89%。

3.1.2 试验方法

3.1.2.1 试验设计

在试验区设 5 块标准地,每块选 20 株样树作为标准株。试验区标准地分别为:Ⅰ独山东坡中段;Ⅱ独山南坡中段;Ⅲ独山西坡中段;Ⅳ独山山顶祖师宫庙后;Ⅴ独山山脚植物园前。

3.1.2.2 防治技术参数

每架次载药量300 kg,喷幅40 m,飞机作业距树冠8～10 m,航速120 km/h,每架次飞防面积40 hm²,喷药量7 500 g/hm²。飞机防治时间为4月5日下午,试验观察时间分别为试验前和试验后的第2天、第3天、第4天、第7天、第10天。

3.1.3 效果调查

采取标准株调查法,分别在标准株的东、西、南、北四个方向,用高枝剪剪取50 cm枝条,调查虫口变化情况。飞防前,调查标准地内样树虫口密度;飞防后,第2天、第3天、第4天、第7天、第10天调查标准地样树虫口减退情况。

对调查数据进行统计分析,计算虫口减退率。

$$虫口减退率 = \frac{防治前虫口密度 - 防治后虫口密度}{防治前虫口密度} \times 100\%$$

3.1.4 结果与分析
3.1.4.1 防治试验结果

由表1、表2可以看出,利用飞机喷洒阿维 – BT效果显著,防治第1天,即有效果,第3～5天害虫达死亡高峰,第10天调查虫口减退率达到99.3%。

表1 防治效果调查表

标准地	样株数	防治前虫口密度（头/百叶）	防治后虫口密度（头/百叶）				
			第2天	第3天	第4天	第7天	第10天
Ⅰ	20	122.9	76.7	17.4	14.3	2.5	1.7
Ⅱ	20	19.1	7.5	3.9	2.5	2.4	0
Ⅲ	20	49.1	22.2	7.6	2.8	2.1	0
Ⅳ	20	34.9	9.6	3.6	2.5	2.3	0
Ⅴ	20	21.7	10.7	3.1	0.9	2.3	0
平均	20	49.54	25.34	7.2	4.6	2.32	0.34

表2 统计分析表

标准地	样株数	防治前虫口密度(头/百叶)	防治后虫口减退数(头/百叶)	虫口减退率(%)
Ⅰ	20	122.9	121.2	98.6
Ⅱ	20	19.1	19.1	100
Ⅲ	20	49.1	49.1	100
Ⅳ	20	34.9	34.9	100
Ⅴ	20	21.7	21.7	100
平均	20	49.54	49.2	99.3

3.1.4.2 中毒症状调查与持效性

施药第1天即有幼虫中毒死亡,经林间调查,中毒后的幼虫虫体变黑变软,缩水,林内未发现鸟类及其他天敌中毒。防后第10天仍有防治效果,经连续调查,药效持续可达第15天左右。

3.1.5 结论

直升飞机具有机动性强、方便高效、成本低的特点,飞防320 hm²,只飞行8架次,净时间 2 h。同时采用低量喷雾,节省药物,节约用水,是山区害虫大面积防治的最佳方法,值得推广应用;阿维菌素与 BT 混配剂防治栎尺蠖具有很好的防治效果,且对天敌无不良影响,对人畜安全。今后应探索不同剂量、不同生物制剂防治栎尺蠖的方法,以求取得最佳的防治效果。

3.2 "绿得保"粉剂防治栎尺蠖试验研究

3.2.1 试验设计

2002 年在南阳独山、2003 年在西峡县寺山进行防治试验。试验用药为"绿得保"生物粉剂,药剂由 Abamectin 与 BT 加植物中间剂复合而成,由浙江省乐清市绿得保植物有限公司生产提供;试验时间为 2、3 龄幼虫期;试验地选在独山西侧、北侧中部和下部栎树林内,设 3 块样地,试验采用区组设计,每块地再设 4 个小区,每个小区面积 2 亩,另在西侧中部、西南中部、西北侧中部设 3 个空白对照区;药剂"绿得保"(质量):轻质碳酸钙分别采用 3:100、4:100、5:100 和 6:100 四种比例浓度,4 种浓度粉剂随机喷在 3 块样地每个小区内;防治前和防治后 28 h、48 h、96 h 分别进行调查记录。

3.2.2 调查结果与分析

3.2.2.1 防治效果

"绿得保"属于胃毒剂,当害虫吃下感染该制剂的植物叶片 3 h 后便停止取食,随后虫体变软,颜色由原来的青黄色变为黄褐色,由原来的黄褐色变为黑色,纷纷坠地死亡。防治效果见表 3。

表 3 "绿得保"粉剂防治效果调查

配比	调查数	虫口(条/百叶)	调查时间(h)	重复率(%)			平均死亡率(%)
				I	II	III	
3:100	15	12.8	24	30.5	32.2	31.3	31.33
			48	70.9	71.5	71.7	71.37
			96	73.9	74.5	74.8	74.4
4:100	15	13.8	24	44.9	44.5	45.0	44.80
			48	89.5	89.0	89.8	89.43
			96	90.7	90.1	90.9	90.57
5:100	15	12.9	24	45.0	44.6	45.2	44.93
			48	90.8	90.4	91.0	90.73
			96	91.9	91.6	92.2	91.90
6:100	15	13.2	24	45.0	44.8	45.3	45.03
			48	91.0	90.8	91.2	91.00
			96	92.1	91.6	92.5	92.07
对照	15	13.4	24	0.00	0.00	0.00	0.00
			48	0.70	0.50	0.90	0.70
			96	0.60	0.80	1.00	0.80

3.2.2.2 试验分析与结论

经方差分析(见表4、表5)$F = 1\ 307.37$,均大于$F_{0.05} = 4.07$和$F_{0.01} = 7.59$,说明"绿得保"防治后96 h,四种配比浓度之间的药效差异非常显著。

表4 害虫96 h死亡率

处理	死亡率(%)			T_j	X_i
	Ⅰ	Ⅱ	Ⅲ		
1	73.9	74.5	74.8	223.2	74.4
2	90.7	90.1	90.9	271.7	90.57
3	91.9	91.6	92.2	275.7	91.90
4	92.1	91.6	92.5	276.2	92.07
				1 046.8	87.23

表5 各处理间方差分析

变差来源	自由度	离差平方和	均方	均方比	$F_a(3,8)$
组间	3	662.834	220.945		$F_{0.05} = 4.07$
组内	8	1.353	0.169	1 307.37	
总和	11	664.187			$F_{0.01} = 7.59$

对因素(四种浓度)各水平进行Q检验,取$a = 0.01$,级数$a = 3$,剩余自由度为11,则查Q检验表得$Q_{0.01} = 5.15$,$D = 5.15 \times (1.353/8) \times 1/2 = 2.12$,将因素(浓度)各组平均数按大小次序排列得表6,经Q检验,X_4、X_3、X_2与X_1差异显著。说明4:100、5:100、6:100这三种配比效果都很好,均在90%以上。

表6 Q检验表

X_i	$X_i - X_1$	$X_i - X_2$	$X_i - X_3$
$X_4 = 92.07$	17.67*	1.50	0.17
$X_3 = 91.90$	17.50*	1.33	
$X_2 = 90.57$	16.17*		
$X_1 = 74.40$			

再计算分析防治成本("绿得保"0.05元/g,轻质碳酸钙0.8元/g),每亩按4:100的配比喷药粉0.5 kg,用药成本为1.4元;每亩按5:100的配比,成本为1.65元;每亩按6:100的配比,成本为1.90元(以上不含劳动成本)。第一种配比用药成本比第二种低18%,比第三种低36%,这三种配比间用药成本差异很大,因此4:100是最经济有效的浓度配比。

喷粉防治可以借助气流和风速的力量,药粉上升高度可达机器所喷高度5倍以上,粘着农药的小颗粒能够均匀地附着在栎叶上,不易造成喷布不均匀的现象,克服了山区缺水、地形复杂、防治困难的问题,是目前山区防治森林虫害简便易行的有效方法。每筒每次可防治 0.67 ~ 1 hm²,需要时间 20 min,一台机器一天可以防治 20 hm² 左右,可以大大节省劳力投入,防治效率非常高,有很好的推广价值。

3.3 "敌敌畏"烟剂防治栎波尺蛾、栎尺蛾试验研究

3.3.1 试验材料、药剂

2007 年在西峡县寺山开展防治试验。由安阳林药厂生产的"敌敌畏"烟剂。本品是由主剂和助燃剂两部分组成,主剂为由敌敌畏乳油,助燃剂是由多种化工原料经粉碎、混合制成,非常易燃,用导火索点燃后,产生持续白色浓烟,随气流上升,被树冠阻隔于林内,附着在树叶上,熏杀害虫。

3.3.2 试验地概况及虫情

试验地选在西峡县寺山国家级森林公园中部栎树林,面积 200 hm²,林龄 25 年,树高 10 ~ 15 m,郁闭度 0.8,坡度 25° ~ 35°,海拔 650 m。栎波尺蛾、栎尺蛾同时同地发生,平均虫口密度 26.2 头/百叶,虫株率 90.5%。

3.3.3 试验方法

3.3.3.1 试验设计

燃放"敌敌畏"烟剂前,在栎树林内上、中、下部随机设置 4 块标准地,每块标准地 0.33 hm² 以上,并在标准地内随机选择 15 株树作为标准株,同时在放烟区外另设一块标准地作为对照(林地情况与标准地基本一样)。试验用药每亩 1 袋助燃剂和 3 支主剂。

3.3.3.2 效果调查

燃放一袋"敌敌畏"烟剂大约需 50 min,从施药后 1 h、3 h、6 h、12 h、24 h、30 h 分别按常规调查法,调查标准株百叶虫数,计算虫口密度、标准地虫口减退率、防治效果。试验效果调查见表 7。

表 7 试验效果调查表

标准地	样株数	防治前虫口密度（头/百叶）	防治虫后虫口密度(头/百叶)					
			1 h	3 h	6 h	12 h	24 h	30 h
1	15	25.8	10.8	5.9	3.3	2.2	2.1	2.1
2	15	27.6	11.4	6.8	3.6	2.6	2.4	2.5
3	15	25.1	10.7	6.3	3.1	2.2	2.0	2.0
4	15	26.4	12.5	6.9	3.7	2.9	2.4	2.5
平均	15	26.2	11.4	6.5	3.1	2.5	2.2	2.3
对照	15	26.6	26.5	26.7	26.3	26.1	26.5	26.3

3.3.4 结果与分析

3.3.4.1 试验效果

"敌敌畏"烟剂燃放后,害虫在 0.5 ~ 1 h 内停止取食,虫体变软,纷纷坠丝落地死亡,

试验效果见表8。

3.3.4.2 试验分析

根据试验效果调查表计算,防治后12 h虫口减退率达90.5%,24 h虫口减退率最高达91.6%,效果非常显著。数据见表8。

表8 试验分析表

标准地	标准株	试验前虫口密度（头/百叶）	12 h后虫口减退量（头/百叶）	24 h后虫口减退量（头/百叶）	虫口减退率（%）
1	15	25.8	23.6	23.7	91.9
2	15	27.6	25.0	25.2	91.3
3	15	25.1	22.9	23.1	92.0
4	15	26.4	23.1	24.0	90.9
平均数	15	26.2	23.7	24.0	91.6
对照平均	15	26.6	0.2		0.76

3.3.5 小结

(1)采用"敌敌畏"烟剂防治效果非常显著。防治后24 h虫口减退率最高达到91.6%,虫口密度由26.2头/百叶下降到2.2头/百叶,防治效果达90.8%。

(2)采用"敌敌畏"烟剂防治药效快,放烟1 h左右杀虫效果就很明显,3~6 h达到防治高峰。并且防烟防治克服了山区防治害虫路途远、行走难、树木高、缺水源等问题,是理想的治虫方法。

(3)燃放烟剂应选择傍晚或清晨的无风和微风天气,延长烟雾在林内停留时间,提高防治效果。同时燃放烟剂时,一定要注意导火索点燃后,迅速倒插在助燃剂中,深度要超过导火索长度的2/3,同时注意火别烧伤自己。

4 栎树纯林改造、营造混交林试验研究

4.1 栎树纯林改造试验

4.1.1 试验设计与调查

2003年在西峡县五里桥镇稻田沟村(海拔495 m,土层厚度15 cm,沙质土,坡度25°~30°)选择树龄3年生,平均密度65株/亩、平均胸径2.0 cm、树高2 m左右,面积7.33 hm²栎树纯林和在淅川县上集镇草庙沟村,选择树龄3年生,平均密度68株/亩、平均胸径2.1 cm、树高2 m左右,面积10 hm²的两块栎树纯林作为试验地,分别在其中设立面积在0.33 hm²以上标准地3块,每块按对角线选15株标准株,2003年4月上中旬栓皮栎波尺蛾、栓皮栎尺蛾2、3龄幼虫期,按栓皮栎波尺蛾、栓皮栎尺蛾监测调查方法,调查害虫的虫口密度,做好记录。调查数据见表9。

表 9 栎树纯林虫情调查表

标准地	平均虫口（头/百叶）	树叶受害程度（%）	说明
01	14.2	55	
02	14.4	55	西峡县
03	13.9	55	
04	14.0	55	
05	13.8	55	淅川县
06	14.6	60	
平均	14.2	平均叶损失 55	

4.1.2 纯林改造与调查

2003 年 11 月结合当地低产林改造,将西峡县稻田沟试验地,按点状模式进行纯林改造,每 5 株栎树外围改种 3 株马尾松 1.5～2.0 m 高苗(如有缺株、少株,直接种植)。2003年秋季将淅川县上集镇草庙沟村试验地也按点状模式进行改造,每 5 株栎树外围挖 2 株栎树,种植松树 1.5～2.0 m 高苗(如有缺株、少株,直接种植)。改造后树苗平均密度达到 80 株/亩。第二年秋季对新栽植没有成活的松苗进行补造。

2006～2008 年每年 4 月中旬害虫 2、3 龄期,在标准地内分别调查树叶受害程度、虫口密度。对纯林改造前与改造后虫害发生情况以及改造后混交林况同立地条件基本相同的纯林(淅川上集 19 号标准地,西县寺山 07、08 号标准地)虫害发生情况进行比较,对调查数据进行统计分析,研究改造后混交林的抗虫性能。调查数据见表 10。

表 10 改造后混交林虫情调查表

标准地	平均虫口（头/百叶）			树叶受害程度（%）			栎天牛虫株率	说明
	2006 年	2007 年	2008 年	2006 年	2007 年	2008 年	2009 年	
01	13.2	4.1	2.8	45	10	10	1.2	栎松 5:3
02	13.0	3.9	3.1	45	10	10	1.7	栎松 5:3
03	12.8	3.7	2.6	45	10	10	0.9	栎松 5:3
04	13.2	4.2	2.6	45	15	10	1.9	栎松 5:2
05	12.7	4.4	3.1	45	15	10	1.0	栎松 5:2
06	13.1	3.1	2.5	45	10	10	0.5	栎松 5:2
平均	13.0	4.0	2.8	45	15	10	1.2	
总平均	6.6			20				
纯林 19	14.5	14.2	15.0	55	50	55	9.1	2009 年混交林比纯林食叶害虫虫口降 80.3%;天牛虫株率降 85.2%
纯林 09	14.9	13.7	14.2	60	45	50	7.0	
纯林 08	14.7	13.9	14.6	60	50	55	8.2	
平均	14.4			平均叶损失 55			8.1	

4.1.3 结果与分析

(1)纯林改造后随树龄增加,抗虫性能增大,平均虫口密度由 2007 年的 13.0 头/百叶降为 2009 年的 2.8 头/百叶,降低 78.5%。

(2)纯林改造后混交林树木的抗虫性能大大提高,比改造前纯林食叶害虫虫口密度大幅度降低,2009 年的混交林比 2003 年纯林虫口降低 80.3%。

(3)改造后混交林比同期纯林食叶害虫虫口密度大幅度降低,2009 年改造后混交林比 2009 年同期纯林虫口降低 80.8%。

(4)2009 年初冬大雪,使西部几个山区县栎树大量被压断,尤其是纯林内栎树压断数量更大。经调查,30% 多被压断树是被栎旋木柄天牛危害的栎树,其中混交林内栎天牛虫口密度比纯林低 85.2%。

栎松以 5:3 及 5:2 混交,栎树和马尾松长势都比较好,栎树平均米径已达 5.5 cm,马尾松平均米径 5 cm,郁闭度 0.7,林分的自控能力大大提高,对食叶或蛀干害虫抗性非常明显,比纯林虫口密度降低达 80% 以上。

4.2 营造混交林试验

4.2.1 试验设计

2003 年 11 月在内乡县马山口镇唐河村(海拔 440 m,土层厚度 20 cm,沙质土,坡度 20°~25°)、内乡县七里坪乡涧河村(海拔 480 m,土层厚度 20 cm,沙质土,坡度 20°~25°)、七里坪乡大龙村(海拔 460 m,土层厚度 20 cm,沙质土,坡度 20°~25°)各分别选择 1 块坡度小、立地条件较好、面积 10 hm² 左右的已采伐栎树的山坡地,结合当地荒山造林,进行栓皮栎马尾松、栓皮栎油桐营造混交林试验。马山口镇唐河村营造栎松点状混交林,大约每 10 穴栎籽周围点种 5 穴松籽;七里坪乡涧河村也营造栎松点状混交林,每 10 穴栎籽周围点种 3 穴松籽;七里坪乡大龙村营造栎桐点状混交林,每 10 穴栎籽周围种 3 穴油桐籽。同时在三种模式内各设 3 块标准地,共计设 9 块标准地,每块标准地选 15 株样树,做标记和记录。

4.2.2 虫情调查

2006~2009 年每年 4 月上中旬,害虫 2、3 龄期调查各标准地样株栓皮栎波尺蛾、栓皮栎尺蛾发生危害情况。将各年度调查情况同总体情况以及立地条件相同的纯林(唐河村、大龙村纯林)食叶害虫发生情况进行比较和统计分析,研究营造混交林的自控能力。数据填入表 11。

4.2.3 结果与分析

栎松以 10:5 点状混交和 10:3 点状混交、栎桐以 10:3 混交,几种树木的长势都比较好,林地郁闭度达到 0.7 以上,林分的自控能力大大提高,抗虫性能明显增强,虫口密度比纯林降低达 80%。

表 11　营造混交林虫情调查表

标准地	平均虫口（头/百叶）				树叶受害程度（%）				说明
	2006 年	2007 年	2008 年	2009 年	2006 年	2007 年	2008 年	2009 年	
01	3.4	3.1	3.4	2.8	10	10	10	10	栎松 10:5 点状
02	3.2	3.1	3.2	3.0	10	10	10	10	栎松 10:5 点状
03	3.1	3.4	3.1	2.4	10	10	10	10	栎松 10:5 点状
04	3.0	2.8	3.4	2.8	10	10	10	10	栎松 10:3 点状
05	2.5	3.1	2.8	3.1	10	10	10	10	栎松 10:3 点状
06	3.1	3.1	3.0	3.2	10	10	10	10	栎松 10:3 点状
07	2.8	3.4	3.0	3.1	10	10	10	10	栎桐 10:3 点状
08	2.4	3.0	2.8	2.4	10	10	10	10	栎桐 10:3 点状
09	3.0	3.3	3.1	2.6	10	10	10	10	栎桐 10:3 点状
平均	3.0	3.1	3.1	2.8	平均叶损失 10%				
总平均	3.0								
纯林平均	15.9	15.1	14.7	13.9	65	60	50	45	平均混交林比纯林虫口降 80
平均	14.9				平均叶损失 55				

几种无公害药剂防治栎尺蛾试验研究

栎树是山区绿化、水土保持和用材林主要树种,河南南阳市面积达 54.67 万 hm²。栎尺蛾是栓皮栎波尺蛾(Llrerannis filipjevi)、栓皮栎薄尺蛾(Inurois fletcheri)、栓皮栎尺蛾(Erannis dira)的统称,是危害栎树的重要害虫,南阳市一年发生一代,以幼虫危害树叶,大发生时可将树叶吃光,影响栎树生长,破坏森林旅游景观。笔者于 2011 年采用无公害制剂 1.2% 苦参碱杀虫烟剂、26% 阿维灭幼脲胶悬剂和 21% 阿维灭幼脲可湿性粉剂进行防治试验,对防治效果、防治成本和适用条件等进行了综合分析研究。

1　试验材料

1.1　试验药剂

1.2% 苦参碱杀虫烟剂:郑州沙隆达伟新农药有限公司生产;26% 阿维灭幼脲胶悬剂和 21% 阿维灭幼脲可湿性粉剂:武汉青山绿水生物有限公司生产。

1.2　试验地概况及虫情

试验地选在南阳市卧龙区独山森林公园西部、北部栎树林,林龄 20～25 年,树高

10 ~ 15 m,郁闭度 0.8,坡度 35°左右,面积 133.33 hm² 以上。栎尺蛾常发区,2011 年 3 月底调查,平均幼虫虫口密度 21.5 头/百叶,虫株率 90%。

2 试验方法

2.1 试验设计

防治试验前,将试验区分为北部 I、西北 II、正西 III、西南 IV 四个区域,每个区面积 26.67 hm²,分别在北部用苦参碱杀虫烟剂,西北区用阿维灭幼脲可湿性粉剂,正西用阿维灭幼脲胶悬剂,西南区不用药物作对照。在每个区域内随机设置 1 块标准地,面积 1.33 hm² 以上,同时在每个标准地内随机选择 20 株标准样株。

2.2 施药时间及防治方法

根据几种栎尺蛾的发生规律,烟剂和粉剂防治的最佳时间为 4 月 1 ~ 10 日,在卵全部孵化,幼虫 1 ~ 3 龄时进行。烟剂用量每亩 1 000 g,喷粉是将阿维灭幼脲可湿性粉剂与炭酸钙粉按 1:400 混合,每亩用粉剂 500 g,两者都要求在无风或微风的傍晚或清晨放烟。喷雾防治的最佳时间,在虫龄大多为 2 龄即在 4 月 2 日前后,用高射程喷药机向叶面喷洒 2 000 倍药液。

2.3 效果检查

采取样地标准株调查法。在标准株的东、南、西、北四个方向用高枝剪剪取 50 cm 枝条,调查防前、防后活虫数。防治前,调查标准地虫情情况,记入表 1;防治试验后,第 3 天、第 5 天、第 8 天分别调查标准地标准株虫口密度变化情况(见表 2)。对调查数据进行统计分析,评价防治效果。

3 试验结果与分析

从防治情况调查表 1、防治效果调查表 2 可以看出,施药后第 3 天杀虫效果已明显,用苦参碱杀虫烟剂虫口减退率达 50.0%,用阿维灭幼脲可湿性粉剂减退率达 48.9%,用阿维灭幼脲胶悬剂减退率达 51.1%;第 5 天虫口减退率达分别到 82.9%、82.2% 和 85.9%,第 8 天虫口减退率分别达到 92.4%、91.8% 和 90.1%,防治效果都在 90% 左右,达到了防治、控制害虫的标准。

表 1 防治前后虫情调查表

标准地	样株数	防治前虫口密度	防治后虫口密度(头/百叶)		
			第 3 天	第 5 天	第 8 天
I	20	21.0	10.5	3.6	1.6
II	20	21.9	11.2	3.9	1.8
III	20	22.1	10.8	3.1	2.2
IV	20	21.6	21.8	21.6	21.4

表 2　防治效果统计分析表

标准地	样株数	防前虫口密度	虫口减退率(%)			防治效果
			第 3 天	第 5 天	第 8 天	
Ⅰ	20	21.0	50	82.9	92.4	91.47
Ⅱ	20	21.9	48.9	82.2	91.8	90.87
Ⅲ	20	22.1	51.1	85.9	90.1	89.17
Ⅳ	20	21.6	−0.93	0	0.93	

4　小结与讨论

（1）烟剂防治和喷粉防治对气象条件要求比较严格,一般要求在傍晚或清晨无风或微风时进行,并且要求空气湿度不能太高或太低,太高不利于药剂、烟剂扩散,太低不利于药剂附着叶面。

（2）烟剂防治,烟点在布置前,应将周围的枯枝落叶、杂草清理干净,将烟剂置于其中,在放烟过程中,要选派专人做防火安全员,统一指挥协调,严防火灾。

（3）应用喷洒粉剂和释放烟剂防治,防治效果可达 90% 以上,是山区在交通不便、缺乏水源条件下,防治叶部害虫高效、环保、省钱切实可行的防治措施。

（4）用胶悬剂进行防治试验,防治效果也非常明显,虽然用高射程喷药机在交通不便的山区,防治成本较高,不宜推广使用,但是为使用飞机喷洒药液防治害虫提供了理论依据。

诱虫灯诱杀栓皮栎波尺蛾成虫试验研究

南阳市有栎树面积 50 多万 hm²,因纯林面积大、管理粗放、气候异常,近年来以栓皮栎波尺蛾为主的食叶害虫发生危害严重,每年发生面积超过 3.0 万 hm²。栓皮栎波尺蛾以幼虫蚕食叶片,食量大,繁殖迅速,常将大面积树叶吃光,严重影响树木的生长和森林生态环境。灯光诱杀是防治栓皮栎波尺蛾成虫的一种无公害简捷有效的防治办法。笔者 2012 年连续两次在林间设计试验,测定了诱虫灯诱杀栓皮栎波尺蛾最佳诱杀距离,为确定诱虫灯可诱虫面积及林间悬挂诱虫灯密度提供了依据。

1　试验材料

1.1　试验机械

试验用佳能储电池频振式诱虫灯是由鹤壁佳多科工贸有限责任公司生产。

1.2　试验地概况

试验地位于南阳市内乡县东大岗栎树林地,试验区栎树片林面积 120 hm²,树龄 18 年,平均胸径 14 cm,郁闭度 0.85。该林地为栓皮栎波尺蛾常发区,2012 年 5 月 10 日和 7 月 10 日两次调查树冠下地面平均分别有蛹 3.7 头/m²、2.8 头/m²,虫株率为 90%。

2 试验方法

2.1 试验时间

试验时间为 2012 年 2 月 10~12 日,为栓皮栎波尺蛾成虫发生盛期。

2.2 试验设计

2.2.1 采集蛹饲养

12 月 24~26 日,人工从所选择的试验林地树冠下表土内采集活蛹各 800 头(大数量采集,保证试验用成虫数量),带回试验内放在用纱网做成的 4 个养虫箱内饲养,每个养虫箱放 200 头,自带回之日起,每天观察并将已经羽化的成虫收集在 4 个养虫笼内,每养虫笼放成虫不超过 100 头(以防过多损坏),当总计收集到成虫 300 头以上时,迅速运往试验地进行诱杀成虫试验。

2.2.2 诱虫灯诱虫试验

试验选择 2 月 10 日天气晴好有微风的晚上,在试验地内悬挂诱虫灯,同时事先将已收集到虫翅完好的栓皮栎波尺蛾成虫腹部(诱虫灯不会将成虫腹部击坏)用多色颜料分别染成白色、黑色、蓝色、黄色和红色各 50 头,分别装在 5 个养虫笼内。待到晚上 20 时,启动诱虫灯,此时带上养虫笼将成虫腹部染成白色的成虫释放在离诱虫灯 40 m 处,染成黑色的成虫释放在 60 m 处,染成蓝色的成虫释放在 80 m 处,染成黄色的成虫释放在 100 m 处,染成红色的成虫释放在 120 m 处。开灯诱虫直到次日 6 时,收集诱到的所有各类成虫。2 月 11 日晚、2 月 12 日晚将诱虫灯在原来地方再同样诱虫两个晚上,每晚收集诱到的所有各类成虫。

2.3 试验效果调查

分别将 3 个晚上诱集到的所有成虫进行详细的分类调查,将有染色的栓皮栎波尺蛾成虫按白、黑、蓝、黄、红色分别收集,清点数量,进行统计分析。

3 效果与分析

3.1 试验效果

经试验统计分析,在距离诱虫灯 80 m 的范围内,3 个晚上诱到的成虫总数量差别不是很大,都超过了成虫释放量的 45%,但距离诱虫灯 100 m 处只诱到极少量成虫,超过 120 m 没能诱到成虫。试验调查数据见表 1。

表 1 灯光诱杀成虫数量调查表

序号	离灯距离（m）	数量（头）			平均诱虫率（%）
		2.10	2.11	2.12	
01	40	21	8	3	64
02	60	18	6	1	50
03	80	17	4	2	46
04	100	2	1	0	6
05	120	0	0	0	0

3.2 试验分析与结论

(1)试验表明,佳能频振式诱虫灯诱杀栓皮栎波尺蛾成虫效果很好,在80 m 远的有效范围内,释放成虫连续诱虫3个晚上,平均诱虫量达到53.3%,完全能够起到降低虫口密度、控制发生灾害的效果。

(2)试验确定,佳能式诱虫灯有效诱杀成虫距离为80 m 左右,可杀虫面积达2.5万多 m²,如果在林内布置杀虫灯,两灯距离应不超过160 m。

(3)栓皮栎波尺蛾蛹成虫存活时间5～7 d,所以本试验从野外大数量采集蛹,确保3～4 d内能收集到试验所用成虫数量。

(4)在栓皮栎波尺蛾羽化和诱杀成虫防治期间,如果天气多阴雨,会影响诱虫效果,就要缩小两灯间的距离,增加挂灯密度。

栓皮栎波尺蛾幼虫不同龄期仿生药剂防治效果试验研究

栓皮栎波尺蛾以幼虫蚕食栎树,每年发生1代,数量多、食量大,发育迅速,严重时可将大面积树叶吃光。近年来,在组织幼虫期防治时发现前期效果好,后期效果较差。2016年设计进行了栓皮栎波尺蛾幼虫不同龄期喷洒阿维灭幼脲抗药能力防治试验。

1 试验材料及试验时间

试验地在南阳市西峡县寺山林场,栎树片林面积80 hm²,平均树高22 m、胸径14 cm,郁闭度0.9。该林地为栓皮栎波尺蛾常发区,2016年4月2日防治前调查幼虫平均虫口密度为15.9头/百叶,虫株率为90%。

试验药剂为26%阿维灭幼脲胶悬剂,由武汉青山绿水生物有限公司生产。采用机械常规喷洒浓度1 500倍药液。

防治试验时间为2016年4月2～29日,为栓皮栎波尺蛾第一代幼虫发育期,虫龄由1、2龄发育到5龄期。

2 试验方法

试验采用随机区组设计,在试验林地内相互间隔25 m,设计选择5个小区,每个小区面积1 200 m²,并分别编号为Ⅰ、Ⅱ、Ⅲ、Ⅳ、Ⅴ小区,并在每个小区内按对角线随机选择20株树,作调查样株。4月6日幼虫以1、2龄为主时,对第Ⅰ小区内树木喷洒1 500倍液阿维灭幼脲;4月13日幼虫以3龄为主时,同上对第Ⅱ小区树木进行防治;4月20日幼虫以4龄为主时,同上对第Ⅲ小区进行防治;4月26日幼虫以5龄为主时,同上对第Ⅳ小区进行防治;对第Ⅴ小区树木不进行防治作为对照。

3 防治效果调查

分别在每一小区各自喷药前详细调查记录所选样株栓皮栎波尺蛾幼虫平均虫口密度,在防治后第3天、第7天、第10天再次调查记录各自样株害虫平均虫口密度。对第Ⅴ

小区,也用此法,与前 4 个小区一同进行虫情调查记录。

4 防治效果

在栓皮栎波尺蛾幼虫 1~3 龄期,防治效果非常明显,防后第 7 天,防效可达 80%;4 龄期时防效降低到 40%;5 龄期时防效降低到 30% 以下。试验结果表明,幼虫不同龄期抗药力差别非常明显。防治调查数据见表 1、表 2。

表 1 防治前后虫情调查表

标准地	样株数（株）	防前虫口密度（头/百叶）	防后虫口密度(头/百叶)			对照区虫口密度(头/百叶)			说明
			第 3 天	第 7 天	第 10 天	第 3 天	第 7 天	第 10 天	
Ⅰ	20	16.6	8.2	3.9	2.9	16.0	16.0	15.7	1、2 龄
Ⅱ	20	17.0	9.3	4.3	3.2	15.8	15.7	15.6	3 龄
Ⅲ	20	16.5	12.5	10.8	9.5	15.8	15.7	15.4	4 龄
Ⅳ	20	15.8	13.8	11.6	11.0	15.6	15.6	15.4	5 龄
Ⅴ	20	15.9							对照

表 2 防治效果分析表

标准地	样株数	防前虫口密度（头/百叶）	虫口减退率(%)			对照区虫口减退率(%)			防治效果（%）
			第 3 天	第 7 天	第 10 天	第 3 天	第 7 天	第 10 天	
Ⅰ	20	16.6	50.3	76.6	82.5	0	0	1.26	81.24
Ⅱ	20	17.0	44.4	74.9	81.2	0.63	1.26	1.89	79.31
Ⅲ	20	16.5	22.6	34.5	42.4	0.63	1.26	3.14	39.26
Ⅳ	20	15.8	11.3	26.6	30.4	1.89	1.89	3.14	27.26
Ⅴ	20	15.9							对照

5 试验分析与讨论

试验结果表明,栓皮栎波尺蛾幼虫 1~3 龄幼虫期发育速度慢,抗药力差,防治效果好,防治后第 10 天,防效可达到 80%,并且药效还能再持续一段时间。但当栓皮栎波尺蛾幼虫达到 4、5 龄期时,抗药力逐步增强,防效就大大降低,由 80% 降低到 30% 以下。因此,用阿维灭幼脲防治必须确定在幼虫 3 龄期以前进行。

栎树混交林抗逆食叶害虫效果研究

栎树是荒山绿化、水土保持和林副产品加工的重要树种。南阳市栎树林地面积 54.67 万 hm²,其中纯林面积达 35 万 hm²,单一的大面积纯林破坏了生物的多样性,为害虫的生存提供了丰富的食料,加上部分地方管理粗放等原因,以栓皮栎波尺蛾、栎尺蛾为主的食叶害虫大面积发生危害,每年发生面积 3.5 万 hm²,大量树叶被吃光,虫粪满地,并招引大量鸟类在林区电塔上筑巢、排便,对栎木的健康生长、生态环境、电力和通信运行安全造成严重损失。2005 年选择了 60 hm² 坡地,实施营造混交林对比试验,经过调查分析,发现栎松混交林,林分抗逆食叶害虫性效果非常显著,初步找到了控制栎树食叶害虫危害的根本措施。

1 试验材料

试验区设在南阳市内乡县七里坪乡大龙村,为一缓坡刚采伐栎树的山坡地,山地总面积 120 hm²,海拔 480 m,相对高差 150 m,坡度 25°~30°,沙质壤土,土层厚度 20~25 cm。

2 试验方法

2.1 试验设计

2005 年在山南坡和东南坡选择 60 hm² 坡地,从东至西分为六部分,每部分面积 10 hm²。2005 年 10 月底,在最东面部分试验地种植栎、火炬松混交林,带状混交,每点种 5 行栎籽混交 1 行松籽,每亩种植 120 穴(下同);从东至西第二部分也种植栎松混交林,每点种 5 行栎籽混交 2 行松籽;从东至西第三部分种植栎树纯籽;从东至西第四部分种植栎松混交林,每点种 5 行栎籽混交 3 行松籽;从东至西第五部分种植栎松混交林,每点种 5 行栎籽混交 4 行松籽;最西边部分也种植栎松混交林,每点种 5 行栎籽混交 5 行松籽,并且不同混交模式之间全部点种松籽,宽 15 m。

同时在以上六部分林地内分别从南至北设立 3 块标准地,共计设 18 块标准地,每块地 0.4 hm² 以上,每标准地选 20 穴样树,做标记和记录。2006 年 10 月对少量未发芽种子进行补种。

2.2 效果调查

2006~2010 年每年 4 月中旬,栎皮尺蛾、栎尺蛾 2、3 龄幼虫期,对标准地各样株害虫发生危害情况进行调查。4 年各标准地平均虫口数量见表 1。

3 效果与分析

3.1 混交林抗虫效果

经过 4 年的调查分析,混交林抗逆食叶害虫的效果非常明显,栎松 5∶3 混交平均虫口密度比纯林降低 78.4%,栎松 5∶4 混交虫口密度比纯林降低 79.4%,栎松 5∶5 混交虫口密度比纯林降低 80.0%。

3.2 试验分析与结果

经方差分析(见表1、表2),$F = 110.14$,大于$F_{0.01} = 9.89$,说明五种混交模式害虫的虫口密度间差异非常显著。

表1 不同混交模式平均抗虫效果表

混交比例	调查数量(株)	标准地四年平均虫口(头/百叶)			总和(头/百叶)	平均虫口密度(头/百叶)
		Ⅰ	Ⅱ	Ⅲ		
5:1	20	8.6	7.6	9.0	25.2	8.40
5:2	20	7.4	6.2	8.4	22.0	7.33
纯林	20	10.2	9.6	10.7	30.5	10.17
5:3	20	2.3	1.8	2.5	6.6	2.20
5:4	20	2.1	2.0	2.2	6.3	2.10
5:5	20	2.0	1.9	2.2	6.1	2.03
					96.70	5.37

表2 各处理之间方差分析

变差来源	自由度	离差平和	均方	均方比	$F_m(5,12)$
组间	5	203.76	40.75	110.14	9.89
组内	12	4.4	0.37		
总和	17	208.16			

现对栎松5种混交模式进行Q检验,取$m = 0.01$,组数$m = 6$,剩余自由度为12,查Q检验表$Q_{0.01} = 9.48$,则$D = 9.48 \times (0.37/3)^{1/2} = 3.33$,将6组各组平均数按大小次序排列得表3,经检验,$X_6$、$X_5$、$X_4$之间以及$X_3$、$X_2$、$X_1$之间差异不显著,而$X_6$、$X_5$、$X_4$与$X_3$、$X_2$、$X_1$之间差异非常显著。由此说明栎松以$5:3$、$5:4$和$5:5$混交抗虫效果都非常好。

表3 Q检验表

X_i	$X_i - X_1$	$X_i - X_2$	$X_i - X_3$	$X_i - X_4$	$X_i - X_5$
$X_6 = 10.17$	8.14	8.07	7.97	2.84	1.77
$X_5 = 8.40$	6.37	6.30	6.20	1.10	
$X_4 = 7.33$	5.30	5.23	5.13		
$X_3 = 2.20$	0.17	0.10			
$X_2 = 2.10$	0.07				
$X_1 = 2.03$					

4 结论与讨论

由上调查和数理分析得知,不用任何防治措施,营造栎松混交林比纯林虫口密度可以降低80%,成效非常显著。栎松针阔叶混交,改变了害虫的营养供应结构和信息传递线路,有利于多种害虫天敌的生存和发展,林分的自控能力大大提高,抗虫性能明显增强,是控制栎树食叶害虫严重发生危害的根本措施,应当宣传和干预,大力推广应用。

林下养鸡防治栎树食叶害虫试验研究

南阳市有栎树50多万 hm²,是山区、半山区造林绿化和生态保护的重要树种。多年来,由于树种单一、气候异常、社会重视不够、防治技术落后,导致栎树食叶害虫发生严重,造成很大的经济、生态损失。根据害虫下树化蛹特性,2015年设计林下养鸡防治栎树食叶害虫试验,经过调查分析研究,发现林下养鸡既是致富门路,又可以消灭地面老熟幼虫和蛹,减少害虫种群数量,防治害虫效果非常明显。

1 试验材料

1.1 试验用物
试验所用鸡为南阳当地生产的柴蛋成年鸡,鸡龄2年。

1.2 试验地概况及虫情
试验地选在南阳市独山栎树林内,林龄20年,树高16 m左右,郁闭度0.8,树木长势良好,地面平坦,海拔120 m,栎树林面积1 100亩。该林地为栎尺蛾、栎波尺蛾常发区,2015年4月3日调查,树上平均幼虫虫口密度4.5头/百叶。

2 试验方法

2.1 试验设计
2015年4月初设计在栎树林内西北、东北、中部、中南位置选择4个区域,每区域面积50亩,一圈用高塑料护网严密网住,每区域内放养成年蛋鸡200只,白天让鸡在林内自由觅食,刨食各类害虫,夜晚集中在鸡舍内。在每一养鸡区域内随机设置1块标准地,每块标准地10亩以上,栎树数量超过200株,并在每一标准地内按对角线随机选择15株作为标准株,同时在未养鸡区域另设1块标准地,选择15株栎树为标准株,作为对照(对照地林地情况与标准地一样)。

2.2 效果调查
2015年在5月10日栎类害虫蛹期、7月10日害虫蛹期、11月10日害虫越冬期,按照栎树食叶害虫预测预报规程分别调查各标准地标准株树冠下地面扇形1 m²内有活蛹数量,计算虫口密度、虫口减退率。

3 结果与分析

3.1 试验效果
经过5月10日、7月10日和11月10日三次虫情调查,养鸡区地面下蛹的密度大大降低,树木生长期间,树叶受损率也大大降低,控制栎树食叶害虫数量效果非常明显。试验效果见表1。

表 1　试验效果调查表

标准地	样株数（株）	虫口密度（头/m²）			树叶受损率（%）	
		5 月 10 日	7 月 10 日	11 月 10 日	6 月 25 日	7 月 20 日
1	15	1.1	0.6	0.2	30	30
2	15	1.2	0.7	0.3	25	30
3	15	0.9	0.6	0.3	30	30
4	15	1.2	0.7	0.25	25	25
平均	15	1.1	0.65		25	30
对照	15	3.5	3.1	2.1	30	90

3.2　试验分析

根据试验效果调查表计算,5 月 10 日虫蛹期平均虫口减退率达 68.58%,7 月 10 日蛹期虫口减退率达 79.0%,11 月 10 日害虫越冬期虫口减退率达 88.4%。养鸡控制害虫发生危害效果非常显著。调查核算数据见表 2。

表 2　试验分析表

标准地	标准株（株）	5 月 10 日虫口减退率(%)	7 月 10 日虫口减退率(%)	11 月 10 日虫口减退率(%)
1	15	68.6	80.6	90.4
2	15	65.7	77.4	85.7
3	15	74.3	80.6	85.7
4	15	65.7	77.4	91.9
平均数	15	68.58	79.0	88.4
对照平均	15			

4　结论与讨论

（1）试验观察表明,林下养鸡是广大林农脱贫致富一个很好的项目,同时也是防治栎树食叶害虫很好的选择方法。

（2）试验结果说明,林下养鸡防虫效果非常明显。初次放养鸡 5 月虫口密度就可以降低 65% 以上,11 月害虫虫口密度可降低 85% 以上,如果连续几年放养,就可以达到所有林药可达到的防治效果,根本就不用再进行防治食叶害虫了。

（3）林下养鸡是一种无公害防治方法,不仅可以防治栎树食叶害虫,同时对其他地下害虫,尤其是地下越冬害虫有很好的防治控制作用,同时又对所有作物、人畜没有任何危害。

（4）林下养鸡是在养鸡的同时防治了地下各种害虫,节省了药物和人力,大大降低了防治成本,既经济又实惠。

（5）林下养鸡防治栎树食叶害虫适用于适宜养鸡、面积大的片林、路林,不适宜林网和零星林木。

栎黄二星舟蛾不同防治方法研究

1 "敌敌畏"烟剂防治栎黄二星舟蛾试验研究

1.1 试验材料

1.1.1 试验药剂

2013 年 7 月 10 日,在淅川县仓房乡香烟寺林区林区开展防治试验。药剂是由安阳林药厂生产的"敌敌畏"烟剂。本品由主剂和助燃剂两部分组成,主剂为由敌敌畏乳油,助燃剂是由多种化工原料经粉碎、混合制成的,非常易燃,用导火索点燃后,产生持续白色浓烟,随气流上升,被树冠阻隔于林内,附着在树叶上,熏杀害虫。

1.1.2 试验地概况及虫情

试验地选在淅川县仓房乡香烟寺林区中部栎树林,面积 100 hm^2,林龄 25 年,树高 10 ~ 15 m,郁闭度 0.8,坡度 25° ~ 35°,海拔 550 m。黄二星舟蛾平均虫口密度 10.8 头/百叶,虫株率 83.5%。

1.2 试验方法

1.2.1 试验设计

燃放"敌敌畏"烟剂前,在栎树林内上、中、下部随机设置 3 块标准地,每块标准地 0.33 hm^2 以上,并在标准地内随机选择 30 株树作为标准株,同时在放烟区外另设一块标准地作为对照(林地情况与标准地基本一样)。试验用药每亩 1 袋助燃剂和 3 支主剂。

1.2.2 效果调查

燃放一袋"敌敌畏"烟剂大约需 50 min,从施药后第 3 h、8 h、12 h、24 h 分别按常规调查法,调查标准株百叶虫数,计算虫口密度、标准地虫口减退率、防治效果。

1.3 结果与分析

1.3.1 试验效果

"敌敌畏"烟剂燃放后,害虫在 0.5 ~ 1 h 内停止取食,虫体变软,纷纷坠丝落地死亡,试验效果见表 1。

表 1 试验效果调查表

标准地	样株数	防治前虫口密度（头/百叶）	防治虫后虫口密度(头/百叶)			
			3 h	8 h	12 h	24 h
1	30	10.8	5.9	3.3	2.2	2.1
2	30	10.6	6.8	3.6	2.6	2.4
3	30	11.1	6.3	3.3	2.2	2.0
对照	30	10.8	10.9	10.8	10.7	10.7

1.3.2 试验分析

根据试验效果调查表计算,防治后 12 h 虫口减退率达 78.7%,24 h 虫口减退率最高达80.0%,效果非常显著。数据见表2。

表2 试验分析表

标准地	标准株	试验前虫口密度(头/百叶)	12 h后虫口减退量(头/百叶)	24 h后虫口减退量(头/百叶)	虫口减退率(%)
1	30	10.8	8.6	8.7	80.6
2	30	10.6	8.0	8.2	77.4
3	30	11.1	8.9	9.1	82.0
平均	30	10.8	8.50	8.67	80.0
对照	30	10.8	0.1		0.9

1.4 小结

(1)采用"敌敌畏"烟剂防治效果非常显著。防治后24 h虫口减退率最高达到80.0%,虫口密度由10.8头/百叶下降到2.2头/百叶,防治效果达79.1%。

(2)采用"敌敌畏"烟剂防治药效快,放烟3 h左右杀虫效果就很明显,8 h达到防治高峰。并且防烟防治克服了山区防治害虫路途远、行走难、树木高、缺水源等问题,是理想的治虫方法。

(3)燃放烟剂应选择傍晚或清晨的无风和微风天气,延长烟雾在林内停留时间,提高防治效果。同时燃放烟剂时,一定要注意导火索点燃后,迅速倒插在助燃剂中,深度要超过导火索长度的2/3,同时注意火别烧伤自己。

2 白僵菌"粉炮"防治黄二星舟蛾试验

2.1 试验区概况

试验设在淅川县仓房乡香烟寺林区,树种为栎树,林龄25年,树高15～20 m,胸径8～15 cm,郁闭度0.7～0.8,试验区面积120 hm²。试验期黄二星舟蛾以幼虫2、3龄为主,发生比较严重,平均虫口密度为11.8头/百叶。

2.2 试验时间、材料

供试药剂为江西天人生态股份有限公司生产的500亿孢子/g球孢白僵菌粉炮,每个粉炮500 g,防治面积0.033 hm²。施药时,点燃引线后,将粉炮抛到树体上部,粉炮爆炸后,白僵菌孢子弥漫到树林中,遇到标靶害虫后进行侵染,致使被侵染害虫死亡,以达到防治的目的。

防治时间为2014年7月6日,试验观察时间为试验后第2天、第5天、第8天、第11天、第14天、第17天。

2.3 试验调查方法

在试验区设置5块标准地(分别为：Ⅰ林区西部;Ⅱ林区中部;Ⅲ林区东部;Ⅳ林区南部;Ⅴ林区最北部,作为对照),每块标准地0.33 hm²,每块标准地随机选择30株栎树作为标准株。

早晨,微风,空气湿度75%以上,按照预先确定的施药点进行施药,每亩施放2个粉炮,每个标准地施放10个粉炮。林区最北部不用药作为对照。

试验采取样地标准株调查法。在标准株的东、南、西、北四个方向用高枝剪剪取 50 cm 枝条，核查树叶数量，调查防治前、后活虫数。防治前，调查标准地虫情情况，记入调查表 3；防治后第 2 天、第 5 天、第 8 天、第 11 天、第 14 天、第 17 天分别调查标准地黄二星舟蛾虫口变化情况（见表 4）。对调查数据进行统计分析，评价防治效果。

2.4　试验结果与分析

2.4.1　防治效果

从表 3、表 4 可以看出，施药后第 2 天害虫开始死亡，第 8 天虫口减退率达 48.6%，第 14 天达到 80.5%。次年 2015 年 7 月再次对试验区虫情进行了调查，发现虫口密度已降为 0.35 头/百叶，实现了连续灾害控制，达到了"有虫不成灾"的目的。

表 3　防治前后虫情调查表

标准地	样株数	防前虫口密度（头/百叶）	防后虫口密度（头/百叶）					
			第 2 天	第 5 天	第 8 天	第 11 天	第 14 天	第 17 天
Ⅰ	30	13.12	13.10	8.32	6.84	4.96	2.52	2.50
Ⅱ	30	11.37	11.31	7.76	5.95	3.91	2.23	2.20
Ⅲ	30	11.06	11.05	7.14	5.73	3.63	2.2	2.30
Ⅳ	30	12.45	12.40	8.34	6.16	4.32	2.43	2.41
平均	30	12.0	11.97	7.89	6.17	4.21	2.35	2.34
Ⅴ	30	12.2	12.3	12.1	12.2	12.0	11.9	11.9

表 4　统计分析表

标准地	样株数	防前虫口密度（头/百叶）	虫口减退率（%）					
			第 2 天	第 5 天	第 8 天	第 11 天	第 14 天	第 17 天
Ⅰ	30	13.12	0.15	36.6	47.9	62.2	80.8	80.9
Ⅱ	30	11.37	0.53	31.8	47.7	65.6	80.4	80.7
Ⅲ	30	11.06	0.09	35.4	48.2	67.2	80.1	80.0
Ⅳ	30	12.45	0.40	33.0	50.5	65.3	80.5	80.6
平均	30	12.0	0.25	34.2	48.6	65.1	80.5	80.6
Ⅴ	30	12.2					2.5	2.5

2.4.2　分析与讨论

（1）采用 500 亿孢子/g 球孢白僵菌粉炮防治黄二星舟蛾效果非常显著，第 14 天虫口减退率可达 80.5%。

（2）白僵菌药效持续期长，能够连续侵染杀灭害虫。

（3）白僵菌粉炮使用方便，适合无水源的林地。

（4）试验观察该药剂在林间对害虫的天敌没有影响，有利于保护和利用天敌，提高林分的自控能力，维护生态平衡。

3 直升飞机喷洒啶虫脒防治黄二星舟蛾试验研究

3.1 试验地情况

试验地为内乡县宝天曼林区片林,栎树树龄20年,平均树高21 m左右,胸径12～15 cm,试验区面积100 hm²。试验时该虫为第一代2～3龄幼虫期,平均虫口密度7.91头/百叶,虫株率89%。

3.2 试验材料和方法

3.2.1 试验材料

试验药剂为山东化工有限公司生产的啶虫脒乳油和内乡化肥厂生产的尿素,每架次配比为啶虫脒:尿素:水 = 20 g:20 g:300 g。

飞机及导航设备为湖北同诚防治有限公司的S—300C活塞式直升机,配备机载GPS导航系统和低量喷雾系统。

3.2.2 试验方法

(1)试验设计和防治技术参数。

在试验区的东、西、南、北和中心部位共设置5块标准地,每块标准地0.67 hm²,同时每块标准地选择30株树作为标准株。

飞机每架次载药量200 kg,喷幅40 m,平均作业距树冠9 m,航速135 km/h,每架次防治面积40 hm²。

(2)防治效果调查。

试验采用样地标准株调查法。在标准株的上、中、下三个部位用高枝剪分别剪取50～100 cm长延长枝,调查防治前、后黄二星舟蛾活虫百叶虫口密度。飞防前,调查标准株虫口密度,记入调查表5;飞防后,3 h、第1天、第3天、第5天、第7天,分别调查标准株虫口密度变化情况(记入表5)。对调查数据进行数理统计分析(见表6),分析防治试验效果和需要注意事项。

3.3 试验效果与分析

3.3.1 试验效果

从表5、表6可以看出,施药后3 h开始有死虫,第3天虫口减退率78.2%,第5天减退率为87.6%。

表5 防治前后虫情调查表

标准地	样株数	防前虫口密度（头/百叶）	防后虫口密度(头/百叶)				
			3 h	第1天	第3天	第5天	第7天
东	30	7.61	5.90	4.12	1.63	0.88	0.88
西	30	7.90	6.31	4.53	1.62	0.97	0.98
南	30	8.80	6.81	4.95	2.00	1.25	1.23
北	30	8.03	6.47	4.52	1.81	1.05	1.06
·中	30	7.22	5.39	3.94	1.58	0.79	0.80
平均	30	7.91	6.17	4.41	1.73	0.99	0.99

表6 防治效果分析表

标准地	样株数	防前虫口密度（头/百叶）	虫口减退率(%)				
			3 h	第1天	第3天	第5天	第7天
东	30	7.61	22.4	45.9	78.6	88.4	88.4
西	30	7.90	20.1	42.7	79.5	87.7	87.9
南	30	8.80	22.6	43.8	77.3	85.8	86.0
北	30	8.03	19.4	43.7	77.5	86.9	86.8
中	30	7.22	25.3	45.4	78.2	89.1	89.0
平均	30	7.91	22.0	44.3	78.2	87.6	87.6

3.3.2 结论

（1）黄二星舟蛾食量大,繁殖迅速,尤其是每年7~8月,群体数量大,防治非常困难。啶虫脒是一种强触杀内吸剂,药效持续期长,可达一周多,可以快速杀灭虫害。

（2）直升飞机防治害虫具有轻便灵活、飞行高度低、作业速度快、药物喷洒均匀的优点,是大面积防治森林病虫害的理想药械。

3%高渗苯氧威防治栎桑白蚧药效对比试验

桑白蚧(*Pseudaulacaspis pentagona* Targioni-Tozzetti)是危害栎树的主要害虫,是制约栎类生长的重要因素,尤其是树龄大、管理粗放的栎树受害更重,发生严重时可导致树木大片死亡。2013年笔者受托开展苯氧威防治栎桑白蚧药效试验,期望通过与进口药速扑杀、国产药杀扑磷防治效果比较,确定苯氧威防治栎桑白蚧药物应用技术。

1 试验材料

1.1 试验药剂和浓度

试验药剂:3%高渗苯氧威乳油(郑州沙隆达伟新农药有限公司生产),药液喷洒浓度分别为500倍液、1 000倍液。

对照药剂:40%速扑杀乳油(瑞士先正达农药有限公司生产)、40%杀扑磷乳油(湖北仙隆农药有限公司生产),药液喷洒浓度分别为500倍液、1 000倍液。

1.2 防治对象

栎桑白蚧。

1.3 药械

山东临沂亚圣机电有限公司生产的3WF-2.6C背负式喷雾机。

1.4 栎桑白蚧生物学特性

发生规律及生活习性:1年发生2代,以受精雌成虫在枝条上越冬。4月产卵,卵经7~14 d孵化,5月中下旬孵化若虫。初孵若虫爬行扩散,6月中旬发育成熟,雌雄交尾,7月上旬开始产卵。8月出现第二代若虫,9月发育成熟,雌雄交尾,以受精雌虫越冬。

2 试验方法

2.1 试验地虫情及林况

试验地选择在内乡宝天曼,栎树林地面积 50 hm², 树龄 12 年, 树高 6.5 m 左右, 郁闭度 0.85。该林地为桑白蚧常发园,试验时平均虫口密度 11.5 头/20 cm 长主侧枝,虫株率为 95%。

2.2 试验时间

2012 年 8 月 10 日进行,正值桑白蚧第二代 1~2 龄若虫期。

2.3 试验设计

试验采用完全随机区组设计,在栎树林地内设 3 块样地,每块样地面积 2 hm², 样地间相隔 20 m 以上,同时将每块样地分别划分为 7 个小区,每小区面积 1 000 m²,各小区间分别隔开 10 m 以上。将 3% 高渗苯氧威乳油、40% 速扑杀乳油、40% 杀扑磷乳油各 500 倍液、1 000 倍液浓度 6 种处理随机喷洒在 3 块样地的每个小区内,将栎树所有主侧枝、主干喷湿透为宜,每块样地内留下 1 个空白小区不喷药作为对照。做好标记和记录。

2.4 防治效果调查

试验用药前在每块样地的每个小区内按对角线随机间隔选 10 株栎树,用红漆标号,按照桑白蚧常规调查方法,调查记录 10 株样株平均虫口密度。在用药后第 2 天、第 4 天、第 6 天按标号再分别调查记录原样株保留活虫平均虫口密度。空白小区也按照此法调查。

3 试验效果与分析

3.1 防治效果

苯氧威、速扑杀、杀扑磷都是强触杀、渗透剂,喷药几小时后,部分害虫就停止取食,2~4 d 后虫体变软,颜色由橙色变为黄褐色、黑色,从枝干上落地死亡。防治效果调查数据见表 1。

$$防治效果 (\%) = \frac{处理虫口减退率 - 对照虫口减退率}{100 - 对照虫口减退率} \times 100\%$$

3.2 试验结论与分析

(1)当地栎树桑白蚧已对各种农药产生较严重抗性。以目前最好的对照药剂速扑杀为例,防治一般害虫由常规使用浓度 1 500 倍加大到 1 000 倍浓度使用,6 d 后防治效果仅为 61.23%,加大到 500 倍液使用防治效果才达到了 82.23%。使用国产农药杀扑磷防效更低,加大到 1 000 倍液 6 d 后防效仅 37.4%,加大到 500 倍液,防效为 60.83%。使用 3% 高渗苯氧威 1 000 倍液可达到 60.37%,加大到 500 倍液,防效为 82.0%。

(2)3% 高渗苯氧威防效已和进口的速扑杀处于同一防治水平。从表 1 可看出,按500 倍浓度施药,3% 高渗苯氧威和进口药剂速扑杀防效处于同一水平。3% 高渗苯氧威1 000倍的防效和国产药 40% 杀扑磷 500 倍防效相当,即高渗苯氧只要用杀扑磷一半的药量,就可达到同样的防效。

表1　三种药剂防治栎桑白蚧效果计算表

处理	防前虫口（头/20 cm 枝）			调查时间（d）	防后虫口（头/20 cm 枝）			虫口减退率(%)				平均防治效果（%）
	I	II	III		I	II	III	I	II	III	平均	
苯氧威500 倍液	10.8	11.6	10.2	2	6.35	6.86	6.02	41.2	40.9	41.0	41.03	40.86
				4	2.33	2.34	2.28	78.4	79.8	77.6	78.6	78.54
				6	1.97	2.02	1.89	81.8	82.6	81.5	82.0	82.0
苯氧威1 000 倍液	12.4	10.5	11.1	2	8.61	7.16	7.57	30.6	31.8	31.2	31.2	31.0
				4	5.9	5.07	5.21	52.4	51.7	53.1	52.4	52.27
				6	4.95	4.07	4.34	60.1	61.2	60.9	60.73	60.73
速扑杀500 倍液	10.5	12.9	11.0	2	5.8	7.0	6.04	44.8	45.7	45.1	45.2	45.04
				4	2.04	2.43	2.10	80.6	81.2	80.9	80.9	80.85
				6	1.86	2.33	1.93	82.3	81.9	82.5	82.23	82.23
速扑杀1 000 倍液	11.4	12.8	10.4	2	7.68	8.47	7.08	32.6	33.8	31.9	32.77	32.58
				4	4.74	5.16	4.46	58.4	59.7	57.1	58.4	58.29
				6	4.46	4.9	4.04	60.9	61.7	61.2	61.23	61.23
杀扑磷500 倍液	11.9	10.2	11.1	2	7.51	6.41	7.12	36.9	37.2	35.9	36.67	36.49
				4	6.83	5.8	6.22	42.6	43.1	44.0	43.23	43.08
				6	4.69	4.1	4.21	60.6	59.8	62.1	60.83	60.83
杀扑磷1 000 倍液	10.5	12.6	11.7	2	7.86	9.46	8.93	25.1	24.9	23.7	24.57	24.35
				4	6.63	7.91	7.56	36.9	37.2	35.4	36.5	36.33
				6	6.6	7.79	7.38	37.1	38.2	36.9	37.4	37.4
对照	13.1	10.5	11.8	2	13.1	10.6	11.7	0	0	0.85	0.28	
				4	13.0	10.5	11.8	0.77	0	0	0.26	
				6	13.2	10.6	11.8	0	0	0	0	

（3）3%高渗苯氧威为无公害药剂。试验表明,3%高渗苯氧威乳油对已产生极强抗药性的栎桑白蚧具有很好的防治效果,其药效和普遍公认的药效最好的进口药剂速扑杀处于同一水平,而明显高于杀扑磷的防效。另外,苯氧威为无公害仿生类杀虫剂,属微毒农药,而速扑杀和杀扑磷属各界极希望从果树防治中淘汰出局的高毒有机磷类农药,本次试验为在我国找出替代防治蚧壳虫的高效低毒杀虫剂具有极重大意义。

触破式微胶囊剂防治栎类天牛成虫试验研究

南阳市有栎类 50 多万 hm^2，是全市造林绿化和生态保护的主栽树种。近年来，以云斑天牛、栎旋木柄天牛为主的蛀干害虫危害严重，虫害发生率达 15%，严重区发生率高达 35%，造成树木生长减弱，材质下降，部分幼树枯死，严重影响栎树的生态环境保护功能。为尽快控制栎类天牛的危害，寻找科学有效的防治方法，于 2012 年初引进一种新型药物，触破式微胶囊剂也称"绿色威雷"，开展了防治天牛试验研究，取得了显著效果。

1 试验点的设置及试验方法

1.1 试验药剂
选用红太阳集团有限公司生产的触破式微胶囊剂。

1.2 试验地点
南阳市西峡县寺山林场。

1.3 寄主状况
树种为中幼龄栎树，主要是栓皮栎、麻栎，平均虫株率在 20% 以上。

1.4 试验时间
防治试验于 6 月下旬至 8 月上旬，总计 50 d。

1.5 试验方法
将上述每个区分别划分为 A、B、C、CK 四个试验小区，小区间互相隔开，每个小区选 20 株栎树，并且对所有树木树干 2 m 以下部位全部用粗沙网包围（沙网做成圆锥形，下底半径 1 m，并且下部与地面接触部分用土封严）。A、B、C 小区分别用 4.5% 触破式微胶囊剂 150 倍、250 倍、350 倍液以常规喷雾方法对沙网内树干进行喷雾，以树皮微湿为宜。CK 小区喷清水作为对照。

2 防效调查

2.1 新羽化孔数调查
施药前逐株调查沙网内树干上所有羽化孔数，施药后第 15 天调查一次所有羽化孔数，施药后第 50 天（最后一次调查时）再调查天牛所有羽化孔数。求算新增羽化孔数。

2.2 成虫死亡数调查
从喷药后第 2 天起，对所有样株调查网内成虫数量，调查后将被药物杀死的成虫取走，留下活成虫并在其翅做红色标记；第 3 天同第 2 天调查方法一样，但将留下的活虫翅做蓝色标记；第 4 天调查方法同上，但将留下的活虫翅做黑色标记；第 5 天调查方法也同上，但将留下的活虫翅做绿色标记。随后分别对翅染色一样的活虫连续观察 4 天，若成虫死亡，作为药物防治记录数，否则取走，不做记录（星天牛成虫自然存活时间 4~5 d），以后每 4 d 分别同第 2~5 天一样进行循环调查记录，试验连续调查记录至 6 月 30 日（星天牛一个羽化孔羽化出一头成虫）。统计计算调查期内每个区星天牛成虫平均虫口减退率、防治效果（见表 1）。

表1 绿色威雷防治栎类天牛效果调查表

药剂浓度（倍）	调数（株）	15日增羽化孔（个）	总增羽化孔（个）	15日死亡虫数（头）	总死亡虫数（头）	第15天死亡率（%）	第50天死亡率（%）	防治效果（%）
A（150）	20	10	28	8	2	80	71	71
B（250）	20	12	32	12	28	100	87.5	87.5
C（350）	20	8	28	6	20	75	71	71
平均	20	10	29.4	8.6	22.6	85	76.5	76.5
CK对照	20	10	31		0	0	0	0

3 试验结果与分析

（1）防治期间每个小区天牛新增羽化孔数，施药后第15天新增羽化孔数、第50天新增羽化孔数；每个小区天牛死亡数、平均死亡数；每个小区天牛死亡率、平均死亡率、防治效果。

（2）"绿色威雷"防治栎类天牛，用150倍、250倍、350倍药液第15天天牛成虫死亡率分别为80%、100%、75%；第50天分别为71%、87.5%、71%。防治效果都比较显著，其中防治前期效果比防治中后期好；3种倍数药液，用250倍防效最显著，比平均防效高11%。

（3）"绿色威雷"防治天牛前期效果较好，要搞好虫情预测，准确掌握天牛的羽化盛期，适时喷药和补喷，提高防治效果。

（4）试验过程中，还发现"绿色威雷"触杀大量的金龟子、蝽象成虫，有待做进一步试验研究，探索"绿色威雷"的防治性能。

布撒器发射灭虫粉弹防治栎粉舟蛾试验

栎粉舟蛾 Fentonia ocypete（Bremer）是危害河南省伏牛山区栎类的主要害虫（见图1~图3），突发性强，常在短时间内将树叶全部吃光（见图4），造成重大的经济损失和生态灾害。社会各界对此十分关注。但是，由于伏牛山区地形十分复杂，海拔高，落差大，人工不易到达或使用飞机防治十分困难。2012年8月15~18日，在西峡县开展了布撒器定位发射药弹防治试验，取得了良好效果。现将结果报告如下。

1 试验材料与方法

1.1 试验地概况

本次试验选择3块试验地，分别设在西峡县西部的寺山林区，海拔800 m，属深山区，树种为栎树纯林，树龄25年，平均树高15.5 m，胸径12.0 cm。

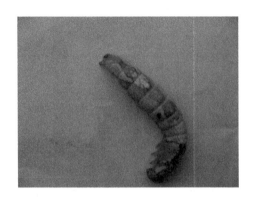

图 1　栎粉舟蛾幼虫

图 2　栎粉舟蛾蛹

图 3　栎粉舟蛾成虫

图 4　栎粉舟蛾危害状

1.2　试验材料

1.2.1　供试害虫

2~3 龄栎粉舟蛾幼虫。

1.2.2　供试药剂

16 000 个单位的 BT 加重型粉弹(重庆绿尚病虫害防治有限公司生产)。

1.2.3　发射设备

灭虫粉弹及布撒器是重庆军工和林业技术有机结合的新型设备,具有布撒系统定向、定点目标发射的效果。

1.3 试验方法

1.3.1 试验设计

16 000 个单位的 BT 加重型粉弹,每发粉弹防治 8 亩,发射 200 发,防治 1 600 亩。

1.3.2 试验步骤

施药前,根据虫情及试验要求选择试验区方位,16 000 个单位的 BT 加重型粉弹防区设标准地 6 块,编号分别为 B1、B2、B3、B4、B5、B6,未防区设为对照区(WF)。每块标准地1 亩,施药前先调查各标准地基本情况和虫口密度,调查方法为每块标准地按对角线抽样,每块标准地共调查 15 株,每株按 4 个方位各检查 1 个标准枝(50 cm)。调查结果填入栎粉舟蛾虫口密度调查表(表 1)和作业区基本情况及防后参数调查表(表 2)。同时选定、标记样株及供试虫数,每块标准地选择 3~5 棵样株,每棵样株随机标定 100 条左右的供试栎粉舟蛾幼虫。结果填入栎粉舟蛾虫口保存情况调查表(表 3)。

表 1　施药前栎粉舟蛾虫口密度调查表

地点	样地编号	株数	虫口数(头)	平均虫口密度(头/枝)
山下部	B1	15	712	11.86
	B2	15	689	11.48
山中部	B3	15	765	12.75
	B4	15	734	12.23
山上部	B5	15	608	10.13
	B6	15	675	11.25
未防治区	WF	15	702	11.7

表 2　栎粉舟蛾虫口保存情况调查表

地点	样地	防治前虫口数	防治后不同天数幼虫保存数(头)					
			1	3	5	7	9	11
山下部	B1	100	98	48	8	0	0	0
	B2	105	96	43	4	0	0	0
山中部	B3	100	90	44	11	2	0	0
	B4	102	94	47	6	1	0	0
山上部	B5	100	91	53	7	1	0	0
	B6	103	89	42	10	0	0	0
未防区	WF	104	102	97	89	82	76	68

1.3.3 主要技术参数

灭虫粉弹射程可达 70~500 m,爆炸延期管时间可分 1.5 s、3 s、4.7 s、6.5 s 4 种,每个灭虫粉弹防治面积 8 亩。

1.3.4　气象因子记录

施药时用手持风速仪测量、记录各标准地林间温度、湿度、风速、风向等情况。调查结果填入栎粉舟蛾化蛹情况调查表(表3)。

表3　栎粉舟蛾化蛹情况调查表

地点	样地编号	防前虫口密度 （头/枝）	样方数 （m²）	蛹数量 （头）	平均蛹数 （头/m²）
山下部	B1	11.86	10	0	0
	B2	11.48	10	0	0
山中部	B3	12.75	10	0	0
	B4	12.23	10	1	0.1
山上部	B5	10.13	10	0	0
	B6	11.25	10	1	0.1
未防区	WF	11.7	10	19	1.9

1.3.5　效果检查

1.3.5.1　防治效果检查

施药后,分别在防治区和对照区的标准地内调查虫口保存情况(隔1天调查1次),调查结果填入栎粉舟蛾虫口保存情况调查表(表2)。

1.3.5.2　持效性检查

栎粉舟蛾幼虫化蛹后,在原标准地调查化蛹情况,调查方法为各标准地按对角线抽样,各抽取5个样点,各点调查2个样方,样方规格为1 m×1 m,根据栎粉舟蛾幼虫化蛹场所土层情况,样方深为15~20 cm,调查结果填入栎粉舟蛾化蛹情况调查表(表3)。

2　结果与分析

2.1　发射质量

经测定,16 000个单位的BT粉弹发射后,都在距树冠5~10 m炸开,作业水平符合防治要求。

2.2　中毒时间与症状调查

16 000个单位的BT粉弹施药后24 h,栎粉舟蛾出现中毒死亡,中毒后幼虫逐渐失去活性、停食,最后死亡,死亡后虫体缩短值硬呈棒状,8 d后树上再查不到幼虫。

2.3　防治效果统计与分析

根据栎粉舟蛾虫口保存情况统计表(表2),计算栎粉舟蛾虫口减退率,结果填入栎粉舟蛾虫口减退率统计表(表4)。分析可知,16 000个单位的BT施药1 d内就有死亡现象,施药5 d内虫口减退率可达92%以上,施药7 d内虫口减退率达99%以上。这种短时间高致死现象与BT的作用机制有关。

表 4 栎粉舟蛾虫口减退率统计表

样地编号	防前标定虫口数	防治后天数(d)					
		1	3	5	7	9	11
B	610	8.52	54.59	92.45	99.5	100	100
WF	104	1.92	6.73	14.42	21.15	26.92	34.61

2.4 持效性调查与分析

防治 15 d 后,通过对标准地栎粉舟蛾化蛹情况的调查,结果见栎粉舟蛾化蛹情况调查表(表 3),结合防治前虫口基数分析可知,对照区化蛹量明显高于防治区内栎粉舟蛾化蛹数,证明防治区虫口减退,确是药效所致。

2.5 对天地敌影响调查

林间调查,药剂对瓢虫、步行甲、蜘蛛等影响很小。

3 结论与讨论

3.1 灵活性强

布撒器轻便灵活,适用于车辆不能到达的林区,可在复杂的地理条件下,正常实施森林病虫害防治工作。

3.2 节省人力

一台布撒器只需 3 人,每天可以发射 80~100 发粉弹,灭虫 600~800 亩。

3.3 防治效果好

从试验效果看,在发射 16 000 个单位的 BT 粉弹 1 d 内就有死亡现象,施药 5 d 内虫口减退率可达 92% 以上,施药 7 d 内虫口减退率达 99% 以上。

3%高渗苯氧威防治栎蚜虫药效比较试验研究

危害栎类树木的蚜虫主要是桃蚜(Myzus persicae (Sulzer))。桃蚜被害叶趋缩卷曲,严重影响枝、叶的发育,其分泌物易招生霉菌,传播病毒,造成严重危害;桃蚜虫世代多,繁殖量大,蔓延迅速,防治困难,尤其是树龄大、管理粗放的林子,受害更重,蚜虫常反复发生,轻则引起树木生长衰弱,重则导致树木死亡。2012 年笔者受委托开展苯氧威防治栎蚜虫药效试验,期望通过与常用防治蚜虫药物啶虫脒、吡虫啉防治试验效果比较,探测苯氧威防治蚜虫类害虫使用效果。

1 试验材料

1.1 试验药剂和浓度

试验药剂:3%高渗苯氧威乳油(郑州沙隆达伟新农药有限公司生产),本试验药液喷洒浓度分别为 1 000 倍、1 500 倍。

对照药剂:5%啶虫脒乳油(山东天达药业植保公司生产)、10%吡虫啉粉剂(江苏景宏化工有限公司生产),试验药液喷洒浓度分别为 1 000 倍、1 500 倍。

1.2 防治对象

栎类桃蚜。

1.3 药械

试验选用常用药械,山东临沂亚圣机电有限公司生产的 3WF – 2.6C 背负式喷粉机。

2 试验方法

2.1 试验地虫情及林况

试验地选择在内乡县宝天曼栎树林地,林地连片面积 100 hm²,土壤为黄棕壤,土质条件中等,树龄 12 年,平均树高 4.5 m,平均冠幅 2.8 m,郁闭度 0.85。该地为蚜虫常发区,树木生长势较弱,试验时蚜虫平均虫口密度 10.43 头/20 cm 延长枝,虫株率为 100%。

2.2 试验时间

2012 年 5 月 1 ~ 3 日进行防治试验,正值大多数蚜虫处于第二代 1 ~ 2 龄若虫期。

2.3 试验设计

试验采用随机区组设计,在林地内设 3 块样地,每块样地面积 2 hm²,样地间相隔 10 m 以上,同时将每块样地分别划分为 7 个小区,每小区面积 1 000 m²,各小区间分别隔开 10 m 以上。将 3% 高渗苯氧威乳油、5% 定虫脒乳油、10% 吡虫啉粉剂各 1 000 倍液、1 500 倍液,共计 6 种处理随机喷洒在 3 块样地的每个小区内,将小区内栎树所有主侧枝喷湿透开始向下滴水为宜,每块样地内留下 1 个空白小区不喷药作为对照。做好标记和记录。

2.4 防治效果调查

试验用药前在每块样地的每个小区内按对角线随机间隔选择 10 株栎树作为样株,用红漆标号,按照蚜虫常规调查方法,调查记录 10 株样株蚜虫的平均虫口密度。在用药后第 2 天、第 5 天、第 8 天按标号,用同样方法再分别调查记录原样株保留活虫平均虫口密度。空白小区也按照此法调查。

3 试验效果与分析

3.1 试验效果

苯氧威、啶虫脒、吡虫啉三种药物都是强胃毒、触杀和渗透剂,喷药后几小时,部分害虫就停止活动取食,2 ~ 3 d 后虫体变软,颜色由橙色变为黄褐色、黑色,陆续落地死亡。防治效果调查数据见表 1。

$$虫口减退率(\%) = \frac{防前虫口密度 - 防后虫口密度}{防前虫口密度} \times 100\%$$

$$防治效果(\%) = \frac{处理虫口减退率 - 对照虫口减退率}{100 - 对照虫口减退率} \times 100\%$$

3.2 试验结论与分析

3.2.1 当地栎蚜虫对农药产生很强的抗药性

以目前最好的对照药剂啶虫脒、吡虫啉为例,防治蚜虫由常规使用浓度 2 000 倍加大到 1 500 倍浓度使用,第 8 天防治效果仅为 64.93% 和 65.07%,加大到 1 000 倍液使用,防治效果才达到了 82.90% 和 82.83%。使用 3% 高渗苯氧威 1 500 倍液第 8 天防效为 66.67%,加大到 1 000 倍液,防效为 84.57%。试验说明蚜虫抗药性很强。

表 1

处理	防前虫口 (头/20 cm 延长枝)			调查时间 (d)	防后虫口 (头/20 cm 延长枝)			虫口减退率(%)				平均防效 (%)
	I	II	III		I	II	III	I	II	III	平均	
苯氧威 1 000 倍	9.91	10.80	9.62	2	4.65	4.83	4.70	53.1	55.3	51.1	53.10	52.95
				5	2.04	2.14	2.06	79.4	80.2	78.6	79.40	79.34
				8	1.55	1.83	1.33	84.4	83.1	86.2	84.57	84.57
苯氧威 1 500 倍	11.41	9.57	10.10	2	7.35	6.34	6.76	35.6	33.8	33.1	34.17	33.97
				5	5.47	4.62	4.86	52.1	51.7	51.8	51.87	51.73
				8	3.88	3.07	3.43	66.1	67.9	66	66.67	66.67
啶虫脒 1 000 倍	9.53	11.92	10.01	2	5.26	5.76	4.91	44.8	51.7	50.9	49.13	48.97
				5	1.85	2.60	2.21	80.6	78.2	77.9	78.90	78.84
				8	1.69	2.16	1.55	82.3	81.9	84.5	82.90	82.90
啶虫脒 1 500 倍	10.42	11.81	9.45	2	6.71	7.94	6.32	35.6	32.8	33.1	33.83	33.62
				5	5.38	5.94	4.92	48.4	49.7	47.9	48.67	48.53
				8	3.55	4.29	3.29	65.9	63.7	65.2	64.93	64.93
吡虫啉 1 000 倍	10.90	9.24	10.12	2	5.46	3.86	4.06	49.9	52.2	50.9	51.00	50.85
				5	2.25	2.13	2.26	79.6	76.9	77.8	78.10	78.04
				8	1.57	1.77	1.81	85.6	80.8	82.1	82.83	82.83
吡虫啉 1 500 倍	9.52	11.60	10.71	2	6.46	7.55	7.29	32.1	34.9	31.9	33.00	32.79
				5	5.06	5.89	5.63	46.9	49.2	47.4	47.83	47.68
				8	3.35	3.92	3.83	64.8	66.2	64.2	65.07	65.07
对照	12.12	9.55	10.80	2	12.2	9.6	10.7	0	0	0.93	0.31	
				5	12.0	9.5	10.8	0.83	0	0	0.28	
				8	12.1	9.6	10.9	0	0	0	0	

3.2.2 3% 高渗苯氧威防治效果略好于常用特效药

从计算数据可以看出,以 1 500 倍、1 000 倍浓度施药,3% 高渗苯氧威比常用特效药啶虫脒、啉虫啉的防治效果略好,可以提高 2% 左右。

3.3 苯氧威是经济实惠的无公害药物

试验结果，3%高渗苯氧威乳油对已产生极强抗药性的桥桃蚜具有较好的防治效果，其药效也好于普遍使用药剂啶虫脒、吡虫啉。另外，啶虫脒和吡虫啉属于化学合成农药，对人、畜有一定的毒性，对环境也有不良影响，而苯氧威为无公害仿生类杀虫剂，属微毒农药，常用防治使用成本又略低于其他两种药物，应当作为防治果树、经济生态树木的首选品种。本次试验为找出替代防治桃蚜的生物杀虫剂具有极其重要的意义。

树木干部阻隔法防治草履蚧试验研究

草履蚧食性杂，传播快，危害严重。目前在河南北部、东部发生面积10万多 hm^2 ，造成了巨大的经济损失。2004年在南阳市首次发现，现已大面积扩散，对树木的生长和园林绿化构成严重威胁。2011年笔者选择了6种措施进行防治试验比较，以寻找最佳防治技术。

1 试验材料和药剂

6种试验用材料、药剂：

01　废机油（涂抹在树干上），由当地汽车修理厂提供；

02　黄油（涂抹在树干上），由郑州化工厂生产；

03　拦虫虎（涂抹在树干透明胶带上）；

04　拦虫虎（涂抹在树干上）；

05　高渗苯氧威（加黄油涂抹在树干胶带上），由郑州沙龙达伟新农药有限公司生产；

06　拦虫虎（制成毒胶带缠绕树干上）。

以上所用药物拦虫虎均由郑州果树研究所生产。

2 试验设计方法

2.1 试验地林木生长状况与虫情

试验选在南阳市独山林场，试验树木为栎树。树林面积40 hm^2 ，树龄15年，平均胸径10 cm，郁闭度0.85，生长情况相似。该地2008年发现草履蚧，2011年发生面积12 hm^2 ，1.1万多株树木受害，死亡1 000多株，平均虫口密度为12.6头/20 cm延长枝。

2.2 试验时间

试验时间为2011年2月1~2日，试验最终调查时间为2011年3月25日草履蚧危害盛期。

2.3 防治试验设计

试验采用随机区组设计，在试验地内由西向东设3块样地，每块样地0.4 hm^2 ，分别间隔3行树，从西至东编号为Ⅰ、Ⅱ、Ⅲ，每块样地内由南到北设7个小区，每小区面积450 m^2 ，有栎树60株左右，分别编号为A、B、C、D、E、F、G，小区间分别间隔2行树，并从每个小区内再随机选择10株，作为调查样株，并做好标记和记录。

2.4 防治试验作业

2月1～2日进行防治试验,试验所选用的6种阻隔若虫防治方法,随机施用在3块样地的每个小区内,每块样地留下1个小区不进行防治作为对照。第一次使用药物、材料后,以后每隔10 d再次涂抹同样的药物材料,总计涂抹药物材料3次。同时做好标记和记录。

2.5 防治效果调查

防治后,于3月25日若虫危害盛期,按照草履蚧预测预报方法,详细调查3块样地21个小区210株样树各自草履蚧虫口密度,计算各用药小区同对照虫口减退率,分析防治试验效果。

3 试验结果

6种常用阻隔防治方法对草履蚧都有防治作用,但是阻隔杀虫效果差距比较大,其中03、04、06三种处理方法,虫口减退率都达80%以上,防治效果非常明显。防效调查数据见表1。

表1 六种防治方法效果调查表

处理	调数（株）	防治后平均虫口密度（头/20 cm 延长枝）			虫口减退率（%）				说明
		I	II	III	I	II	III	平均	
01	6	8.2	7.9	8.5	33.9	33.1	33.6	33.5	废机油
02	6	8.7	8.3	9.4	29.8	29.7	26.6	28.7	黄油
03	6	1.5	1.1	1.8	87.9	90.7	85.9	88.2	拦虫虎、胶带
04	6	1.9	1.3	2.1	84.7	89.0	83.6	85.8	拦虫虎
05	6	4.8	3.9	5.0	61.3	66.9	60.9	63.0	高渗苯氧威、黄油
06	6	2.1	1.6	2.3	83.1	86.4	82.0	83.8	拦虫虎毒胶带
对照	6	12.4	11.8	12.8					

4 结论

本次试验表明,在所选用的6种防治方法中,使用树干缠胶带涂抹拦虫虎、树干直接涂抹拦虫虎、树干缠棉绳涂抹拦虫虎防治效果都非常显著,其中使用树干缠胶带涂抹拦虫虎阻隔害虫效果最好,平均虫口减退率达88.2%,使用另外两种方法阻止杀灭害虫效果也好,但是所使用药物腐蚀性很强,直接同树木外皮接触,导致树皮尤其是幼树,皮层肿胀,严重时树皮腐烂,影响树木正常生长,所以选用树干缠胶带涂抹拦虫虎阻隔害虫方法最适宜。

树干基部喷药防治栎舞毒蛾试验

栎舞毒蛾(俗称栎毒蛾)是危害栎树的一种食叶害虫(见图1~图5),在河南省西峡、淅川、南召、内乡等县部分栎树山区间或发生,2006年在河南省西峡县天然次生林内大面积发生,发生面积就达100多hm²,受害严重的林分栎树叶片被食光,树冠呈火烧状,严重地影响了栎树的生长。栎舞毒蛾主要危害蒙古栎(俗称柞树)、栓皮栎,栎毒蛾的卵块大都产在树干的基部,经初步统计,产于树干基部1.5 m以下的卵块占全部卵块的70%以上。栎舞毒蛾以卵块在树皮下越冬,在树皮下越冬的卵于4月末至5月中旬孵化,初孵幼虫沿树干向上爬行,之后吐丝下垂,随风飘散,找到寄主后,爬到树顶危害新叶。根据该虫这一生物学特性,采用在栎树干基部(胸高1.5 m以下部位)喷洒杀虫剂的办法,杀死初孵幼虫,收到了良好效果。

图1 舞毒蛾卵

图2 舞毒蛾幼虫

图3 舞毒蛾蛹

图4 舞毒蛾雄成虫

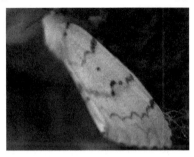

图5 舞毒蛾雌成虫

1 室内防治试验

截取直径为 10 ~ 20 cm、长 30 cm 的栎木段 40 根,每个木段上放室内饲养的栎舞毒蛾初孵幼虫 10 头,然后用手持喷雾器喷洒 25% 的马拉硫磷和 10% 的啶虫脒 2 000 倍药液(喷液量为 40 g/m²),把喷过药的木段连同初孵幼虫一起放入养虫笼内,饲喂新鲜的栎树叶片,将正常饲养的 200 头初孵幼虫作为对照,分别在施药后的 4 h、8 h、24 h、48 h 观察死亡情况,结果如表 1 所示。

表 1　施药后不同时间的幼虫累计死亡数　(单位:头)

药剂	4 h	8 h	24 h	48 h
25% 马上硫磷 800 倍	184	198	200	200
10% 啶虫脒 2 000 倍	168	193	197	197
对照	0	0	1	1

表 1 中每处理供试幼虫 200 头,施药后 48 h,10% 啶虫脒处理的幼虫的死亡率为 98.5%,25% 马拉硫磷处理的幼虫死亡率为 100%,正常饲养的幼虫死亡率很低,只有 0.5%。大部分幼虫在施药后 4 h 内死亡,占死亡总数的 88%,8 ~ 24 h 死亡的占总数的 11.25%。

2 林间喷药防治试验

在林间选择栎舞毒蛾卵块较多的栎树 30 株,每处理 10 株,在其胸高部位(离地面约 1.6 m 处)沿树干刮去一圈树皮,然后系 10 cm 宽的塑料薄膜一圈,目的是防止幼虫爬上树,把胸高以下部位均匀喷药,喷药方法和药液与室内防治试验相同,树干基部清除杂草和枯枝落叶,铺上塑料薄膜,24 h 后检查地表塑料薄膜上的死亡及存活虫数和树皮下的死亡及存活虫数(树皮下的幼虫需剥掉树皮检查),结果见表 2。

表 2　林间喷药后幼虫的死亡及存活数(头)

试验样株	1		2		3		4		5		6		7		8		9		10	
	死	活	死	活	死	活	死	活	死	活	死	活	死	活	死	活	死	活	死	活
马拉硫磷	239	4	36	0	576	2	103	0	57	1	163	0	270	3	310	3	69	0	44	4
啶虫脒	73	2	58	0	113	5	245	3	220	1	364	4	181	2	82	0	91	3	251	2
对照	138	0	71	2	412	0	106	0	16	0	218	0	273	1	290	3	51	1	31	1

对表 2 结果进行统计分析,25% 马拉硫磷 800 倍液的校正死亡率为 99.33%,10% 啶虫脒 2 000 倍液的校正死亡率为 98.32%。

3 讨论

(1)采用栎树干基部喷药是根据栎舞毒蛾的生物学特性,结合生产而进行的防治试验,初孵幼虫对药剂的抵抗力较弱,因而防治效果好,经防治过的树木葱绿,生长旺盛,达到了预期的目的。这种施药方法简单,用药量少,按每株用药 60 mL,500 株/hm² 计算,每公顷用药 0.3 kg,约为树冠喷药用药量的 1/10(按树冠喷药量为 3 000 mL/hm²),这种方法对天敌的影响较小,据调查,对这种害虫控制作用较强的一种赤眼蜂是寄生于卵,而另一种茧蜂寄生于蛹,幼虫期施药基本不会伤害它们。

(2)这种试验方法在室内可以说是准确无误的,因为接触到药物的幼虫不能够跑出养虫笼;林间试验时,树干上部有塑料环阻隔,幼虫不能够上树,树下有塑料薄膜,中毒幼虫大都落到树下的塑料薄膜上,只有个别幼虫能够爬过塑料薄膜,进入枯枝落叶中。药剂使用的浓度是根据常规的使用浓度而定的,由于试验条件的限制,没有做浓度梯度杀虫试验,有待于以后进一步探讨。

第三篇 栎类害虫基本知识介绍

一、鞘翅目 Coleoptera

（一）象甲科 Curculio nidae

栗实象甲

【林业有害生物名称】 栗实象甲

【拉丁学名】 *Curculio davidi* Fairmaire

【分类地位】 鞘翅目象甲科

【别名】 栗实象

【分布】 该虫分布于浙江、江苏、安徽等省,河南在南阳、平顶山、三门峡、郑州、信阳等市发生。

【寄主】 除危害板栗外,还危害其他栎类树种。

【危害】 幼虫食害板栗子叶,在果实内形成坑道,充满虫粪。严重受害区种子常在短期内被蛀食一空,并诱致菌类寄生,以至于采收后难以储存和运销。老熟幼虫脱果后在果皮上留下圆形脱果孔(虫眼)。

【识别特征】

成虫 雌虫体长 6～9 mm,黑色。雄虫体长 5～8 mm,触角从喙 1/2 处伸出。触角膝状,柄节细长,静止时藏于触角沟内。前胸与头部连接处、前胸背板基部两侧、鞘翅上各有一个由白色鳞片组成的白斑。鞘翅长为宽的 1.5 倍,其上有刻点 10 个。鞘翅前缘近肩角处有一白色横条,臀角处有 1 条略呈钩形的白色斑纹;翅长 2/5 处有 1 白色横条,横条和斑纹均由白色鳞片所构成。腿节内缘近下方有齿 1 枚,跗节为 3 节,有爪 1 对。

卵 椭圆形,长约 1.5 mm,表面光滑。初产时透明,近孵化时呈乳浊色,一端透明。

幼虫 呈镰刀形弯曲。老熟幼虫体长 8.5～12 mm,乳白色至淡黄色。头部黄褐色,口器黑褐色,体多横皱,疏生短毛。

蛹 灰白色,长 7～11 mm,喙伸向下方。

【生活史】

2 年发生 1 代,以老熟幼虫在土内做土室越冬。越冬幼虫 6～7 月在土室内化蛹。成虫最早于 7 月上旬羽化,最迟于 10 月上旬羽化,8 月(板栗成熟前 1 个月)方出土,9 月为产卵盛期。幼虫在种子内约生活 1 个月,9 月下旬至 11 月上旬,老熟幼虫陆续离开种子,入土做土室越冬。

【生活习性】

成虫 白天活动,颇敏捷,有假死性,日落后多停息于栗叶重叠处。趋光性不强。初羽化成虫先取食花蜜,以后才以板栗和茅栗的子叶、嫩枝皮为食,栗园中如混生茅栗,成虫多喜在茅栗上活动取食。被害板栗子叶表面呈不规则刻槽状。成虫经过补充营养后即在球苞、叶上交尾,雌雄成虫均可多次交尾。雄虫寿命平均10.3 d,雌虫寿命平均15.8 d。

卵 成虫交尾后次日即可产卵。产卵前,雌虫用喙在板栗球苞上刺孔,深达子叶表层,咬成1~1.5 mm深近三角形或圆形的刻槽,将产卵管插入,产卵1粒,也有1次产卵3粒的。雌虫一生产卵最少2粒,最多18粒,产卵部位多集中于果实的基部。由于此虫发生期长,自8月下旬至采收前数日均可产卵。

幼虫 卵经10~15 d孵化,初孵幼虫仅在子叶表层取食,虫道宽约1 mm,2龄后随着虫龄增大,虫道逐渐扩大和加深。其中充满灰白色或褐色粉末状虫粪。果实采收后,幼虫仍在果内取食。幼虫共6龄。

蛹 幼虫老熟后,在果皮上咬1个直径为2~3 mm的圆孔,爬出果外,钻入土内,做1个约0.5 cm×2 cm的长圆形土室越冬,入土深度视土壤种类而异,一般多为10~15 cm,在其内化蛹。

【发生与危害规律】

在实生栗园,此虫发生数量主要与采收是否及时及脱粒地点、脱粒方法有关。在栗园附近晒场堆积,以及在栗窖沤制脱粒的,均造成入土幼虫高度集中,1 m² 地面越冬幼虫常达数百余头。除以上情况外,还与栗园附近野生茅栗密度有密切关系。不同品种成熟期迟早与被害程度大小有密切关系。成熟早的品种在一定程度上可避过成虫危害。

【防治措施】

(1)加强森林植物检疫,严禁带虫种子外调。必须外调时可用磷化铝熏蒸,每吨种子用药9~30 g,熏蒸3 d;用二硫化碳30~40 mL/m³熏蒸种子1~2 d;还可用60~65 ℃温水浸种15 min进行处理。脱粒前栗苞堆沤时,1 m³空间用磷化铝13.2 g,用0.18 mm厚的塑料膜覆盖3 d,种子经过以上措施处理后方可调出。

(2)选育丰产、质佳的抗虫品种,如在8月末9月初成熟的'处暑红'等优良品种。

(3)加强抚育管理。及时清除栗园内枯死木、虫源木和采收前进行割蔓去杂工作。对栗园内生长的茅栗要进行嫁接改良或清除。还要及时清除被害落果、栗苞、枯叶,集中烧毁,减少虫源。

(4)适时采收栗实,不使种子散落林地。对堆放栗苞的晒场,于6月上中旬深翻15 cm,破坏地下土室,消灭于化蛹前。

(5)药剂防治。成虫发生期可选喷10%啶虫脒3 000倍液,或20%吡虫啉1 000倍液,或1%苦参碱水剂1 000倍液,或3%苯氧威乳油2 000倍液。视虫情树冠淋洗式喷雾防治2~3次,每次间隔7~10 d。

剪枝象甲

【林业有害生物名称】 剪枝象甲

【拉丁学名】 *Cyllorhynchites ursulus*(Roelofs)

【分类地位】 鞘翅目象甲科

【别名】 剪枝栗实象、剪枝象鼻虫、剪枝虫

【分布】 该虫分布于我国吉林、辽宁、河北、河南、福建、江西、四川等省。

【寄主】 剪枝象甲主要发生在栎类树种的天然次生林和板栗林地,以野生改接园发生较多。

【危害】 成虫咬断果枝,造成大量果实脱落;幼虫在坚果内取食。

【识别特征】

成虫 体长6.5~8 mm,喙长与鞘翅长度相等,先端宽,中央缩细,背面有明显的中央脊,侧缘有沟。触角11节,端部3节略膨大;雄虫触角着生于接近喙端部1/3处,雌虫触角着生在喙中央,前胸长大于宽。雄虫前胸两侧各有1个向前伸的尖刺。小盾片不大,末端钝圆。鞘翅长,由肩部向后渐收缩。鞘翅上有10行刻点沟,沟间具颗粒状突起。

卵 长椭圆形,长1.34 mm、宽0.1 mm,乳白色,孵化前变成黄色。

幼虫 老熟幼虫体长7~11 mm,乳白色,体弯曲,多横皱,无足。头部后半部缩入前胸,后头缝不明显,额基部近唇基片边沿有横列刚毛。

蛹 初为乳白色,后变为白色,头顶缝两侧有1对刚毛。喙基部两侧各有1对刚毛,喙端部有横列刚毛,腹末有1对褐色尾刺。

【生活史】

1年发生1代,以老熟幼虫在土中筑土室越冬。翌年5月下旬开始化蛹,蛹期21~23 d。6月中旬开始成虫羽化出土,8月上旬成虫盛发期,7月上中旬为产卵盛期,7月中下旬出现幼虫,危害至8月中下旬,老熟幼虫脱果在土中筑土室越冬。

【生活习性】

成虫 出土后,当天即能取食,以幼嫩种实作为补充营养,偶尔咬食叶柄。成虫补充营养后开始交配,一生交配多次。成虫白天活动,夜间静伏,交配及产卵以17时至黄昏前最盛。成虫微受惊扰呈警戒状;如突然遭受振动则随即坠地假死。也有从树上坠落中途起飞逃逸的。

卵 成虫第二次交配后经2~3 d即6月中下旬产卵。产过卵的种实上面有1个小洼坑。在1个果枝上有数粒种实被产上卵后,雌虫即爬到果枝上将果枝咬断,每头雌虫能剪断40多个果枝,每头雌虫能产卵20~35粒。危害严重时,被咬掉的产卵果枝落满地面。卵在落地的果实中发育,卵期5~8 d,于7月下旬可见新幼虫。

幼虫 孵化后马上取食子叶,先蛀食卵室边沿,逐渐深入到种实底部,种实内充满褐色短丝状虫粪及粉末状蛀屑。幼虫历时20 d左右达到老熟,咬1个圆形孔爬出。幼虫脱果后在地面上爬行,寻找适宜场所,钻入土中。在土中3~9 cm深处筑椭圆形土室越冬。

蛹 在土中筑土室越冬的老熟幼虫,次年5月在土室中化蛹。

【防治措施】

(1)加强经营管理。及时拾净落地果苞,带出园地集中烧毁或挖坑深埋,结合冬季土壤垦复,消灭土中幼虫。

(2)成虫出土前,在树干1 m高处涂1:10的高渗苯氧威药液带(10 cm宽),并用塑料膜覆盖。

（3）成虫发生期,喷洒10%啶虫脒2 000倍液防治2~3次,每次间隔7~10 d,淋洗式喷雾。

（4）利用其成虫假死性特点,采取猛摇树枝,震落成虫进行捕杀。

麻栎象

【林业有害生物名称】 麻栎象

【拉丁学名】 *Curculio robustus*（Roelofs）

【分类地位】 鞘翅目象甲科

【别名】 麻栎象鼻虫

【分布】 该虫分布于北京、山东、和浙江等地,河南南阳主要发生在西峡、内乡、淅川和南召等县。

【寄主】 麻栎、栓皮栎

【危害】 危害种实,种实受害严重者可达60%以上。

【识别特征】

成虫　身体卵形,黑褐色。前胸背板鳞片密集,似旋涡形排列。鞘翅中间有带1条,被覆较密而宽的鳞片。头和前胸密布刻点。雌虫体长5.8~9.5 mm、宽2.7~5 mm。喙短粗,基部更粗,长为前胸的2倍,触角着生点之后散布刻点。触角着生在喙基部的2/5处。前胸背板宽大于长,前缘略凹,后缘呈弧形。小盾片舌状,密被较细的鳞片。鞘翅具宽而深的行纹10条,行纹间各有1行较宽的鳞片。雄虫体长6.3~8.9 mm、宽3.0~4.2 mm,喙长为前胸的1.5倍;触角着生于喙的中间之前。腹部末节后缘呈截断形。

卵　长椭圆形,长1.5 mm左右、宽0.5 mm左右,乳白色,透明。

幼虫　老熟幼虫体长9~12 mm、宽3.0~4.0 mm,淡黄色或乳白色,体多皱褶,稍弯曲。头部黄褐,口器黑褐色,前胸背板有1个浅褐色蝶形斑痕。

蛹　乳白色,喙从复眼间伸到体外,向腹面弯曲,倒置于鞘翅及各胸足之上。鞘翅斜着伸向腹部两侧,腹部末端两侧各有刺1根。

【生活史】

1年发生1代,跨越2个年度,以老熟幼虫越冬。在野外成虫7月下旬出现,盛期在8月上中旬,9月下旬还可见到刚羽化的成虫。6月下旬至8月下旬蛹出现。卵的出现始期为8月上旬,末期为9月上旬。当年幼虫最早在8月下旬出现,末期为10月中旬。

【生活习性】

成虫　羽化多在夜间及上午。即将羽化的蛹,全身变为紫红色。由土中钻出的初羽化成虫,色浅,以后逐渐变深。在密林中成虫出现较少。成虫白天善爬行,往往在叶背、枝条背阴面活动,晚间活动甚烈,既爬行,又飞翔,雄虫活动性能更甚。成虫爬行速度快,多具有向上爬行性及稍遇到惊吓即假死性,成虫交尾多在上午进行。

卵　成虫交尾后当日产卵,卵产在壳斗中紧贴内皮处。每个壳斗内的卵数,最多可达6粒。

幼虫　刚孵出的幼虫与卵粒大小相似,随即咬破壳斗内皮及橡实（种子）外皮钻入橡实内,先在果仁表面蛀食,形成明显蛀道,随后蛀入果仁内部。每个橡实内有老熟幼虫1~

2头,最多可达4头。老熟幼虫随橡实脱落地面以后,由橡实内咬破种皮爬出,钻入土壤中,在土表10 cm深处筑土室越冬,在土层10～20 cm处极少。土层过于干燥或湿度大,皆不适宜。

蛹　越冬幼虫翌年夏季在土室中化蛹,蛹期19～22 d。

【防治措施】　参考栗实象甲。

柞栎象

【林业有害生物名称】　柞栎象

【拉丁学名】　*Curculio dentipes*(Roelofs)

【分类地位】　鞘翅目象甲科

【别名】　橡实象甲、橡实象鼻虫

【分布】　该虫分布于包括河南在内的全国大部分北方地区。

【寄主】　除危害栎属植物外,也危害板栗。

【危害】　幼虫孵化后先沿种皮向果蒂方向蛀食,以后逐渐蛀入坚果内取食,被害种实常提早脱落。

【识别特征】

成虫　雌虫体长8.9～13.5 mm(喙除外),身体卵圆形,赤褐色,被黄褐色或灰色鳞毛。喙细长,着生于头前方,圆筒形,中央以前向下弯曲。触角膝状,赤褐色,有光泽,端部膨大;雌虫触角着生于头管中部稍后,雄虫触角着生于头管中部。前胸背板宽大于长,似梯形,前缘窄、后缘宽、两侧圆、基部浅两凹形。鞘翅上有黑褐色鳞片组成的斑纹。足腿节端部膨大。

卵　椭圆形,长约1 mm,乳白色。

幼虫　老熟幼虫体长11～15 mm。头部褐色,体乳黄色或淡黄色,稍弯曲,多皱褶。

蛹　裸蛹,长约12 mm,初期为乳白色,羽化前变为灰褐色。

【生活史】

1年发生1代,以老熟幼虫在土中越冬。越冬幼虫7月化蛹,蛹期15 d左右,7月下旬至8月上旬出现成虫。8月下旬至10月为幼虫危害期,10月幼虫陆续老熟脱果。

【生活习性】

成虫　白天活动,多在中午前后取食嫩叶以补充营养。

卵　交尾后的雌成虫用口器在刺苞上咬一个小洞,产卵其中,每个刺苞产卵1粒,偶有2粒者。卵期10 d左右。

幼虫　孵化后先沿种皮向果蒂方向蛀食,以后逐渐蛀入坚果内取食,被害种实常提早脱落。采种时尚未老熟的幼虫继续在其中危害,直至老熟后脱果,入土做土室越冬。

【防治措施】　参考栗实象甲。

绿鳞象甲

【林业有害生物名称】　绿鳞象甲

【拉丁学名】　*Hypomeces squamosus* Fabricius

【分类地位】 鞘翅目象甲科

【别名】 蓝绿象、大绿象

【分布】 该虫分布于全国大部分地区。

【寄主】 为杂食性害虫,危害杨树、栎类、板栗、松树、茶、梨、苹果、柑橘、山茱萸等近百种林木、果树。

【危害】 幼虫取食林木须根,成虫取食林木的嫩枝、芽、叶,常将叶食尽。严重危害时啃食树皮,影响林木生长或造成全株枯死。

【识别特征】

成虫 体长 15 ~ 18 mm,全体黑色,密披墨绿、淡绿、淡棕、古铜、灰、绿等闪闪有光的鳞毛,有时杂有橙色粉末。头、喙背面扁平,中间有一宽而深的中沟,复眼十分突出,前胸背板以后缘最宽,前缘最狭,中央有纵沟。小盾片三角形。雌虫腹部较大,雄虫较小。

卵 椭圆形,长 1.2 ~ 1.5 mm,灰白色。

幼虫 体长 10 ~ 15 mm,乳白色或淡黄色,稍弯曲,多横皱。

蛹 体长 12 ~ 15 mm,乳白色或淡黄色。

【生活史】

长江流域 1 年发生 1 代,华南 2 代,以成虫或老熟幼虫越冬。4 ~ 6 月成虫盛发。广东终年可见成虫为害。浙江、安徽多以幼虫越冬,6 月成虫盛发,8 月成虫开始入土产卵。福州越冬成虫于 4 月中旬出土,6 月中下旬进入盛发期,8 月中旬成虫明显减少,4 月下旬至 10 月中旬产卵,5 月上旬至 10 月中旬幼虫孵化,9 月中旬至 10 月中旬化蛹,9 月下旬羽化的成虫仅个别出土活动,10 月羽化的成虫在土室内蛰伏越冬。

【生活习性】

成虫 白天活动,飞翔力弱,善爬行,有群集性和假死性,出土后爬至枝梢为害嫩叶,能交配多次。白天成虫取食进行补充营养,夜晚及阴雨天躲在杂草丛中及落叶下。受惊即下坠落地逃避。4 ~ 10 月都有成虫活动,5 ~ 8 月最多。

卵 5 月成虫产卵,卵多单粒散产在叶片上,产卵期 80 多天,每雌产卵 80 多粒。

幼虫 孵化后钻入土中 10 ~ 13 cm 深处取食杂草或树根。幼虫期 80 多天,9 月孵化的长达 200 d。幼虫老熟后在 6 ~ 10 cm 土中化蛹,蛹期 17 d。幼虫取食林木、杂草的根,7 月底至 8 月初幼虫逐渐老熟。靠近山边、杂草多、荒地边的茶园受害重。

蛹 幼虫在土中 4 ~ 7 cm 深处做土室化蛹,土室长椭圆形。

【防治措施】

(1)成虫发生期可利用其假死性,进行人工摇枝捕捉。

(2)对成虫发生盛期造成灾害的,可进行化学药剂防治。使用的药剂主要有啶虫脒、吡虫啉、苯氧威、苦烟碱、虫线清、灭多威等,树冠喷雾,间隔 15 d 1 次,视其虫情交替喷洒 2 ~ 3 次。

大球胸象甲

【林业有害生物名称】 大球胸象甲

【拉丁学名】 *Piazomias validus* Motschulsky

【分类地位】 鞘翅目象甲科

【分布】 该虫在河南主要发生在南阳、郑州、信阳等市。

【寄主】 危害枣树、杨树、柳树、栎类等。

【危害】 幼虫孵化后潜入土中,以植物幼根为食。

【识别特征】

成虫体长 7.5~10.2 mm。体黑色,有光泽,被覆淡绿色或灰色间杂有金黄色的鳞片。鳞片互相分离。头部略凸,有少数刻点,鳞片比较稀。喙端向前弯曲。眼凸出。雌虫前胸略膨大,雄虫前胸略呈球形,中间最宽,表面密布颗粒,中沟中部明显。雌虫鞘翅宽卵形,雄虫卵形;鞘翅两侧略凸出,表面被覆较密鳞片,行纹宽,鳞片间散布带毛的颗粒。腹板 3~5 节密生白毛,几乎不被鳞片;雌虫腹部短而粗,末节端部尖,基部两侧各有一沟纹;雄虫腹部长而细,中间洼,末节端部钝圆。

【生活特性】

1 年发生 1 代,以幼虫在土中越冬。翌年 4~5 月化蛹,5 月下旬至 6 月上旬羽化,飞到枣树上取食嫩叶。雌虫交尾后在树皮缝隙内、卷叶里及顶叶背面产卵。幼虫孵化后潜入土中,以植物幼根为食,秋后越冬。成虫发生量与上年 6 月降水量有关,降水少,翌年大发生,反之则发生轻。

【防治措施】

成虫发生期药剂防治参考绿鳞象甲。7~8 月地面浇泼 15% 蓖麻油酸烟碱乳油 200 倍液,毒杀土中的幼虫。

栎小卷叶象甲

【林业有害生物名称】 栎小卷叶象甲

【拉丁学名】 *Paroplapoderus vanvolxemi* Roelofs

【分类地位】 鞘翅目象甲科

【分布】 该虫在河南南阳主要发生在西峡、淅川、内乡、南召等县。

【寄主】 栎树。

【危害】 危害栎树叶片。

【识别特征】

成虫 长 6 mm 左右、宽 3.1~3.5 mm,赤褐色,体近卵形。背面有黑斑,与栎卷叶象甲相似,但鞘翅后方两侧有瘤状突起,行间具粗刻点。

卵 长圆形,鲜黄色,长 1.1~1.2 mm、宽 0.82~0.89 mm。

幼虫 无足型,体黄白色,腹部背面有多个凸起。

蛹 黄色,长 6~6.5 mm、宽 3~3.5 mm,肢体和细毛明显。

【生活习性】

每年发生 2 代,以成虫越冬。越冬成虫于每年 4 月上旬将栎叶卷折成筒状,产卵其中,幼虫 4 月中下旬孵化,食卷叶筒周围叶片,虫口密度大、发生严重时,可将大量树叶食光。5 月下旬幼虫老熟虫将树叶卷折在内化蛹,6 月初出现第一代成虫,6 月中下旬卵孵化,此代幼虫危害至 9 月中下旬化蛹,10 月初成虫羽化,并于卷叶、地面杂草等处越冬。

成虫稍具向光性和假死性,食性较专一。

【防治措施】

成虫发生期药剂防治参考绿鳞象甲。7~8月地面浇泼15%蓖麻油酸烟碱乳油200倍液,毒杀土中的幼虫。

(二)天牛科 Cerambycidae

橙斑白条天牛

【林业有害生物名称】 橙斑白条天牛

【拉丁学名】 *Batocera davidis* Deyrolle

【分类地位】 鞘翅目天牛科

【别名】 油桐八星天牛

【分布】 在全国各地均有发生。

【寄主】 油桐、核桃、板栗、栎、苹果等。

【危害】 幼虫在韧皮部蛀食,并逐渐深入木质部为害。被害树木生长衰弱,甚至枯死。

【识别特征】

成虫 体长51~68 mm、宽17~22 mm。体黑褐色至黑色。有时鞘翅肩后棕褐,被稀疏的青灰色细毛,体腹面被灰褐色细长毛。触角自第3节起的各节为棕红色,基部4节光滑,其余节被灰色毛。前胸背板中央有13个橙黄色肾形斑;小盾片密生白毛。每鞘翅有几个大小不等的近圆形橙黄斑;每翅约有5或6个主要斑纹,第1斑位于基部1/5的中央;第2斑位于第1斑之后近中缝处;第3斑紧靠第2斑位于同一纵行上,有时第3斑消失;第4斑位于中部;第5斑位于翅端1/3处;第6斑位于第5斑至端末的1/2处;后面3个斑大致排成一纵行,另外尚有几个不规则小斑点。头具细密刻点,额区有粗刻点;雄虫触角超出体长1/3,下面有许多粗糙棘突,自第3节起各节端部略膨大,内侧突出,以第9节突出最长,呈刺状;雌虫体型比雄虫大,触角较体略长,有较稀疏的小棘突。前胸背板侧刺突细长,尖端向后弯;背面两侧稍有皱纹。鞘翅肩具短刺,外缘角钝圆,缝角呈短刺;基部具光滑颗粒,翅面具细刻点。身体两侧自眼后至尾端有白色宽带。

卵 长椭圆形,略扁平,长7~8 mm、宽2~3 mm。

幼虫 老熟幼虫体长100 mm左右,前胸宽20 mm。体圆筒形,黄白色,体表密布黄色细毛。头部棕黑色。前胸背板棕色,具背中线。足极小,呈刺状,黑色;中胸气门很大,长椭圆形,突入前胸。腹部背具步泡突。

蛹 初为黄白色,将羽化时为黑褐色,触角卷曲于胸部腹面,中、后胸背面有1疣状突起。腹部第一至第六节背面各有一黑色疣状突起,并密生绒毛。

【生活史】

在河南南阳市每3~4年发生1代。第1年以幼虫、第2年以成虫在树干内蛹室中越冬,第三年的5月越冬成虫开始出洞,6月产卵孵化,7月幼虫进入皮层和木质部蛀道危害,当年以幼虫在木质部内越冬,危害至次年10月化蛹,11月羽化成虫进入越冬。

【生活习性】

成虫　先啃食一年生树枝皮层补充营养,致使受害枝条萎蔫、果实脱落。成虫在蛹室中越冬,翌年4月开始咬1个直径约2 cm的圆洞飞出。成虫寿命长达4~5个月,均能多次交尾。

卵　成虫喜择生长良好的3年生桐树,在离地面10 cm以下的树干基部咬1扁圆形刻槽,深达木质部,1刻槽内产1粒卵,然后分泌一些胶状物覆盖。有卵的刻槽树皮稍为隆起,故易辨别。卵期7~10 d(5月、6月)。

幼虫　初孵幼虫在韧皮部与木质部之间蜿蜒蛀食,蛀道长度为100 mm左右,稍长大后进入木质部取食,进入孔呈扁圆形,蛀道不规则,上下纵横。排出的虫粪和木屑充塞在树皮下,使树皮膨胀开裂。

蛹　幼虫老熟后于7~9月在木质部边材处筑蛹室化蛹。蛹期60 d左右。

【防治措施】

(1)检疫控制。对寄主对象苗木、幼树、原木、木材的运出、运入实施检疫。

(2)营造混交林,避免或减少单纯树种形成的大面积人工林受害。

(3)保护和招引啄木鸟。

(4)成虫发生期,可采取人工林间捕捉,或林地架设诱虫灯诱杀。

(5)药剂防治。在成虫发生期,可根据成虫有补充营养习性,向树冠或枝干上喷洒绿色威雷300~400倍液,或3%苯氧威乳油500倍液,可收到防治效果。对已有蛀孔的树干,可用磷化锌毒签、磷化铝片、磷化铝丸等堵塞虫孔,并用黏泥封住虫孔口,进行毒气熏杀,效果显著。

云斑天牛

【林业有害生物名称】　云斑天牛

【拉丁学名】　*Batocera horsfieldi* Hope

【分类地位】　鞘翅目天牛科

【分布】　在全国各地均有分布。

【寄主】　油桐、核桃、乌桕、栎类等。

【危害】　钻蛀树木干部,引起树木生长衰弱或死亡。

【识别特征】

成虫　体长35~65 mm、宽9~20 mm,灰黑或黑褐色,密被灰褐色和灰白色绒毛,头部中央有1条纵沟,上颚强大。触角细长粗糙,雄虫触角超过体长1/3,雌虫触角较体略长,各节下方生有稀疏细刺,第一至第三节黑色具光泽,有刻点和瘤突,前胸背中央有2个白色肾形斑,两侧中央各有1个粗大尖刺突。小盾片近半圆形被白鳞毛。每个鞘翅上有白色或浅黄色绒毛组成的云状白色斑纹,2~3纵行末端白斑长形;翅基部密布颗粒状光亮突起。体两侧自复眼后缘起至尾部止有1条白色绒毛组成的纵带。

卵　长椭圆形,淡黄色,长约10 mm,似米粒。

幼虫　老熟幼虫体长70~80 mm,乳白色至淡黄色。头部深褐色,前胸背板有1个"山"字形褐斑;褐斑前方近中线有2个黄色小点,内各生刚毛1根。足退化。后胸至第七腹节的背面及前胸至第7腹节的腹面,有许多扁圆形颗粒排列而成的突起。

蛹　长40~70 mm,乳白色至淡黄色。

【生活史】

在南阳市每2~3年发生1代,以幼虫或成虫在树干内越冬,第二年或第三年8月老熟幼虫在蛀道末端做蛹室化蛹。9月成虫咬一圆孔飞出树干,以晴天出现为多,10月卵孵化为幼虫,危害至11月底在虫道内越冬。

【生活习性】

成虫　先咬食嫩枝、树皮补充营养。成虫寿命较长,有的可活到10月,昼夜活动。羽化的成虫在蛀道中越冬。翌年再飞出危害。

卵　多产于树干距离地面30~150 cm,产卵时成虫先在树干上咬1个椭圆形指头大小的凹陷,然后产卵1粒,卵经2~3周孵化。

幼虫　初孵幼虫先在韧皮部或边材部蛀食,被害部分树皮外张,不久即纵裂,幼虫在树皮下蛀食,然后逐渐蛀入木质部,可深达髓心转向上蛀,此时可见伤口流树脂,排出木屑。大幼虫在木质部迂回蛀食,虫道内充满木屑,并掉落地面。将化蛹时,幼虫排出的木屑呈条状。

【天敌】

幼虫期天敌有花绒坚甲。

【防治措施】

(1)5~6月成虫盛发期,可人工捕捉。

(2)云斑天牛产卵部位低,痕迹明显,发现后用锤敲击树干,杀死卵和小幼虫。

(3)用细铁丝把坑道内的木屑等排泄物清除,再钩出幼虫或用磷化锌加草酸制成毒签,塞入洞内毒杀,效果更佳。

(4)用涂白剂(生石灰5 kg、硫黄0.5 kg、食盐0.05 kg、水约20 kg,互相拌和调匀),涂刷于树干基部产卵部位,可杀死初孵幼虫和阻止成虫产卵。

栗山天牛

【林业有害生物名称】　栗山天牛

【拉丁学名】　*Mallambyx raddei* Blessig

【分类地位】　鞘翅目天牛科

【别名】　山天牛

【分布】　全国广泛分布,在河南省主要发生在南阳市、信阳市。

【寄主】　板栗、栎树、泡桐、桑树等。

【危害】　钻蛀树木干部,引起生长衰弱。

【识别特征】

成虫　体长40~48 mm、宽10~15 mm,体形略扁平,体黑褐色,被棕黄色绒毛。头部在两复眼间有1条纵沟,一直延长至头顶。触角约为体长的1.5倍,每节上有刻点,第一节粗大,第三节较长,约等于4、5节之和。前胸背侧面有横皱纹,两侧缘圆弧形,无侧刺突。翅端圆形,缝角呈尖刺状。

幼虫　老熟幼虫体长约 70 mm,乳白色,疏生细毛。头小,淡黄色,上颚黑色。前胸背板淡褐色,两侧呈弧形,背面有两个"凹"字形横纹。腹部各节背面有椭圆形突起,无足。

蛹　裸蛹,体长 40 ~ 50 mm,初期为黄白色,以后渐变为黄褐色。

【生活史】

在河南南阳市每 3 年发生 1 代,以幼虫在本质部虫道内越冬。成虫于 6 月开始羽化出现,成虫夜间活动,白天很少发现。7 月产卵于树皮缝内。第一年以 3 ~ 4 龄幼虫越冬,第二年以 4 ~ 5 龄幼虫越冬,于当年 11 月 5 龄幼虫在虫道近末端做长球形蛹室,入口处以木屑堵塞,头朝向入口处越冬。第 4 年 5 月老熟的 5 龄幼虫在原处化蛹。

【生活习性】

成虫　羽化成虫后推开木屑,沿幼虫做的虫道向外,在树皮下做孔而出。成虫 6 月开始出现,夜间活动,白天很少发现。

卵　7 月产卵于树皮缝内,卵经 7 ~ 10 d 孵化。

幼虫　排出细小的锯末状粪屑,随着虫龄增大,蛀入木质部的虫道也不断扩大,成熟期幼虫虫道长 20 ~ 25 cm。第三年幼虫继续危害,排出大量粪屑,危害加重。

蛹　5 龄幼虫在虫道近末端做长球形蛹室,入口处以木屑堵塞,第 4 年 5 月老熟的 5 龄幼虫在原处化蛹。

【防治措施】

(1)重点刮除枝干上的卵和初孵幼虫,在老龄树上要结合老树更新,及时剪除被害严重的树枝,集中销毁。

(2)成虫羽化期可向全树喷洒绿色威雷 300 ~ 400 倍液或 10% 啶虫脒 2 000 倍液防治成虫。

栎旋木柄天牛

【林业有害生物名称】　栎旋木柄天牛

【拉丁学名】　*Aphrodisium sauteri*(Matsushita)

【分类地位】　鞘翅目天牛科

【别名】　旋虫、推磨虫

【分布】　国内广泛分布,河南省主要发生在南阳、平顶山、郑州、洛阳、济源等市。

【寄主】　栓皮栎、麻栎、青冈栎、僵子栎。

【危害】　幼虫在边材凿成 1 条或几条螺旋形虫道,环绕枝干,常引起风折。

【识别特征】

成虫　体墨绿色,有光泽。雌虫体长 26 ~ 34 mm、宽 6 ~ 8 mm;雄虫体长 21 ~ 34 mm、宽 5.0 ~ 6.8 mm。头部具细密刻点,复眼肾形,黑色。额中央有 1 条纵沟,触角柄节蓝绿色,端部稍膨大,密布刻点,外端突出呈刺状。前胸背板长宽约等,前后缘有凹沟,侧刺突短钝,表面具稠密横向皱纹;中部和基缘两侧各有 1 对指纹形瘤,中央有 1 短纵脊。小盾片倒三角形,光亮,略皱。鞘翅两侧近乎平行,端缘稍钝,翅面密被刻点,其上有 3 条略凸的暗色纵带。前足和中足腿节端部显著膨大,呈梨状,酱红色;胫节略扁,跗节和胫节密被黄色绒毛。雄虫腹部可见 6 节,雌虫腹部可见 5 节。

卵　长椭圆形,长 3 ~ 3.6 mm、宽 1.2 ~ 2 mm,橘黄色。

幼虫　老熟幼虫体长 37 ~ 48 mm,淡橘黄色。体细长,扁圆形,头部褐色,缩入前胸;触角 3 节,前胸背板矩形,中纵沟明显,前端有 1 个"凹"字形褐色斑纹,中部椭圆形,凸纹明显,后端色淡,纵向波纹显著,近后缘波纹分枝为"V"字形,其间有 2 个褐色由刻点组成的圆圈;前胸体侧具 1 对气门;中胸较短;胸足 3 对,极度退化;腹部可见 10 节。

蛹　体长 21 ~ 38 mm、宽 6 ~ 10.5 mm,乳白色。触角卷曲于腹部;腹部各节背面有褐色短刺排列成"W"字形。

【生活史】

河南南阳市 2 年发生 1 代,以幼虫在枝干虫道内越冬二次。第三年 5 月上旬至 6 月下旬化蛹,6 月下旬至 7 月下旬为成虫羽化期,8 月卵孵化为幼虫,危害至 11 月进入越冬。

【生活习性】

成虫　羽化时间多在 9 ~ 10 时。刚羽化的成虫体软色淡,在蛹室内停留 1 ~ 2 d,体壁变硬并成紫罗兰色光泽,之后咬皮出孔。羽化孔椭圆形,成虫爬出后,在树干上来回爬行并抖动鞘翅,飞翔能力很强,约 30 min 即飞去,成虫无趋光性,不进行补充营养。羽化后 1 ~ 2 d 开始交尾,多于 10 ~ 15 时和 21 时交尾,成虫可交尾 10 ~ 12 次,需 1 ~ 3 h,在雌虫产卵期仍可交尾。成虫寿命平均 13 d。

卵　雌成虫第 1 次交尾后 1 ~ 2 d 开始产卵,产卵于 8 时至日落前进行,多见于 10 ~ 15 时。平均每雌虫产卵 12 粒,未交尾雌虫也可产卵,但卵很快干瘪。卵散产于树木枝干、皮缝或节疤间,产卵部位以树干粗度增大而升高。树干胸径 5 cm 以下产卵部位多在 1 ~ 2 m 处;树干胸径 6 ~ 10 cm 粗,产卵部位多在 2 ~ 3 m 处;树干胸径 16 cm 以上粗的树,产卵部位多在 5 m 以上处。卵初产时为黄色,渐变为乳白色。日均温度 26 ℃ 时,卵历期 13 ~ 28 d,自然孵化率为 81.3%。每雌虫产卵平均 12 粒,卵孵化期 15 ~ 20 d。

幼虫　初孵幼虫在皮层和木质部间取食,约经 6 d 即蛀入木质部,向上侵害 12 cm 左右即向下蛀食。在沿树干纵向蛀食时,横向凿孔向外排粪和蛀屑。虫道平均长 190 cm。翌年 8 ~ 9 月幼虫在纵虫道下端凿出最后一个排粪孔,便开始沿水平方向在边材部分环状取食,虫道排列成螺旋状,距地面高度为 0.2 ~ 5.9 m,其中以 2.5 m 处为多。幼虫进行环状取食处树干直径多为 6 ~ 8 cm。11 月下旬老熟幼虫在纵虫道内第二次越冬。来年 3 月中下旬越冬幼虫开始活动,4 月上旬做羽化道和蛹室,准备化蛹。羽化道有 2 种,一种与纵虫道斜向连接成"人"字形,长约 5 cm;另一种与纵虫道平行,长约 8.5 cm。

蛹　老熟幼虫化蛹前筑长椭圆形蛹室,4 ~ 5 d 后进入预蛹期,10 ~ 18 d 后化蛹,蛹期平均 15 d。

【发生与危害规律】

一条完整的天牛危害虫道包括侵入孔、纵虫道、环状虫道、气孔、排粪孔、羽化道、蛹室和羽化孔。虫道内壁褐色光滑。气孔和排粪孔相间分布,树干阴、阳面各半。每条虫道的气孔数为 2 ~ 9 个,排粪孔数 2 ~ 5 个,呈椭圆形。

该天牛在栓皮栎纯林内发生重于松栎混交林;对胸径 8 ~ 12 cm 的栓皮栎危害较重;在栓皮栎人工幼林中随林龄增大被害加重,同样条件下密度小的受害重于密度大的林分;阳光充足的阳坡、林缘和山顶的栓皮栎被害率高于阴坡、林间和山麓。

【天敌】 有百僵菌、白僵菌、细菌、姬蜂、红蚂蚁。

【防治措施】

栎旋木柄天牛发生危害面积大,天牛虫体绝大部分时间隐蔽在树干内危害,监测防治比较困难。

(1)对栎类原木、枝干、木制品的砍伐、运输要进行严格的检查检疫,如发现天牛危害症状,要采取熏蒸和喷洒药物等措施进行及时处理,处理后检验没有活虫体的,才能进行运输外调。

(2)定期组织虫情调查,在栎林和混交林地中发现天牛危害株,要及时伐除并进行除害处理。

(3)在幼虫危害盛期,用磷化锌毒签插入新排粪孔内,随即用泥或棉球密封所有排粪孔,熏杀幼虫。

(4)选择成虫羽化前期,用高射程喷药机向栎树树干树枝喷施塞虫啉或绿色威雷,毒杀成虫。

(5)选择成虫发生盛期,利用直升飞机大面积喷洒塞虫啉,以毒杀成虫。

栎绿天牛

【林业有害生物名称】 栎绿天牛

【拉丁学名】 *Bacchisa fortunei*(Thomson)

【分类地位】 鞘翅目天牛科

【别名】 梨眼天牛、琉璃天牛

【分布】 河南省在南阳、信阳等地发生。

【寄主】 杏、梨、桃、栎和板栗等。

【危害】 幼虫多于2~5年生枝干的皮层、木质部内向上蛀食,蛀孔即是排粪孔,排出烟丝状粪屑,长期贴附于蛀道反方向的枝上,常将树皮腐蚀,被害枝衰弱发育不良,重者枯死。

【识别特征】

成虫 体长8~11 mm、宽3~4 mm,略呈圆筒形,全体密被长竖毛和短毛,体橙黄色,鞘翅金蓝色带紫色闪光。触角丝状11节。前胸背板宽大于长,前后缘各具1条浅横沟,两沟之间向两侧拱出成大瘤突,其两侧也各生1个小瘤突。后胸腹板两侧各有1个紫色大斑。鞘翅上密布粗细刻点,末端圆形。雌虫末腹节较长,中央有1个纵纹。

卵 长椭圆形,长2 mm左右,略弯曲,初产乳白色,后变为黄白色。

幼虫 体长18~21 mm,乳白至黄白色,无足,体略扁,前端大,向后渐细,前胸背板有方圆形黄褐色斑纹,其上密生微刺,斑纹两侧各有1个凹纹。

蛹 长8~11 mm,初乳白色,后变为黄色,羽化前同成虫相似。体背中央有1条纵沟。

【生活史】

2年发生1代,以幼虫于隧道内越冬。4月下旬至5月中旬为化蛹盛期,5月上旬至6月中旬为成虫发生期,6月中下旬进入幼虫期,危害至第三年春,开始化蛹。

【生活习性】

成虫 喜白天活动,寿命 10 ~ 30 d。

卵 多产于 2 ~ 3 年生枝干上,以背光面较多,产卵后在树皮上留 1 小圆孔,极易识别,同枝上可产数粒卵,卵间距 10 ~ 15 cm。卵期 10 ~ 15 d。

幼虫 初孵幼虫在皮下蛀食月余,2 龄开始蛀入木质部达髓部向上蛀食,由蛀孔向外排出烟丝状粪屑,极易辨识。落叶时停止取食,用粪屑堵塞隧道和排粪孔。幼虫经过两个冬天,第三年春天于隧道端化蛹,幼虫一生蛀隧道长 30 ~ 65 mm。

蛹 越冬老熟幼虫在寄主树芽萌动后开始活动危害,至 4 月下旬开始陆续在虫道内化蛹,蛹期 15 ~ 20 d。

【防治措施】

(1)新建园严防有虫苗木植入。

(2)毒杀当年孵化的幼虫。将粪屑去掉后,用毛笔或小毛刷蘸 3% 苯氧威乳油 50 倍液或菊酯类药剂 50 ~ 60 倍液涂抹蛀孔,7 ~ 8 月进行。

黑星天牛

【林业有害生物名称】 黑星天牛

【拉丁学名】 *Anoplophora leechi*(Gahan)

【分类地位】 鞘翅目天牛科

【分布】 包括河南在内全国大部分地区均有分布。

【寄主】 主要危害板栗、栎、杨柳、榆等。

【危害】 成虫啃食枝干嫩皮,幼虫蛀食树干,轻者影响树木生长,重者造成整株枯死。

【识别特征】

成虫 体长 33 ~ 45 mm、宽 10 ~ 16 mm,体较粗壮,全体漆黑色,有光泽。头顶刻点细稀,颊刻点较粗大;触角粗壮,略带黑褐色,触角基瘤十分突出,基部相距较近,两者之间凹深;唇两侧有短粗深褐色刚毛。前胸背板宽胜于长,侧刺突粗壮,顶端尖锐;小盾片舌形。鞘翅较长,肩较宽,中部之后渐收窄,雌虫触角超出体长 5 节,腹部全被鞘翅覆盖。

卵 长卵圆形,长径 8.0 ~ 9.2 mm,短径 2 mm,微弯。初产玉白色,孵化前逐渐转黄。

幼虫 老熟幼虫体长 47 ~ 58 mm,乳白色,头褐色,前缘黑褐色,上唇扁圆形,棕褐色,被棕褐色毛;唇基梯形,淡棕黄色。前胸宽 10 ~ 12 mm,背板棕黄色,其后区有 1 个明显的较深色的"凸"字纹,"凸"字纹前端中线明显,表面散布细纵纹,背步泡突具 2 横沟,表面密布细刺突,无瘤突。前方有浅棕色波纹,被黄色背中线分开为二,上有较细密的小刻点。前缘密被棕色刚毛。

蛹 体长 30 ~ 46 mm,白色,纺锤形,触角基瘤十分突出。

【生活史】

在河南南阳市 3 年发生 1 代,以幼虫越冬。次年幼虫持续危害至第三年 5 月,开始侵害边材,横向蛀道,10 月后,幼虫近老熟,第四年 4 月中下旬幼虫筑蛹室,4 月底 5 月初在蛹室内化蛹,6 ~ 8 月出现成虫。

【生活习性】

成虫　多白天隐蔽,夜间活动,飞翔力较弱。

卵　多产于 1 m 以下的树干上,最高不超过 2 m,产卵痕"一"字形,每处产卵 1 粒,卵 20 d 左右孵化。

幼虫　初孵幼虫钻入皮下取食。翌年 5 月幼虫侵害边材,蛀道横向,危害范围较大,被害处下方的树干表面,可见排出的新鲜粪便黏聚成团。第三年春末夏初,幼虫钻入木质部取食,食量显著增大。到夏秋之季,幼虫可深达髓心。10 月后,幼虫近老熟,食量渐减。

蛹　第四年 4 月中下旬,幼虫在髓心附近建 1 个蛹室,4 月底 5 月初化蛹,蛹期 1 个月左右。

【发生与危害规律】

杂灌木等地被物多的栗林较板栗纯林危害严重。

【防治措施】

(1)在 6~8 月人工捕杀成虫。

(2)找到最新排粪孔,用钢丝钩刺杀蛀道内幼虫或塞入毒竹签。

(3)清除最新排粪孔外的虫粪,用兽用注射器注入 3% 苯威乳油 50 倍液毒杀幼虫。

(4)由最下排粪孔,塞入百部根,毒杀幼虫。

(5)未孵化的卵,多为啮小蜂寄生,应加以保护。

(6)成虫羽化期树木枝干重喷绿色威雷 300~400 倍液。

(7)及时处理有虫枝和被害枯死株。

弧纹虎天牛

【林业有害生物名称】　弧纹虎天牛

【拉丁学名】　*Chlorophorus miwai* Gressitt

【分类地位】　鞘翅目天牛科

【分布】　在河南南阳、安阳、信阳等地发生。

【寄主】　主要危害栎类、柏树等。

【危害】　该虫主要危害韧皮部与木质部表层,破坏树木的输导组织,切断营养、水分的输送,使树木得不到营养和水分而枯死,特别是对树势衰弱的古柏危害更为严重。

【识别特征】

成虫　体长 10.5~16 mm、宽 3~4 mm,体黑色,被黄色绒毛,无绒毛处形成黑色斑纹。额中央有 1 条纵线,触角基瘤内侧呈角状突起,头顶有少许粗大刻点。触角长达鞘翅中部。前胸背板长、宽近相等,中区有 2 个黑斑,在前端相接,两侧各有 1 个圆形黑斑;前胸背面前端稍狭,两侧缘略呈弧形,胸背面拱凸。每鞘翅基部黑环斑后侧方开放较宽,呈弓形,翅中部有 1 条黑色横带,近中缝处稍向前延伸,近翅端有 1 个大黑斑。中足腿节两侧中央各有 1 条光滑细纵线。体腹面被覆的黄毛较背面的黄毛色淡而浓密,腹部末节露出鞘翅外。

卵　长椭圆形,外被薄茧,长 0.25 mm、宽 0.1 mm,乳黄色。

幼虫　老熟幼虫体长 15~18 mm,淡黄色,两侧覆淡白黄体毛。

【生活史】

在南阳1年发生1代,以2~3龄幼虫在木质部表面的虫道内越冬。翌年3月下旬开始活动,5月下旬开始蛀入木质部边材内,6月中旬在边材内化蛹;7月上旬成虫羽化,7月下旬成虫陆续飞出,交尾产卵,卵历期15 d左右;8月中旬幼虫孵出,随后蛀入皮层虫道,9月下旬至10月上旬进入越冬期。幼虫历期285 d左右,共5个龄期。

【生活习性】

成虫　成虫多在晴天中午12~14时飞行活动,其余时间多潜伏在隐蔽处。

卵　雌雄成虫可多次交尾,卵单产,单雌可产卵10粒左右,多产在树干基部的翘皮下、伤痕处、皮缝内等。

幼虫　幼虫孵出后多群集在树干3 m以下部位的树皮缝内,2 d后开始蛀入皮层。初蛀入时排出少量粪屑,以后粪屑留在虫道内。幼虫由树木的皮层虫道再蛀入木质部表层,2~3龄时在虫道内越冬。每年3月下旬越冬幼虫开始取食活动,在木质部表层蛀多条不规则的弯曲虫道,虫道长5~10 cm、宽0.5 cm左右、深0.2~0.3 cm,虫道内充满黄白色粪屑。5月下旬越冬幼虫开始蛀入木质部边材内,做椭圆形虫道,长3~5 cm、深0.4 cm左右。6月上中旬在虫道顶端做蛹室化蛹,蛹期15 d左右。

蛹　6月上中旬在虫道顶端做蛹室化蛹,蛹期15天左右。

【防治措施】

(1)涂药环。每年4月上旬、9月上旬分别在树干3 m以下部位刮粗翘皮,刮皮带宽20~30 cm。刮后涂40%氧化乐果5倍、10倍液,并用塑料薄膜包扎。利用药剂的内吸作用,毒杀害虫。

(2)虫孔注药。5月下旬用兽用注射器往树干3 m以下的每个虫孔内注入80%敌敌畏,或40%氧化乐果、2.5%敌杀死5倍液,每孔注药量2 mL。

(3)树干涂白。产卵前后,用涂白剂(将生石灰块15份、食盐2份、水35份、大豆汁0.5份混合)将树干3 m以下部位涂刷一遍,起灭杀虫卵的作用。

(4)营林措施。①每年3~5月揭开树盘周围的地板砖,进行松土,并施1次有机肥,每株施4~10 kg,改良土壤,复壮树势;②在生长季节,做到旱时浇水,涝时排水;③及时修除枯枝,保护树干,免受损伤。

双带粒翅天牛

【林业有害生物名称】　双带粒翅天牛

【拉丁学名】　*Lamiomimus gottschei*(Kolbe)

【分类地位】　鞘翅目天牛科

【分布】　在河南南阳、信阳、平顶山、郑州等市发生。

【寄主】　栎、杨、柳等。

【危害】　树木的干部,致使树木生长衰弱。

【识别特征】

成虫体长26~40 mm,体黑褐色,粗糙不光亮,被褐色和豆沙色绒毛,后者形成许多淡色小斑,腹面分布较密,背面则以鞘翅中部之前和翅端1/3区最显著,形成2条宽横带。

小盾片密被淡色毛,基部有 1 个小三角形无毛区。触角端部色较淡,雄虫触角超过翅端 3~4 节,雌虫触角略短于体长。前胸背面高低不平,中瘤明显,两侧各有 2 个瘤突成"八"字形分立于左右,侧刺突粗大。鞘翅基部布满颗粒,约占翅的 1/3,翅端平切。雄虫前足胫节略向内弯,其下缘近 1/3 处有 1 个突起,呈钝刺状。

【生活习性】

生活史不详。西峡县 6 月成虫发生。

【防治措施】

参考桑天牛。

四点象天牛

【林业有害生物名称】 四点象天牛

【拉丁学名】 *Mesosa myops*(Dalman)

【分类地位】 鞘翅目天牛科

【分布】 分布于东北及长江流域地区。

【寄主】 漆树、核桃楸、榆、柏、柳、栓皮栎、杨、苹果、梨、柿树等寄主植物 15 个属 30 余种。

【危害】 幼虫在树皮下韧皮部和边材之间,钻蛀坑道危害。

【识别特征】

成虫 体长 8~15 mm、宽 6~7 mm。体形短阔,黑色。前胸背板中区具丝绒般的黑色毛斑 4 个,近卵圆形。鞘翅上饰有许多黄色和黑色斑点,每翅中段的灰色毛较淡,在此淡色区的上缘和下缘中央各具 1 个较大形不规则状黑斑,其他较小的黑斑近圆形,黄斑遍布全翅。

卵 乳白色,椭圆形,表面光滑。长径 2~2.5 mm、短径 0.6~0.8 mm。

幼虫 老熟幼虫体长约 25 mm,长圆筒形,稍扁,无足。体乳白色,头部及前胸背板黄褐色,口沿及上颚锈褐色。腹部 1~7 节背面和腹面有粗糙的步泡突。

蛹 体长 10~14 mm,乳黄色。头部弯向前胸下方,触角向体背伸展到中胸,然后弯向腹面并卷曲成发条状,端部达前足。胸腹背面有小刺列。

【生活史】

在河南南阳市 2 年发生 1 代,以成虫和幼虫越冬。越冬成虫 5 月初开始活动,多在晴天中午取食寄主的嫩皮,5 月中下旬是成虫产卵盛期。6 月初孵出幼虫,10 月以幼虫在树干坑道内越冬,或一部分以新成虫在落叶层下或树干裂缝内越冬。越冬幼虫于翌年 7 月下旬至 8 月上旬化蛹,8 月上旬开始羽化。

【生活习性】

成虫 由于补充营养及产卵期间较长,使以后发生的虫态很不整齐。

卵 雌虫大多在漆树主干及侧枝,高度不超过 2.5 m 范围内,选择树皮裂缝、枝节、死节,特别是枝干变软的树皮上产卵。产卵前先用上颚咬树皮成刻槽,然后产卵于刻槽内,并覆以褐色胶质物。每处产卵 1 粒。

幼虫 5 月末 6 月初,新孵幼虫在树皮下韧皮部和边材之间钻蛀坑道危害,坑道成不规则形,充塞虫粪和木屑。10月以幼虫在树干坑道内越冬。

　　蛹　老熟幼虫在树干蛀道内化蛹,蛹期15 d左右。

【防治措施】

　　(1)成虫发生期,可组织人力在林间进行捕捉。

　　(2)枝干涂白。在主干及主枝距离地面2.5 m以下树干涂白,防止雌成虫产卵。

　　(3)用邻二氯苯乳剂(邻二氯苯12:肥皂1:水3)稀释6倍,涂干防治四点象天牛卵和初孵小幼虫。

　　(4)成虫盛发期,冠内喷洒3%苯氧威乳油2 000倍液或10%啶虫脒2 000倍液或20%吡虫啉1 000倍液或1.2%苦·烟乳油800倍液。另外,枝干喷洒绿色威雷300~400倍液,对防治成虫效果较好。防治次数视虫情而定,每次间隔10 d。

八星粉天牛

【林业有害生物名称】　八星粉天牛

【拉丁学名】　*Olenecamptus octopustulatus*(Motschulsky)

【分类地位】　鞘翅目天牛科

【别名】　八星天牛

【分布】　河南主要在南阳、信阳、洛阳等地发生。

【寄主】　栎树、楝树、核桃、枫杨、柿树等。

【危害】　幼虫在枝干的树皮下危害,数量发生大时可将皮下组织全部吃空。

【识别特征】

　　成虫体长9~15 mm、宽2~3.6 mm。体淡棕黄色,被黄色绒毛;触角与足常较体色为淡,头部沿复眼前缘、内缘、后缘及头顶等处或多或少被白粉毛;体腹面被白毛,中央稀疏,两侧厚密。前胸背板长圆筒形,中区两侧各有2个白色大斑,1前1后;小盾片被黄毛。每鞘翅有4个大白斑,排成直行,第1斑位于基缘中部,第4斑位于翅端。翅斑大小常有变异,由此将我国本种分为3个亚种,本亚种胸斑及翅斑较大,分布于长江流域及华南。触角细长,雄虫触角为体长3倍多,雌虫触角为体长2倍多,第3节背面具刺粒。前胸背板无侧刺突。鞘翅末端切平,外缘角有时尖锐,有时不显;翅刻点粗大。

【生活习性】

　　生活史暂不详。幼虫在枝干的树皮下危害,数量发生大时可将皮下组织全部吃空。老熟幼虫后在木质部蛀道内化蛹,羽化孔圆形,成虫取食树叶作为补充营养。

【防治措施】

　　参考栎绿天牛。

茶天牛

【林业有害生物名称】　茶天牛

【拉丁学名】　*Aeolesthes induta*(Newman)

【分类地位】　鞘翅目天牛科

【别名】　栎闪光天牛、乌桕天牛

【分布】　2005 年有害生物普查时在河南南阳西峡、淅川、内乡等县发现。

【寄主】　危害茶树、乌桕、楝树、栎类、松类等树种。

【危害】　树木的干和根部。

【识别特征】

成虫　体长 25 ~ 33 mm,灰褐色,具黄褐色绢状光泽,被黄色绒毛。头黑褐色。前胸两侧稍突出,背板具皱纹,鞘翅肩部具下陷刻纹,末端圆形。

卵　长椭圆形,长 4 mm 左右,乳白色,一端稍尖。

幼虫　体长 30 ~ 45 mm,乳白色,前胸背板骨化部分前缘分成 4 块黄白色斑;前胸腹面密生细毛;各节背面中央均具隆起的泡突。

蛹　体长 25 mm 左右,乳白色,复眼黑色,羽化前为灰褐色。

【生活史】

1 年发生 1 代,少数 2 年 1 代。以成虫或幼虫在树干基部或根内越冬。成虫于 5 月中旬外出交尾、产卵。幼虫危害期约 10 个月,以幼虫越冬。

【生活习性】

成虫　日伏夜出,成虫有趋光性。

卵　产于近地面 4 cm 处的树干皮下,尤喜产于大树或老树。卵 10 d 左右孵化。

幼虫　初孵幼虫在皮下取食,不久蛀入木质部,先向上蛀食 10 cm 左右,然后向下蛀食。蛀道大而弯曲,在蛀道口可见到许多蛀屑与粪粒堆积。蛀入主根深达 20 ~ 30 cm。

蛹　9 月化蛹,蛹期 24 ~ 30 d 羽化成虫。

【防治措施】

同桑天牛。

紫缘绿天牛

【林业有害生物名称】　紫缘绿天牛

【拉丁学名】　*Chloridolum lameeri*（Pic）

【分类地位】　鞘翅目天牛科

【分布】　主要发生在河南的南阳市和信阳市。

【寄主】　栎树、青桐、枫杨等。

【危害】　树木皮层和木质部。

【识别特征】

成虫体长 14 ~ 15 mm、宽 2.5 ~ 2.7 mm,体形狭长。头蓝绿色,头顶红铜色,额中央有 1 条细纵沟。触角紫黑色,柄节端部膨大,背面有 1 条浅纵凹,第三节长于第四节,雄虫触角长于身体。前胸背板红铜色,两侧缘蓝绿色,有金属光泽,前胸长略大于宽,侧刺突较小,前后缘有横皱纹,中区有弯曲脊纹。小盾片红铜色。鞘翅蓝绿色,两侧红铜色。体腹面蓝绿色,被银灰色绒毛。足紫蓝色,后足细长,腿节超过鞘翅末端。

【生活习性】

生活史、生活习性暂不详。

【防治措施】

参考栎绿天牛。

（三）金龟科 Scarabaeidae

铜绿丽金龟

【林业有害生物名称】 铜绿丽金龟

【拉丁学名】 *Anomala corpulenta* Motschulsky

【分类地位】 鞘翅目金龟科

【别名】 瞎碰

【分布】 全国各地均有发生。

【寄主】 板栗、栎、杏、核桃、山茱萸、油桐、乌桕、榆、柳等。

【危害】 成虫危害树木叶片、嫩梢、芽,幼虫危害苗木根部。

【识别特征】

成虫 体长 19～21 mm,触角黄褐色,鳃叶状。前胸背板及鞘翅铜绿色具闪光,上面有细密刻点。鞘翅每侧具 4 条纵脉,会合缝处隆起比较明显,肩部具疣突。体腹面黄褐色,密生细毛。足黄褐色,胫节、跗节深褐色,前足胫节具 2 外齿,前、中足大爪分叉。

卵 白色,初产时长椭圆形,长 1.6～1.9 mm,以后逐渐膨大至近球形。

幼虫 3 龄幼虫体长 30～33 mm,头部黄褐色,前顶刚毛每侧 6～8 根,排一纵列。脏腹片后部腹毛区正中有 2 列黄褐色长的刺毛,每列 15～18 根,2 列刺毛尖端大部分相遇和交叉。在刺毛列外边有深黄色钩状刚毛。老熟体长约 32 mm,头宽约 5 mm,体乳白,头黄褐色近圆形,前顶刚毛每侧各为 8 根,成一纵列;后顶刚毛每侧 4 根斜列。额中例毛每侧 4 根。肛腹片后部复毛区的刺毛列,列各由 13～19 根长针状刺组成,刺毛列的刺尖常相遇。刺毛列前端不达复毛区的前部边缘。

蛹 长椭圆形,土黄色,体长 22～25 mm。体稍弯曲,雄蛹臀节腹面有 4 裂的统状突起。

【生活史】

一年发生 1 代,以 3 龄幼虫在土中越冬,次年 4 月上旬上升到表土危害,取食农作物和杂草根部,5 月间老熟化蛹,5 月下旬至 6 月中旬为化蛹盛期,5 月底成虫出现,6、7 月间为发生最盛期,是全年危害最严重期,8 月下旬虫量渐退。为害期 40 d,成虫高峰期开始产卵,6 月中旬至 7 月上旬为产卵期。7 月间为卵孵化盛期。7 月中旬出现新 1 代幼虫,取食寄主植物的根部幼虫危害至秋末即入土层内越冬。7 月中旬至 9 月是幼虫危害期,10 月中旬后陆续进入越冬。

【生活习性】

成虫 成虫羽化出土迟早与 5、6 月间温湿度的变化有密切关系。如果此间雨量充沛,出生则早,盛发期提前。食性杂,食量大。具有假死性和强烈的趋光性,对黑光灯尤其敏感。昼伏夜出,白天隐伏于地被物或表土,飞翔力强,黄昏上树取食交尾。出土后在寄主上交尾、产卵,寿命约 30 d。在气温 25 ℃以上、相对湿度为 70%～80% 时为活动适宜温度,为害较严重。

卵　每雌虫可产卵40粒左右,卵多次散产在3~10 cm土层中,尤喜产卵于大豆、花生地,次为果树、林木和其他作物田中。卵期10 d。

幼虫　在土壤中危害地下根部,以春、秋雨季危害最烈。7~8月为幼虫活动高峰期,10~11月进入越冬期。雨量充沛的条件下成虫羽化出土较早,盛发期提前,一般南方的发生期约比北方早月余。

蛹　亦即幼虫在春秋两季危害严重老熟后,多在5~10 cm土层内做蛹室化蛹。化蛹时蛹皮从体背裂开脱下且皮不皱缩,区别于大黑鳃金龟。

【防治措施】

1. 防治成虫

利用成虫的假死习性,早晚振落捕杀成虫。

2. 诱杀成虫

利用成虫的趋光性,当成虫大量发生时,于黄昏后在果园边缘点火诱杀。有条件的果园可利用诱虫灯大量诱杀成虫。在成虫发生期,可实行人工捕杀成虫。春季翻树盘也可消灭土中的幼虫。

3. 人工消灭幼虫

开荒垦地,破坏蛴螬生活环境;灌水轮作,消灭幼龄幼虫。结合中耕除草,清除田边、地堰杂草,夏闲地块深耕深耙,尤其当幼虫(或称蛴螬)在地表土层中活动时适期进行秋耕和春耕,深耕同时捡拾幼虫。不施用未腐熟的秸秆肥。

4. 化学防治

(1)成虫发生期防治:地面及作物上喷洒2.5%功夫乳油或敌杀死乳油3 500~4 000倍液,或杀螟硫磷乳油,或内吸磷乳油,或稻丰散乳油,或马拉松乳油,或二嗪农乳油1 000~1 500倍液;或3%啶虫脒乳油1 500倍液,或50%杀螟丹可湿性粉剂,或25%甲萘威(西威因)可湿性粉剂600~700倍液,48%毒死蜱乳油1 000倍液等药剂,也可在地面喷洒"绿色威雷"300倍液防除成虫。同时可兼治其他食叶、食花及其刺吸式害虫。

(2)成虫出土前或潜土期防治:可于地面施用25%对硫磷胶囊剂0.3~0.4 kg/亩加土适量做成毒土,均匀撒于地面并浅耙,或5%辛硫磷颗粒剂2.5 kg/亩,做成毒土均匀撒于地面后立即浅耙以免光解,并能提高防效。1.5%对硫磷粉剂2.5 kg/亩也有明显效果。

(3)幼虫期防治:可结合防治金针虫、拟地甲、蝼蛄以及其他地下害虫进行。采用措施如下:

①药剂拌种。此法简易有效,可保护种子和幼苗免遭地下害虫为害。常规农药有25%对硫磷或辛硫磷微胶囊剂0.5 kg拌250 kg种子,残效期约2个月,保苗率为90%以上;50%辛硫磷乳油或40%甲基异柳磷乳油0.5 kg加水25 kg,拌种400~500 kg,均有良好的保苗防虫效果。

②药剂土壤处理。可采用喷洒药液、施用毒土和颗粒剂于地表、播种沟或与肥料混合使用,但以颗粒剂效果最好。常规农药有:5%辛硫磷颗粒剂2.5 kg/亩,或1.5%对硫磷粉剂5 kg/亩,也可用3%苯氧威200倍液,或50%对硫磷乳油500倍液灌根,或用50%对硫磷乳油1 000倍液加尿素0.5 kg,再加0.2 kg柴油制成混合液开沟浇灌,然后覆土,防

效良好。

③用辛硫磷毒谷，1 kg/亩，煮至半熟，拌入50%辛硫磷乳油0.25 kg，随种子混播种穴内，亦可用豆饼、甘薯干、香油饼磨碎代用。如播后仍发现危害，可在危害处补撒毒饵，撒后宜用锄浅耕，效果更好。此种撒施方法对蝼蛄、蟋蟀效果更佳，对其他地下害虫均有效。

斑喙丽金龟

【林业有害生物名称】　斑喙丽金龟

【拉丁学名】　*Adoretus tenuimaculatus* Waterhouse

【分类地位】　鞘翅目金龟科

【别名】　茶色金龟子

【分布】　包括河南在内全国大部分地区均有发生。

【寄主】　核桃、猕猴桃、柿、茶、苹果、梨、桃、葡萄、杨、槐及农作物。

【危害】　此虫幼虫危害树根，成虫咀食寄主叶片呈网状穿孔。

【识别特征】

成虫　体长12 mm左右。体背面棕褐色，密被灰褐色绒毛。鞘翅上有成行的灰色毛丛，末端有一大一小灰色毛丛。前足胫节外缘有3齿，内侧有1距，后足胫节外缘有1个齿突。

卵　椭圆形，乳白色，长1.7~1.9 mm。

幼虫　体长13~16 mm，乳白色，头部黄褐色。肛腹片覆毛区具散生不规则刺毛。

蛹　卵圆形，长10 mm左右，初为乳白色，渐变为淡黄色，羽化前呈黄褐色。

【生活习性】

1年发生1代，以幼虫在土内越冬。翌年5月中旬老熟幼虫开始化蛹，5月下旬出现成虫，6月为越冬代成虫盛发期，并陆续产卵，成虫傍晚活动，有假死性和群集危害习性。6月中旬至7月中旬为幼虫期，7月下旬至8月初化蛹，8月为成虫盛发期，8月中旬见卵，8月中下旬幼虫孵化，10月下旬开始越冬。

【防治措施】

（1）地面防治。成虫出土期和危害期进行地面防治。使用的药剂主要有50%辛硫磷乳油300倍液、25%辛硫磷微胶囊剂300倍液。干旱无水地方可在树冠下喷撒4%敌马粉剂。

（2）树上防治。成虫发生量大时，进行树上喷药防治。使用药剂主要有5%啶虫脒2 000倍液、20%吡虫啉1 000倍液等，可收到较好的防治效果。

苹毛丽金龟

【林业有害生物名称】　苹毛丽金龟

【拉丁学名】　*Proagopertha lucidula*（Faldermann）

【分类地位】　鞘翅目金龟科

【别名】　苹毛金龟子

【分布】　包括河南在内全国大部分地区均有发生。

【寄主】 苹果、梨、桃、李、杏、樱桃、榆、杨等多种果树和林木。

【危害】 此虫幼虫危害树根,成虫取食果树花蕾、花芽和嫩叶。

【识别特征】

成虫 体长8~10.9 mm、宽5~6.5 mm。头、前胸背板和小盾片褐绿色,带紫色闪光。头部较大,头顶多刻点。触角9节。鞘翅棕黄色,从鞘翅上可透视后翅折叠成"V"字形。腹部两侧有明显的黄白色毛丛,尾部露出鞘翅外。后足胫节宽大,有长、短距各1根。

卵 椭圆形,长1.6~1.8 mm、宽1.0~1.2 mm,乳白色。

幼虫 体长12~16 mm,头黄褐色,足深黄色。

蛹 长椭圆形,长14~16 mm,深黄色,背中线明显。腹部末端稍尖。

【生活史】

一年发生1代。以成虫在土中越冬。河南在4月上旬成虫开始出土,5月中旬绝迹,历期约30 d。4月下旬田间开始见卵,产卵盛期为5月上旬,中旬产卵结束。5月中旬至8月上旬为幼虫发生期。7月底至9月中旬为化蛹期,8月下旬蛹开始羽化为成虫。

【生活习性】

成虫 新羽化的成虫当年不出土,即在土中越冬。成虫具有趋光性。由于成虫最喜食果树花,也取食林木花和嫩叶,因而明显地表现出随各种寄主植物的物候迟早而转移为害。成虫出土后,先集中在早期开花的黄柳上为害,至4月中下旬渐次转到旱柳、小叶杨、梨树、榆树上为害花和嫩叶,最后常常分散到加拿大杨等寄主上。成虫喜群集在一起取食。通常将一株树上的花或梢端的嫩叶全部吃光以后才转移为害,有时1头成虫可在1株树上连续取食2~3 d。雌虫出土后即行交尾,每日交尾时间多集中在午前。

卵 成虫交尾后成虫入土,开始产卵。每雄虫平均产卵20粒左右。卵多产于土质疏松而植被稀疏的表土层中,产卵深度以11~20 cm处最多。卵期20 d左右。

幼虫 孵化后,以植物的细根和腐殖质为食。

【发生危害规律】

成虫出土一般有两个盛发期。第一次出现在4月中旬,占总虫数的30%;第二次出现在5月上旬,占总虫数的65%。成虫出土活动与温度和降雨有直接关系。如平均气温在10 ℃以上,雨后常有大量成虫出现。当地表温度达12 ℃、平均气温接近11 ℃时,成虫白天出土,上树取食,但傍晚仍潜入土中;当平均气温达20 ℃以上时,成虫于树上取食,不再下树,直至产卵。成虫的假死习性与温度也有很大关系,当气温低于18 ℃时,假死习性非常明显,稍遇震动则坠落地面;气温高于22 ℃时,成虫假死习性不明显。风对成虫的活动影响也很大,风速在5级以下时,成虫可以自由飞行;高于5级,则多顺风沿地面匍匐飞行,有时被风吹落地面。成虫在林带中的分布亦受风的影响,以林带背风面虫口密度大,被害率亦高;迎风面则相反。该虫耐旱性较强,成虫活动、取食均在较高燥处,产卵也在地势较高、排水良好的沙土中。

【防治措施】

参照斑喙丽金龟。

粗绿彩丽金龟

【林业有害生物名称】 粗绿彩丽金龟

【拉丁学名】 *Mimela holosericea*(Fabricius)

【分类地位】 鞘翅目金龟科

【别名】 粗绿丽金龟

【分布】 在河南南阳、洛阳市发生。

【寄主】 杨、栎、苹果、桃、梅、杏、葡萄等树木。

【危害】 成虫危害杨、栎、苹果、桃、梅、杏、葡萄等树木的叶子,幼虫危害根部。

【识别特征】

成虫 体长 16~19 mm、宽 9~12 mm,全体金绿色具光泽。前胸背板中央具纵隆线,前缘弧形弯曲,前侧角锐角形,后侧角钝,后缘中央弧形伸向后方,小盾片钝三角形。鞘翅具纵肋,纵肋 1 粗直且明显,2、3、4 则隐约可见。腹面及腿节紫铜色,生白色细长毛。唇基紫铜色,前缘上卷。触角 9 节,雄虫棒状部长大,长于前 5 节之和。复眼黑色,附近散生白长毛。前足胫节外缘 2 齿、1 齿长大,2 齿仅留痕迹;跗节第 5 节最长。雄虫前足爪一大一小,大爪末端不分裂。臀板三角形。腹部末端呈“U”形,下弯露出鞘翅外。

幼虫 头部前顶毛呈一纵列。臀节背板上缺骨化环,腹毛区刺毛列由针状刺毛组成。

【生活特性】

6~8 月成虫出现,7 月中下旬为成虫发生危害盛期。成虫多于白天活动,具趋光性和假死性,成虫啃食叶片呈缺刻和孔洞状。

【防治措施】

参考铜绿丽金龟。

毛黄鳃金龟

【林业有害生物名称】 毛黄鳃金龟

【拉丁学名】 *Holotrichia trichophora* (Fairmaire)

【分类地位】 鞘翅目金龟科

【别名】 毛黄脊鳃金龟子

【分布】 全国大部分地区均有发生。

【寄主】 枣、泡桐、水杉、杨、猕猴桃等多种苗木。

【危害】 幼虫危害苗木根皮,造成死苗现象。

【识别特征】

成虫 体长 14.2~16.6 mm、宽 7.6~9.5 mm。体近长卵圆形,背面较平。棕褐或淡褐色,密被长毛。头、前胸背板及小盾片色泽略深呈栗褐色,腹下色泽稍淡,体很光亮。头较小,触角 9 节,前足胫节外缘 3 齿式,足发达爪具齿。

卵 近球形,长 2 mm,乳白色。

幼虫 老熟长 30 mm 左右,头顶毛每侧 6 根,后顶毛 3 根。臀节腹面锥状毛较多。

蛹 长 13~17 mm、宽 6~9.5 mm,淡黄色。

【生活特性】

1年发生1代,以蛹在土中50~90 cm深处越冬。当日平均气温在10℃以上时,成虫逐渐出土活动,遇地湿即潜伏土表。4月初交尾交卵,约1个月孵化。9月底幼虫老熟,10月化蛹越冬。成虫有趋光性,出土盛期常10多头成虫扭作一团,可利用此习性人工捕捉。

【防治措施】

参考铜绿丽金龟。

小青花金龟

【林业有害生物名称】 小青花金龟

【拉丁学名】 *Oxycetonia jucunda*(Faldermann)

【分类地位】 鞘翅目金龟科

【别名】 小青花潜

【分布】 全国大部分区域有分布,河南省南阳主要发生在西峡县、内乡县、南召县。

【寄主】 板栗、山楂、梅、杏、桃、梨、苹果等多种林木、果树。

【危害】 成虫取食花蕾和花,也食害果实。

【识别特征】

成虫 体长11~16 mm、宽6~9 mm,长椭圆形,稍扁;背面暗绿或绿色至古铜微红及黑褐色,变化大,多为绿色或暗绿色;腹面黑褐色,具光泽,体表密布淡黄色毛和刻点;头较小,黑褐色或黑色,唇基前缘中部深陷;前胸背板半椭圆形,前窄后宽,中部两侧盘区各具白绒斑1个,近侧缘亦常生不规则白斑,有些个体没有斑点;小盾片三角状;鞘翅狭长,侧缘肩部外凸,且内弯;翅面上生有白色或黄白色绒斑,一般在侧缘及翅合缝处各具较大的斑3个;肩凸内侧及翅面上亦常具小斑数个;纵肋2~3条,不明显;臀板宽短,近半圆形,中部偏上具白绒斑4个,横列或呈微弧形排列。

卵 椭圆形,长1.7~1.8 mm、宽1.1~1.2 mm,初为乳白色,渐变淡黄色。

幼虫 老熟幼虫体长32~36 mm、头宽2.9~3.2 mm;体乳白色,头部棕褐色或暗褐色,上颚黑褐色;前顶刚毛、额中刚毛、额前侧刚毛各具1根;臀节肛腹片后部生长短刺状刚毛,覆毛区的尖刺列每列具刺16~24根,多为18~22根。

蛹 为裸蛹,淡白色,后端橙黄色。

【生活史】

1年发生1代,以幼虫、蛹和成虫在土中越冬。4~5月成虫出现,集中食害花瓣、花蕊及柱头。产卵多在腐殖质土中。6~7月出现幼虫。喜食花、果等有酸甜味的部位,有时也取食嫩梢头和嫩叶,其取食和活动场所随寄主花期出现而变化,转移频繁。

【生活习性】

成虫 白天活动,春季10~15时、夏季8~12时及14~17时活动最盛,春季多群聚在花上,食害花瓣、花蕊、芽及嫩叶,导致落花。成虫喜食花器,故随寄主开花早迟转移为害,成虫飞行力强,具假死性。风雨天或低温时常栖息在花上不动,夜间入土潜伏或在树上过夜,成虫经取食后交尾、产卵。

卵 散产在土中、杂草或落叶下,尤喜产卵子腐殖质多的场所。

幼虫 孵化后以腐殖质为食,长大后危害根部,但不明显,老熟后化蛹于浅土层。

【防治措施】

在小青花金龟发生期,进行突击人工捕杀,应按照不同果树花期,跟踪捕杀。其他方法参考苹毛丽金龟。

白星花金龟

【林业有害生物名称】 白星花金龟

【拉丁学名】 *Potosia*(*Liocola*)*brevitarsis*(Lewis)

【分类地位】 鞘翅目金龟科

【别名】 白星花潜、白纹铜花金龟子

【分布】 在全国大部分地区均有发生。

【寄主】 榆、栎、栗、桃、猕猴桃、苹果、樱桃、杏、柑橘、芙蓉、木槿和农作物。

【危害】 成虫食害成熟的果实,也食害幼嫩的芽和叶。

【识别特征】

成虫 体形中等,体长 17～24 mm、宽 9～12 mm。椭圆形,背面较平,体较光亮,多为古铜色或青铜色,有的足绿色,体背面和腹面散布很多不规则的白绒斑。唇基较短宽,密布粗大刻点,前缘向上折翘,有中凹,两侧具边框,外侧向下倾斜,扩展呈钝角形。触角深褐色,雄虫鳃片部长、雌虫短。复眼突出。前胸背板长短于宽,两侧弧形,基部最宽,后角宽圆;盘区刻点较稀小,并具有 2～3 个白绒斑或呈不规则的排列,有的沿边框有白绒带,后缘有中凹。小盾片呈长三角形,顶端钝,表面光滑,仅基角有少量刻点。鞘翅宽大,肩部最宽,后缘圆弧形,缝角不突出;背面遍布粗大刻纹,肩凸的内、外侧刻纹尤为密集,白绒斑多为横波纹状,多集中在鞘翅的中后部。臀板短宽,密布皱纹和黄茸毛,每侧有 3 个白绒斑,呈三角形排列。中胸腹突扁平,前端圆。后胸腹板中间光滑,两侧密布粗大皱纹和黄绒毛。腹部光滑,两侧刻纹较密粗,1～4 节近边缘处和 3～5 节两侧中央有白绒斑。后足基节后外端角齿状;足粗壮,膝部有白绒斑,前足胫节外缘有 3 齿,跗节具两弯曲的爪。

卵 圆形乃至椭圆形,乳白色,长 1.7～1.9 mm。同一雌虫所产的卵,大小亦不尽相同。

幼虫 老熟幼虫体长 24～39 mm,体柔软肥胖而多皱纹,弯曲呈"C"形。头部褐色,胴部乳白色,腹末节膨大。

【生活史】

1 年发生 1 代,以幼虫在土中越冬。成虫 6～9 月发生,喜食成熟的果实,常数头或十余头群集果实上,或树干烂皮等处吸食汁液,稍受惊动即迅速飞逃。成虫对糖醋液有趋性。7 月成虫产卵于土中。

【生活习性】

成虫产卵于含腐殖质多的土中或堆肥和腐物堆中。幼虫(蛴螬)头小、体肥大,多以腐败物为食,常见于堆肥和腐烂秸秆堆中,有时亦见于鸡窝中。以背着地、足朝上行进。干燥幼虫入药,有破瘀、止痛、散风平喘、明目去翳等功能。

【防治措施】

（1）诱杀成虫。利用成虫的趋化性,进行果醋诱杀。

（2）人工防治。幼虫多数集中在腐熟的粪堆内,可在 6 月前成虫尚未羽化时,将粪堆加以翻倒或施用,捡拾其中的幼虫及蛹。

（3）土壤处理。利用成虫入土习性,进行土壤处理,方法参考苹毛丽金龟。

棕色鳃金龟

【林业有害生物名称】 棕色鳃金龟

【拉丁学名】 *Holotrichia titanis*（Reitter）

【分类地位】 鞘翅目金龟科

【别名】 棕色金龟子

【分布】 分布于东北、华北、西北、西南地区,河南各地均有发生。

【寄主】 栎、杨、槐、榆、红果、山楂、山茱萸、猕猴桃等林木和果树。

【危害】 棕色鳃金龟成虫、幼虫均能危害,而以幼虫危害最严重。危害部位是种芽、种根、嫩叶、嫩茎、花蕾、花冠。幼虫栖息在土壤中,取食萌发的种子,造成缺苗断垄;咬断根茎、根系,使植株枯死,且伤口易被病菌侵入,造成植物病害。以成虫取食幼芽嫩叶、花丝、幼嫩苞叶,影响籽粒饱满,影响产量。

【识别特征】

成虫 体长 17.5 ~ 25.5 mm、宽 10 ~ 14 mm。棕黄色,略有丝绒光泽。头部较小。触角 10 节,棒状部特别扁阔。前胸背板、鞘翅均密布刻点。前胸背板中央有一光滑的纵隆线,侧缘弧形外突处各具 1 个隐约可辨的小黑斑。鞘翅较薄软,肩疣明显。小盾片色泽较深,约 1/2 为前胸背板后缘淡黄色长毛所覆盖。胸部腹板密生淡黄色长绒毛。前胫节外侧有 3 齿,内侧有 1 长刺;后胫节细长,端部膨大,呈喇叭形。

卵 乳白色,椭圆形,长 2.8 ~ 4.5 mm、宽 2.0 ~ 2.2 mm。孵化时,体略膨大,略呈球形。

幼虫 乳白色,老熟幼虫体长 45 ~ 55 mm,头宽平均 6.1 mm。头部前顶刚毛每侧 1 ~ 2 根,绝大多数仅 1 根。

蛹 黄白色,体长 23.5 ~ 25.5 mm、宽 12.5 ~ 14.5 mm。腹部末端具 2 尾刺,刺端黑色。蛹背中央自胸部至腹末有 1 条比体色深的纵隆线。

【生活史】

在河南南阳市 2 年发生 1 代,以 3 龄幼虫和成虫在土中蛹室内越冬两次。翌年 3 月中旬幼虫上迁到土壤表层危害,6 月末幼虫老熟,潜至土下 30 cm 深处营蛹室化蛹。蛹期 32 d 左右,7 月底 8 月初羽化成虫。成虫静伏原蛹室内,直到第三年 3 月中旬才出土活动。越冬成虫于 3 月中旬出土活动,4 月中下旬产卵,5 月中下旬孵化幼虫。幼虫在土壤内危害至 11 月中下旬,以 3 龄幼虫潜入 30 cm 左右深处越冬。卵散产于土中 20 ~ 30 cm 深处,卵期 27 d 左右。

【生活习性】

棕色鳃金龟成虫于傍晚活动,基本不取食。雌虫偶尔少量取食,交配后约经 20 d 产卵,卵产于 15 ~ 20 cm 深土层内,卵单产。幼虫危害期长,土壤含水量 15% ~ 20% 最适于卵和幼虫的存活。

【发生危害规律】

连作地、田间及四周杂草多;地势低洼、排水不良、土壤潮湿;氮肥使用过多或过迟;栽培过密,株行间通风透光差;施用的农家肥未充分腐熟;上年秋冬温暖、干旱、少雨雪,翌年高温、高湿气候,有利于棕色鳃金龟的发生与发展。

【天敌】

主要有乌鸦、喜鹊、八哥、金鸡等。

【防治措施】

参考铜绿丽金龟。

暗黑鳃金龟

【林业有害生物名称】 暗黑鳃金龟

【拉丁学名】 *Holotrichia parallela* Motschulsky

【分类地位】 鞘翅目金龟科

【分布】 在全国各地均有分布。

【寄主】 杨、榆、柳、栎、桑、核桃、苹果、梨、桃等树木和农作物。

【危害】 食性杂,食量大,有群集取食习性,常将树叶吃光。

【识别特征】

成虫　长椭圆形,体长 17 ~ 22 mm、宽 9 ~ 11.3 mm。初羽化呈红棕色,以后逐渐变为红褐色或黑色,体被淡蓝灰色粉状闪光薄层,腹部闪光更显著。触角 10 节,红褐色。前胸背板侧缘中央呈锐角状外突,刻点大而深。每鞘翅上有 4 条可辨识的隆起带,刻点粗大,散生于带间,肩瘤明显。腹部圆筒形,腹面微有光泽,尾节光泽性强。

卵　初产时乳白色,长椭圆形,长 2.61 mm、宽 1.62 mm。

幼虫　3 龄幼虫平均头宽 5.6 mm,头部前顶毛每侧 1 根,位于冠缝侧,后顶毛每侧各 1 根。

蛹　体长 18 ~ 25 mm、宽 8 ~ 12 mm,淡黄色或杏黄色。

【生活史】

1 年发生 1 代,多数以 3 龄幼虫在深层土中越冬,少数以成虫越冬,翌年 5 月初为化蛹始期,5 月中旬为盛期,6 月初见成虫,7 月中下旬至 8 月上旬为产卵期,7 月中旬至 10 月为幼虫危害期,10 月中旬进入越冬期。

【生活习性】

成虫　晚上活动,趋光性强,飞翔速度快,先集中在灌木上交配,20:00 ~ 22:00 为交配高峰,22:00 以后群集于高大乔木上彻夜取食。黎明前入土潜伏,具隔日出土习性。成虫活动的适宜气温为 25 ~ 28 ℃,相对湿度在 80% 以上,7 ~ 8 月天气闷热或雨后虫量猛增,取食活动更盛。

幼虫　喜食树木须根、根瘤、侧根,环食主根表皮。还可将甘薯、马铃薯的块根、块茎咬成洞穴,引起腐烂变质。

【防治措施】

参考铜绿丽金龟和苹毛丽金龟。

小云斑鳃金龟

【林业有害生物名称】 小云斑鳃金龟

【拉丁学名】 *Polyphylla gracilicornis* Blanchard

【分类地位】 鞘翅目金龟科

【别名】 小云斑金龟子

【分布】 分布于我国东北、西北、华北和西南等地,河南主要发生在南阳、安阳、新乡等市。

【寄主】 栎、桃、杏、李、梨、板栗、苹果、杨、榆、刺槐等多种林木、果树幼苗及农作物。

【危害】 成虫大量食树木叶片,幼虫食性杂,主要危害树木根部。

【识别特征】

成虫 雄虫体长 27 mm、宽 13 mm;雌虫体长 26 mm、宽 13 mm。长椭圆形,茶褐或赤褐色。头小,暗褐色,表面有大刻点和皱纹,并密生淡褐色毛。额中央略宽;后头较平滑,两侧生有短白毛和较长褐毛。触角 10 节,雄虫棒状部大,7 节;雌虫棒状部小,6 节。鞘翅褐色,密布不规则的白色或黄色鳞状毛,呈云斑状,故称云斑鳃金龟。

卵 乳白色,椭圆形,长径 3.5 mm 左右,短径 2.2 mm 左右。

幼虫 老熟幼虫体长 37～57 mm,头宽 8 mm 左右。

蛹 长 32 mm 左右、宽 15 mm 左右,橙黄色。头部小,向下弯曲。雄虫触角粗大,雌虫触角细小。翅芽明显。

【生活习性】

3 年完成 1 代,发生极不整齐,以幼虫在土中越冬。翌年春季活动,危害植物幼根。老熟幼虫 6 月化蛹羽化。雌成虫行动迟钝,不善于飞翔,趋光性弱;雄成虫行动活跃,善于飞翔,具有强烈的趋光性。傍晚成虫群集林木、果树上食叶,多在草丛土缝中产卵。卵期 20～26 d。幼虫孵化后在土中取食植物幼根。

【防治措施】

参考铜绿丽金龟。

华北大黑鳃金龟

【林业有害生物名称】 华北大黑鳃金龟

【拉丁学名】 *Holotrichia oblita* (Faldermann)

【分类地位】 鞘翅目金龟科

【分布】 该虫在河南各地均有发生。

【寄主】 栎、杏、李、苹果、杨、柳、榆、槐等多种林木、果树。

【危害】 危害林木、果树的根和叶片。

【识别特征】

成虫 体长 17～21 mm、宽 11 mm 左右。初羽化时呈红褐色,后逐渐变为黑褐色至黑色,有光泽。触角 10 节,棒状部 3 节。臀板相当隆起,末端较圆尖,末节前腹板中间有明显的三角形凹坑。雌性臀板较长,末端圆钝,末节前腹板中间无明显的三角形凹坑。

幼虫 老熟幼虫体长 35 ~ 45 mm。头部红褐色,前顶刚毛每侧 3 根;冠缝侧 2 根,额缝侧 1 根。臀节腹面无刺毛列,只有钩状刚毛。

【生活史】

1 年发生 1 代,或 2 年发生 1 代,幼虫或成虫均能越冬。越冬成虫 4 月下旬开始出土活动,5 月中下旬出土盛期。傍晚活动交尾,卵期 21 d 左右。多数是以 2 龄或 3 龄幼虫越冬。越冬的 3 龄幼虫 5 月下旬至 6 月中旬化蛹,6 月下旬至 7 月羽化成虫,越冬的 2 龄幼虫 9 月化蛹,随后羽化成虫,在原地越冬。

【生活习性】

成虫 白天潜伏土中,黄昏活动,8 ~ 9 时为出土高峰,有假死及趋光性;出土后尤喜在灌木丛或杂草丛生的路旁、地旁群集取食交尾,并在附近土壤内产卵,故地边苗木受害较重。

卵 成虫有多次交尾和陆续产卵习性,产卵次数多达 8 次,多喜散产卵于 6 ~ 15 cm 深的湿润土中。雌虫产卵后约 27 d 死亡,每雌产卵 32 ~ 193 粒,平均 102 粒,卵期 19 ~ 22 d。

幼虫 幼虫有 3 龄,均有相互残杀习性,常沿垄向及苗行向前移动危害。在新鲜被害株下很易找到幼虫。幼虫随地温升降而上下移动,春季 10 cm 处地温约达 10 ℃ 时,幼虫由土壤深处向上移动;地温约 20 ℃ 时主要在 5 ~ 10 cm 处活动取食;秋季地温降至 10 ℃ 以下时又向深处迁移,越冬于 30 ~ 40 cm 处。土壤过湿或过干都会造成幼虫大量死亡(尤其是 15 cm 以下的幼虫),幼虫的适宜土壤含水量为 10.2% ~ 25.7%,当低于 10% 时初龄幼虫会很快死亡。灌水和降雨对幼虫在土壤中的分布也有影响,如遇降雨或灌水,则暂停危害,下移至土壤深处;若遭水浸,则在土壤内做一穴室;如浸渍 3 d 以上,则常窒息而死。故可灌水减轻幼虫的危害。

蛹 老熟幼虫在土深 20 cm 处筑土室化蛹,预蛹期约 22.9 d,蛹期 15 ~ 22 d。

【防治措施】

参考铜绿金龟。

黑绒鳃金龟

【林业有害生物名称】 黑绒鳃金龟

【拉丁学名】 *Maladera orientalis* (Motschulsky)

【分类地位】 鞘翅目金龟科

【别名】 东方金龟子、天鹅绒金龟子

【分布】 在全国大部分地区均有发生。

【寄主】 栎、枣、杏、桃、樱桃、梨、苹果、梅、李、葡萄、柿和山茱萸等 140 多种植物。

【危害】 成虫食嫩叶、芽及花,幼虫危害植物地下组织。

【识别特征】

成虫 体长 7 ~ 8 mm、宽 4.5 ~ 5 mm,卵圆形,前狭后宽。初羽化为褐色,后渐转黑褐色以至黑色,体表具丝绒般光泽。触角 10 节,赤褐色。前胸背板宽为长的 2 倍,上密布细

小刻点,前缘角呈锐角状向前突出,侧缘生有刺毛。鞘翅上各有 9 条浅纵沟纹,刻点细小而密,侧缘列生刺毛。前足胫节外侧生有 2 齿,内侧有 1 刺。后足胫节有 2 枚端距。

卵　椭圆形,长 1.2 mm 左右,乳白色,光滑。

幼虫　乳白色,3 龄幼虫体长 14~16 mm,头宽 2.5~2.6 mm。头部前顶毛每侧 1 根,额中毛每侧 1 根。

蛹　长 8 mm 左右,黄褐色,复眼朱红色。

【生活史】

此虫 1 年发生 1 代,以成虫或幼虫于土中越冬。3 月下旬至 4 月上旬开始出土,4 月中旬为出土盛期,5 月下旬为交尾盛期,6 月上旬为产卵盛期,6 月中下旬卵大量孵化,危害约 80 d 老熟、化蛹,9 月下旬羽化为成虫,成虫不出土在羽化原处越冬。以幼虫越冬者,次年 4 月间化蛹、羽化出土。成虫于 6~7 月间交尾产卵。卵孵后在耕作层内为害至秋末下迁,以幼虫越冬,次春化蛹羽化为成虫。

【生活习性】

成虫　出土后,首先为害返青早的杂草,牧草出苗后,转到幼苗上为害,特别喜食豆科牧草,开始取食子叶,后啃咬心叶、叶片成缺刻,甚至全部吃光,为害盛期在 5 月初至 6 月中旬左右。羽化出来的成虫不再出土而进入越冬状态。成虫具假死性,略有趋光性。成虫白天潜伏在 1~3 cm 的土表,夜间出土活动,以无风温暖的天气出现最多,成虫活动的适宜温度为 20~25 ℃。降雨较多,湿度高,有利于出土和盛发。

卵　雌虫产卵于被害植株根际附近 5~15 cm 土中,单产,通常 4~18 粒为一堆。雌虫一生能产卵 9~78 粒。

幼虫　6 月中旬开始出现新一代幼虫,幼虫一般危害不大,仅取食一些植物的根和土壤中腐殖质。

【防治措施】

参考铜绿丽金龟。

双叉犀金龟

【林业有害生物名称】　双叉犀金龟

【拉丁学名】　*Allomyrina dichctomug*

【分类地位】　鞘翅目金龟科

【别名】　双叉独角犀金龟、独角仙

【分布】　全国少部分地区有记载。2015 年林业有害生物普查时,在河南南阳西峡县、南召县发现。

【寄主】　栓皮栎、麻栎、杨、桃等。

【危害】　主要取食寄主植物树干皮层及流出的汁液。

【识别特征】

该种是大型金龟子,是甲虫中的霸王。雄虫体长 4.5~5.2 mm、宽 2.5~2.7 mm;雌虫体长 3.2~3.7 mm、宽 2.1~2.3 mm。雄虫头部前长着一支长 3 cm 左右的两次分叉的角状突起,能随着头部上下晃动,与后胸顶部的一次分叉的小棘突相互呼应。雌虫头部无角,体密被灰白色细绒毛。鞘翅末端具角状突起,雄虫显著,雌虫较小。足黑色同体色,腿节粗壮,前足胫节前 1/2 处外缘有 3 齿,尖端钩状,胫节内侧有距多个,跗节内侧具齿,前跗节分叉、钩状(开掘足);中后足胫节外缘有 3 齿,端部较尖,其他同前足。

【生活史与生活习性】

成虫 大量出现于 6 ~ 8 月,具有趋光性,多为昼出夜伏,白天常常聚集在青刚栎流出树液处,或是在光腊树(白鸡油)上,常出现聚集上百只独角仙的盛况,到了晚上,在山区有路灯处,也往往可以发现它们的踪迹。主要以树木伤口处的汁液,或熟透的水果为食,对作物林木基本不造成危害。成虫以吸食树汁为生,饲育时可喂食苹果、凤梨、香蕉和低水分高糖分的水果等,还有专门的昆虫果冻也可以喂食。

幼虫 其幼虫常称为鸡母虫,经蛹期羽化为成虫,一年 1 代,由于本种并非保育类昆虫,加以体形大而健壮,常被作为儿童玩赏和饲养的宠物及昆虫教学使用。幼虫以朽木、腐殖土、发酵木屑、腐烂植物为食,所以多栖居于树木的朽心、锯末木屑堆、肥料堆和垃圾堆,乃至草房的屋顶间,不危害作物和林木。幼虫期共脱皮 2 次,历 3 龄,成熟幼虫体躯甚大,乳白色,约有鸡蛋大小,通常弯曲呈"C"形,幼虫期末体色焦黄。

蛹 老熟幼虫在土中化蛹,化蛹前会将体内粪便排空,用粪便做蛹室。饲养时可从器皿外边看到幼虫蛹室里用粪便涂抹成一层深黑色的东西。

【防治措施】

参考铜绿丽金龟。

褐锈金龟

【林业有害生物名称】 褐锈金龟

【拉丁学名】 *Poecilophilides rusticola*(Burmcister)

【分类地位】 鞘翅目金龟科

【分布】 河南省各地均有分布。

【寄主】 此虫除危害苹果、梨、桃、杏、李、柑橘外,也危害榆、栎等林木。

【危害】 树木的根部和叶片。

【识别特征】

雄成虫体长 15.5 ~ 20.5 mm、宽 9.5 ~ 11 mm。全体背面赤褐色,略有玉石感,散布许多黑色斑纹,腹部腹面黑色。唇基两侧突出,前缘横直。触角 10 节,赤褐色或黄褐色。前胸背板前缘有边框,侧缘钝角外扩,后缘外扩,中部内弯长三角形。鞘翅侧缘自肩后内弯;中胸腹突红色,腹突前方扩大,端缘弧形。前足胫节外缘具齿 3 个,内缘有距 1 个。幼虫臀节多毛区刺毛列后端延伸至肛下叶。

【生活习性】

生活习性不详。河南西峡县 9 月出现成虫。主要发生在松栎混交次生林地,成虫白天活动,有假死性。以幼虫越冬。

【防治措施】

参考铜绿丽金龟。

（四）小蠹科 Scolytidae

坡面材小蠹

【林业有害生物名称】 坡面材小蠹

【拉丁学名】 *Xyleborus interjectus*（Blandford）

【分类地位】 鞘翅目小蠹科

【分布】 分布于贵州、云南、四川、广东、海南、湖南等省，河南南阳主要发生在西峡县。

【寄主】 马尾松、杨、栎、无花果、柿、梨等多种林木、果树。

【危害】 主要危害生长衰弱树木的干和主枝。

【识别特征】

成虫　老熟雌成虫体长 3.5～4 mm、宽 1.6～1.8 mm，长圆筒形，黑色，具强光泽。触角鞭节 5 节，茶褐色，锤状部浅黄褐色，扁圆形。前胸背板长方形，与鞘翅 2/3 等长，中部强度凸起，顶部后移；背板前半部被鱼鳞状齿，疏生长毛，齿由前缘向中部突起处均匀变细；背板后半部光滑无刻点。鞘翅基缘线形，翅面刻点沟清晰而不内陷，翅面后端的绒毛长于前部。侧观鞘翅末端约呈 50° 的坡面，坡面均匀缓和地起始于鞘翅中部，无明显的斜面起点。雄成虫额毛极长。

卵　长 0.6～0.7 mm，乳白色，表面光滑，长椭圆形。

幼虫　老熟幼虫体长 3.8～4 mm，浅白色，虫体稍向腹部弯曲，头褐色。

蛹　长 3.6～3.8 mm、宽 1.4～1.6 mm。初为乳白色，羽化时呈浅黄褐色。前胸背板疏生褐色刚毛。腹面观后足被翅芽盖住，仅露出跗节及胫节端部，腹部可见 3 节。

【生活习性】

世代重叠，4 月中下旬越冬成虫从木质部深处坑道转移到外层坑道活动，5 月上旬为交尾盛期。两性同居时间甚短，以雌体孤居繁殖。坑道为横坑，母坑道和子坑道孔径相同。初期坑道在木质部外层，母坑道长 3～4 cm，子坑道 2～3 条，长 4～6 cm，横蛀于母坑道两侧几厘米内的垂直面上。成虫由外至内重复产卵于子坑道内，每坑道有卵几十粒，故在各子坑道里可以同时查到 4 个虫态。卵多产于内部新坑道。成虫出现后，沿子坑道端部向前取食或从子坑道内壁另蛀坑道，致使整个木质部坑道纵横交错。成虫出现期为 5 月底至 6 月初，7 月中下旬、9 月上中旬至 10 月上旬仍有少数成虫羽化。11 月上旬成虫进入木质部深处虫道内越冬。

【发生与危害规律】

健康树最初受害部位多在 2 m 以下的主干，成虫有聚集钻蛀的习性。受害部位蛀孔密集，常有新鲜粪屑排出。随着虫口密度的迅速增加，附生于坑道内的霉菌不断繁殖扩展，致使受害的木质部变黑坏死，寄主也渐濒枯死。

【天敌】

坡面材小蠹种群中常发生真菌流行病，寄生幼虫、蛹和成虫。

【防治措施】

（1）选择良种壮苗,加强管理,增强林木的抗性。

（2）及时清除虫害木、被压木、倒伏木,注意保持林地卫生;伐木处理,于4月底以前放在林中空地,6月下旬至7月上旬在新成虫飞出之前进行剥皮处理。设置饵木,监测林地虫情情况。

（3）用3%高渗苯氧威乳油500倍液,或10%啶虫脒500倍液喷干防治。

（4）对于在土层或根际处越冬的成虫,可在成虫飞出之前喷洒20%吡虫啉500倍液,或3%高渗苯氧威乳油500倍液。

（5）注意保护林中天敌,尽量少用或不用药剂防治。

（五）粉蠹科 Lyctidae

竹粉蠹虫

【林业有害生物名称】 竹粉蠹虫

【拉丁学名】 *Lyctus branneus* Stephens

【分类地位】 鞘翅目粉蠹科

【别名】 竹扁蠹虫、竹褐粉蠹

【分布】 在河南主要发生在南阳、信阳、郑州、许昌、开封等地。

【寄主】 竹材、栎类、泡桐等枯立木,以及木器、家具、竹制品。

【危害】 幼虫在竹材、木材内部蛀食,咬成细的粉末,散落地面。材质内部蛀成碎屑仅留表皮,一触即破,给家庭造成经济损失。

【识别特征】

成虫　体长4~5 mm。长扁形,红棕色或黄褐色。头部及前胸背板密被金黄色细毛,复眼黑色而略突出。触角11节,末端2节膨大,端节为卵圆形。前胸背板后端的2/3及鞘翅缝区为黑褐色,前胸背板近长方形,前端宽而后端狭,背面微有刻点。鞘翅较长,光滑无毛,上有6条纵列的微细点刻,两侧近于平行,末端略圆形。腹部共6节,第1腹节比第2腹节约长1倍以上。

卵　长1.2~1.4 mm,乳白色。

幼虫　老熟幼虫体长3.5~6.4 mm,前端略微弯曲,呈锥棒状。

【生活习性】

一年发生1代,以幼虫在竹材内越冬。成虫一般白天静伏,夜间活动,能飞翔。成虫喜在竹材裂缝及阴暗处隐藏,羽化不久即行交配,可进行多次交尾。卵产在竹材断头处的小孔中,幼虫孵化后,咬破导管壁蛀入竹材中危害。幼虫的生长情况与竹材中所含淀粉及葡萄糖有很密切的关系。幼虫老熟后在竹材表面筑蛹室化蛹。各虫态历期为:卵平均10 d、幼虫323 d、前蛹4 d、蛹8 d、成虫期16 d。

【防治措施】

（1）减少竹材内营养物质的含量。新采伐的竹材,尽量采用水运,可避免和减轻危害。新伐竹材放入石灰水中浸泡一段时间后再利用,同样可减轻危害。

（2）根据成虫产卵习性，在竹材断口处用漆或石蜡封闭，可阻止其产卵。

（3）发现竹材、木材受害时，可用敌敌畏200倍液涂抹或喷洒，杀死其中幼虫和成虫。

（4）对于工艺价值高的家具、竹材、木料，可用加热处理。

（5）将受害后不能使用的竹材、竹制品及时烧毁。

（六）锹甲科 Lucanidae

大黑锹甲

【林业有害生物名称】 大黑锹甲

【拉丁学名】 *Eurytrachelus platymelus* Saunders

【分类地位】 鞘翅目锹甲科

【分布】 在河南主要发生在南阳、信阳、商丘等市。

【寄主】 栎类、刺槐等。

【危害】 该虫为大型甲虫，危害栎类等木材及根部。

【识别特征】

成虫 体长38～52 mm，体黑褐色，有光泽，体壁坚硬。头横长方形，前缘中央有1对向前伸的片状刺突。上颚特别发达，长17～21 mm，内侧有锯齿状突起1对，基部1个最大，较钝，下唇小。触角不明显。前胸背板横长方形，前缘有不整齐的小齿列生。

幼虫 老熟幼虫体长60～75 mm，蛴螬型，体白色，肥胖，肛门纵裂。

【生活习性】

成虫每年6～7月出现，西峡县6月下旬发生期，有趋光性。幼虫多在枯死的木材或根部蛀食。

【防治措施】

（1）选择良种壮苗，加强管理，增强林木的抗性。

（2）及时清除虫害木、被压木、倒伏木，注意保持林地卫生；伐木处理，于4月底以前放在林中空地，6月下旬至7月上旬在新成虫飞出之前进行剥皮处理。设置饵木，监测林地虫情情况。

（3）用3%高渗苯氧威乳油500倍液，或10%啶虫脒500倍液喷干防治。

（4）对于在土层或根际处越冬的成虫，可在成虫飞出之前喷洒20%吡虫啉500倍液，或3%高渗苯氧威乳油500倍液。

（5）注意保护林中天敌，尽量少用或不用药剂防治。

大齿锹甲

【林业有害生物名称】 大齿锹甲

【拉丁学名】 *Psalidoremus iuclinatus* Motsch

【分类地位】 鞘翅目锹甲科

【别名】 锹甲

【分布】 河南主要发生在南阳、信阳、安阳等市。

【寄主】 栎、板栗、苹果、李、杏、山楂等。

【危害】 危害衰弱腐朽树木及伐桩、烂根等。

【识别特征】

成虫 体长 37 mm 左右、宽 15 mm 左右。体黄褐色,体壁坚硬。上颚发达,呈镰刀状,长 25 mm 左右,内侧具 5 个锐齿;近基部 1 个特大。头胸部特别发达,愈合成长方形。头横方形,前缘两侧各有 1 个刺突,头顶中央背面有 1 对黑色尖刺突。前胸背板横长方形,背面隆起,两侧近后缘处各有 1 个近圆形黑斑。鞘翅黄褐色,有光泽。

幼虫 白色,肥胖,弯曲,体壁有纵皱褶,具胸足 3 对,形似蛴螬,肛门纵裂,腹节背面无横皱纹。

【生活习性】

成虫每年 6～7 月出现,有趋光性。幼虫危害衰弱腐朽树木及伐桩、烂根等。

【防治措施】

参考大黑鳃甲。

(七)叩甲科 Elateridae

细胸金针虫

【林业有害生物名称】 细胸金针虫

【拉丁学名】 *Agriotes subrittatus* Motschulsky

【分类地位】 鞘翅目叩甲科

【分布】 分布在我国东北、西北、华北等省,河南省各地均有发生。

【寄主】 松柏类、栎类、刺槐、青桐、海棠、山荆子等。

【危害】 在土壤中危害松柏类、栎类、刺槐、青桐、海棠、山荆子及许多农作物种子刚发出的芽或刚出土幼苗的根和嫩茎,造成成片的缺苗现象。

【识别特征】

成虫 体长 8～9 mm、宽约 2.5 mm。体形细长扁平,被黄色细卧毛。头、胸部黑褐色,鞘翅、触角和足红褐色,光亮。触角细短,第一节最粗长,第二节稍长于第三节,基端略等粗,自第四节起略呈锯齿状,各节基细端宽,彼此约等长,末节呈圆锥形。前胸背极长稍大于宽,后角尖锐,顶端多少上翘;鞘翅狭长,末端趋尖,每翅具 9 行深的封点沟。

卵 乳白色,近圆形。

幼虫 淡黄色,光亮。老熟幼虫体长约 32 mm、宽约 1.5 mm。头扁平,口器深褐色。第一胸节较第二、三节稍短。1～8 腹节略等长,尾 K 圆锥形,近基部两侧各有 1 个褐色圆斑和 4 条褐色纵纹,顶端具 1 个圆形突起。

蛹 体长 8～9 mm,浅黄色。

【生活习性】

细胸金针虫在东北约需 3 年完成 1 个世代。在内蒙古河套平原 6 月见蛹,蛹多在 7～10 cm 深的土层中。6 月中下旬羽化为成虫,成虫活动能力较强,对禾本科草类刚腐烂发酵时的气味有趋性。6 月下旬至 7 月上旬为产卵盛期,卵产于表土内。在黑龙江克山地区,卵历期为 8 ~ 21 d。幼虫要求偏高的土壤湿度;耐低温能力强。在河北 4 月平均气温 0 ℃时,即开始上升到表土层危害。一般 10 cm 深土温 7 ~ 13 ℃时危害严重。黑龙江 5 月下旬 10 cm 深土温达 7.8 ~ 12.9 ℃时危害,7 月上中旬土温升达 17 ℃时即逐渐停止危害。在河南南部其各代危害期比北方早 10 d 左右。

【防治措施】

(1)施用颗粒剂。在做床育苗时用 5% 辛硫磷颗粒剂按 30 ~ 37.5 kg/hm² 施入表土层防治。

(2)药剂拌种。用种子重量 1% 的 50% 敌马粉剂拌种。

(3)撒毒饵。种苗出土或栽植后如发现金针虫危害,用 15% 蓖麻油酸烟碱乳油 150 倍液拌麦麸、饼粉配成毒饵,(圃地)撒毒饵 150 ~ 225 kg/hm²,效果显著;或用该药的 200 倍液泼浇地面,效果也很好。

(4)苗圃地精耕细作,以便通过机械损伤或将虫体翻出土面让鸟类捕食,减低金针虫密度。此外,加强苗圃管理,避免施用未腐熟的草粪等诱来成虫繁殖。

褐纹金针虫

【林业有害生物名称】　褐纹金针虫

【拉丁学名】　*Melanotus caudex* Lewis

【分类地位】　鞘翅目叩甲科

【分布】　分布比较广泛,在河南省主要发生在南阳、新乡、平顶山、信阳等地。

【寄主】　栎树、杨树、刺槐、竹等。

【危害】　危害种子刚发出的芽或刚出土幼苗的根和嫩茎,造成成片的缺苗现象。

【识别特征】

成虫　褐色。雌虫体长 14 ~ 17 mm、宽约 5 mm,雄成虫体长 14 ~ 18 mm、宽约 3.5 mm。体扁平,全体被金灰色细毛。头部扁平,头顶呈三角形凹陷,密布刻点。雌成虫触角短粗 11 节,第三至第十节各节基细端粗,彼此约等长,约为前胸长度的 2 倍。雄成虫触角较细长,12 节,长及鞘翅末端;第一节粗,棒状,略弓弯;第二节短小;第三至第六节明显加长而宽扁;第五、六节长于第三、四节;自第六节起,渐向端部趋狭略长,末节顶端尖锐。雌成虫前胸较发达,背面呈半球状隆起,后绿角突出外方;鞘翅约为前胸长度的 4 倍,后翅退化。雄成虫鞘翅超长约为前胸长度的 5 倍。足浅褐色,雄虫足较细长。

卵　近椭圆形,长径 0.7 mm,短径 0.6 mm,乳白色。

幼虫　初孵时乳白色,头部及尾节淡黄色,体长 1.8 ~ 2.2 mm。老熟幼虫体长 25 ~ 30 mm,体形扁平,全体金黄色,被黄色细毛。头部扁平,口部及前头部暗褐色,上唇前线呈三齿状突起。由胸背至第八腹节背面正中有 1 明显的细纵沟。尾节黄褐色,其背面稍呈凹陷,且密布粗刻点,尾端分叉,各又内侧各有 1 小齿。

蛹　长纺锤形,乳白色。雌蛹长 16 ~ 22 mm、宽约 4.5 mm,雄蛹长 15 ~ 19 mm、宽约 3.5 mm。雌蛹触角长及后胸后绿,雄蛹触角长达第八腹节。前胸背板隆起,前缘有 1 对剑状细刺,后绿角突出部之尖端各有 1 枚剑状刺,其两侧有小刺列。中胸较后胸稍短,背面中央呈半球状隆起。翅袋基部左右不相接,由中胸两侧向腹面伸出。腿节与附节几乎相并,与体轴成直角,附节与体轴平行;后足除附节外大部隐入翅袋下。腹部末端纵裂,向两侧形成角状突出,向外略弯,尖端具黑褐色细齿。

【生活史】

褐纹金针虫长期生活于土中,约需3年完成1代,第1年、第2年以幼虫越冬,第3年以成虫越冬。受土壤水分、食料等环境条件的影响,田间幼虫发育很不整齐,每年成虫羽化率不相同,世代重叠严重。老熟幼虫从8月上旬至9月上旬先后化蛹,化蛹深度以13~20 cm土中最多,蛹期16~20 d,成虫于9月上中旬羽化。越冬成虫在2月下旬出土活动,3月中旬至4月中旬为盛期。

【生活习性】

成虫 白天躲藏在土表、杂草或土块下,傍晚爬出土面活动和交配。雌虫行动迟缓,不能飞翔,有假死性,无趋光性;雄虫出土迅速,活跃,飞翔力较强,只做短距离飞翔,黎明前成虫潜回土中,雄虫有趋光性。

卵 成虫交配后,将卵产在土下3~7 cm深处。卵散产,一头雌虫产卵可达200余粒,卵期约35 d。雄虫交配后3~5 d即死亡;雌虫产卵后死去,成虫寿命约220 d。卵于5月上旬开始孵化,卵历期33~59 d,平均42 d。

幼虫 初孵幼虫体长约2 mm,在食料充足的条件下,当年体长可达15 mm以上。

蛹 到第三年8月下旬,老熟幼虫多于16~20 cm深的土层内做土室化蛹,蛹历期12~20 d,平均16 d。9月中旬开始羽化,当年在原蛹室内越冬。

【发生危害规律】

在北京3月中旬10 cm深土温平均为6.7 ℃时,幼虫开始活动。3月下旬土温达9.2 ℃时开始危害,4月上中旬土温为15.1~16.6 ℃时危害最烈。5月上旬土温为19.1~23.3 ℃时,幼虫则渐趋13~17 cm深土层栖息。6月间10 cm深处土温升达28 ℃,最高达35 ℃以上时,金针虫下移到深土层越夏。9月下旬至10月上旬,土温下降到18 ℃左右时,幼虫又上升到表土层活动。10月下旬土温持续下降后,幼虫开始下移越冬。11月下旬10 cm深土温平均为1.5 ℃时,褐纹金针虫多在27~33 cm深的土层越冬。河南南部地区幼虫危害盛期在3月下旬至4月下旬,此时约60%以上幼虫集中在表土层;秋季危害不显著。

由于褐纹金针虫雌成虫活动能力弱,一般多在原地交尾产卵,扩散危害受到限制,因此高密度地块一次防治后,在短期内种群密度不易回升。田间曾见一种蜘蛛捕食幼龄金针虫。土壤湿度高时,常见褐纹金针虫被真菌寄生,其中一种属冬虫夏草。此外,耕犁时常见乌鸦捕食翻出土面的幼虫及其他虫态。

土壤湿度对其发生也有较大影响。当7~9月降雨多时,土壤湿度大,对其化蛹、羽化有利,则其发生较重。

【防治措施】

参考细胸金针虫。

二、鳞翅目 Lepidoptera

（一）蛀果蛾科 Carposinidae

桃小食心虫

【林业有害生物名称】 桃小食心虫

【拉丁学名】 *Carposina niponensis* Walsingham

【分类地位】 鳞翅目蛀果蛾科

【别名】 桃小实虫、桃蛀虫、桃小食蛾虫等,俗称"桃小"。

【分布】 主要发生在我国南部,分布于东到安徽芜湖、西到青海民和一带,河南省全省都有分布。

【寄主】 栎、桃、李、杏、苹果、海棠、梨、枣、木瓜、山楂等果树、林木。

【危害】 幼虫蛀果危害,被害果内充满虫粪,不能食用。

【识别特征】

　成虫　雌虫体长 7~8 mm、翅展 16~18 mm;雄虫体略小。全体灰褐色。触角丝状,雄蛾触角腹面每节两侧具纤毛,雌蛾则无。雌蛾下唇须长,略呈三角形,向前伸如剑状;雄的短,向上翘。前翅灰白色或浅灰褐色,中央近前缘有一蓝黑色似三角形的大斑,基部及中央部分具 7 簇黄褐色或蓝褐色的斜立鳞片,缘毛灰褐色。后翅灰色,缘毛长,浅灰色。

　卵　椭圆形,长径 0.45 mm、短径 0.34 mm。初产黄红色,后变橙红色。卵壳上具有不规则略呈椭圆形的刻纹,端部环生 2~3 圈"Y"形外长物。

　幼虫　老熟幼虫体长 13~16 mm,桃红色,未成熟幼虫为淡黄白色。头、前胸背板、臀板黄褐色。腹足趾钩排成单序环。无臀栉。

　蛹　长 6.5~8.6 mm,浅黄白色,体壁光滑。茧有两种:一种为冬茧,扁圆形,长径 4.5~6.2 mm,厚约 2 mm,外缀混土粒,质地紧密;另一种为纺锤形的"蛹化茧",亦称"夏茧",长 7.8~9.9 mm、宽 3.2~5.2 mm,质地疏松。

【生活史】

　1 年发生 1~2 代,多数为 2 代,以老熟幼虫在树冠下或果场周围的土中做扁圆形的茧越冬。越近树干基部密度越大。我国北部和西北部地区越冬幼虫于 6 月中旬至 7 月中旬出土,河南 5 月中下旬为出土高峰。出土后爬向石缝、土缝、草根旁做"蛹化茧"化蛹,蛹历期 10~12 d。6 月下旬至 7 月上旬开始羽化、交尾、产卵。第 1 代产卵盛期在 7 月下旬至 8 月初;第 2 代在 8 月中下旬。

【生活习性】

　成虫　具趋糖蜜性,无趋光性。白天静伏枝干和叶片等处,夜晚活动。

　卵　多产在叶背面基部,少数产在果实的梗洼处。卵历期 7~8 d。

　幼虫　孵化后先在果面爬行,然后寻找适当的蛀果部位,大多在近果顶部和胴部蛀入。初咬下的果皮不食,因此胃毒剂对它无效。入果后先在果皮下潜食,果面可见淡褐色潜痕,不久即食至果心,果核周围充满虫粪。第一代幼虫蛀果盛期在 7 月底至 8 月上旬,第二代在 8 月中下旬。

蛹　幼虫在果内蛀食 16~20 d 老熟,多在近果顶处咬一圆形羽化孔脱果落地入土结冬茧越冬或结夏茧化蛹,发生第二代。

【发生与危害规律】

桃小食心虫的发生、危害与环境条件有密切关系,特别与降水有关。降雨早,次数多,幼虫出土早,出土率高,第 2 代发生量大,果实受害严重。

【天敌】

幼虫有多种寄生蜂,其中以一种甲腹茧蜂和齿腿姬蜂的寄生率较高。

【防治措施】

(1)早春幼虫出土前,在树干周围,特别是根颈部位,贴附着不少越冬茧,组织人工挖茧,以压低虫口基数。

(2)越冬幼虫出土前,地面喷洒 15% 蓖麻油酸碱乳油 200 倍液。

(3)园内的落果要及时捡净,集中处理。

(4)产卵盛期喷洒 2.5% 溴氰菊酯 3 000~4 000 倍液,视虫情喷 3~4 次,间隔 10 d,效果很好。25% 西维因可湿性粉剂 400 倍液、青虫菌剂 500 倍液均可以选用。

(5)成虫发生期是防治的关键时期,树冠内喷洒药剂毒杀成虫,是防治该虫的最佳措施。选择的最佳药剂是 2.5% 溴氰菊酯乳油、20% 氰戊菊酯乳油、25% 氯氰菊酯乳油 2 000~3 000 倍液,毒杀成虫效果均好,可任选一种。

(6)搞好越冬幼虫出土情况调查。

(二)卷蛾科 Tortricidae

南川卷蛾

【林业有害生物名称】　南川卷蛾

【拉丁学名】　*Hoshinoa longicellana*(Walsingham)

【分类地位】　鳞翅目卷蛾科

【别名】　苹大卷叶蛾

【分布】　全国大部分地区有发生,在河南南阳各县均有不同程度发生。

【寄主】　苹果、梨、杏、樱桃、山楂、柿、柳、栎、栗,为杂食性害虫。

【危害】　在嫩芽、新叶及花蕾上取食。

【识别特征】

成虫　体长 11~13 mm、翅展雄蛾 19~25 mm、雌蛾 23~34 mm。全体黄褐或暗褐色。前翅淡黄褐色,基斑、中横带、端纹及网状纹均为暗褐色,雄、雌的斑纹略有不同,雄蛾前翅近四方形,前缘格很长,起自前缘的 1/6 处,外线稍呈弧形拱起,顶角圆钝,翅面上常杂有黑褐色鳞片,中横带下部向外增宽;后缘 1/3 处有 1 个黑斑,在中胸后缘也有 1 个黑斑,中室占全翅长的 4/5。雌蛾前翅延长呈长方形,前线凸出,在近顶角处凹陷,到顶角处又凸起;外线中部显著凸起,顶角突出。中室占全翅长的 2/3~3/4。后翅灰褐色,顶角黄色。

卵　黄绿色,椭圆形,扁平,数十粒排列成鱼鳞状卵块,卵粒比棉褐带卷蛾的卵大而厚。

幼虫　老熟幼虫体长 23～25 mm,黄绿色或绿色,头部、前胸背板及胸足新鲜标本为黄褐色,浸泡后的标本除头部仍为黄褐色外,前胸背板及胸足都变为黄白色或淡黄色。头壳上具有栗褐或褐色斑纹,侧后部的斑纹最明显;前胸背板侧缘有 2 块明显的棕色斑,但有的个体也不明显;后织中间(中线两侧)各有 1 块暗红褐色斑。胸足附节或股节褐色。腹部末端具臀节。肛上板呈倒亚葫芦形。头部单眼区大部分呈黑色;单眼 6 枚,除单眼 1 卵圆形外,其余 5 枚都呈圆形;比较大,VI 最小。上颚分 5 齿,其中 4 齿锐,1 齿钝;具有内齿。

蛹　体长 10～13 mm,红褐色,胸部背面黑褐色,背中线明显呈绿色,第七至第十腹节的节间为黑色。触角长不过中足的末端,后足末端与翅芽等齐。蛹的顶端突出,末端细而齐,具有 8 枚弯曲、强壮的臀棘,侧面各 2 枚,末端 4 枚集中。

【生活史】

1 年发生 2 代。以幼龄幼虫结白色丝茧在粗皮下或附着于枝干部位的枯叶内越冬。翌年树芽开绽时出蛰。幼虫老熟后,于卷叶内化蛹。越冬代成虫 6 月羽化,6 月中旬为羽化盛期;第二代成虫发生于 8 月上旬至 9 月上旬,盛期为 8 月中旬。以第二代幼龄幼虫于 10 月陆续潜伏越冬。

【生活习性】

成虫　有趋光性和趋化性,白天潜伏,夜间活动。

卵　产于叶片上,卵经 5～8 d 孵化。

幼虫　初孵幼虫能吐丝、随风转移至他株,爬至嫩芽、新叶及花蕾上取食。第二龄后既卷叶又侵食叶肉表面,叶被害后仅残留网状叶脉。幼虫很活泼,稍受惊扰即吐丝下垂。

蛹　幼虫老熟后,于卷叶内化蛹。

【防治措施】

以彻底消灭越冬幼虫为主,喷药防治第一代卵和幼虫为辅。

(1)刮老皮,消灭越冬幼虫。

(2)药剂封闭剪、锯口:越冬幼虫临近出蛰前,用 50% 敌敌畏 200 倍液,涂抹剪、锯口和枝杈,杀死该处越冬幼虫。越冬虫口密度大的果园,适当提前和错后封闭两次。

(3)组织人力摘捏"虫苞",消灭出蛰的幼虫和越冬代蛹。

(4)利用成虫趋化性,树冠内挂糖醋诱集罐(糖 5 份、酒 5 份、醋 20 份、水 80 份),诱杀刚羽化的越冬代成虫。

(5)适期喷药,主要在 6 月中下旬至 7 月上旬,这时正当第一代卵、幼虫发生期,是全年喷药防治重点时期。常用的药剂有 3% 苯氧威 2 000 倍液;也可用苏云杆菌、杀螟杆菌、白僵菌等微生物农药防治幼虫。

(6)释放赤眼蜂。各代卵发生期,分批、分期挂赤眼蜂卵卡,释放赤眼蜂,在果园中隔行或隔株放蜂。每代放蜂 4 次,每次间隔 3～5 d。

(7)注意加强临近果园的联防和杂果树的全面防治工作。

栗子小卷蛾

【林业有害生物名称】 栗子小蛾

【拉丁学名】 *Laspeyresia splendana* Hubner

【分类地位】 鳞翅目卷蛾科

【别名】 栗实蛾、栎实卷叶蛾

【分布】 分布于我国东北、华北、西北、华东等板栗产区。在南阳主要发生在西峡、内乡、南召等县。

【寄主】 栗、栎、柞。

【危害】 以幼虫危害栗、栎、柞的果实,还有少数幼虫咬断果梗现象。

【识别特征】

成虫 体长 7~8 mm、翅展 15~18 mm。体灰色,前后翅暗灰色,前翅前缘有几组大小不等的白斜纹,以近顶角的 5 组最为明显;后缘中部有 4 条波状白条纹,彼此界限不清楚,斜向顶角;外缘内侧除肛上纹呈灰白色外,顶角之下和 4 条波状白条纹的外侧黑色成分较深。

卵 扁圆形,乳白色,近孵化时呈灰色。

幼虫 老熟幼虫体长 10~13 mm,初龄时乳白色,以后渐变深色。头黄褐色,胸、腹暗绿色,体上有褐色瘤。体节上的毛片色较深而稍突起。前胸背板和胸足褐色。

蛹 长 7~8 mm,赤褐色,稍扁。

茧 土色,纺锤形,以丝缀枯叶做成。

【生活史】

1 年发生 1 代,以老熟幼虫在枯枝落叶中做纺锤形茧越冬。翌年 6 月中下旬化蛹。7 月上旬羽化,7 月中旬进入盛期,7 月下旬成虫产卵,8 月上旬幼虫孵化,9 月下旬至 10 月上旬幼虫老熟落地做茧越冬。

【生活习性】

成虫 夜间活动交尾和产卵,趋光性弱,寿命 5~7 d。

卵 成虫大量产卵于栗总苞上,每苞产卵 1~2 粒,偶有 3~4 粒者。

幼虫 7 月下旬 8 月上旬幼虫孵化,初危害苞刺,以后(9 月上旬)蛀入苞内危害果实,在总苞和果实上堆有褐色颗粒状粪便。幼虫基本上就在 1 个总苞上活动,很少迁移。

蛹 翌年 6 月中下旬化蛹,蛹期 15~20 d。

【防治措施】

(1)落叶后至发芽前,刮除树干老翘皮,并对树干进行涂白,消灭越冬幼虫。

(2)灯光诱杀成虫。

(3)做好检疫工作,禁止带虫苗木、木材、木制品流通,减少扩散危害。

(4)幼虫、成虫发生期,可喷洒 15% 蓖麻油酸碱乳油 200 倍液,或 10% 啶虫脒乳油 2 000倍液或 20% 杀灭菊酯乳油 4 000 倍液。任选 1 种,常规喷雾防治 2~3 次,间隔 7~10 d。

醋栗褐卷蛾

【林业有害生物名称】 醋栗褐卷蛾

【拉丁学名】 *Pandemis ribeana* Hübner

【分类地位】 鳞翅目卷蛾科

【别名】 茶藨三带卷叶蛾、醋栗曲角卷叶蛾

【分布】 在河南南阳西峡县发生。

【寄主】 栗、栎，也危害苹果、梨、桃、樱桃、柑橘、花椒、榆、桑、桦、椴、枫杨等多种果树、林木，为杂食性害虫。

【危害】 树木的枝梢。

【识别特征】

成虫 体长 7～10 mm，翅展 18～23 mm，体黄褐色，前翅淡褐色，布满均匀的褐色细网状纹，基斑、中带及端纹均较宽，褐色，端纹斜伸至臀角，故名三带卷叶蛾。前翅前缘中部比较凸出，雄尤明显；后翅淡黄褐至灰褐色。下唇须前伸，触角丝状，第 2 节有凹陷，复眼球形、黑色。

卵 长 0.8 mm，扁椭圆形，初淡黄色后变淡黄绿色。幼虫体长 14～18 mm，略扁，头淡黄绿色微褐，单眼区黑色；体背绿至暗绿色，体侧和腹面淡黄绿色，各体节毛瘤明显，同体色，上生黄白色长刚毛，腹节背面 4 个毛瘤呈梯形排列。

幼虫 初孵幼虫体长 1.5 mm，头黑色，体淡黄白色。老熟幼虫体长 14～17 mm，初龄黄白色，以后渐变深色。头黄褐色，胸、腹黄绿色。

蛹 长 9～12 mm，初绿色渐变黄褐色。

【生活史】

1 年发生 2 代，以低龄幼虫于树体各种缝隙中结薄茧越冬，寄主发芽后出蛰为害。越冬代成虫发生期 6 月上旬至 7 月上旬，第 1 代成虫发生期 8 月上旬至 9 月中旬。

【生活习性】

成虫 昼伏夜出，有趋光性。

卵 多产于叶背，块生，每块有卵百余粒作鱼鳞状排列，卵块多呈椭圆形，表面覆有白色胶质膜，每雌产卵 1～2 块。卵期 7～8 d。

幼虫 初孵幼虫爬行较快，爬到叶缘吐丝下垂分散转移，中、高龄幼虫也很活泼，受触动和惊扰迅速扭动身体吐丝下垂逃逸。第 2 代幼虫孵化后经一段时间取食后，便潜入树体各种缝隙中结薄茧越冬。

蛹 幼虫老熟后即在被害卷叶内结茧化蛹，蛹期 7～10 d。

【防治措施】

(1)结合冬季修剪，彻底剪掉被害虫梢，集中销毁。

(2)发生严重的果园和苗圃喷药防治要掌握好两个时期：一是幼虫出蛰转梢期；二是第一至第二代卵孵化盛期。用药剂有 3% 苯氧威乳油 2 000 倍液或 10% 啶虫脒 2 000 倍液。

黄色卷蛾

【林业有害生物名称】 黄色卷蛾

【拉丁学名】 *Choristoneura longicellana* Walsingham,异名 *Cacoecia archips disparana*。

【分类地位】 鳞翅目卷蛾科

【分布】 在我国分布于黑龙江、吉林、辽宁、河北、山西、河南、山东、安徽、江苏、陕西、湖北等地。南阳市发生在西峡、内乡、邓州等县市。

【寄主】 栎、山楂、山槐、苹果、梨等多种林木、果树。

【危害】 以幼龄幼虫咬食新芽、嫩叶、花蕾,被害症状同棉褐带卷蛾相似,但幼虫在 2 龄后既卷叶侵食叶肉,又啃食果实表皮和萼洼,食害面积较棉褐带卷蛾更大,影响果树正常生长及果实质量。

【识别特征】

成虫 雄虫翅展 19～24 mm,雌虫翅展 23～34 mm。雄虫头部有淡黄褐色长鳞毛;前翅接近四方形,前缘褶很长,在基部地方一段缺少;全翅淡黄褐色,有深色基斑和中带,在近基部后缘有 1 个黑色斑点,中室占全翅长的 4/5。雌虫前翅延长呈长方形,前缘凸出,在近顶角地方凹陷,顶角又凸出,中室占全翅长的 2/3～3/4。后翅灰褐色,顶角黄色。

卵 长 1 mm 左右,扁平椭圆形,黄绿色,卵块数十粒排列成鱼鳞状,近孵化前呈褐色。

幼虫 老熟体长 23～25 mm,黄绿色,头部和前胸背板与胸足均为黄褐色,头壳上具褐色斑纹,单眼区黑色,侧后部的斑纹最明显,呈"山"字形。前胸背板沿侧缘及后缘褐色,后缘中线两侧各有一深褐色斑,胸足跗节或胫节褐色,臀栉 5 棘。

蛹 体长 10～13 mm,红褐色,胸部背面黑褐色,腹部略带绿色,背中线明显呈绿色,第 7～10 腹节的节间色暗黑,尾端具 8 个臀棘。

【生活史】

此虫 1 年发生 2 代,以幼龄幼虫在粗皮缝隙、剪锯口四周或附着于枝干部位的枯叶内结白色丝茧过冬。翌年寄主开始萌动露绿时出蛰活动,并爬至新芽、嫩叶、花蕾等处取食,幼虫稍大后缀叶于内危害,幼虫活泼,稍受惊扰即吐丝下垂。幼虫老熟后,于卷叶内化蛹,蛹期 1 周左右。越冬代成虫于 6 月上旬出现,6 月中旬为羽化盛期,6 月下旬进入末期,第 1 代成虫发生在 8 月上旬至 9 月上旬,8 月中旬为盛期。

【生活习性】

成虫有趋光性和趋化性,昼伏夜出,羽化当日即可交尾、产卵。卵多产于叶片上,卵期 5～8 d,初孵幼虫能吐丝下垂,随风飘荡分散危害。初龄幼虫多于叶背取食叶肉,2 龄幼虫开始卷叶危害,并可危害果皮和果肉。第 2 代幼虫孵化后,危害一段时间后于 10 月寻找适当场所结茧越冬。在雨水频繁的季节,常被赤眼蜂等天敌寄生和捕食。

【防治措施】

(1)保护和利用天敌。黄色卷蛾天敌种类很多,主要有拟澳赤眼蜂、卷叶蛾肿腿蜂、松毛虫赤眼蜂、舞毒蛾黑瘤姬蜂、松毛虫埃姬蜂、卷叶蛾甲腹茧蜂、卷叶蛾绒茧蜂以及一些食虫虻、蜘蛛等,这些天敌对果树卷叶蛾类均有较好的控制作用,应注意保护。在有条件的地区,可在卵盛期释放赤眼蜂,每株树放蜂 1 000 头,放蜂 3 ~ 4 次,间隔 3 ~ 5 d。

(2)人工防治。早春结合防治叶螨、食心虫等果树害虫,彻底刮除老翘皮,清理树体,药泥、涂白剂或石硫合剂和敌敌畏"封闭"出蛰前的越冬幼虫,刮下的老翘皮及树上粘贴的枯叶集中处理。春季结合疏花疏果,摘除虫苞,消灭其中幼虫,如寄生性天敌发生较多,可将虫苞饲养于笼中,待天敌羽化释放后,再将害虫处死;在各代成虫发生期,利用黑光灯、糖醋液、性诱剂诱捕成虫。

(3)化学防治。药杀越冬幼虫和第 1 代初孵幼虫,减少前期虫口密度,避免后期果实受害。据调查,有 40% 的越冬幼虫在剪锯口处越冬,因此在出蛰初期可用 50% 敌敌畏乳油 200 ~ 500 倍液涂抹剪锯口,消灭其中越冬幼虫,即封闭出蛰前的越冬幼虫。当幼虫出蛰率达 30% 或第 1 代卵孵化盛期时为用药关键期。常用的药剂有 40% 毒死蜱乳油 1 500 倍液、50% 杀螟松乳油 1 000 倍液、2.5% 敌杀死乳油 2 000 倍液、10% 氯氰菊酯乳油 3 000 倍液、50% 辛硫磷乳油 1 000 倍液以及杀螟杆菌(细菌含量 62 亿/g)600 倍液,均有良好的防治效果。阿维灭幼脲 3 号施用浓度为 5 ~ 10 mg/L,可使幼虫和蛹发育畸形,使成虫不能交尾繁殖。

(三)冠潜蛾科 Tischeriidae

栎冠潜蛾

【林业有害生物名称】 栎冠潜蛾

【拉丁学名】 *Tischeria decidua* Wocke

【分类地位】 鳞翅目冠潜蛾科

【分布】 国内分布于福建、广东、广西、安徽等省,该虫在河南南阳市主要发生在西峡、内乡、南召县。

【寄主】 是栓皮栎叶部的一种主要害虫。

【危害】 食性专一,幼虫初孵化即潜入叶片组织内,钻蛀虫道,取食叶肉,形成棕褐色虫斑,往往一张叶片上有 2 ~ 3 个以上虫斑,由于虫斑的逐渐扩大,使叶片干枯脱落,轻者影响生长,重者枯梢或整株枯死,状似火烧,被害株率高达 100%。栓皮栎林 1 年之中,从春季到秋季连续有 7 个月遭受其害,营养器官被破坏,致使营造的栓皮栎林不能成材剥皮利用。

【识别特征】

成虫 褐色,有金属光泽,体长 4 mm 左右,翅展 10 ~ 11 mm,头顶有浓密的鳞片丛向前伸出成冠状,颜面鳞片密布呈三角形,触角丝状,基部有 1 束毛伸出在复眼前,位于颜面两侧;翅披针状,前翅前缘凸出呈弧形,顶角尖,中室长而广阔,鳞片褐色,每个鳞片末端呈白色,故在翅面上形成无数白色小斑点;后翅狭长,翅脉退化,只有 5 条纵脉和长缘毛。

卵 扁圆形,乳白色透明,表面光滑,形状微小,肉眼不易找到。

幼虫 初孵幼虫黑色,后转青稍带黄色;体长 4 ~ 4.2 mm,头扁,黄褐色,无胸足,有退化的腹足。

蛹 暗红褐色,长椭圆形,长 4 ~ 4.2 mm,腹部末端具臀棘 2 根。翅芽明显鼓起,呈棕黑色。茧褐色,扁圆形,直径 5 mm 左右,质地坚韧,附着于叶表面,若用针挑开,便分为两半,状似蚌壳。

【生活史】

1 年发生 3 代,以第三代老熟幼虫在落地枯叶中的蛹室内越冬。翌年 3 月底越冬幼虫开始脱皮化蛹。4 月中旬成虫大量出现。4 月下旬第一代卵大量孵化,6 月上中旬老熟幼虫在虫斑内吐丝造室化蛹。6 月下旬第一代成虫大量出现,成虫羽化后经 2~3 d 即交尾产卵。

【生活习性】

成虫　有趋光性和迁移扩散能力。

卵　散产在栓皮栎叶正面的主脉或微凹陷处,大部分贴近叶脉,并平行排列;卵孵化前呈暗灰色,孵化率高。

幼虫　孵出后,潜入叶组织内啃食叶肉;幼虫无迁移扩散能力,也不穿过主脉,从潜入叶组织开始直至化蛹,均在叶肉内生活。

蛹　老熟幼虫在虫斑内吐丝造室化蛹,蛹期 7~10 d。

【防治措施】

(1)诱杀成虫。于 4 月、6 月、8 月,当栎冠潜蛾各代成虫出现盛期时,可用黑光灯或诱虫灯诱杀。

(2)收集枯叶,运出林地烧毁,消灭越冬老熟幼虫。

(3)于 5 月、7 月、9 月,在 1~3 代幼虫盛期,可喷洒 3% 高渗苯氧威 2 000 倍液或 10% 啶虫脒 2 000 倍液防治。

(4)保护和利用白僵菌、杆状细菌及小茧蜂等天敌。

(四)透翅蛾科 Aegeriidae

板栗透翅蛾

【林业有害生物名称】　板栗透翅蛾

【拉丁学名】　*Aegeria molybdoceps* Hampson

【分类地位】　鳞翅目透翅蛾科

【别名】　板栗兴透翅蛾、赤腰透翅蛾

【分布】　全国大部分产区有分布,在河南南阳主要发生在西峡、内乡、淅川、南召县。

【寄主】　板栗、茅栗,以板栗受害较重。

【危害】　幼虫串食栎类、栗树枝干、树皮、皮层,主干下部受害重。

【识别特征】

成虫　体长 15~21 mm,翅展 37~42 mm。触角两端尖细,基半部橘黄色,端半部赤褐色,顶端具 1 毛束。头部、下唇须和中胸背板橘黄色。腹部橘黄色。翅透明,翅脉及缘毛均为茶褐色。足黄褐色,中、后足胫节具较长的赤褐色毛丛,尤以后足胫节毛丛最发达。雄蛾略小,尾部具红褐色毛丛。

卵　长扁圆形,长 0.9 mm。初产暗黄色,后变淡栗褐色,一端稍平。

幼虫　老熟幼虫体长 40~42 mm,污白色。头部栗褐色。前胸背板淡黄色,其后缘中央有倒"八"字形褐色沟纹。

　　蛹　体长 14~18 mm,黄褐色,微向腹面弯曲,腹背第四至第七节各有 2 排短刺,第八至第十节各有 1 排小刺。臀末有小突起多枚。

　　【生活史】

　　1 年发生 1 代,以 2 龄幼虫在枝干老皮缝内越冬。翌年 2 月底至 3 月初开始活动,3 月下旬全部出蛰。幼虫 7 月中旬老熟化蛹,8 月上中旬为化蛹盛期,蛹期一直延续到 9 月上旬。成虫出现期为 8 月中旬至 9 月下旬。8 月中旬开始产卵,8 月底至 9 月中旬为产卵盛期。幼虫孵化期为 8 月下旬至 10 月中旬。10 月上旬 2 龄幼虫开始越冬。

　　【生活习性】

　　成虫　白天活动,有趋光性。

　　卵　多散产在主干粗皮缝隙中,少数产在树皮表面。

　　幼虫　越冬幼虫在春季日平均气温高于 2 ℃时开始出蛰,日平均气温达 3~5 ℃时,出蛰达盛期。6 月幼虫蛀食接近木质部,蛀道互相连通。7 月是危害猖獗时期,树皮组织遭到严重破坏,被害状明显可见。初孵幼虫爬到粗皮缝间吐丝织网,然后蛀入老皮下取食,排出虫粪黏连在丝网上。幼虫只危害树皮新生组织,仅少数蛀食木质部。

　　蛹　老熟幼虫在树干外皮咬直径 5~6 mm 的圆形羽化孔,在此孔下部吐丝黏连木屑及粪便结茧化蛹,蛹期 23~25 d。

　　【防治措施】

　　(1)加强林地管理,或成虫产卵前涂白,破坏成虫产卵环境。

　　(2)用 1.5 kg 煤油加 80% 敌敌畏 50 g,涂抹树干,效果极佳,施药以 3 月为宜。

　　(3)利用黑光灯诱杀。

　　(4)成虫发生期,冠内喷洒 50% 辛硫磷乳油 1 000~1 500 倍液,或 20% 速灭杀丁乳油 3 000 倍液防治。

赤腰透翅蛾

　　【林业有害生物名称】　赤腰透翅蛾

　　【拉丁学名】　*Sesia molybdoceps* Hampson

　　【分类地位】　鳞翅目透翅蛾科

　　【分布】　分布在山东、江苏等地,在河南省发生在南阳的南召、内乡、西峡、淅川等县。

　　【寄主】　有核桃、山核桃、板栗和栎类树种。

　　【危害】　幼虫主要危害树干韧皮部和形成层,尤以贴近木质部的皮层受害最重,其次是树枝分杈处。

　　【识别特征】

　　成虫　体长 14~21 mm,翅展 37~42 mm。翅透明,翅缘毛茶褐色或黑褐色。触角棍棒状,顶端具 1 束由黑褐色细毛组成的笔形毛束。头顶由刷状黄鳞毛向前覆盖。前胸背部由黑色羽状鳞毛向后覆盖,在肩部形成 1 个"肾"形斑。中胸背面覆有橘黄色鳞毛。后胸、翅基及腹部第二至第七节的后缘鳞毛均为黑色。腹部第一节前缘具有向后覆盖的黑色鳞毛,后缘有 1 条细而鲜亮、鳞毛向前覆盖的橘黄色横带。3 对足的胫节均着生黑色杂有赤褐色的长鳞毛。雄蛾略小,鳞毛较艳,尾部具红褐色毛丛。

卵 椭圆形,长约 0.8 mm,初产浅褐色,后变深褐色,一端稍平。

幼虫 老熟幼虫体长 26～42 mm,污白色;头部淡栗褐色;前胸背板淡黄色,后缘中部有 1 个倒"八"字形褐色细斑纹。胸足 3 对,粗壮,跗节褐色,尖削。臀足趾钩仅 1 列。臀板淡黄色骨化,后缘有 1 个向前弯曲的角状刺突。

蛹 体长 14～20 mm,初为黄褐色,后变深褐色,羽化前棕黑色。体微向腹面弯曲,腹部末端周围有多个短而坚硬的臀棘。茧椭圆形,长 20～28 mm。褐色,茧壁厚实,表面连缀木屑和粪便。

【生活史】

1 年发生 1 代,以 2 龄幼虫在危害处越冬。翌年 3 月出蛰,幼虫 7 月中旬老熟化蛹,8 月上中旬为化蛹盛期。成虫 8 月中旬开始羽化,8 月下旬至 9 月上旬为羽化盛期。卵出现于 8 月中旬至 9 月底,孵化期为 8 月下旬至 10 月中旬,2 龄幼虫 10 月上旬至 11 月下旬越冬。

【生活习性】

成虫 白天活动,在微风、高温的晴天极为活跃,夜间栖息树干、杂草中。无趋化性。

卵 集中产在主干上,以粗皮缝隙和翘皮下最多。成龄树、栽植稀疏、枝叶量小和病虫伤严重的树上着卵多,卵期 13～16 d。

幼虫 3 月气温回升,幼虫渐向皮层深处蛀入,故 3 月是药剂防治的关键时刻。4 月幼虫以纵、横、斜、交叉等多种方式危害,蛀道连通,有的蛀道深达木质部。5 月幼虫危害加剧,蛀道更加不规则。6 月大部分幼虫已蛀透韧皮部到达木质部的表面。7 月幼虫危害进入猖獗阶段,树皮组织遭到严重破坏,养分输送严重受阻。8 月幼虫近老熟,取食量逐渐减少。在虫量大的树上 6～8 月明显可见干周地面和树皮上粪便成堆,并在树皮上可见从通气孔流出的红褐色液体及排泄物。2 龄幼虫多数在蛀道中部一侧蛀一个越冬虫室入蛰。

蛹 在树木皮层虫道内做蛹室化蛹,蛹期 19～28 d。

【防治措施】

(1)加强园地的水肥管理,增强树势,清除园地杂草;注意保护伤口。

(2)结合修剪,及时铲除虫疱。

(3)刮除虫疱周围的翘皮、老皮,集中烧毁。

(4)成虫羽化盛期,园地喷洒 80% 敌敌畏乳油 1 000 倍液,或 2.5% 溴氰菊酯 3 000～4 000 倍液,毒杀成虫。

(5)发现枝干上有褐色虫粪和丝网,立即用 80% 敌敌畏与煤油的 1∶30 倍液,或与柴油的 1∶20 倍液涂刷枝干;或用 50% 杀螟松乳油与柴油混合液(1∶5)滴虫孔。

(6)幼虫孵化盛期在树枝干部位,每隔 10 d 喷洒一次 3% 苯氧威乳油 2 000 倍液,喷洒 2～3 次,毒杀幼虫。

黑赤腰透翅蛾

【林业有害生物名称】 黑赤腰透翅蛾

【拉丁学名】 *Sesia rhynchioides*（Butler）

【分类地位】 鳞翅目透翅蛾科

【分布】 分布于江苏、安徽等省,在河南南阳西峡、内乡、南召等县发生。

【寄主】 板栗、茅栗。

【危害】 幼虫危害枝条,轻则生长及结果受影响,重则致树死亡。多发生在管理差、树势生长弱的中龄盛果期栗园,野生改接栗园受害均较重,促其栗树提早老化,严重发生的园地,大小年结果现象特别明显,产量锐减,并能引起次期性病虫害的发生。

【识别特征】

成虫 翅透明,雌蛾体长 20~24 mm,翅展 35~40 mm。前翅翅脉赤褐色,后翅翅脉黑褐色。触角棍棒状,黑色;顶端有黑色笔形毛束。喙污黄色。头顶有一排橘红色鳞毛覆盖。前胸背面有一排有光泽的蓝黑色短羽状鳞毛覆盖;中胸覆有橘红色鳞毛;后胸的前大半部鳞毛黑色,后小半部鳞毛橘红色。腹部背面第一至第二节后缘具由向前覆盖的橘黄色鳞毛组成的两道细而鲜亮的横带。第四至第六节有橘红色鳞毛覆盖,后缘鳞毛黑色;第七节鳞毛橘红色,两侧各镶有 1 束橘红色或间有黑色刷状长鳞毛;腹末具橘黄色鳞毛丛。雄成虫体长 17~22 mm,翅展 33~38 mm。翅脉黑褐色。触角栉齿状,黑色。头顶有一排黑褐色间有黄色刷状杂毛覆盖。前胸与雌蛾相同。后胸后缘具黄色绒状鳞毛带,与腹部背面第一节的黄色鳞毛横带构成 1 个半圆形黄斑纹;第二节后缘具橘黄色鳞毛组成的 1 条细而鲜亮的横带;第四至第七节前缘均具黄色鳞毛组成的横带,后缘均为赤褐色;腹末具黄色与黑色相间的毛丛,两侧各镶 1 束黄、黑色相间的刷状鳞毛。

卵 扁椭圆形,暗紫褐色,表面有网状环纹,长 0.9~1 mm,一端稍平。

幼虫和蛹 其形态特征同赤腰透翅蛾。

【生活史】

1 年发生 1 代,以 2 龄幼虫在木栓层下危害处越冬。翌年 3 月上中旬出蛰危害,8 月上旬至 9 月中旬化蛹,9 月中旬至 10 月上旬羽化,9 月下旬为羽化盛期,9 月中旬至 10 月中旬产卵,9 月下旬至 11 月上旬幼虫孵化,10 月中旬至 11 月底越冬。

【生活习性】

成虫 羽化、飞翔活动、交尾产卵等习性与赤腰透翅蛾基本相似。

卵 产卵部位,在成龄树上主要产在 3 cm 粗以上枝的粗皮裂缝、翘皮下、伤口处、虫斑边缘、病斑上及树皮表面等部位;在幼龄树上主要产在主干及分杈处的粗皮上。

幼虫 3 月、4 月在韧皮部表层蛀食,5 月逐渐斜向蛀食韧皮部深处,6 月、7 月达木质部表面,取食韧皮部和木质部。幼虫粪便初期排在蛀孔外,4 月后逐渐减少。幼虫孵化后即蛀入粗皮下韧皮部的表面潜食,蛀道线条形,至冬眠前单头幼虫蛀食 10 mm 左右,转 2 龄在蛀道一端蛀越冬虫室入蛰休眠。

【防治措施】

参考赤腰透翅蛾或板栗透翅蛾。

（五）蝙蝠蛾科 Hepialidae

疖蝙蛾

【林业有害生物名称】 疖蝙蛾

【拉丁学名】 *Phassus nodus* Chu et Wang

【分类地位】 鳞翅目蝙蝠蛾科

【别名】 疖蝙蝠蛾

【分布】 分布于河南、安徽、浙江、江西等地。

【寄主】 板栗、栎、茅栗、葡萄、玉兰、泡桐、猕猴桃、杉木、柏树、榆树等多种果树、林木。

【危害】 为杂食性害虫。幼虫钻蛀主干韧皮部和木质部，形成坑道。蛀孔上方主干易遭风折或整株枯死。

【识别特征】

成虫 体长 30～48 mm，翅展 60～80 mm。体翅黄褐色，前翅前缘离翅基 2/3 处稍向外突出。前翅外缘成锯齿状，翅中有不规则的斑纹。后翅黄褐色，无斑纹。前、中足的爪发达。雄蛾腿节具 1 丛橙黄色长毛。

卵 球形，直径约 0.6 mm，初产乳白色，近孵化前渐变为黑色。

幼虫 老熟幼虫体长 50～80 mm，头红褐色，体浅棕色，背面各节具 1 大 2 小呈"品"字形的褐色硬皮斑 3 块。

蛹 体长 45～67 mm，体褐色，节间黄色，头顶具 4 个尖角状突起，第三至第七腹节背面前后缘各具一长一短刺突。第四至第七腹节腹面中央亦具刺突。

【生活习性】

2 年发生 1 代，以卵在枯枝落叶层或以幼虫在寄主被蛀坑道内越冬。翌年 4 月下旬至 5 月中旬越冬卵孵化，初龄幼虫取食土表腐殖质，3 龄幼虫钻蛀主干，环蛀一圈，植株即枯萎，幼虫有转株危害习性。蛀入孔外附有环状或囊状的蛀屑苞。第三年 8 月上旬至 9 月为蛹期。8 月中旬至 10 月为成虫期。成虫羽化当日即可交尾产卵。

【防治措施】

(1)幼虫可随苗木调运而传播，应严格检查，发现有幼虫的苗木应及时处理。

(2)用注射器向坑道内注射 40% 杀螟松乳油 100 倍液，或 40% 敌敌畏乳油 50 倍液，可有效地杀灭幼虫。

一点蝙蛾

【林业有害生物名称】 一点蝙蛾

【拉丁学名】 *Phassus signifer sinensis* Moore

【分类地位】 鳞翅目蝙蝠蛾科

【别名】 蛀干虫

【分布】 分布于东北、华北、中南、华东、华南等地。

【寄主】 杉、柏、泡桐、白杨、枫杨、女贞、杜仲、榆、柳、栎、板栗、合欢、刺槐、香椿等林木，以及桃、柿、葡萄等果树及灌木。

【危害】 幼虫钻蛀树木枝干的韧皮和髓部，影响水分和养料的输导，重则使树枝或幼干风折或枯死。西峡县猕猴桃园地幼树和野生猕猴桃发生较多。

【识别特征】

成虫 雌蛾体长 33～53.3 mm，翅展 58～91.5 mm；雄蛾体长 32.1～43 mm，翅展 55～73 mm。体暗褐色，密被绿褐色和粉褐色鳞毛。头小，头顶具长毛，口器退化。触角丝状，细短，黑褐色。胸部具灰色长毛，前翅暗褐色（初羽化时油绿色），翅面中部有 1 个近三角形的暗褐色斑纹，三角形的 3 个角上有银白色斑点，后翅茶褐色，无明显斑纹。雄蛾前足胫节和跗节宽扁，两侧具长毛；后足较小，胫节膨大，具 1 束橙红色刷状毛束。雌蛾无，各足跗节末端具粗大的爪钩。

卵 椭圆形，长 0.5～0.7 mm，初产时乳白色，后变为黑色。

幼虫 老熟幼虫体长 75 mm 左右，长圆筒形，黄白色。头部褐色。胸、腹部各节背面具褐色毛片 3 个，排列成"品"字形。前胸背板黄褐色，除气门附近外，几乎全部骨化。

蛹 长筒形，黄褐色。雌蛹体长 40～50 mm。

【生活史】

2 年发生 1 代，以幼虫在被害树干虫道内越冬。翌年 4 月上旬恢复活动，一直危害到 10 月上中旬开始越冬。第三年 5 月，幼虫老熟后化蛹，6 月羽化为成虫。

【生活习性】

成虫 羽化出壳后，用前足抓住树枝，悬挂其中，两翅逐渐伸展，呈屋脊状覆于体上。白天悬挂于枝上不动。19～20 时在林中忽上忽下来回飞翔，形似蝙蝠，并在飞翔中交尾。

卵 散产，无一定产卵场所，多散落在地面或地被物上，飞行中也可将卵产下。

幼虫 多从幼株基部 1 m 内蛀入。虫道直，一般长达 30 cm 以上。幼虫夜晚经常爬出虫孔，咬食皮层，严重时可沿树干咬食成环割状，导致寄主树枯死或风折。

【天敌】

有白僵菌寄生幼虫和蛹，寄生蝇寄生幼虫，姬蜂寄生幼虫。

【防治措施】

(1)冬、春季结合林地抚育，伐除虫害木，清出林地，集中烧毁。

(2)产地检疫。苗木出圃前，及时挑出带有害虫粪屑包的苗木，就地烧毁；对调入苗木也要做好检疫复查工作，以控制幼虫随苗木调运而传播。

(3)清理林地枯枝落叶及杂灌草，消灭 3 龄前幼虫的栖息场所。

(4)化学药剂防治。将 50% 敌敌畏乳油或 50% 杀螟松乳油 100 倍液用兽医注射器注入虫孔内；或除去害虫的粪屑包，用药棉蘸取上述药液塞入孔洞。可有效杀死幼虫。

(5)招引保护益鸟。

（六）钩翅蛾科 Drepanidae（钩蛾科）

双带钩蛾

【林业有害生物名称】 双带钩蛾

【拉丁学名】 *Nordostromia japonica*（Moore）

【分类地位】 鳞翅目钩翅蛾科

【分布】 2015 年林业有害生物普查时,在河南省西峡县发现该虫。

【寄主】 栓皮栎、青冈栎。

【危害】 幼虫危害栓皮栎、青冈栎叶片。

【识别特征】

成虫体长 9～10 mm,翅展 30～37 mm。雄蛾触角栉齿状,雌蛾丝状。体翅暗灰色,头部黑色,颈部橙褐色。前后翅内外横线橙黄色,中室端有 2 个暗褐色点。

【生活习性】

一年发生 3～4 代,成虫分别于 4 月、7 月、8 月、10 月出现,有趋光性。

【防治措施】

利用成虫的趋光性,灯光诱杀成虫。如果诱捕到的成虫量大,可在每年的 4 月、7 月、8 月、10 月,分别在树冠上喷洒化学药剂毒杀成虫,药剂种类可参考毒蛾科内古毒蛾防治中用材林使用的药剂。

洋麻钩蛾

【林业有害生物名称】 洋麻钩蛾

【拉丁学名】 *Cyclidia substigmaria*（Hubner）

【分类地位】 鳞翅目钩翅蛾科

【分布】 2015 年林业有害生物普查时,在河南西峡县发现该虫。

【寄主】 洋麻、栎树、五角枫和杂灌木。

【危害】 幼虫危害洋麻、栎树、五角枫和杂灌木嫩芽、叶片。

【识别特征】

成虫　雌虫体长 17～22 mm,翅展 50～70 mm;雄虫体长 15～20 mm,翅展 46～68 mm。属中型蛾子。头黑色,触角丝状黑褐色,胸白色,腹部褐白色;翅宽,很像尺蛾,翅底白色,有浅灰色斑纹,从前翅顶角到后缘中部成一斜线斑纹,灰色,斜线外侧有两层波浪纹;前翅中室端有 1 个圆形白斑,有时不清楚;后翅中室端有 1 个灰褐色圆斑;前后翅反面中室端各有 1 个黑褐色圆斑。

卵　椭圆形,长约 0.55 mm,初产乳白色,近孵化时呈灰色。

幼虫　老熟幼虫体长 27～35 mm。有臀足,有次生刚毛。体表棕色,背线白色,气门上线由许多段白线组成。

蛹　暗褐色,长 16～18 mm,腹部末端着生臀刺 9～11 对。

【生活习性】

1年发生2代。翌年4月幼虫群栖寄主植物上危害,4月中下旬化蛹,结茧于叶片上,5月上中旬羽化成虫,交尾产卵。成虫有趋光性。5月下旬至6月第二代发生。

【防治措施】

该虫第一代的发生与栓皮波尺蛾、栓皮薄尺蛾同期,可结合在一起防治;还可采取灯光诱杀成虫。第二代幼虫发生期危害严重时,可喷洒50%敌敌畏乳油1 000倍液,毒杀幼虫。

(七)木蠹蛾科 Cossidae

咖啡木蠹蛾

【林业有害生物名称】 咖啡木蠹蛾

【拉丁学名】 *Zeuzera coffeae* Neitner

【分类地位】 鳞翅目木蠹蛾科

【别名】 咖啡豹蠹蛾、咖啡黑点蠹蛾

【分布】 分布于广东、江西、福建、浙江、台湾、江苏、河南、湖南、四川等地。

【寄主】 山茱萸、核桃、乌桕、栎、柑橘、苹果、梨、桃、石榴、枣等30多种植物。

【危害】 幼虫蛀食枝干、枝条,造成枝条断折或枯死,影响植株生长发育和结实。

【识别特征】

成虫 体长18～20 mm,翅展30～35 mm,头部及胸部灰白色,胸部背面有黑斑点;触角基半部双栉形,栉齿细长,黑色。雌成虫触角线形,腹部白色,背面及侧面有黑色斑;前翅白色,前缘、外缘及后缘各有1列黑斑点,翅的其余部分布满黑色斑点;胸足被黄褐色与灰白色绒毛,胫节及跗节为青蓝色鳞片所覆盖。

卵 椭圆形,长约0.9 mm,卵壳薄。初产淡黄色,孵化前变紫黑色。

幼虫 初孵幼虫体紫黑色渐变为暗紫红色。老熟幼虫体长30 mm左右,头部为橘红色,体淡赤黄色,前胸背板黑色,后缘有锯齿状小刺,中胸至腹部各节有成横排的黑褐色小颗粒状隆起。

蛹 长圆筒形,红褐色。

【生活史】

1年发生1代,以幼虫在被害枝条的虫道内越冬。翌年3月中旬开始取食,4月中下旬至6月中下旬化蛹,5月中旬成虫羽化,5月底至6月上旬可见到初孵幼虫。

【生活习性】

成虫 5月下旬是成虫羽化盛期,由于生长发育速度不整齐,羽化期拖延很长。成虫白天静伏,黄昏后活动,雄成虫飞翔能力较强,趋光性弱。

卵 产于树皮缝、旧虫道内或新抽出的嫩梢上,单粒散产。卵期9～15 d。

幼虫 越冬后,在被害寄主植物枝干内继续取食或转枝危害,枝条若被蛀害,嫩梢很快枯萎,症状非常明显。幼虫孵化后吐丝结网覆盖卵块,群集于丝幕下取食卵壳,2～3 d后扩散危害。幼虫蛀入枝条后,在木质部与韧皮部之间,绕枝条环蛀一圈,虫道向上;每隔

不远距离向外蛀 1 个排粪孔,将粪便排出。10 月下旬至 11 月初,幼虫在蛀道内吐丝,静伏越冬。

蛹　老熟幼虫在化蛹前,咬透虫道壁的木质部,在皮层上筑圆形羽化孔盖,在孔盖下方 8 mm 处,幼虫另咬一直径约 2 mm 的小孔与外界相通,蛹期 13～27 d。

【防治措施】

(1)5 月上旬该虫化蛹后,收集虫枝集中烧毁,消灭虫源。

(2)卵孵化期,喷洒 3% 高渗苯氧威 2 000 倍液或 26% 甲维灭幼脲Ⅲ号 2 000 倍液,毒杀小幼虫。

(3)幼虫蛀入韧皮部或边皮表层期间,可采用 40% 乐果柴油液、50% 杀螟松柴油液(1∶9)涂蛀虫孔,杀虫率可达 100%。

(4)蛀入木质部深处的幼虫,可采用棉球蘸 50% 敌敌畏乳油 50 倍液塞入虫孔内,孔外涂以黄黏泥。还可用磷化锌毒签插入蛀孔,每 1 蛀孔插 1 支,可毒杀孔内幼虫。

小木蠹蛾

【林业有害生物名称】　小木蠹蛾

【拉丁学名】　*Holcocerus insularis* Staudinger

【分类地位】　鳞翅目木蠹蛾科

【分布】　在河南分布于南阳、周口、新乡等地。

【寄主】　苹果、玉兰、海棠、银杏、香椿、榆、栎、槐、柳、冬青等果树、林木及花卉。

【危害】　幼虫危害枝干,钻蛀虫道,受害株常发生风折、枝枯,甚至整株死亡。

【识别特征】

成虫　灰褐色。雌虫体长 18～28 mm,翅展 36～55 mm;雄虫体长 14～25 mm,翅展 31～46 mm。雌虫、雄虫触角均为线状,很细。下唇须灰褐色。腹部较长。前翅顶角极为钝圆,翅面密布许多细而碎的条纹;亚外缘线顶端近前缘处呈小"Y"字形。后翅色较深。翅面花纹及翅脉常有变化。

卵　圆形,初产时灰乳白色,后为暗褐色。

幼虫　老龄幼虫体长 30～38 mm。胸、腹部背面浅红色,每一体节后半部色淡,腹面黄白色。头部褐色,前胸背板深褐色,中间有"◇"形白斑。

蛹　纺锤形,暗褐色。体长 14～34 mm。腹节背面有刺列。

【生活史】

2 年发生 1 代,幼虫 2 次越冬,跨 3 个年度。成虫初见期 6 月上旬,盛期 6 月下旬至 7 月中旬。当年初孵幼虫始于 6 月上旬,终于 9 月中旬,以 7 月上中旬为盛期。越冬后出蛰幼虫于 5 月上旬开始在树干蛀道内化蛹,5 月下旬至 6 月下旬为盛期。

【生活习性】

成虫　羽化后蛹壳仍留在排粪孔口。成虫白天静伏不动,夜间活动。雌、雄成虫均有趋光性。

卵　产卵部位多在树皮裂缝、伤痕、洞孔边缘及旧排粪孔附近等处。卵粒多数黏成块状,少数散产。

幼虫　初孵幼虫有群集性。幼虫孵化后先取食卵壳,然后蛀入皮层、韧皮部危害。3龄以后各自向木质部钻蛀,形成椭圆形侵入孔。蛀入髓心的幼虫向上、下及周围侵害,形成不规则隧道,长达 50~100 cm,对树干破坏性较大。幼虫于 10 月开始越冬,当年孵化的幼虫不做越冬室,在隧道内越冬,2 年幼虫在隧道顶端用粪屑做椭圆形小室,在其内越冬。

【防治措施】

(1)6~7 月成虫产卵期,用2.5%溴氰菊酯乳油 3 000 倍液或10%啶虫脒乳油 2 000 倍液喷洒主干 2~3 次,毒杀初孵幼虫。

(2)5~10 月用80%敌敌畏乳油 10~20 倍液,用棉花球蘸乳油堵塞蛀孔,熏杀幼虫。

(3)树干刷白涂剂,防止产卵。

(4)利用诱虫灯诱杀成虫。

柳干木蠹蛾

【林业有害生物名称】　柳干木蠹蛾

【拉丁学名】　*Holcocerus vicarius*(Walker)

【分类地位】　鳞翅目木蠹蛾科

【别名】　大褐木蠹蛾、黑波木蠹蛾、榆木蠹蛾、柳木蠹蛾

【分布】　在全国大部分地区均有分布。

【寄主】　柳树、杨树、山楂、樱桃、苹果、梨、杏、核桃、栗、栎、枫杨等果树、林木。

【危害】　幼虫在根颈、根及枝干的皮层和木质部内蛀食,形成不规则的隧道,削弱树势,重者枯死。

【识别特征】

成虫　体长 26~35 mm,翅展 50~78 mm。体暗褐色,触角丝状略扁。前翅基半部和中室至前缘色深暗,翅面布许多黑色波曲横纹,长短不一,亚缘线黑色明显,前端呈"Y"字形,外横线黑色呈不规则曲线,并有一些短线相连。后翅灰褐色,有不明显的暗褐色短波曲横纹。后翅中部具 1 褐色圆斑。

卵　椭圆形,长约 1.3 mm,乳白色至灰黄色。

幼虫　体长 70~80 mm,肥大略扁。头黑色,体背紫红色,体侧及腹面色淡。胸足外侧黄褐色,腹足趾钩双序环。

蛹　长 50 mm 左右,长椭圆形,略向腹面弯曲,棕褐色至暗褐色。

【生活史】

2 年发生 1 代,以幼虫越冬。第一年以低龄和中龄幼虫于隧道内越冬,第二年以大龄和老熟幼虫在树干内或土中越冬。发生期不整齐,4 月下旬至 10 月中旬均可见到成虫,6~7 月较多。

【生活习性】

成虫　飞翔能力强,昼伏夜出,趋光性不强,喜于衰弱树、孤立树或边缘树上产卵。

卵　多产在缝隙和伤口处,树干基部落卵最多,数十粒成堆产在一起,卵期 13~15 d。

幼虫　孵化后蛀入皮层及木质部,多为纵向蛀食,群栖危害,有的还可蛀入根部致树体倒折。

蛹　以老熟幼虫越冬者,翌春 4~5 月于隧道口附近的皮层处、有的在土中做蛹室化蛹;以大龄幼虫越冬的,在寄主芽萌动后继续活动危害,老熟后即化蛹、羽化。

【防治措施】

(1)成虫发生期,在树干 2 m 以下处喷洒 20% 猎神乳油或 10% 啶虫脒乳油 2 000 倍液,毒杀卵和初孵幼虫。

(2)幼虫危害期,用 80% 敌敌畏乳油或 3% 苯氧威乳油 50 倍液注入虫孔,或用 56% 磷化铝片放入虫孔,再用湿黏泥封孔。

(3)树干涂白对防止产卵有一定作用。

日本木蠹蛾

【林业有害生物名称】　日本木蠹蛾

【拉丁学名】　*Holcocerus japonicus* Gaede

【分类地位】　鳞翅目木蠹蛾科

【分布】　国内分布在辽宁、北京、天津、山东、河南、上海、江苏、安徽、浙江、江西、湖南、贵州、四川,国外分布在日本。该虫在河南分布于南阳、郑州、新乡等地。

【寄主】　核桃、桃、杨、柳、栎、榆、槐、楸等果树、林木。

【危害】　幼虫蛀食枝干韧皮部,3 龄以后分散取食,逐渐向木质部钻蛀。破坏寄主树的生理机能,使树势生长减弱,形成枯梢或出现枝、干遇风折断现象。

【识别特征】

成虫　体长 20~33 mm,翅展 36~75 mm。雌、雄触角均为线状,细短,仅达前翅前缘 1/3 处,雌虫触角鞭节 40 节,先端 3 节较小;雄虫鞭节 53 节。下唇须中等长度,伸达复眼前缘。前翅灰褐色,顶角纯圆,翅长为臀角处宽度的 2.2 倍。前线 2/3 处有 1 条与前缘垂直的粗黑线,伸向臀角,终止于 Cu2 脉末端;线之两侧及外线等处,有一些鱼鳞状小灰斑及黑褐色线纹,为该种的显著特征。线的内侧至中室端外为 1 条宽的褐带,在中室下角处折向翅后缘,与翅基的褐色区相连,形成翅中部的 1 块灰色大斑。后翅灰褐色,无条纹,反面灰白色,有许多明显的暗揭条纹,中室下角之外,有 1 个圆形暗斑。中足胫节 1 对距,后足胫节 2 对距,中距位于端部 1/4 处,后足基附节不膨大,中垫退化。

卵　初产时灰乳白色,渐变成暗褐色。呈半球形,卵壳表面犹如花生壳表面纹状。

幼虫　扁圆筒形,体粗壮,老龄幼虫体长达 65 mm 以上,胸、腹部背面为茄紫色,无光泽,腹面色淡,呈黄白色。头部黑色,前胸背板为一整个黑色斑纹,有 4 条白纹自前缘楔入,在后缘中部也有 1 个白纹伸至背板黑斑中部。中、后胸背部半骨化的斑纹均为黑色,较其他种类明显。未受精卵呈土黄色,不能孵化。

蛹　暗褐色,雌蛹长 20~38 mm,雄蛹长 17~23 mm。腹节背面具 2 行刺列,雌蛹在第一至第六节,雄蛹在第一至第七节,前行刺列粗壮明显,越过气门线,后行刺列细如不达气门。以后各节仅具前刺列,无后剩列。腹末肛孔外围有齿突,其中 1 对较大,先端弯曲如钩。

【生活史】

2 年发生 1 代,幼虫经过 2 次越冬,跨 3 个年度。成虫 5 月中旬羽化,终期 9 月上旬。

其间呈现 2 个高峰:第一个高峰为 6 月上旬至中旬,第二个高峰为 7 月下旬至 8 月上旬。卵的初见期为 5 月下旬。幼虫 6 月上旬初见,终见期 9 月中旬。化蛹初见期 5 月上旬,末期 8 月下旬。

【生活习性】

成虫 羽化多在 19 时半以后。羽化前蛹由树干内蛹室蠕动到蛹室顶端,撑破蛹壳头部、胸节羽化,成虫从排粪孔爬出(无专门羽化孔),爬出时将蛹壳的前半部带出孔口,后半部仍留在孔内,全过程 6~15 min。每一孔口多为 1 个蛹壳,或有 2~3 个。蛹壳在孔口经久不脱落。成虫出孔后,缓慢爬行,展翅需 10~20 min,即可飞行。成虫活动以 20:30~01:30 活动较盛,尤以 23:30 左右最为活跃。白天成虫多匿居于树洞、根际草丛、石砾下及枝梢等隐蔽处,静伏不动。成虫交尾多在 21:30~01:30 进行,交尾时间短促,每次仅 3~12 min。雌虫可重复交尾,多达 6 次。成虫趋光性强,雌虫强于雄虫。

卵 成虫产卵亦多在夜间。产卵量 85~1 270 粒。少数单粒散产,多为若干粒黏连成片,或黏聚成堆,每堆少则 4 粒,多则 162 粒,无覆被物。卵多产在树皮裂缝、伤口或腐烂的树洞边缘及天牛坑道口边缘,枝梢及主干皆可着卵,以 10~40 cm 的粗枝、主干着卵机会较多。产卵部位高低不一,产卵时雌由双翅剧烈颤动,每次产卵历时 2~8 min,一生可产卵 2~16 次,连续产卵 1~7 d。卵期 10~18 d。

幼虫 初孵幼虫有群集性,就地取食卵壳,进而蛀食树木韧皮都,3 龄以后分散取食,逐渐向木质部钻蛀。幼虫性活泼凶悍,耐饥性较强,初龄幼虫可达 3~7 d,中龄幼虫 90 d,老龄幼虫 126 d。饥饿虽不会导致幼虫立即死亡,但对其发育是有影响的。初龄幼虫正常取食者较受饥者体躯增长快 2.3 倍;正常老龄幼虫化蛹者较饥饿状态化蛹者,蛹重高 29.6%~46.2%。幼虫昼夜均可取食,尤以夜间为甚。受害树干内往往形成 1 个较大的空心。11 月幼虫开始越冬,多数在木质部内,少数在边材及韧皮都之间的蛀道内。越冬时幼虫黏聚木丝做成薄茧包被虫体。

蛹 老熟幼虫化蛹前,在坑道顶端接近排粪孔处,黏结木屑构成丝质蛹茧,在其中化蛹,少数老熟幼虫在木质部坑道深处裸体化蛹,不做蛹茧。预蛹期 3~17 d,蛹重 0.54~1.53 g,蛹期 17~34 d。

【防治措施】

参考咖啡木蠹蛾。

(八) 木蛾科 Xyloryctidae

梅木蛾

【林业有害生物名称】 梅木蛾

【拉丁学名】 *Odites issikii* Takahashi

【分类地位】 鳞翅目木蛾科

【别名】 卷边虫

【分布】 分布于辽宁、山东、陕西、河南等地。南阳市主要发生在西峡、内乡县。

【寄主】 栗、栎、柿、苹果、梨、杏、桃、山楂、樱桃、榆、柳等植物。

【危害】 幼虫危害叶片,吐丝将所切叶片组织向叶正面或反面卷折,虫体藏于卷边内。

【识别特征】

成虫 雌体长6~7 mm,翅展16~20 mm;雄成虫体长6 mm左右,翅展16 mm左右,体黄白色,头部有白色鳞毛,下唇须长,向上曲。前翅灰白色,近翅基1/3处有大、小黑斑各1个;外缘有1列小黑点;翅面上还有若干分布不规则的小黑点,后翅灰白色,前后翅缘毛细长。

卵 长圆形,长径0.5 mm。初产米黄色,后变淡黄色。卵面有细密的突起花纹。

幼虫 老熟幼虫体长约15 mm。头和前胸背板赤褐色,有光泽。胸、腹部黄绿色。

蛹 长约8 mm,赤褐色,头顶有凹凸不平的"花菜"状突起物。腹部第四、第五、第六节之间的节间较宽。臀棘横向宽大,两侧各有1个倒钩形刺状突,并着生细刚毛。

【生活史】

在河南、陕西一年发生3代,以初龄幼虫在树皮裂缝、翘皮下结薄茧越冬。第2年树木发芽后越冬幼虫开始出蛰为害,5月中旬化蛹,越冬代成虫于5月下旬开始出现,至6月底结束。第2、3代成虫分别于7月上旬至8月初和9月上旬至10月上旬出现。

【生活习性】

成虫 有趋光性。卵喜产于叶背主脉两侧,也有产于树干翘皮部位的。

卵 单粒散产,也有聚产成堆的,卵期10 d左右。

幼虫 翌年春天寄主发芽后越冬幼虫开始出蛰危害。幼虫共5龄。初孵幼虫爬行或吐丝后随风飘荡分散危害。多在叶背咬食,形成"一"字形隧道,取食隧道两端的叶肉组织。2~3龄幼虫在叶片边缘卷边危害,虫体藏于卷边内。幼虫虫龄越大,卷边也越大。幼虫接近老熟时,将叶片吃成大缺刻,并沿叶缘将剩余的一部分纵卷成筒状。幼虫期20~25 d。

蛹 老熟幼虫在卷筒内化蛹,蛹期平均8.5 d。

【防治措施】

(1)冬季刮树上的粗翘皮杀灭越冬幼虫。

(2)成虫具趋光性,可利用灯光诱杀成虫。

(3)幼虫发生期,喷洒20%除虫脲3 000倍液,或3%苯氧威乳油2 000倍液,或26%阿维灭幼脲2 000倍液。

乌桕木蛾

【林业有害生物名称】 乌桕木蛾

【拉丁学名】 *Odites xenophaea* Meyrick

【分类地位】 鳞翅目木蛾科

【分布】 分布于浙江、四川、河南,南阳主要发生在西峡、内乡县。

【寄主】 乌桕,也危害板栗、茅栗、栎类等。

【危害】 树木嫩芽和叶片。

【识别特征】

成虫 体长 8~11 mm,翅展 21~25 mm。体灰色或淡黄色。触角丝状,下唇须发达,向前伸出。前翅有 3 个小黑点,位于中室附近,近似等边三角形排列。静止时翅呈屋脊状。前翅近长方形。后足胫节有长鳞毛,在其端部和离端部 2/3 处各着生 1 对距。

卵 圆形,长径约 0.5 mm。初产时淡黄色,后变成肉红色。

幼虫 老熟幼虫体长 18~23 mm。淡黄色或乳白色,头壳及前胸背板棕色或黑色,胸足末端褐色。腹足趾钩全环或单列三序(亦有一、二序的),臀足上着生 1 簇刚毛。腹部第八节侧气门比其他体节的大,成为明显可见的 2 个小黑点。第九节体背着生 2 排黑色刚毛,成 2 横行排列,第一行为 2 根,第 2 行为 4 根。

蛹 纺锤形,雌蛹长 11~12 mm、宽 3.5~4.0 mm,雄蛹长 9~11 mm、宽 2.9~3.5 mm。初化的蛹黄色,后变黄褐色,有光泽。

【生活史】

1 年发生 1 代,以卵越冬。越冬卵翌年 4 月上旬开始孵化,5 月中旬开始化蛹,5 月下旬出现成虫,6 月初开始产卵,以卵越夏越冬。

【生活习性】

成虫 在 18 时羽化最多。白天不飞翔,栖于柏树叶、柏树附近杂草或稻叶上,晚上围绕柏树枝叶间歇飞翔。有趋光性。成虫在 23 时以后于柏树叶上交尾,历时 4~5 h。

卵 雌蛾白天不产卵,22 时左右飞到柏树干上爬动,在有地衣的树干(枝)上产卵。卵几乎都产在这种地衣上,偶尔在树皮缝中也能找到 1~2 粒。卵成堆,数十粒不等。在地衣或树干(枝)上产卵。成堆,数十粒不等,卵期长达 9 个多月。

幼虫 卷叶成虫苞,将虫体末端固定在苞中,伸出体躯取食叶片,当虫苞周围叶片吃光后,另卷新叶,继续危害。幼虫期 43~55 d。

蛹 当幼虫老熟时,在虫苞内化蛹,蛹期 10 d 左右。

【天敌】

幼虫和蛹期天敌有以广大腿小蜂为主的 2 种寄生蜂;捕食性天敌有山雀、八哥、青蛙、蚂蚁等。

【防治措施】

参照梅木蛾。

(九)谷蛾科 Tineidae

刺槐谷蛾

【林业有害生物名称】 刺槐谷蛾

【拉丁学名】 *Hapsifera barbata*(Christoph)

【分类地位】 鳞翅目谷蛾科

【别名】 串皮虫

【分布】 国内大部分区域有分布,河南南阳主要发生在西峡县、内乡县、南召县、邓州市。

【寄主】 刺槐、杨、柳、榆、栓皮栎,也危害板栗和枣树等。

【危害】 幼虫钻蛀枝干皮层,被害部位增生膨大,树皮翘裂、剥离,皮下充满腐烂组织,皮缝缀连虫粪。后期,树势衰弱,甚至全树枯死。

【识别特征】

成虫 下唇须黄褐色,第二节律状,长为第一节的3倍,密被向前下方伸出的灰黄色鳞毛,第三节上曲,端部尖。触角基部灰褐色,鞭节灰白色,每节前半部有灰褐色环状纹。胸部和翅基片灰白色。前翅灰白色,杂以灰褐色或黑褐色鳞片;基都有竖立的黑褐色鳞片丛,距翅基1/3和2/3处还有数丛竖立斜生的黑褐色鳞片丛,亚外缘线有5~7丛较小的斜生鳞片丛。后翅及腹部灰黄色。雌蛾腹末尖,无鳞片束;雄蛾腹末具长鳞片束,末端平齐。中胫节有端距1对;后肢节具长毛,有中距和端距各1对,内距长于外距。

卵 圆形,初产白色,后变黄色,近孵化时黄褐色。卵产成堆状,表面覆有黄色卵絮。

幼虫 老熟幼虫体长20 mm,黄白色。头红褐色。前胸背板呈唇形,前半部淡褐色,后半部深褐色。腹足趾钩为单序环状;臀足趾钩为单序中带。

蛹 体长10 mm,红褐色。外被灰白色薄茧,顶端平,有圆形茧盖。

【生活史】

1年发生2代,以第二代不同虫龄幼虫在树皮下坑道内结薄丝茧越冬。翌年3月下旬活动取食,5月中旬为羽化盛期。第一代卵出现期为6月上旬至7月中旬,6月中旬幼虫孵化,7月中旬开始化蛹,7月下旬即见成虫,8月中旬为羽化高峰,9月上旬羽化结束。第二代卵出现期8月上旬至9月中旬,8月中旬见幼虫孵化,至10月下旬幼虫陆续越冬。

【生活习性】

成虫 初羽化的成虫沿树干迅速爬行,不断抖翅伸展,约1 min展翅完毕。成虫羽化时间与温度关系密切,7~15时气温升高,成虫羽化率迅速增加,羽化高峰出现在高温之后;17时后气温下降,羽化率也随之降低。一天之内的羽化高峰大都出现在15~17时,占全天羽化率的47.2%;夜间很少羽化,1~7时羽化率仅为3.3%。15时前雄蛾羽化率高于雌蛾,17时后雌蛾羽化率高于雄蛾。雄蛾羽化始期和羽化高峰均比雌蛾提前3 d。成虫白天静伏树干背光处不动,受惊后只做短距离绕树干飞翔。羽化当日或次日傍晚雄雌蛾先后在树冠下及树干周围飞舞寻偶,日落2 h后在弱光或黑暗处进行交尾,大风和阴雨天不交尾。雌蛾一生只交尾1次,雄蛾可交尾2次,2次相间隔2 d。交尾历时1 040 min,平均17.8 min。雄蛾寿命2~17 d,平均7.2 d;雌蛾寿命1~13 d,平均5.4 d。雌雄性比,越冬代为1:1.62;第一代为1:1.04。

卵 多产于枝干伤口处,占93%,皮缝次之。交尾雌蛾多在次日晚产卵。产卵时雌蛾腹部弯曲向下,沿树干缓慢爬行,并不时转动身体,探寻树皮伤口和缝隙,将产卵管伸向底部产卵,覆以黄色卵絮。卵成堆状,每堆有卵4~30粒,平均10.9粒。室内观察,每雌产卵24~146粒,平均111粒。剖腹检查13头雌蛾,每雌腹内孕卵量23~196粒,平均110.4粒。卵期6~13 d,平均8.6 d。林内自然孵化率94.9%。幼虫多在气温较高的中午至日落前孵化。

幼虫 初孵幼虫行动活泼,短时间内即在卵壳附近潜入皮下,取食韧皮部和栓皮层。坑道位于老皮和木质部之间,呈纵向不规则形排列。幼虫以树皮自然缝隙做出入孔,孔口以丝缀虫粪覆盖。被害部位经反复危害,坑道多层重叠,韧皮组织坏死或栓化,后期导致增生膨大,树皮翘裂。

蛹　老熟幼虫身体缩短变白色,爬于坑道孔口处结茧化蛹。越冬代蛹期 11~23 d,平均 15.8 d;第一代蛹期 11~15 d,平均 12.8 d。成虫羽化时,蛹经蠕动从一侧顶开茧盖,悬挂于茧口,踊背中线开裂,成虫头胸钻出蛹皮。

【防治措施】

(1)在幼虫危害初期,向受害枝干喷洒 10% 的啶虫脒乳油 1 500 倍液体,或用 50% 敌敌畏乳油 50 倍液,涂抹枝干虫瘿处防治幼虫。

(2)每公顷用"741"插管烟雾剂 5.5 kg 施放烟雾毒杀成虫。

(十)麦蛾科 Gelechiidae

栗花麦蛾

【林业有害生物名称】　栗花麦蛾

【拉丁学名】　*Stenolechia rectivalva*

【分类地位】　鳞翅目麦蛾科

【分布】　分布于河北、河南、湖北、陕西、安徽、四川、山东、山西、云贵等省。河南主要发生在南阳市。

【寄主】　栎、板栗。

【危害】　幼虫蛀食板栗雌花柱头和幼果。在果皮下串食,使柱头和幼果嫩蓬刺变为褐色,被害雌花或幼果自然脱落。

【识别特征】

成虫　体长 3.5~4.2 mm,头部纯白色。无杂色鳞片,向上弯曲超过头顶,第 3 节细而尖。胸部白色,背部杂有暗褐色鳞片。腹部白色,背部有灰白色鳞片。足白色,但胫节和跗节外侧有黑白相间的斑。前翅披针形,翅展 7~7.5 mm,白色,杂有暗褐色鳞片;后翅黄白色,在端部 1/3 处突然变狭窄,缘毛特长。

卵　近圆形。初产淡黄色,透明,孵化前呈黑褐色。

幼虫　初孵时淡黄色,头部、前胸板呈褐色。老熟幼虫体长 4.5~5.5 mm,红褐色,头部、前胸板呈黑褐色。

蛹　体长 3.5~4.2 mm,黄褐色,头部暗褐色,复眼褐色。

【生活史】

一年发生 1 代,主要以蛹在栗树树皮裂缝、翘皮下贴近嫩皮处蛀穴做薄茧越冬。主干的树皮缝内最多,5 月下旬出现成虫。7 月上旬老熟幼虫在树皮缝蛀一个椭圆形虫室,在内化蛹。7 月中旬为化蛹盛期,7 月下旬为末期。

【生活习性】

成虫　发生期较为集中,常静止于树干上,具有昼伏夜出群栖特性和趋光习性。

卵　在花序上产卵,多产于雄花蕾的缝隙、基部、顶部及花序轴上,散产,每处仅产 1 粒。卵期 9~12 d。

幼虫　初孵幼虫多从雄花蕾的基部或花托萼片间蛀食,雄花被串食后变为黄褐色干缩,蛀入孔外可见到黄褐色颗粒状虫粪。蛀食柱头和幼果的幼虫,在果皮下串食。被害的雌花或幼果经 8 d 左右自然脱落。幼虫在雄花和雌花、幼果上危害,13~15 d 后趋于老熟。

蛹　幼虫老熟后吐丝下垂随风飘落到下部枝干上,在贴近嫩皮处蛀一虫穴,在穴内做薄茧化蛹。

【防治措施】

(1)冬季刮除树老翘皮,刮下的栗树老翘皮要清理出栗园,消灭越冬虫源。

(2)根据成虫羽化后白天在树干静伏的特点,喷洒 20%菊杀乳油 1 500 倍液,捕杀成虫。

(3)6 月上旬(卵孵化盛期)开始,树上喷洒 3%苯氧威乳油 2 000 倍液,或 30%桃小灵乳油 1 500~2 000 倍液,防治小幼虫。

(4)利用成虫趋光性特点,采用诱虫灯诱杀成虫。

核桃楸麦蛾

【林业有害生物名称】　核桃楸麦蛾

【拉丁学名】　*Chelaria gibbosella* (Zeller)

【分类地位】　鳞翅目麦蛾科

【别名】　核桃麦蛾

【分布】　主要分布于东北地区,近年来在河南南阳市的南召、内乡、西峡县有发生。

【寄主】　核桃、核桃楸、栎类、杨、柳等果树、林木。

【危害】　幼虫危害嫩叶,吐丝将叶片黏合起来,在内栖居取食。

【识别特征】

成虫　翅展 18 mm 左右。头部有许多灰白或褐色鳞片。唇须弯曲呈镰刀形。前翅长椭圆形,黑褐色,斑纹不明显,近后缘中部有 3 大丛竖立的鳞片;后翅银灰褐色,缘毛长;腹部灰褐色。

幼虫　老熟幼虫体长 17 mm 左右,头部深黑褐色。前胸背板黑褐色,全身毛片黑褐色。幼龄幼虫体绿色。幼虫老熟后背线及亚背线变为紫红色。

蛹　体长 10.5 mm 左右。初化蛹时胸部为淡绿色,腹部腹面为黄绿色,背面呈紫红色与绿白色相间隔的杂纹,以后蛹体渐变为橙褐色。

【生活特性】

1 年发生 1 代,以幼龄幼虫于 9 月上旬陆续进入越冬。翌年 5 月越冬幼虫开始危害,6 月中旬幼虫开始老熟化蛹,6 月下旬化蛹盛期。7 月上中旬成虫羽化。幼虫危害嫩叶,吐丝将叶片黏合起来,在内栖居取食,粪便排泄在内。老熟后就在其中化蛹。幼虫十分活泼,有弹跳特性。成虫有趋光性。

【防治措施】

(1)架设黑光灯诱杀成虫。

(2)加强管理,增强树势,合理密植。

（3）成虫发生和幼虫危害严重时,采用化学药剂防治。使用的药剂主要有 20% 猎神乳油或 20% 定杀净乳油 3 000 倍液;50% 杀螟松乳油 1 500 倍液,防治 2~3 次,每次间隔 10 d。

（十一）带蛾科 Eupterotidae

乌桕金带蛾

【林业有害生物名称】　乌桕金带蛾

【拉丁学名】　*Eupterote sapivora* Yang

【分类地位】　鳞翅目带蛾科

【分布】　分布于贵州,近年来在河南南阳市西峡县、淅川县发现。

【寄主】　乌桕树叶片、嫩枝及花萼。除危害乌桕外,还取食栎、泡桐、香椿、油桐、桃、李、杨、樟等多种果树、林木。

【危害】　幼虫密被毒毛,人体接触后容易引起皮炎、红肿。因此,乌桕金带蛾不但影响经济林木的生长,还危害人体健康。

【识别特征】

成虫　雌虫体长 24~29 mm,翅展 75~88 mm。体黄色,头部仅头顶及下唇须背面红褐色;触角栉齿状,胸部黄色。足大部分黄色;前足背面从腿节开始均呈红褐色,中后足则仅胫节两端连接处呈红褐色。翅黄色;红褐色斑纹明显,前后翅各有大小不等的多个斑点;翅缘毛均为黄色。雄虫体长 20~29 mm,翅展 70~80 mm。头部红褐色。胸部黄色,仅前胸基部红褐色。足的颜色同雌虫。前翅的斑纹局限于前缘及外缘处,以顶角附近最明显;前缘有 3 条明显的波纹。波纹的内侧至翅基有 4 个等距排开的小斑点,外边的 2 个常联合成大斑;波纹的外侧至翅尖由 3 条分界不清的斑纹组成一大块三角形褐斑;翅外缘具褐色宽边,亚外缘线的内侧有 3 个斑点。翅缘毛黄色,但前翅外缘褐边外的缘毛则呈褐色。后翅前缘有 4 个明显的斑纹。腹部黄色。

卵　圆形,直径 0.8~1.3 mm。淡黄色,孵化前深黄色。

幼虫　共 7 龄。各龄形态随环境变化略有差异,其共同特征是虫体被黄白色至浅褐色长毛;触角褐色。初龄幼虫黄绿色,体背有 13 个黑色瘤点排列成行,4 龄后幼虫体色转黄,额呈"人"字形,体背瘤状突起浅黑色,体节间灰白色。6 龄幼虫体色比老熟幼虫稍浅。老熟幼虫黄褐至黑褐色,体长 63~72.5 mm,密被深灰色长毛和黑褐色毒毛。头黑褐色。

蛹　纺锤形,黑褐色,长 18~25.6 mm,末端密被褐色毛和长绒毛。茧椭圆形,丝质较薄,黑褐色,长 40~65 mm,茧壳常与叶片、杂物黏连,几十个丝网连在一起。

【生活史】

1 年发生 1 代,以蛹在树干下部及附近杂草丛、表土中、石缝中越冬,也有在树皮裂缝中越冬的。翌年越冬蛹 5 月上旬开始羽化产卵,6 月上旬初龄幼虫孵化。9 月底到 10 月中旬化蛹。

【生活习性】

成虫　雄蛾有趋光性,雌蛾基本无趋光性。

卵　产于叶背,卵历期16~22 d。

幼虫　1~2龄幼虫白天群集于叶背,3~4龄以后白天群集于树干下部,夜晚上树取食,翌日早晨开始下树群集于树干下部,幼虫上下树呈一条线。1龄幼虫6月下旬至7月上旬出现,取食叶肉、表皮。2~3龄幼虫7月上旬至8月上旬出现,取食叶表皮、叶缘。4~5龄幼虫7月下旬至9月上旬出现,取食叶片,残留主脉。6~7龄幼虫8月上旬至10月中旬出现,食全叶,仅留叶柄。以5~7龄幼虫危害严重,8月底至9月底是幼虫危害盛期。

【天敌】

幼虫期天敌有螳螂、猎蝽、步甲、大草蛉、绒茧蜂、大腿小蜂、跳小蜂、姬蜂、白僵菌、核型多角体病毒;卵期天敌有黑卵蜂、大黑蚁;蛹期天敌有白僵菌。

【防治措施】

(1)用机械刮除群集于树干下部的幼虫,并将幼虫埋入土坑内。

(2)在幼虫白天到树干下部群集后,用2.5%溴氰菊酯或20%氰戊菊酯加柴油和机油,将药、柴油、机油按1∶35∶2的比例调匀,用毛笔或小号油漆刷蘸药涂2~4 cm宽药环将虫包围,杀死幼虫。还可用26%阿维灭幼脲2 000倍液,或3%苦参碱杀虫剂1 000~1 500倍液,喷雾防治4龄以前幼虫。

(十二)灯蛾科 Arctiidae

美国白蛾

【林业有害生物名称】　美国白蛾

【拉丁学名】　*Hyphantria cunea*(Drury)

【分类地位】　鳞翅目灯蛾科

【别名】　秋幕毛虫、秋幕蛾、美国白灯蛾、色狼虫(幼虫)

【分布】　1979年6月在一次调查农作物病虫害时,首次在我国发现了美国白蛾。它是从中朝边境传入我国辽宁省丹东地区的。1980年美国白蛾扩散到辽宁省的宽甸、东沟、凤城、本溪、岫岩、庄河等九个县市。而后又传播到陕西、北京、天津、上海、河北、山东等省市,呈现出从北部逐渐向中部地区扩散的趋势。有学者曾用MaxEnt软件分析出美国白蛾在我国的潜在分布区,主要分布在黑龙江大部、吉林、辽宁、北京、河北、天津、山东、江苏、安徽大部、河南、内蒙古东部、湖北东北部、山西大部以及陕西中东部地区。河南南阳主要发生在桐柏、唐河、方城等县区。

【寄主】　美国白蛾属典型的多食性害虫,可危害200多种林木、果树、农作物和野生植物,其中主要危害多种阔叶树。最嗜食的植物有桑、白蜡槭(糖槭),其次为胡桃、苹果、梧桐、李、樱桃、柿、榆和柳等。

【危害】　美国白蛾主要以幼虫取食植物叶片危害,其取食量大,为害严重时能将寄主植物叶片全部吃光,并啃食树皮,从而削弱了树木的抗害、抗逆能力,严重影响林木生长,甚至侵入农田,危害农作物,造成减产减收,甚至绝产,被称为"无烟的火灾"。目前已被列入我国首批外来入侵物种。

【识别特征】

成虫 中型蛾类,雌、雄体长分别为 12~15 mm 和 9~12 mm,翅展分别为 33~44 mm 和 23~34 mm。体躯纯白色,无其他色斑。复眼黑褐色;雌虫触角锯齿形,褐色;雄虫双栉齿形,黑色。前足的基部、腿节橘黄色;胫节、跗节内侧白色,外侧大部黑色。中、后足的腿节黄白色,胫节、跗节上有黑斑。雄性外生殖器抱器瓣半月牙形,中部有一突起,突起的端部较尖,阳茎基环梯形,阳茎端膜具微刺。非越冬代成虫的前后翅绝大多数全为白色,仅雄虫的前翅有时有数个不正矩形的黑斑;越冬代成虫的前翅均有许多排列不规则的不正矩形黑斑,少数雌虫有 1 至数个黑斑。雄虫翅斑变异有:7 列斑型(2 列基斑列、2 列中黑斑、2 列侧列斑、1 列缘斑),5 列斑型,4 列斑型,少斑型(翅上只有稀疏少量黑斑)。雌虫翅斑变异较小:有斑型和无斑型,有斑个体翅斑稀疏。

卵 聚产,数百粒连片平铺(单层排列)于叶背,上覆雌虫白色体毛。圆球形,直径约 0.5 mm;初产时浅黄绿色或淡绿色,有光泽,后变灰绿色至灰褐色;表面密布小刻点。

幼虫 有两型:黑头型和红头型。红头型仅分布美国中南部,其余地区和国家发生的均为黑头型。红头型与黑头型主要区别是:头部橘红色,胸腹部淡黄色而杂有灰色至蓝褐色斑纹,前胸盾、前胸足、腹足和臀盾与体同色,所有毛瘤橘红色,其上刚毛褐色而杂有白色;其余特征与黑头型相同。从第 1 龄起,两种类型幼虫的头部、前胸盾、臀盾的颜色即不同。我国发现的黑头型有三种体色变异:普通型,体背有一条黑色宽纵带。最常见的类型,数量最多;黄色型,虫体黄色,无黑色宽纵带,仅有黑色小型毛瘤;黑色型,虫体全为黑褐色。

大龄幼虫体长 28~35 mm,头宽约 2.7 mm。头部、前胸盾、前胸足、腹足外侧及臀盾黑色;胸腹部颜色变化很大,乳黄色至灰黑色,背方纵贯一条黑色宽带,侧方杂有不规则的灰色或黑色斑点。前胸至第八腹节每侧有 7~8 个毛瘤,第九腹节仅 5 个,所有背方毛瘤黑色,腹方毛瘤灰色或黑色,其余毛瘤均淡橘黄色,各毛瘤上均丛生白色且混有黑褐色的长刚毛。腹足趾钩为单序异形中带,中间长趾钩 9~14 根,两端小趾钩各 10~12 根。这一点可与毒蛾科幼虫腹足趾钩予以区分,毒蛾科幼虫腹足趾钩为单序中带。

蛹 美国白蛾蛹体长 8~15 mm,平均 12 mm;暗红褐色。头部及前、中胸背面密布不规则细皱纹,后胸背及各腹节上密布刻点。第五至第七腹节的前缘和第四至第六腹节的后缘均具环隆线;节间深缢,光滑而无刻点,且色较浅。臀棘 8~17 根,多数 12~16 根,长度约相等,端部膨大且中心凹陷而呈喇叭形。

【生活史】

该虫一年 3 代,以蛹在浅表土层内、杂草、树皮缝、墙缝等处越冬。越冬蛹一般经过 150 d,自 3 月下旬开始见成虫,4 月中旬至 5 月初大量出现越冬代成虫;经 7 d 的一代卵期,5 月初至 6 月中旬为一代幼虫发生期;6 月中旬至 7 月中旬幼虫老熟并化为蛹;6 月下旬至 7 月下旬为一代成虫发生期;二代卵期 3 d;马上进入二代幼虫期(7 月中旬至 8 月中下旬);7 月下旬至 8 月下旬为二代蛹期;第二代成虫发生在 8 月中旬至 9 月中旬;三代卵期仍为 3 d,迅速进入三代幼虫(9 月上旬至 10 月下旬);9 月下旬开始化蛹越冬,直到次年 3 月下旬。

【生活习性】

美国白蛾成虫有趋光性和趋味性,对腥臭味敏感度较强。因此,一般在树木稀疏、光照条件好的地方或是臭水坑、厕所等散发恶臭味的地方发生严重。成虫交尾时间一般为凌晨3~4时,在交尾结束后当晚或次日产卵于叶背,卵单层排列成块状,一块卵有数百粒,多者可达千粒,产卵时间较长。幼虫孵出几个小时后即吐丝结网,第一、二代幼虫主要在树冠中下部危害结成白色网幕,第三代幼虫在树冠中上部危害结成白色网幕,低龄幼虫在网幕内取食叶肉,受害叶片仅留叶脉呈白膜状而枯黄。5龄以后进入暴食期,食叶呈缺刻和孔洞,严重时把树叶蚕食光后转移危害。

【发生与危害规律】

(1)危害大,传播途径广。

美国白蛾主要以幼虫取食植物叶片危害,其取食量大,为害严重时能将寄主植物叶片全部吃光,并啃食树皮,从而削弱了树木的抗害、抗逆能力,严重影响林木生长,甚至侵入农田,危害农作物,造成减产减收,甚至绝产,被称为"无烟的火灾"。据测定,一头幼虫一生取食树叶量为55.6~69 g。美国白蛾主要靠人类活动远距离传播。主要通过木材、木包装等进行传播,各虫态均有可能附着于寄主上,成虫和蛹还可静伏于交通工具上,随运输传至远方。蛹期抗逆能力强,可经受-30 ℃的低温,由于越冬代化蛹场所复杂、隐蔽,蛹期长,因此越冬蛹是远距离传播的主要虫态。成虫飞行和高龄幼虫爬行,可引起发生地邻近扩散。从监测发生情况看,美国白蛾主要集中发生在以木材、板材及其制品集中加工、集散地区,人员、车辆运输与外界交流往来频繁、物流量大的地方。

(2)适应性强,繁殖量大,具有暴食性。

美国白蛾对恶劣环境具有极强的适应性,耐寒冷(能耐-16 ℃的低温)、耐高温(能耐40 ℃的高温)、耐饥饿(在无食物情况下幼虫能生存10 ~ 15 d)。一只雌蛾平均一次产卵300 ~ 600粒,最多可达1 900粒,1年繁殖3代,如不防治,1年后其后代至少可达几十万只。

(3)食性杂。

美国白蛾是典型的多食性害虫,可取食危害绝大多数阔叶树以及灌木、花卉、蔬菜、农作物、杂草等,对园林树木、经济林、农田防护林等造成严重的危害,在我国的寄主植物多达49科108属175种。喜食树种包括橡树、黄栌、大红槭、白麻、山胡桃、大红槭、红橡木、法国梧桐、泡桐、白蜡、臭椿、核桃、杨树、柳树、榆树、桑树、樱花、女贞、紫荆、刺槐、梨、板栗、南瓜、苹果、桃、李、杏、白菜、萝卜、菜豆等。

【检测方法】

田间检测可在成虫发生期在海关或疫区的处围设置黑光灯或性信息素诱捕器进行监测。另外,凡从发生区调出的苗木、原木、木材、货物的包装物、植物性铺垫物及运载工具均应予以严格检验。检验卵时应注意植物的叶背;检验低龄幼虫应注意寄主植物上的网幕,老龄幼虫及蛹应注意树干缝洞和根部土壤、包装材料及货物的木箱、运载工具的内外角落、缝隙和树洞、原木和木材的树皮下、裂缝、洞穴及草堆的深层。如发现可疑的标本,可带回实验室进行镜检鉴定。

【防治措施】

(1)加强检疫工作,防止白蛾由疫区传入,做到早投入、早准备、早报告、早除治。

(2)人工剪除网幕。在美国白蛾网幕期,人工剪除网幕,并就地销毁,是一项无公害、效果好的防治方法。

(3)人工挖蛹。美国白蛾化蛹时,采取人工挖蛹的措施,可以取得较好防治效果。

(4)灯光诱杀。在各代成虫期,利用美国白蛾成虫趋光性,悬挂杀虫灯诱杀成虫。

(5)草把诱集。根据老熟幼虫下树化蛹的特性,于老熟幼虫下树前,在1.5 m树干高处,用谷草、稻草、草帘等围成下紧上松的草把,诱集老熟幼虫集中化蛹,虫口密度大时每隔1周换1次,解下草把连同老熟幼虫集中销毁。

(6)药物防治。应选择高效低毒的仿生生物杀虫制剂进行高压喷雾防治,可选择20%除虫脲3 000~4 000倍液,26%甲维灭幼脲3号1 500~2 000倍液,或植物性杀虫剂烟参碱500倍液等。

(7)利用美国白蛾的天敌周氏啮小蜂来防治白蛾,最佳时期是白蛾老熟幼虫至化蛹时期,应选择晴朗天气的10~16时放蜂,并且一个美国白蛾世代放蜂2次以上间隔7~10 d防治效果最好。

(8)用性信息激素。当虫株率低于5%时,在美国白蛾成虫期,按50 m距离和2.5 m或3.5 m高度,设置性信息素诱捕器,诱杀美国白蛾雄蛾。

花布灯蛾

【林业有害生物名称】 花布灯蛾

【拉丁学名】 *Camptoloma interiorata*(Walker)

【分类地位】 鳞翅目灯蛾科

【别名】 黑头栎毛虫

【分布】 全国大部分地区均有发生,南阳主要发生在西峡、内乡、淅川和南召县。

【寄主】 此虫除危害栎树外,还危害板栗、乌桕、槲栎等树种。

【危害】 幼虫早春取食寄主树芽苞,待叶片展开时取食叶片,严重发生时能将叶片全部食光,残留叶柄。影响翌年开花抽叶,引起果实减产,甚至颗粒无收。

【识别特征】

成虫 体长10 mm左右,翅展28~38 mm。体橙黄色,前翅黄色,翅上有6条黑线,自后角区域略成放射状向前缘伸出,近翅基的两条呈"V"形,其外侧的一条位于中室,较短;在外缘的后半部,有朱红色的斑纹2组。靠后角沿外缘处有方形小黑斑3个。后翅橙黄色。雌蛾腹端有密厚的粉红色绒毛。

卵 圆形略扁,淡黄色。

幼虫 老熟幼虫体长30~35 mm。头部黑色,前胸背板黑褐色,被黄白色细线分成4片。胸、腹部灰黄色,有茶褐色纵线多条,各节生有白色长毛,腹足基部及臀板均为黑褐色。

蛹 纺锤形,长约10 mm,茶褐色,腹部最后1节有1圈齿状突起。茧深黄色。

【生活史】

1年发生1代,以3龄幼虫群集在树干或枝丫处结虫苞,潜伏于苞内越冬。翌春3月下旬,越冬幼虫开始活动,5月上旬至中旬幼虫老熟化蛹,6月中旬羽化成虫,7月上旬幼虫孵化,11月幼虫潜伏越冬。

【生活习性】

成虫　6月中旬羽化成虫,有趋光性。

卵　在树冠中部的叶背面产卵,成圆块状,卵块上覆盖雌蛾脱下的粉红色绒毛。卵期8~20 d。

幼虫　以3龄幼虫群集在树干或枝丫处结虫苞,将虫苞逐渐向树干上部或枝条上迁移,并常有分小群另做新虫苞的现象。幼虫于黄昏后出虫苞爬上小枝条,大量咬食萌发的芽苞,钻入芽内蛀食,引起芽苞干枯,严重影响开花抽叶。4月中旬,当栎树嫩叶盛发时,大量幼虫取食嫩叶。7月上旬幼虫孵化后群集卵块周围,然后在卵块下面吐丝结成灰白色的虫苞,并以丝将叶柄缠在小枝上,以防叶片枯落。幼虫潜伏虫苞内,黄昏后出苞在附近小枝上群集取食叶肉。

蛹　沿树干爬到地面枯枝落叶层或石块下做茧化蛹。

【发生与危害规律】

花布灯蛾在丘陵山区,山脚山洼避风向阳处发生较重。

【天敌】

种类有幼虫期的刺蝇及寄生蜂、病原微生物。

【防治措施】

(1)冬季在树干基部或主枝下方寻找越冬幼虫丝巢,杀灭其中幼虫。在幼虫化蛹时,清除树周围的枯枝落叶,灭杀其中的蛹。

(2)春季搜寻树上的丝囊,消灭其中幼虫。

(3)幼虫发生期,可用1.2%苦烟乳油800倍液,或用26%阿维灭幼脲乳油2 000倍液喷洒树冠,喷洒2次,每次间隔10 d。

(4)成虫发生期,架设黑光灯诱杀成虫。

红腹白灯蛾

【林业有害生物名称】　红腹白灯蛾

【拉丁学名】　*Spilarctia subcarnea*(Walker)

【分类地位】　鳞翅目灯蛾科

【分布】　在全省各地均有分布。

【寄主】　木槿、栎、栗、桑等。

【危害】　幼虫危害树木叶片,是杂食性害虫。

【识别特征】

成虫　翅展40 mm。雄蛾头、胸黄白色,下唇须红色,顶端黑色。触角短栉齿状,黑色。腹部背面除基节与端节外红色,腹面黄白色,背面、侧面、亚侧面具有黑点列。前翅黄白色带红色,通常在臀角处有1条黑色内点线,中室上角常具1个黑点,翅顶数个黑点。

雌蛾体黄白色,前、中、后足腿节外侧淡红色,内侧乳白色,胫节白色,跗节黑色。

卵　扁球形,淡绿色,直径约 0.6 mm。

幼虫　头较小,黑色;体黄褐色,老熟时体长 46~55 mm,密被棕黄色长毛。背线棕黄色,亚背线暗褐色,中胸及第一腹节背面各有横列黑点 4 个,腹部 7~9 节背线两侧有黑色毛瘤各 1 对。

蛹　体长 18 mm,深褐色,末端具 12 根短刚毛。

【生活特性】

1 年生 2~4 代,老熟幼虫在地表落叶或浅土中吐丝黏合体毛做茧,以蛹越冬。翌春 5 月开始羽化,第一代幼虫出现在 6 月下旬至 7 月下旬,发生量不大,成虫于 7~8 月羽化;第二代幼虫期为 8~9 月,发生量较大,为害严重。成虫有趋光性,卵成块产于叶背,单层排列成行,每块数十粒至一二百粒。初孵幼虫群集叶背取食,3 龄后分散为害,受惊后落地假死,卷缩成环。幼虫爬行速度快,自 9 月即开始寻找适宜场所结茧化蛹越冬。

【防治措施】

参考花布灯蛾。

豹灯蛾

【林业有害生物名称】　豹灯蛾

【拉丁学名】　*Arctia caja*（Linnaeus）

【分类地位】　鳞翅目灯蛾科

【分布】　全省各地均有发生。

【寄主】　桑树、栎、醋栗树等。

【危害】　幼虫危害树木叶片。

【识别特征】

成虫　翅展 58~86 mm。头、胸红褐色,下唇须红褐色、下方红色,触角基节红色,触角干上方白色,颈板前缘具白边,后缘具红边,翅基片外侧具白色窄条,足腿节上方红色、距白色,腹部背面红色或橙黄色,除基部与端部外背面具黑色短带,腹面黑褐色;前翅红褐色或黑褐色,白色花纹或粗或细,或多或少,变异极大,亚基线白带在中脉处折角、与基部不规则白纹相连,外线白带在中室下角外方折角,然后斜向后缘,并在 1 脉处有一白带与亚基带相连,前缘在内线与中线处各有一发达或不发达的三角形白斑,端带白色,从翅顶前斜向外缘,在 5 脉上方向内折角与外线相接,然后再斜向外缘;后翅橙红色或橙黄色,2 脉起始处有一个蓝黑色圆斑,横脉纹有时存在,亚端点为三个蓝黑色大圆斑,最上面的一个有时延伸至前缘。颈板前白后红。胸部背面有褐色长毛。

幼虫　黑色,刚毛很长,黑色或灰色。

【生活习性】

1 年发生 1 代,以幼虫在杂草、落叶下越冬。翌年寄主树叶展开后越冬幼虫上树继续危害。5~6 月化蛹、羽化。成虫有趋光性。河南省南召县 6~7 月灯光可诱到成虫。

【防治措施】

参照花布灯蛾。

（十三）枯叶蛾科 Lasiocampidae

栎黄枯叶蛾

【林业有害生物名称】 栎黄枯叶蛾

【拉丁学名】 *Trabala vishnou gigantina* Yang

【分类地位】 鳞翅目枯叶蛾科,该种是栗黄枯叶蛾的一个亚种。

【分布】 国内分布于甘肃、陕西、河南、河北等省。河南省主要发生在南阳市西峡县、内乡县、南召县、淅川县;洛阳市栾川县、嵩县、新安县;新乡市辉县市、卫辉市。

【寄主】 栓皮栎、槲栎、麻栎、榆、山杨、旱柳、山荆子、海棠、榛子、苹果、核桃、月季花、蔷薇、蓖麻等。

【危害】 危害所属林木、果树和花卉,是杂食性害虫。

【识别特征】

成虫　雌虫体长25~38 mm,翅展70~95 mm。头部黄褐色;触角短双栉齿状。翅黄绿色微带褐色;外缘线黄色,波状。前翅内横线黑褐色,外横线绿色,波状;内、外横线之间为鲜黄色;中室处有1个近三角形的黑褐色小斑;在M2脉以下直到后缘和基线到亚外缘间,又有1近四边形的黑褐色大斑;亚外缘线处有1条由8~9个黑褐色斑组成的断续波状横纹。雄虫体长22~27 mm,翅展54~62 mm。头部绿色,触角长栉齿状。胸部背面绿色,略带黄白色。翅绿色,外缘线与缘毛黄白色,缘毛端略带褐色。前翅内、外横线均深绿色,其内侧各嵌有白色条纹;中室有黑褐色小点1个,点周围颜色较淡;亚外缘线呈黑褐色波状纹。

卵　圆形,长径0.3~0.35 mm。末端稍钝,灰白色。卵壳上有网状花纹,卵上黏覆有灰白色细长毛和黄褐色片状长毛。

幼虫　老熟幼虫体长65~84 mm。雌性密生深黄色长毛,雄性密生灰白色长毛。头部黄褐色,前胸背板中央有黑褐色斑纹,其前缘两侧各有1个较大的黑色疣状突起,上生有黑色长毛1束,常伸到头的前方;其他各节在亚背线、气门上线、气门下线及基线处,各有1个较小的黑色疣状突起,其上生有刚毛1簇,上两者的毛为黑色,下两者的毛为黄白色;在腹部第3~9节背面的前缘上,各有1条中间断裂的黑褐色横带纹,其两侧各有一斜行的黑纹,背观如"八"字形。

蛹　纺锤形,赤褐色或黑褐色,体长28~32 mm。末端圆钝,中部有一纵行凹沟,沟的上方,密生钩状刺毛,以钩挂茧壁。茧灰黄色,表面附有稀疏的黑色短毛。

【生活史】

1年发生1代,以卵越冬。翌年4月下旬开始孵化,5月中旬为孵化盛期,5月下旬孵化结束。老熟幼虫8月上旬结茧化蛹。8月中旬出现成虫,9月上旬为羽化盛期,同期成虫交配产卵越冬。

【生活习性】

成虫　9月上旬为羽化盛期,羽化多在下午,以16~18时为多,成虫羽化后,经30 s左右的展翅,待到晚上便可飞舞寻找配偶交配。成虫有很强的趋光性。

栎黄枯叶蛾生活史(河南南阳)

月份	4			5			6~7			8			9			10月至次年3月		
旬	上	中	下	上	中	下	上	中	下	上	中	下	上	中	下	上	中	下
越冬卵	○	○	○	○	○	○												
幼虫				-	-	-	-	-	-	-								
蛹									△	△	△	△						
成虫										+	+	+	+	+				
越冬卵										○	○	○	○	○	○	○	○	○

注:○卵;-幼虫;△蛹;+成虫。

卵 雌成虫一般只产一块卵,也有受惊中断,再产一块卵的现象。卵产在树干、枝条或茧上,初产时暗灰色,卵粒紧密,呈4纵列排列,孵化前呈浅灰白色。

幼虫 初孵幼虫群集于卵壳周围,取食卵壳。1~3龄幼虫有群集性,食量较小,受惊即吐丝下垂。4龄幼虫开始分散。5~7龄幼虫食量大增。每日5~8时及20时以后爬向树冠取食。

蛹 老熟幼虫于树干侧枝、灌木丛、杂草及岩石上吐丝结茧化蛹,蛹期9~20 d。

【发生与危害规律】

【立地类型】

不同坡向、坡位,林间产卵数量不同。卵块在山的中上部多于下部,阴坡多于阳坡。

【林种】

以栎类纯林虫口密度最高,最易大发生,其他栎类、松类混交林虫口密度小,基本上不会成灾。当纯林改造为混交林后,树木抗性增强,虫害发生危害减轻。

【天敌】

蛹期天敌有寄生蝇;幼虫期有食虫蝽象、白脊鸟令鸟捕食幼虫,还有核型多角体病毒等。

【防治措施】

(1)营林管理。营造针阔混交林,合理密植,保持一定郁闭度,加强经营管理,提高树势。

(2)人工防治。人工摘卵、捕杀幼虫、采茧等。

(3)灯光诱杀。林间悬挂黑光灯诱杀成虫。

(4)喷药防治。幼虫期向叶面喷洒26%甲维灭幼脲Ⅲ号2 000倍液,或50%敌敌畏乳油1 000~1 500倍液,2.5%溴氰菊酯乳油5 000倍液,或50%杀螟松乳油1 500倍液。

(5)生物防治或喷洒Bt 1 000倍液,或核型多角体病毒水溶液。

(6)保护天敌,蛹期的寄生蝇、幼虫期的食虫蝽,鸟类等。

栗黄枯叶蛾

【林业有害生物名称】 栗黄枯叶蛾

【拉丁学名】 *Trabala vishnou* Lefebure

【分类地位】 鳞翅目枯叶蛾科

【分布】 国内大部分区域有分布,该虫在河南南阳主要发生于西峡、南召县。

【寄主】 板栗、茅栗、栓皮栎、海棠、石榴、苹果、柑橘等果树、林木。

【危害】 幼虫食叶成孔洞和缺刻,严重时将叶片吃光,残留叶柄。

【识别特征】

成虫 雄虫翅展 41~53 mm,雌虫翅展 58~79 mm。雌虫体橙黄色,头部黄褐色,触角双栉齿状。前翅近三角形;亚外缘线为 8~9 个黄褐色斑点组成的波状纹;前翅中室斑纹近肾形,黄褐色;由中室至后缘为 1 大型黄褐色斑纹。后翅后缘黄白色;中横线和亚外缘线为明显的黄褐色波状横纹。雄虫绿色或黄绿色。中室处有 1 个褐色小斑,其外缘白色,后缘灰白色。腹部较细,末端生有绿白色毛。

卵 圆形,长 0.3~0.35 mm、宽 0.22~0.28 mm。初产卵黑褐色,孵化前逐渐变成铅灰色。卵多产于茧表面、枝条及叶片等处,卵粒双行相间排列成长条状,上覆雌蛾腹末的深褐色长毛。

幼虫 老熟幼虫体长 50~63 mm,头壳紫红色,具黄色纹。幼虫共 6 龄或 7 龄,初孵幼虫头部红褐色,体长(5.82±1.12) mm,老熟幼虫头部为土黄色,体长(68.85±2.25) mm。幼虫密生白色体毛或黄色体毛。头顶中央头盖缝两侧对称分布有 1 条黑褐色长斑和 8~9 个不定形黑褐色小斑。体 13 节,在第 1 体节背板中央,有皇冠形黑褐色斑纹,两侧各有一黑色疣状突起,其上各分布一束黑色长毛,其基部则有黄色或白色短毛簇,在第 5 和 11 体节背部各有一簇白色长绒毛。在 2~12 体节亚背线处各生有 1 个较大的黑褐色椭圆形疣状突起,在气门上线、气门下线及基线处,各有 1 个较小的黑褐色椭圆形疣状突起,其上均生有刚毛 1 簇。腹部淡黄色,上有褐色斑点。气门 9 对,黑褐色,着生在第 1 节及第 4~11 节上,胸足 3 对,腹足 4 对,臀足 1 对,均为黄褐色。

茧 马鞍形,黄褐色。

蛹 雄蛹长 19~22 mm,雌蛹长 27~33 mm,纺锤形,赤褐色,雌蛹肥大,平均体长为(35.12±1.58) mm,体宽(13.02±0.65) mm,体重(3.16±0.34)g;雄蛹瘦小,平均体长(24.41±1.22) mm,体宽(9.39±0.38) mm,体重(1.15±0.13)g。蛹为被蛹,纺锤形,黄褐色至黑褐色。复眼位于头部前端下方,黑褐色。翅芽伸至第 4 腹节下缘。腹部自背面可见 9 节,气门黑色,分布于蛹体两侧,共有 7 对。

【生活史】

河南省 1 年发生 1 代,以卵在枝条和树干上越冬。翌年 4 月下旬开始孵化,5 月中旬为盛期,5 月下旬孵化结束,8 月下旬幼虫老熟,9 月上旬为羽化盛期,随即产卵,10 月进入越冬。

【生活习性】

成虫 羽化后白天静伏,夜间活动,有趋光性。平均寿命 4.9 d。

卵 产在枝条和树干上,数十粒排成 2 行,在枝条和树干上越冬。每头雌蛾产卵量为 290~380 粒。初产卵暗灰色,孵化前卵呈浅灰白色,夜晚孵化,孵化率为 98.1%。

幼虫 春季树发芽后越冬卵开始孵化。初孵幼虫群集叶背取食叶肉,受惊时即吐丝下垂,2 龄后便分散危害。幼虫共 7 龄,发育历期 80~90 d。

蛹　8月下旬幼虫老熟,于树干侧枝、灌木、杂草及岩石上吐丝结茧化蛹,蛹期9~20 d。

【天敌】

蛹期天敌有寄生蜂,寄生率为24%,幼虫有食虫蝽、白僵菌、核型多角体病毒,感病为多5~7龄幼虫,自然寄生率为18%。

【防治措施】

(1)人工防治。人工摘卵、捕杀幼虫、采茧等。

(2)灯光诱杀。林间悬挂黑光灯诱杀成虫。

(3)喷药防治。幼虫期向叶面喷洒26%阿维灭幼脲Ⅲ号2 000倍液,或2.5%溴氰菊酯乳油5 000倍液,或50%杀螟松乳油2 000倍液。

(4)生物防治或喷洒Bt 1 000倍液,或核型多角体病毒水溶液。

(5)保护天敌,蛹期的寄生蝇、幼虫期的食虫蝽,鸟类等。

栎枯叶蛾

【林业有害生物名称】　栎枯叶蛾

【拉丁学名】　*Bhima eximia*（Oberthür）

【分类地位】　鳞翅目枯叶蛾科

【分布】　分布于浙江、江苏、陕西、安徽等省,河南主要发生在南召县。

【寄主】　主要危害栎树。

【危害】　栎树嫩芽叶片。

【识别特征】

成虫　雌蛾翅展67~74 mm。翅暗红褐色,触角黑色,体毛棕黄色,翅面鳞片稀薄,中室端部具1个灰白色斑点,略呈长圆形;后翅中间有2条灰黄色宽带,外半部有3个突起的暗红褐色斑纹。雄蛾翅展45~56 mm。体、翅颜色较雌蛾深,呈黑褐色,触角羽毛状黑色,头、前胸灰黄色;前翅波状纹与雌蛾相似,后翅黄色,外缘褐色。

卵　圆筒形,灰褐色,卵面被有厚厚一层刚毛。

幼虫　老熟幼虫体长50~65 mm,体灰褐色。前胸前端两侧各有1排平行刚毛刷。全体布有稀疏长刚毛,体较扁平。

蛹　长22~38 mm。头、胸及腹背黑褐色,长椭圆形。茧壳暗红褐色,密被毒毛。

【生活史】

1年发生1代,以卵越冬。翌年4月上旬开始孵化,幼虫危害至9月上旬开始结茧化蛹,10月下旬成虫羽化,随即产卵越冬。

【生活习性】

成虫　10月下旬成虫羽化,有趋光性。

卵　以卵越冬,多产于树叶下部的枝条上。卵期长达148~154 d。

幼虫　7~8龄,幼虫期最长163 d,最短146 d。3龄以前的幼虫有群集习性,只啃食嫩叶表皮;3龄以后即可分散危害,可将整片树叶吃光。幼虫老熟后在枝干上结茧,有将树叶连在一起结茧的习性。

【发生与危害规律】

此虫属于喜阴性害虫,发生的环境多系栎树郁闭度较大的树林内,在中下层较矮小的栎树上危害,小幼虫聚集在树叶背面,遇高温季节,隐藏于树干下部,傍晚取食。

栎枯叶蛾是松毛虫赤眼蜂的中间寄主,易被捕食。对于此类害虫,只要加强封山育林,无须采取其他防治措施,就能达到有虫不成灾的目的。

【天敌】

蚂蚁和鸟类。

【防治措施】

参考栗黄枯叶蛾。

栎毛虫

【林业有害生物名称】 栎毛虫

【拉丁学名】 *Paralebeda plagifera* Walker

【分类地位】 鳞翅目枯叶蛾科

【分布】 分布于浙江、安徽、江苏、福建、四川,河南近年来在南阳西峡、内乡县发生。

【寄主】 栎树、水杉、银杏、楠木、柏木,栎树受害中度。

【危害】 幼虫危害树木的叶片和嫩芽,严重时可食光大片树木。

【识别特征】

成虫 雌蛾体长 45~52 mm,翅展 115~130 mm,触角丝状,下唇须暗红褐色;雄蛾体长 40~45 mm,翅展 83~100 mm。雌、雄成虫体褐色或赤褐色,前翅中部有 1 条棕色斜行横带,前端较宽,后端较窄,由前缘至后缘色泽逐渐变浅;横带边缘有灰白色镶边;亚外缘斑纹各点连成粗波状纹,在末端臀角内侧呈明显的椭圆形斑点;内横线不甚明显。后翅中间有不明显的斑纹 2 条。

卵 黄白色,圆形,直径 2~2.1 mm。

幼虫 老熟幼虫体长 110~125 mm,头部黄褐色,体灰褐色,较扁宽。中、后胸背面有黄褐色毒毛带;腹背第三至第六节各有 1 个"凹"字形白斑,第八节有棕黑色刷状毛丛。

蛹 黄棕色,长 60~80 mm,腹末具臀棘 1 对。

茧 棕黄色,长 70~90 mm。

【生活史】

1 年发生 1 代,以幼虫越冬。翌年 3 月下旬至 4 月上旬,幼虫开始活动取食,7 月上中旬化蛹,8 月上中旬羽化成虫,8 月下旬开始产卵,9 月中旬幼虫孵化,11 月上旬陆续越冬。

【生活习性】

成虫 飞翔力较强,有趋光性,白天静伏,翅紧伏于体背,虫体色与树皮色或枯叶色相同。成虫期 20 d 左右。

卵 成虫将卵散产或堆产在树干、枝叶上,卵期 8~15 d。

幼虫 初孵幼虫常群居危害,3 龄后分散危害。幼虫多在夜间取食,白天静伏紧爬在树干或枝上,体色与树皮同,有保护色作用。11 月下旬,3、4 龄幼虫在树皮缝隙等处越冬,幼虫期 300 多天。

蛹　7月上中旬结茧化蛹,蛹期10~15 d。

【天敌】

幼虫易感染核型多角体病毒。有寄生蝇寄生幼虫和蛹。

【防治措施】

参考栗黄枯叶蛾。

黄斑波纹杂毛虫

【林业有害生物名称】　黄斑波纹杂毛虫

【拉丁学名】　*Cyclophragma undans fasciatella* Menetries

【分类地位】　鳞翅目枯叶蛾科

【分布】　在河南主要发生于淅川县、西峡县和信阳县。

【寄主】　马尾松、华山松、油松和栎类等用材林。

【危害】　主要危害树木的叶片。

【识别特征】

成虫　雌虫体长35 mm左右,体淡褐色。前翅中室末端有1个白点,并有褐色环纹和深褐色波状斑纹,翅外缘有深褐色点纹。雄虫褐色,前翅上横纹及斑纹金黄色。

卵　椭圆形,初产浅绿色,渐变粉红色至红褐色。

幼虫　老熟幼虫体长60~100 mm。3龄前多为橙黄色,3龄后多为棕黄色、暗红褐色、灰褐色。体被灰色长毛,尤以两侧气门下沿毛最多。头褐色,颜面有1个淡色"火"字形斑。胸部第二、第三节背面有2束深蓝色发亮的毒毛丛。腹部各节背面有1对瘤状突起,上生有1对白色毛片束和黑色长毛;在白色毛片束之间,有1个黄斑。胸部和腹部均为棕黄色。

蛹　暗红褐色,椭圆形,长20~25 mm。茧灰色丝薄,茧上有黄色毒毛。

【生活史】

1年发生1代,以卵越冬。翌年3~4月幼虫孵化、取食,危害至8~9月老熟化蛹,10月中旬左右羽化,10月下旬产卵越冬。

【生活习性】

成虫　历期30 d左右,有弱趋光性。

卵　产于栎叶背面、松针上、树皮裂缝内或地被物背面,常数粒至数10粒聚成卵块。

幼虫　有群集、迁移习性,喜阴凉,怕高温,食性杂。初孵幼虫群集在一起,然后逐渐吐丝下垂,分散危害。幼虫取食一个时期后,到10月中旬,以2~3龄幼虫在阳坡的枯枝落叶、石缝、土块下化蛹。越冬前和早春幼虫多在晴暖的白天取食。到夏季白天隐藏在树叶下、草丛中等处,两尾足紧攀树枝,头部朝下,将身体悬于空中,当早晚温度较低时才爬上树梢进行危害。阴雨天气幼虫可整天危害。大量取食主要在黑夜,6~7月山上虫量较多时,晚上可听到幼虫取食的"沙沙"声。

【天敌】

有白僵菌、捕食性天敌昆虫广腹螳螂和日本土蜂,捕食性鸟类,寄生蜂,还有苏云金杆菌、核型多角体病毒。

【防治措施】

参考栗黄枯叶蛾。

天幕毛虫

【林业有害生物名称】 天幕毛虫

【拉丁学名】 *Malacosoma neustria testacea* Motschulsky

【分类地位】 鳞翅目枯叶蛾科

【别名】 黄褐天幕毛虫

【分布】 全国大部分地区有分布,河南主要发生在南阳、驻马店和洛阳等地。

【寄主】 榆、杨、栎、落叶松、核桃、苹果、杏、梨、桃、海棠、山楂树等。

【危害】 是杂食性害虫。幼虫群集小枝上危害嫩叶,吐丝结网张幕取食。

【识别特征】

成虫 雌虫体长约 20 mm,翅展约 40 mm,体翅呈褐色,腹部色较深。前翅中部有 1 条深褐色宽带,其内外侧呈淡黄褐色横线。后翅淡褐色,斑纹不明显。雄虫体黄褐色,前翅中央有 2 条深褐色横线纹,两线间颜色较淡。后翅中间呈不明显的褐色横线。前、后翅缘毛均为褐色和灰白色相间。

卵 椭圆形,灰白色,越冬后为深灰色,顶部凹下。

幼虫 老熟幼虫体长 50~55 mm,体侧有鲜艳的蓝灰色、黄色或黑色带。背线黄白色,两边有橙黄色线纹 2 条,体背各节具黑色瘤数个,上生有许多黄白色长毛。气门上线和下线均为黄白色。腹面暗灰色。初孵幼虫黑色。

蛹 体长 13~20 mm,黑褐色,有金黄色毛。茧灰白色,丝质双层。

【生活史】

1 年 1 代,以卵越冬。翌年 4 月中下旬孵化,幼虫于 5 月末到 6 月初老熟后化蛹,7 月上中旬羽化成虫产卵,卵完成胚胎发育后,即在卵壳内越冬。

【生活习性】

成虫 夜间活动,产卵于当年的小枝梢端。

卵 200 粒左右成一个卵环,完成胚胎发育后,即在卵壳内越冬。

幼虫 群集卵环在附近的小枝上危害嫩叶,以后向树杈处移动,吐丝结网张幕,夜间取食,白天群居于网幕上。叶片食尽后,再转其他处另张网幕。幼虫近老熟时开始分散活动,白天往往群集于树干下部或树杈处静伏,晚上爬上树冠取食,经振动有假死坠落的习性。

蛹 老熟后在叶背或树木附近的杂草上结茧化蛹,蛹期 10~12 d。

【天敌】

有核型多角体病毒、天幕毛虫抱寄蝇、枯叶蛾绒茧蜂、柞蚕饰腹寄蝇、舞毒蛾黑卵蜂、稻苞虫黑瘤姬蜂等。

【防治措施】

(1)幼虫孵化前,人工摘除卵环;或春季捕杀网幕上的幼虫,后期可振树击落捕杀。

(2)幼虫大面积发生时,喷洒 26% 甲维灭幼脲或阿维灭幼脲 2 000 倍液等。

（3）招引益鸟,保护寄生蝇。

油茶枯叶蛾

【林业有害生物名称】 油茶枯叶蛾

【拉丁学名】 *Lepeda nobilis* Walker

【分类地位】 鳞翅目枯叶蛾科

【分布】 分布于湖南、江西、浙江、江苏、台湾和广西等地,河南在内乡县、陕州区、信阳县有发生。

【寄主】 板栗、茅栗、茶树、栎类、杨梅等。

【危害】 幼虫危害树木叶片,危害期长。往往吃一枝,光一枝,死一枝。叶片被蚕食仅留叶柄。

【识别特征】

成虫 体长 33~43 mm,翅展 81~116 mm,黄褐色至栗褐色,全身密被绒毛,前翅有 2条淡色斜走横纹,两纹间有一明显银白色斑点,后翅色较淡,前缘近中央处有一淡色宽带。

卵 灰褐色,圆球形,两端各有棕黑色圆点 1 个,黑点外围灰白色。

幼虫 初孵时头部深黑而有光泽,胸背棕黄,腹背紫蓝,两侧有 2 条黄色纵纹,每节间有横纹 1 条,将腹背分成 8 个正方形小块。第二、第三龄为蓝黑色,间有灰白色斑纹,胸背并有黄色毛丛,两侧灰黄杂生黑褐色斑纹;成长后,全身灰褐色;老熟时体长 110~130 mm。

蛹 椭圆形,长 35~48 mm,栗褐色。

茧 长袋形,黄褐色而薄,上附毒毛,表面带有黄褐色的网状小孔。

【生活史】

1 年发生 1 代,以卵块于小枝梗上越冬。翌年 3 月中旬孵化,8 月中旬开始结茧,8 月底完茧,9 月初至 10 月初羽化,产下越冬卵。

【生活习性】

成虫 白天静伏不动,夜间出来活动,趋光性强。

卵 产于小枝上,卵期约 5 个半月。

幼虫 孵化后,吐丝结成袋状丝幕,群栖其中取食。3 龄后逐渐分散,日夜取食。4 龄以后,日间静伏树干基部阴暗处,黄昏或清晨活动取食。幼虫共 7 龄,历期 4 个半月。

蛹 老熟时于树干或附近小灌木丛中结茧化蛹。蛹期 20~30 d。

【发生与危害规律】

油茶枯叶蛾多生活在低矮的丘陵地带,500 m 以上的高山很少发现。在海拔 300 m以上的山上,山脚虫口密度较大,山顶虫口密度一般很小。随着高度的增加,虫口显著降低。虫口密度还与林分组成有密切关系,一般在栎树与马尾松的混交林中发生较严重,而在纯栎树林中虫口密度反而较小。

【天敌】

卵期天敌有松毛虫赤眼蜂、油茶枯叶蛾黑卵蜂、平腹小蜂、啮小蜂、金小蜂等;幼虫期天敌有油茶枯叶蛾质型多角体病毒;蛹期天敌有松毛虫黑点瘤姬蜂、松毛虫匙鬃瘤姬蜂、蚬岭瘤姬蜂、松毛虫缅麻绳等。

【防治措施】

（1）冬季结合修枝，摘除卵块。

（2）灯光诱杀。

（3）初龄幼虫可喷洒药剂防治，用3%高渗苯氧威乳油2 000倍液或26%甲维灭幼脲或阿维灭幼脲2 000倍液防治。

（4）组织人力摘除蛹、茧。

（5）幼虫期可喷洒松毛虫核多角体病毒，或含1亿孢子数/mL的松毛虫杆菌防治。

（十四）袋蛾科 Psychidae

大袋蛾

【林业有害生物名称】 大袋蛾

【拉丁学名】 *Cryptothelea variegata* Snellen

【分类地位】 鳞翅目袋蛾科

【别名】 大蓑蛾、布袋虫、吊包虫

【分布】 在全国各地均有发生。

【寄主】 泡桐、法桐、栎、榆树、杨树、柳树、刺槐、松树、山茱萸、苹果、梨树等多种林木、药材、果树。大发生时也危害玉米、棉花、豆类等多种农作物。

【危害】 是杂食性害虫。在河南是泡桐、悬铃木的重要害虫，近年来在河南南阳也危害药材树种山茱萸。

【识别特征】

成虫 雌雄异形，雄成虫体长14~19.5 mm，翅展29~38 mm。体翅灰褐色，前翅前缘翅脉黑褐色，翅面前后缘略带黄褐色至赭褐色，有4~5个半透明斑。雌成虫体长17~22 mm，无翅，蛆状，乳白色，头小淡赤色，胸背中央有1条褐色隆脊，后胸腹面及第7腹节后缘密生黄褐色绒毛环，腹内卵粒清晰可见。

卵 椭圆形，长0.7~1 mm，黄色。

幼虫 初孵时黄色，少斑纹，3龄时可区分雌雄。雌性老熟幼虫体长28~37 mm，粗壮，头部赤褐色，头顶有环状斑，胸部背板骨化。雄性老熟时体长17~21 mm，头黄褐色，中间有一显著的白色"八"字形纹，胸部灰黄褐色，背侧有2条褐色斑纹，腹部黄褐色，背面较暗，有横纹。

蛹 雌蛹体长22~30 mm，赤褐色，头胸附器均消失，枣红色。雄蛹体长17~20 mm，暗褐色。袋囊长40~70 mm，囊外附有较大碎片。

【生活史】

河南省1年发生1代，幼虫9个龄期，以老熟幼虫在袋囊内越冬。翌年4月中旬雄虫开始化蛹，5月上旬雌虫开始化蛹，5月中下旬雌雄成虫同时开始羽化。7月下旬至8月上中旬食量大增，9月下旬至10月上旬幼虫老熟，将袋固定在当年生枝条顶端越冬。

【生活习性】

成虫 羽化的雄成虫从蛹部裂口处钻出,袋口处常留半截蛹壳;雌成虫羽化后,仍留在袋内,吐黄色绒毛,堵塞袋口。交尾多在20~21时开始,次日7时结束。雌成虫尾部伸出袋口处,释放雌激素,雄成虫飞抵雌虫袋口交尾。无重复交尾和孤雌生殖习性。雄成虫历期2~5 d,雌成虫15~20 d。

卵 产于袋囊内,单雌平均产卵3 000~5 000粒。卵历期15~22 d。

幼虫 6月中下旬幼虫孵化,在袋囊内停留1~3 d后从袋囊口吐丝下垂降落叶面,吐丝织袋,负袋取食叶肉。雄幼虫历期293~314 d,雌幼虫310~330 d;幼虫每龄期6~12 d,3~8龄期为危害活动期。

蛹 雄蛹历期32~34 d,雌蛹16~20 d。

【发生与危害规律】

幼虫在树冠上的分布是下层多于上层,雌虫多分布于中上层。远距离扩散蔓延,主要靠携虫苗木远距离运输,近距离靠孵化期的风力传播扩散。

【天敌】

种类较多,寄生率较高。其中,寄生蝇类寄生率为17%~53.6%,白僵菌、绿僵菌以及大袋蛾核多角体病毒寄生率在30%左右。

【防治措施】

(1)喷洒病毒制剂和BT乳剂防治。收集大袋蛾干缩僵死的幼虫体,制成大袋蛾多角体病毒(NPV)粗提液,浓度每毫升含多角体$4.8×10^8$个,于7月上中旬喷洒树冠。使用苏云金杆菌(BT)乳剂,浓度为$25×10^6$/mL,于7月上中旬喷洒树冠。

(2)药剂防治。为减轻化学农药对环境的污染,可采用树干基部钻孔注药方法,根据树干粗细确定注药数量,每株树钻孔2~10个,每孔注药液2~3 mL,可选药剂为37%巨无敌乳油1:1水溶液,最佳防治时间为7月上中旬。

(3)用飞机低容量或超低容量喷洒26%阿维灭幼脲3号,用药量为600 g/hm²。

(4)严把检疫关,凡携带活虫袋的苗木、木材严禁输入、输出。

(5)人工摘袋。每年树木落叶后,发现虫袋及时摘除,清除虫源。

桉袋蛾

【林业有害生物名称】 桉袋蛾

【拉丁学名】 *Acanthopsyche subferalbata* Hampson

【分类地位】 鳞翅目袋蛾科

【别名】 小袋蛾、小蓑蛾

【分布】 南方各省均有分布,在河南南阳各县均有发生。

【寄主】 山茱萸、栎、核桃、石榴、梨、桃、李、杏、樱桃、柑橘、茶、乌桕、油桐、马尾松、榆、杨、柳、向日葵、棉花等70多种植物。

【危害】 幼虫取食树叶、嫩枝皮及幼果。大发生时,几天能将全树叶片食尽,残存秃枝光干,严重影响树木生长、开花结实,使枝条枯萎或整株枯死。

【识别特征】

成虫 雄成虫体长 4 mm 左右,翅展 12~18 mm,小型蛾子。头胸和腹部黑棕色披白毛,前后翅浅黑棕色,后翅反面浅蓝白色,有光泽。雌成虫体长 5~8 mm,头小,胸部略弯呈黑褐色,腹末米黄色。

卵 长 0.6 mm 左右,椭圆形,米黄色。

幼虫 体长 6~9 mm,头部淡黄色,散布深褐色斑点,各胸节背板有深褐斑 4 个,腹部乳白色。

蛹 雄蛹长 4~6 mm,深褐色,第四至第七腹节背面前后缘以及第八节前缘各有 1 列小刺。袋囊长 8~20 mm,灰褐色,外表黏附叶屑和树皮屑,幼虫化蛹前囊上有 1 条长丝将袋囊悬垂于枝叶上。

【生活史】

1 年发生 2 代,以 3~4 龄幼虫越冬。翌年 3 月当气温升至 8 ℃即开始活动,15 ℃以上大肆危害,5 月中下旬开始化蛹,第一、二代幼虫分别于 6 月中旬、8 月下旬前后发生。

【生活习性】

成虫 羽化时间多在下午或晚上,雌成虫羽化后仍留在袋囊内,雄成虫羽化时,将 1/2 蛹壳留在袋囊中。羽化后次日清晨或傍晚交尾。交尾时,雌成虫将头伸出袋囊排泄口外,袋蛾性信息激素释放点在头部,以诱引雄成虫,雄成虫交尾时将腹部伸入雌虫袋囊内。

卵 交尾后,雌成虫产卵于蛹壳内,并将尾端绒毛覆盖在卵堆上。每雌产卵量因种类而异,一般 100~300 余粒,个别种多达 2 000 粒。卵经 15~20 d 孵化,孵化多在白天。

幼虫 初孵幼虫吃去卵壳,从袋囊排泄口蜂拥而出,吐丝下垂,随风吹到枝叶下,咬取枝叶表皮吐丝缠身做袋囊;有的种类在袋囊上爬行,咬剥旧袋囊做自己的袋囊。初龄幼虫仅食叶片表皮,虫龄增加,食叶量加大,取食时间在早晚及阴天。10 月中下旬,幼虫逐渐沿枝梢转移,将袋囊用丝牢牢固定在枝上,袋口用丝封闭越冬。

蛹 4~6 月,越冬老熟幼虫在袋囊中调转头向下,脱最后一次皮化蛹,蛹头向着排泄口,以利成虫羽化爬出袋囊。

【天敌】

有 6 种姬蜂和小蜂。

【防治措施】

参考大袋蛾。

茶袋蛾

【林业有害生物名称】 茶袋蛾

【拉丁学名】 *Clania minuscula* Butler

【分类地位】 鳞翅目袋蛾科

【别名】 小窠蓑蛾、茶蓑蛾

【分布】 南方各省均有分布,在河南南阳各县均有发生。

【寄主】 栎、茶、李、桃、杏、梨、樱桃、石榴、核桃、油桐、乌桕、榆、柳、棉花、向日葵等果树、林木及农作物。

【危害】 是杂食性食叶害虫,幼虫不仅取食叶,还啃食嫩枝、0.4 cm 左右的枝条都会咬断,一条幼虫能截断 17~31 个枝条,严重影响林木生长。

【识别特征】

成虫 雄性体长 10~15 mm,翅展 23~26 mm,体翅暗褐色。体密被鳞毛,胸部有 2 条白色纵纹。雌性体长 15~20 mm,米黄色,胸部有显著的黄褐色斑,腹部肥大;第四至第七节周围有蛋黄色绒毛。

卵 椭圆形,米黄色或黄色,长约 0.8 mm。

幼虫 老熟幼虫体长 16~28 mm,头黄褐色,散布黑褐色网状纹,胸部各节有 4 个黑褐色长形斑,排列成纵带,腹部肉红色,各腹节有 2 对黑点状突起,呈"八"字形排列。

蛹 雌性纺锤形,长约 20 mm,头小,腹部第三节背面后缘、第四和第五节前后缘、第六至第八节前缘各有小刺 1 列,第八节小刺较大而明显。袋囊长 25~30 mm,囊外附有较多的小枝梗,平行排列。

【生活特性】

在河南 1 年发生 1~2 代,以老熟幼虫越冬,4 月下旬化蛹,5 月中旬雌成虫产卵,6 月上旬幼虫开始危害,6 月下旬至 7 月上旬为严重危害期,一直取食到 10 月中下旬封囊越冬。1 年发生 2 代时,以 3~4 龄幼虫(也有少数老龄幼虫)越冬,翌年 2 月气温达到 10 ℃ 左右开始活动取食,5 月上旬化蛹,5 月中旬产卵,6 月上旬第一代幼虫危害,7 月出现第一次危害高峰。8 月上旬开始化蛹,8 月中旬可见成虫羽化,8 月底 9 月初第二代幼虫孵出,9 月出现第二次危害高峰,取食到 11 月进入越冬状态。

【天敌】

天敌有袋蛾瘤姬蜂、桑蟥聚瘤姬蜂、撒姬蜂 Xanthopimpla sp.、黄瘤姬蜂和 2 种大腿蜂。

【防治措施】

参考大袋蛾。

黛袋蛾

【林业有害生物名称】 黛袋蛾

【拉丁学名】 *Dappula tertia* Templeton

【分类地位】 鳞翅目袋蛾科

【别名】 黛蓑蛾、布袋虫

【分布】 国内分布于广东、广西、湖南、湖北、江西、浙江,该虫在河南南阳主要发生于内乡、西峡、南召、淅川等县。

【寄主】 板栗、栎、垂枝柏、香樟、油桐、泡桐、柿、柑橘等。

【危害】 是杂食性食叶害虫。

【识别特征】

成虫 雌雄异形。雄虫体长 15~18 mm,翅展 30~35 mm,体翅灰黑色,前翅中室顶端和 R 脉处各有黑色长斑,后翅灰暗褐色,翅脉棕色。雌虫体长 14~24 mm,淡黄色,头小,胸背隆起,深褐色。

卵　椭圆形,长 0.7~0.8 mm,米黄色。

幼虫　老熟幼虫体长 23~30 mm,胸部背板黑褐色,前、中胸背板中线白色,两侧各有1 个白色长斑,组成"川"字形,后胸背中线两侧各有 1 个黄白斑,呈倒"八"字形。雌蛹长12~17 mm,深褐至黑褐色,腹部背面第三、第四节后缘,第五、第六节前后缘和第七至第九节前缘各有小刺 1 列。

蛹　雄蛹 14~25 mm,深褐色,胸、腹部第一至第五节背面中央有 1 条纵脊,腹部背面第二节后缘、第三至第五节前后缘和第六至第八节前缘各有刺 1 列。袋囊长 22~50 mm,褐色,长锥形,囊外附缀破叶,有时粘有全叶。

【生活特性】

1 年发生 1 代,以老熟幼虫越冬。2 月中下旬化蛹。成虫 3 月上旬羽化。3 月下旬至4 月上旬产卵。4 月下旬至 5 月上旬幼虫孵化。6~7 月危害严重。10 月中下旬进入越冬状态。

【防治措施】

(1)灯光诱杀成虫。诱虫灯的悬挂高度,以离地面 3 m 左右为宜。开灯时间以 21 时至 3 时 30 分效果好。

(2)性信息素诱杀成虫。应用人工合成性诱剂诱杀成虫。每个诱捕器剂量为 0.5mg。诱捕器为纸板黏胶式,诱芯为滤纸芯或橡皮塞芯。诱捕器间距为 30~150 m。诱捕时间为 18 时 30 分至 22 时 30 分。

(3)药剂防治参考大袋蛾。

(十五)毒蛾科 Lymantridae

舞毒蛾

【林业有害生物名称】　舞毒蛾

【拉丁学名】　*Lymantria dispar* Linnaeus

【分类地位】　鳞翅目毒蛾科

【别名】　鞑、苹果毒蛾、柿毛虫

【分布】　国内主要分布在东北、华北、华东、华中、西北、华中、西南、东南沿海等。河南省主要分布在安阳市龙安区、安阳县、林州市,许昌市禹州市、襄城县,南阳市西峡县、南召县、内乡县、淅川县、卧龙区,洛阳市嵩县、新安县,漯河市舞阳县、临颍县、源汇区、郾城区、召陵区,信阳市平桥区,郑州市登封市、新密市、巩义市、荥阳市,新乡市,济源市等。

【寄主】　栎属、松属、杨、桑、榆及蔷薇科植物等 500 多种。

【危害】　幼虫常将栎叶吃光,影响树木生长,严重时会造成大面积死亡。

【识别特征】

成虫　雌雄异形。雄蛾:体长 16~21 mm,翅展 37~54 mm,头部、复眼黑色,前翅灰黑色,有深色锯齿状横线。中室中央有一个黑褐色点,横脉上有一弯曲形黑褐色纹。前后翅反面黄褐色。雌蛾:体长 22~30 mm,翅展 58~80 mm,前翅黄白色,中室横脉明显具有一个"<"形,黑褐色斑纹。雌蛾腹部肥大,末端着生黄褐色毛丛。

卵　圆形稍扁,直径 1.3 mm,初产为杏黄色,数百粒至上千粒产在一起成卵块,其上覆盖有很厚的黄褐色绒毛。

幼虫　老熟时体长 50~70 mm,头黄褐色有"八"字形黑色纹。前胸至腹部第二节的毛瘤为蓝色,腹部第三至第九节的 7 对毛瘤为红色。

蛹　体长 19~34 mm,雌蛹大,雄蛹小。体色红褐或黑褐色,被有锈黄色毛丛。

【生活史】

一年发生 1 代,以完成胚胎发育的幼虫在卵内越冬,翌年 4 月中旬至 5 月上旬为幼虫孵化期。6 月中旬幼虫老熟后化蛹。蛹期 12~17 d。6 月上旬至 7 月中旬为成虫羽化期。每头雌蛾产卵量为 400~1 500 粒,大约一个月内幼虫在卵内完全形成,然后停止发育,进入滞育期。卵期长达 9 个月。

舞毒蛾生活史图

月份	1~2			3			4			5			6			7			8			9			10			11~12		
旬	上	中	下	上	中	下	上	中	下	上	中	下	上	中	下	上	中	下	上	中	下	上	中	下	上	中	下	上	中	下
成虫													+	+	+	+	+													
卵	○	○	○	○	○	○	○	○							○	○	○	○	○	○	○	○	○	○	○	○	○	○	○	○
幼虫							-	-	-	-	-	-	-	-																
蛹													△	△	△															

注:○卵;-幼虫;△蛹;+成虫。

【生活习性】

成虫　羽化期为 6 月上旬至 7 月上旬,雄蛾活跃,善飞翔,白天在林中飞舞,故称"舞毒蛾"。

卵　雄蛾在雌蛾的强引诱下进行交尾。将卵产于树干或主枝上、树洞中、石块及屋檐下,上覆一层黄色绒毛越冬。

幼虫　4 月上旬至 5 月中旬为幼虫孵化期,孵化的早晚同卵块所在的地点温暖程度有关,产于石崖上和石砾中的卵块孵化较晚。幼虫孵化后群集在原卵块上,气温转暖时上树取食嫩芽。

【发生与危害规律】

舞毒蛾的猖獗发生周期大约为 8 年,即准备 1 年,增殖 2~3 年,猖獗期 2~3 年,衰亡期 2~3 年。在衰亡期常常有发生基地。如果天气干旱,可使增殖期缩短,猖獗期延长,如遇不利因素,也会使整个猖獗期遭到破坏。

【天敌】

舞毒蛾的天敌种类及其数量都很多,鸟类有喜鹊、山雀、杜鹃等;昆虫类有寄生蜂、寄生蝇、步甲;致病微生物有核型多角体质型多角体病毒。

【防治措施】

(1)利用幼虫下树的习性,树下堆石块诱杀幼虫。

(2)成虫羽化期,在地堰缝中、树干附近捕杀成虫及卵块,或灯光诱杀成虫。

(3)药剂防治。喷洒 3% 苯氧威 2 000 倍液或 15% 蓖麻油酸碱乳油 1 000 倍液,防治幼虫;还可在幼虫期喷洒舞毒蛾核型多角体病毒,每一单位重量的病毒死虫尸体加水稀释 3 000~5 000 倍液,即含 $2×10^6~10^7$ 多角体/mL,或 26%甲维灭幼脲 3 号 2 000 倍液,或 BT 乳剂 2 000 倍液。

杨白纹毒蛾

【林业有害生物名称】 杨白纹毒蛾

【拉丁学名】 *Orgyia gonostigma*(Linnaeus)

【分类地位】 鳞翅目毒蛾科

【别名】 角斑古毒蛾

【分布】 在河南南阳主要发生于南召、西峡等县。

【寄主】 是杂食性害虫,危害栎、杨、柳、榆、泡桐、桦、榛、苹果、梨、李、梅、杏、樱桃、花椒等。

【危害】 树木叶片,发生严重时,可吃光大面积树叶。

【识别特征】

成虫 雄虫体长 11~15 mm,翅展 25~36 mm,体灰褐色;前翅黄褐色;外缘线与亚外缘线间的前缘有 1 个赭色斑,后缘有 1 个新月形白斑;外缘线细黑色;缘毛暗褐色有赭黄色斑。雌虫长卵圆形,越冬代体长 20 mm 左右,第一、第二代体长 12 mm 左右;体黄褐色,被浓而短的灰黄白色绒毛;触角淡黄色;前后翅退化。

卵 近圆形,卵径 0.7 mm,高 0.6 mm。初产时淡绿色,后变淡黄色,孵化前为灰褐色。卵顶端凹陷色稍深。

幼虫 老熟幼虫体长 23~40 mm。体黑灰色,被灰黄白色和黑色毛。背线和气门线黄褐色;前胸前缘两侧各有一向前伸的黑色长毛束;第一至第四腹节背面中央有褐黄色刷状毛;第八腹节背面有一向后斜的黑色长毛束。

蛹 茧灰黄色,丝薄粗糙。雌蛹长 12~20 mm,纺锤形,黄褐色。雄蛹长约 11 mm,圆锥形;初化蛹时淡黄绿色,羽化前黑褐色;腹部各节生有灰白色短毛。

【生活史】

1 年发生 3 代,以 3~4 龄幼虫越冬。翌年 4 月越冬幼虫开始活动、取食。5 月中旬开始化蛹,5 月下旬至 6 月上旬成虫羽化。7 月中下旬第二代成虫羽化。9 月中下旬第三代成虫羽化。10 月中下旬幼虫开始下树越冬。

【生活习性】

成虫 雌蛾羽化后不离开茧,爬在茧上。雄蛾有趋光性。

卵 成堆产于茧壳外面,卵块上有灰白黑色绒毛覆盖。卵期 9~11 d,自然界卵的孵化率为 100%。

幼虫 初孵幼虫群集取食卵壳,2 d 后开始食叶,1~2 龄幼虫排列在叶片上取食叶肉,残留叶脉和表皮。2~3 龄幼虫能吐丝下垂随风迁移,3 龄后幼虫开始分散取食。10 月中下旬幼虫开始下树在石缝、树皮裂缝、屋檐下等向阳背风处吐丝结薄网群集越冬,也有少数个体单个结网越冬。幼虫有假死性,共 5~6 龄,幼虫历期 25~31 d。

蛹 老熟幼虫吐丝缀 2~3 片叶,在叶背面结薄茧化蛹,茧上附有稀疏黑褐色、灰白色毒毛。越冬代蛹期平均 8.7 d,第一代蛹期平均 8.5 d,第二代蛹期平均 7.4 d。

【防治措施】

(1)在树干基部扎草束,诱集下树幼虫,然后集中销毁。

(2)黑光灯诱杀成虫。

(3)幼龄幼虫期,树冠喷洒 3 亿孢子/mL 的 BT 乳剂。

(4)树冠喷洒 26%甲维灭幼脲 2 000 倍液,3%苯氧威乳油 2 000 倍液,防治幼虫。

黄尾白毒蛾

【林业有害生物名称】 黄尾白毒蛾

【拉丁学名】 *Porthesia xanthocampa* Dyar

【分类地位】 鳞翅目毒蛾科

【别名】 桑毛虫、金毛虫

【分布】 分布于华东、华中和西南各地。该虫在河南南阳主要发生于西峡、邓州等地。

【寄主】 桑树芽、叶,以越冬幼虫剥食桑芽最为严重。以后各代幼虫危害夏秋桑叶。除桑树外还取食山茱萸、栎、板栗、枫杨、杨、桃、李、苹果、梨、梅、杏、枣、樱桃等。

【危害】 多种树木和果树的叶片。幼虫体上的毒毛,可随风飞散。人体触到毒毛,可引起红肿疼痛、淋巴发炎,大量吸入人体时,可致严重中毒,是一种重要的人体致病性害虫。

【识别特征】

成虫 雌蛾体长 18 mm 左右,翅展 36 mm 左右;雄蛾体长 12 mm 左右,翅展 30 mm 左右。全体白色。触角双栉齿状,土黄色。雌蛾前翅内缘近臀角处有黑褐色斑纹;雄蛾除此斑外,在内缘近基部处尚有 1 个黑褐色斑。

卵 扁圆形,中央略凹入,直径 0.6~0.7 mm,珍珠灰色。卵块带状或不规则,上覆黄毛。

幼虫 老熟幼虫体长 26 mm 左右,最长可达 40 mm。3 龄幼虫头壳上黄色"八"字纹隐约可见;从 4 龄开始,"八"字纹明显。老熟幼虫头黑,胸、腹部黄色,背线红色,亚背线、气门上线和气门线黑褐色,均间断不连续。

蛹 圆筒形,体长 9~11.5 mm,黄褐色;胸、腹部各节上生黄色刚毛。臀棘较长,末端生细刺一撮。茧土黄色,长椭圆形,长 13~18 mm。茧薄,附有幼虫期的毒毛。

【生活史】

1 年发生 2 代,以幼虫越冬。翌年早春开始出蛰。4 月中旬化蛹,5 月初成虫羽化产卵,5 月中旬第一代幼虫孵化,危害至 8 月上旬老熟化蛹,8 月下旬成虫羽化产卵,9 月中旬第二代幼虫孵化,危害至 10 月下旬至 11 月初幼虫吐丝做茧越冬。

【生活习性】

成虫 有趋光性,日伏夜出,多在夜间交尾产卵。

卵 产于叶背,产成块状。卵期 7~10 d。

幼虫 初孵幼虫群集危害,吃去叶背表皮和叶肉;蜕皮 3 次后分散取食,将叶吃成缺刻,仅留叶脉。自 2 龄开始长出毒毛,随虫龄增大,毒毛增多。幼虫具假死性,受惊即吐丝下垂,转移到他株危害,或坠落地面。

蛹　幼虫老熟后,在卷叶内、叶背面、树皮裂缝中或寄主附近表土层、杂草等处结茧化蛹。蛹期 7~21 d。越冬茧小,短椭圆形,长 5~8 mm,灰黄褐色。

【天敌】

有黑卵蜂、绒茧蜂和寄生蝇等。其中以绒茧蜂寄生率高。此外,还有桑毛虫多角体病毒。

【防治措施】

(1)卵呈块状,产卵部位低,可在 2 月底越冬卵未孵化前,组织人力进行人工摘卵、刮卵。

(2)利用成虫趋光性,采取灯光诱杀成虫。

(3)幼虫期采用白僵菌 3~4 亿孢子/mL 菌液喷雾,或苏云金杆菌 1 亿~2 亿孢子/mL 乳剂喷雾,防治幼虫和蛹。

(4)用 26%阿维灭幼脲Ⅲ号胶悬剂或 3%苯氧威乳油 2 000 倍液,喷雾防治幼虫。

乌桕黄毒蛾

【林业有害生物名称】　乌桕黄毒蛾

【拉丁学名】　*Euproctis bipunctapex*（Hampson）

【分类地位】　鳞翅目毒蛾科

【别名】　乌桕毒蛾、乌桕毛虫

【分布】　全国大部分地区都有分布,河南南阳主要发生在南召、西峡、淅川等县。

【寄主】　栎、乌桕、油桐、桑、茶、杨、女贞、柑橘、桃、柿、大豆、南瓜等果树、林木和农作物。

【危害】　是杂食性害虫。幼虫大量取食寄主树叶,并啃食幼芽、嫩枝外皮及果皮。此外,幼虫毒毛触及皮肤,引起红肿疼痛。

【识别特征】

成虫　雄蛾体长 9~11 mm,翅展 26~38 mm;雌蛾体长 13~15 mm,翅展 36~42 mm。体黄色有赭褐色斑纹。前翅顶角有 1 个黄色三角区,内有 2 个明显的圆斑。前翅前缘、臀角三角区、后翅外缘均为黄色。

卵　黄绿色,椭圆形,直径约 0.8 mm,卵块馒头状或长圆形,外覆深黄色绒毛。

幼虫　老熟幼虫体长 24~30 mm。头黑褐色。胸、腹部各节背面、两侧有黑色毛瘤,中、后胸背面每节 2 个,腹部每节 4 个;其上杂生棕黄色和白色长毛。后胸节毛瘤和翻缩腺橘红色。体色、毛瘤颜色随虫龄和代别而有变化。

蛹　体长 10~15 mm,黄褐至棕褐色,密被短绒毛,臀部有钩刺 1 丛。茧长 15~20 mm,黄褐色,丝质较薄,附有幼虫白色毒毛。

【生活史】

1 年发生 2 代,以幼虫越冬。翌年 3 月下旬至 4 月上旬出蛰活动,5 月中下旬化蛹,6 月上中旬成虫羽化、产卵。6 月下旬至 7 月上旬第一代幼虫孵化,8 月中下旬化蛹,9 月上中旬第一代成虫羽化产卵,9月中下旬孵出第二代幼虫,11月幼虫进入越冬期。

【生活习性】

成虫　白天多静伏于荫蔽处或灌木丛中。成虫有趋光性;飞翔力强。

卵　产在树叶背面,分层排列整齐,叠置成卵块。卵期10~16 d。

幼虫　共10龄,从叶尖开始渐向叶柄取食叶片。

蛹　老熟幼虫下树群集在干基周围疏松表土、石缝、杂草丛中或树皮裂缝中结茧化蛹。蛹期:越冬代约13 d,第一代约10 d。

【发生与危害规律】

乌桕黄毒蛾多发生于丘陵、山区。以生长健壮、枝叶茂盛的壮年树受害最重,幼树次之。杂草丛生的山坡上的树受害重,间作的林地或园地较少受害。高温、高湿年份易发生虫害。

【天敌】

有卵寄生蜂、幼虫寄生蜂和广大腿小蜂、寄生蝇、螳螂。幼虫有病毒侵染。

【防治措施】

(1)利用幼虫群聚越冬习性,结合修剪进行治虫。

(2)利用幼虫下树蔽荫习性,在树干涂刷毒胶环截杀。

(3)灯光诱杀成虫。

(4)5月底至6月初,结合林地抚育消灭土块下及杂草丛中的虫茧。

(5)喷洒苏云金杆菌或白僵菌、真菌杀虫剂防治。

古毒蛾

【林业有害生物名称】　古毒蛾

【拉丁学名】　*Orgyia antiqua*(Linnaeus)

【分类地位】　鳞翅目毒蛾科

【分布】　全国大部分地区都有分布,河南南阳在西峡、南召县发生。

【寄主】　栎、栗、杨、柳、松、杉、桦、苹果、杜鹃、山茱萸、花生、大豆等林木、果树和多种农作物。

【危害】　是杂食性害虫。幼虫大量取食寄主树叶,并哨食幼芽、嫩枝外皮。

【识别特征】

成虫　雌蛾体长18~21 mm,纺锤形。头、胸部小,腹部肥大。翅退化或留有小长方形的痕迹,被有黄白色鳞毛。雄蛾体长9~14 mm,翅展26~35 mm。触角羽状。前翅棕黄色,亚外缘线后部外侧有1个弯月形白斑。

卵　灰白色,球形,直径约0.9 mm。卵上面有一棕色圆凹陷,凹陷周围有隆起的多角形刻纹,其余部分光滑。

幼虫　体长29~37 mm,青灰色。头黑色,胸部各节有红、黄、褐、灰等色的毛瘤。

蛹　初淡黄色,后变成黑褐色。雌蛹纺锤形,雄蛹圆锥形。

【生活史】

1 年发生 2 代,以卵越冬。翌年 3~4 月幼虫孵化,6 月上旬化蛹,6 月下旬羽化成虫。第二代幼虫 7~8 月发生。10 月中旬左右,成虫产卵进入越冬。

【生活习性】

成虫　一生交尾多次,有趋光性。

卵　产于细枝上、粗枝分权处和树皮裂缝中。

幼虫　早晨孵化,林中卵块孵化率64%。初孵幼虫食卵壳,并长时间群集卵壳上,第8天才全部离开吐丝下垂借风力传播。幼虫夜间群集取食。雌幼虫 6 龄,历期 66~70 d;雄幼虫 5 龄,历期 51~58 d。

蛹　结茧化蛹也在枝条上。雌蛹期 20 d,雄蛹期 10~15 d。

【天敌】

寄生性天敌有姬蜂、细蜂、小茧蜂、小蜂和寄生蝇等。

【防治措施】

(1)卵呈块状,产卵部位低,可在 2 月底越冬卵未孵化前,组织人力进行人工摘卵、刮卵。

(2)利用成虫趋光性,采取灯光诱杀成虫。

(3)幼虫期采用白僵菌 3 亿~4 亿孢子/mL 菌液喷雾,或苏云金杆菌 1 亿~2 亿孢子/mL 乳剂喷雾,防治幼虫和蛹。

(4)用 26%阿维灭幼脲Ⅲ号胶悬剂或 3%苯氧威乳油 2 000 倍液,喷雾防治幼虫。

木毒蛾

【林业有害生物名称】　木毒蛾

【拉丁学名】　*Lymantria xylina* Swinhoe

【分类地位】　鳞翅目毒蛾科

【别名】　木麻黄毒蛾

【分布】　国内分布在福建(三明)、湖南(衡山)、广东(连平)、广西(金秀)、台湾等地。河南南阳 2015 年有害生物普查时在西峡县发现。

【寄主】　栓皮栎、栗、柿、核桃、梨、石榴、无花果、泡桐、油桐、梧桐、枫杨、柳、白椿、刺槐、紫穗槐、茶树和蓖麻等。

【危害】　幼虫危害树木叶片及嫩芽。

【识别特征】

成虫　体长 17~35 mm,翅展 55~80 mm。雌虫体翅黄白色,头顶、第一至第四腹节背面后缘被红色鳞毛,前翅亚基线、内横线明显。雄虫体翅灰白色,前翅外横线、中线明显。

卵　扁圆形,长径 1~1.2 mm,灰白或微黄色。卵块上覆盖黄褐色尾毛。

幼虫　颜色鲜艳。老熟幼虫体长 40~60 mm,有灰黑色和黄褐色两型。头黑色,冠缝有八字黑斑,体各节有枝刺状毛瘤 3 对,黄褐色。

蛹　体长 20~38 mm,棕褐或黑褐色。前胸背面有一大撮黑毛。

【生活史】

1 年发生 1 代,以小幼虫在卵内越冬。翌年 3~4 月幼虫破壳而出,6 月上中旬幼虫老熟化蛹,6 月下旬至 7 月中旬羽化成虫,7 月初产卵。9 月卵内幼虫已发育,进入越冬状态。

【生活习性】

成虫　6 月下旬至 7 月中旬羽化成虫,雌成虫少飞翔,雄成虫飞翔力强,有强趋光性。

卵　产于枝条上,也有的产在树干上,成块状。

幼虫　翌年 3~4 月幼虫破壳而出,3 龄后食量大增,昼夜取食,还可转移危害。幼虫共 7 龄,历期 47~77 d。

蛹　老熟幼虫于小侧枝间吐数根丝固定化蛹。

【天敌】

有姬蜂、寄生蝇和白僵菌等寄生幼虫。

【防治措施】

(1)该虫产卵期长,卵块大,可采取人工摘除。

(2)利用灯光诱杀成虫。

(3)幼虫发生期树冠喷洒 26%甲维灭幼脲 2 000 倍液或在 4 月上中旬喷每克含 100 亿孢子数的白僵菌粉,每亩用药量约 125g。

折带黄毒蛾

【林业有害生物名称】　折带黄毒蛾

【拉丁学名】　*Fuproctis flava*（Bremer）

【分类地位】　鳞翅目毒蛾科

【别名】　黄毒蛾、杉皮毒蛾、柿黄毒蛾

【分布】　中国内地许多地区有分布,河南南阳主要发生在南召、西峡、方城、唐河等县。

【寄主】　石榴、柿、栗、栎、李、茶、桃、樱桃、梅、杏、海棠、山定子、杉树等多种果树、林木。

【危害】　幼虫有群集取食叶片和吐丝结网的习性,造成缺刻或孔洞,发生严重时,叶片被食光,枝条嫩皮被啃,影响花木正常生长。

【识别特征】

成虫　雌虫体长 15~18 mm,翅展 35~42 mm,雄虫略小,体黄色或浅橙黄色。触角栉齿状,雄较雌发达;复眼黑色;下唇须橙黄色。前翅黄色,中部具棕褐色宽横带 1 条,从前缘外斜至中室后缘折角内斜止于后缘,形成折带,故称折带黄毒蛾。带两侧为浅黄色线镶边,翅顶区具棕褐色圆点 2 个,位于近外缘顶角处及中部偏前。后翅无斑纹,基部色浅,外缘淡色色深。缘毛浅黄色。

卵　半圆形或扁圆形,直径 0.5~0.6 mm,黄色,数十粒至数百粒成块,排列为 2~4 层,卵块长椭圆形,并覆有黄色绒毛。

幼虫　体长 30~40 mm,头黑褐色,上具细毛。体黄色或橙黄色,胸部和第 5~10 腹节背面两侧各具黑色纵带 1 条,其胸部前宽后窄,前胸下侧与腹线相接,5~10 腹节则前窄后宽,至第 8 腹节两线相接合于背面。臀板黑色,第 8 节至腹末背面为黑色。第 1、2 腹节背面具长椭圆形黑斑,毛瘤长在黑斑上。各体节上毛瘤暗黄色或暗黄褐色,其中 1、2、8 腹节背面毛瘤大而黑色,毛瘤上有黄褐色或浅黑褐色长毛。腹线为 1 条黑色纵带。胸足褐色,具光泽。腹足发达,淡黑色,疏生淡褐色毛。背线橙黄色,较细,但在中、后胸节处较宽,中断于体背黑斑上。气门下线淡橙黄色,气门黑褐色近圆形。腹足、臀足趾钩单序纵行,趾钩 39~40 个。

蛹 长 12~28 mm,黄褐色,臀棘长,末端有钩。茧长 25~38 mm,椭圆形,灰褐色。

【生活史】

1 年发生 2 代,以 3~4 龄幼虫越冬。翌年春上树危害。老熟幼虫 5 月底结茧化蛹,蛹期约 15 d。6 月中下旬越冬代成虫出现,并交尾产卵。第一代幼虫 7 月初孵化,危害到 8 月底老熟化蛹。第一代成虫 9 月发生,交尾产卵,9 月下旬出现第二代幼虫,危害到秋末,以 3~4 龄幼虫越冬。

【生活习性】

成虫 6 月中下旬越冬代成虫出现,昼伏夜出,并交尾产卵。

卵 多产在叶背,卵粒排列整齐,每块卵粒不等,卵块上面有黄色绒毛,卵期 14 d 左右。

幼虫 翌年春上树危害芽和嫩叶。9 月下旬出现第二代幼虫,危害到秋末,以 3~4 龄幼虫在树洞或树干基部缝隙、杂草、落叶等处结网群集越冬。

蛹 老熟幼虫 5 月底结茧化蛹,蛹期约 15 d。8 月底第一代幼虫老熟化蛹,蛹期 10 d 左右。

【天敌】

天敌有寄生蝇等。

【防治措施】

(1)冬季清除落叶、杂草,刮除树干老翘皮,杀灭越冬幼虫。

(2)及时摘除卵块,捕杀群集幼虫。

(3)低龄幼虫危害期,可使用 1%苦参碱水剂 1 000 倍液或 26%甲维灭幼脲 2 000 倍液,喷洒树冠,防治 2 次,每次间隔 10 d。

岩黄毒蛾

【林业有害生物名称】 岩黄毒蛾

【拉丁学名】 *Euproctis flavotriangulata* Gaede

【分类地位】 鳞翅目毒蛾科

【别名】 核桃黄毒蛾

【分布】 岩黄毒蛾分布于北京、山西、陕西、四川等省市,河南南阳主要发生在南召、内乡、西峡等县。

【寄主】 核桃、栗、栎、杨、枫杨、桃、柿、刺槐等果树、林木。

【危害】 幼虫危害寄主叶片,严重受害叶片叶肉被蚕食光,仅留叶脉和叶柄,叶片呈网眼砂纸状。

【识别特征】

成虫　雌虫体长 8~9 mm,翅展 26~28 mm,全身棕黄色。前翅黄色,有 1 个红褐色不规则形大斑,翅顶角有 1 个棕色圆点。雄虫体长 7~8 mm,翅展 18~23 mm。前翅有 1 个暗红褐色不规则大斑块。后翅除前缘棕黄色外全为黑褐色,腹部黑褐色。

卵　淡青色,扁圆形,直径 0.5 mm,上面覆盖土黄色绒毛,近孵化时变为褐色。

幼虫　老熟幼虫体长 20 mm 左右。体褐色。体两侧有红黄色斑点多个,背中央有 1 条黄色带,前胸两侧各有 1 个大红色毛瘤,胸、腹部交界处的背面有 1 对褐色大毛瘤。

蛹　长椭圆形,黄褐色,末端尖细,体长 13 mm 左右,外有一层丝茧。

【生活史】

1 年发生 1 代。9 月下旬老熟幼虫陆续下树到树干附近的杂草、枯枝落叶、堰石洞、石缝中化蛹越冬。翌年 6 月中旬成虫开始羽化。6 月上中旬为羽化盛期,6 月下旬开始产卵,7 月上旬为产卵盛期。7 月上旬幼虫开始孵化,7 月下旬为孵化盛期。幼虫 9 月底至 10 月初开始下树化蛹越冬。

【生活习性】

成虫　翌年 6 月中旬成虫开始羽化。6 月上中旬羽化盛期,成虫羽化 7~10 d 后开始产卵。喜日伏夜出,有趋光性。

卵　卵多产于叶背面和小枝上。

幼虫　初孵幼虫乳白色,取食后逐渐变红。幼虫共 6 龄。3 龄以后分散取食。幼虫能吃光全部叶肉,只留叶脉和叶柄,被害叶呈网眼砂纸状。幼虫历期 3 个月。

蛹　老熟幼虫在树干附近的杂草、枯枝落叶、堰石洞、石缝中化蛹越冬。

【防治措施】

(1)春耕前清除园林地的枯枝落叶,处理岩黄毒蛾的蛹。

(2)幼虫发生期,用 3%苯氧威乳油 2 000 倍液或 26%甲维灭幼脲 3 号悬浮剂 2 000 倍液喷雾。

(十六)舟蛾科 Notodontidae

栎粉舟蛾

【林业有害生物名称】　栎粉舟蛾

【拉丁学名】　*Fentonia ocypete* Bremer

【分类地位】　鳞翅目舟蛾科

【别名】　旋风舟蛾、细翅天社蛾

【分布】　国内分布于辽宁、吉林、黑龙江、河北、山东、湖南、四川等省。河南省主要分布在南阳市西峡县,许昌市禹州市、襄城县,洛阳市栾川、嵩县、汝阳、新安县,济源市等。

【危害】　以幼虫食树叶为主,大发生时,常将栎叶全部吃光,树木生长衰弱,枝条枯干,影响树木生长,严重时造成大面积死亡。

【寄主】　麻栎、栓皮栎、槲栎、蒙古栎等。

【识别特征】

成虫　体长 20~25 mm,雌虫翅展 46~52 mm,雄虫翅展 44~48 mm。头和胸背暗褐掺有灰白色,腹背灰黄褐色,前翅暗灰褐色或捎带暗红褐色,内横线以内的亚中褶上有一条黑色或带暗红褐色纵纹,外横线外衬灰白边,横脉纹为一个苍褐色远点,横脉纹与外横线间有一个大的模糊暗褐色到黑色椭圆形斑。后翅苍灰褐色。

卵　扁圆形,乳黄色,孵化前变为黄褐色,直径 0.6 mm。

幼虫　初龄幼虫胸部鲜绿色,腹部暗黄色。老熟幼虫体长 36~45 mm,头赤褐色,体草绿色,胸部背线赤紫色,两侧绿色,前胸背面中间有一个黄斑,腹部第 3、4、5、7、8 节背面紫红色,有黄色斑。

蛹　红褐色,长 20~23 mm,背面中胸与后胸相接处有一排凹陷;具耳状短臀刺。

【生活史】

河南省一年发生 1 代,以蛹在树下表土层内越冬,第二年 6 月下旬开始羽化,7 月中旬为羽化盛期,8 月中旬为羽化末期。7 月上旬开始产卵,7 月中旬至 8 月中旬为孵化盛期,8 月下旬为孵化末期。7 月中旬幼虫开始危害,8~9 月为危害盛期,9 月下旬至 10 月上旬老熟幼虫坠地入土化蛹。

栎粉舟蛾生活史图（河南）

月份	1~2			3			4			5			6			7			8			9			10			11~12		
旬	上	中	下	上	中	下	上	中	下	上	中	下	上	中	下	上	中	下	上	中	下	上	中	下	上	中	下	上	中	下
成虫															+	+	+	+	+	+										
卵																○	○	○	○	○	○									
幼虫																	-	-	-	-	-	-	-	-						
蛹	△	△	△	△	△	△	△	△	△	△	△	△	△	△	△									△	△	△	△	△	△	△

注:○卵;-幼虫;△蛹;+成虫。

【生活习性】

成虫　羽化多在晚间,以 0~3 时较多,遇雨数量增多。成虫羽化后即交尾、产卵。成虫趋光性强,白天潜伏于树干和叶背面。

卵　产于叶背面叶脉两侧,每片 1~2 粒,少数 3~5 粒,每头产卵量 98~285 粒,雄虫寿命 4 d 左右,雌虫寿命 7 d 左右,雌雄比 1∶3。卵期 5~8 d。

幼虫　多在 3~7 时孵化,共 5 龄。1 龄幼虫在叶背面取食叶肉,使叶片呈筛网状,2 龄幼虫开始取食叶片,4 龄后进入暴食期。由于成虫产卵量大,且分散,1~3 龄取食量小,危害症状不明显,幼虫具有保护色,不易被发现,当幼虫进入暴食期后,可在 3~5 d 内将栎叶全部吃光,造成重大损失。

蛹　老熟幼虫在树下杂草或枯枝落叶层下 3~5 cm 表土层化蛹。

【发生与危害规律】

幼虫出现后,分散生活,多在叶背取食,以后转移到叶缘咬食叶片。小龄幼虫能吐丝下垂。幼虫 4 龄以后食叶量显著增加,受触动能散出强烈刺激性物质。9 月下旬至 10 月上旬幼虫老熟,体色转淡,于树下土中吐丝黏结土粒,做薄茧化蛹越冬。主要通过成虫夜间飞翔和有规律的转移进行扩散。

【天敌】

有卵期的舟蛾赤眼蜂、松毛虫赤眼蜂、黑卵蜂。幼虫期有绒茧蜂、小蜂、姬蜂、线虫、花蛛、步甲、螳螂。蛹主要有细菌和白僵菌。成虫有树麻雀、夜鹰。

【防治措施】

(1)叶面喷药。对栗园、疏林地,采用叶面喷洒 1.8% 阿维灭幼脲或 3% 高渗苯氧威 2 000 倍液,防治栎粉舟蛾幼虫,防治效果可达 90% 以上。

(2)施放烟剂。对郁闭度 0.6 以上的林分,采用敌马烟剂防治,每公顷用药 15 kg,于无风的早晨或傍晚放烟,防治幼虫效果可达 80% 以上,但要注意预防火灾发生。

(3)灯光诱杀。于 7~8 月成虫发生期,用 400 W 黑光灯或 200 W 水银灯诱杀成虫,每晚可捕杀千头以上,多者上万头。

(4)人工防治。幼虫期组织人力,利用幼虫遇振动后而坠地的特点,振动树干,收集捕杀。

(5)生物及仿生制剂防治。注意保护利用天敌资源,如捕食性天敌鸟类、步甲、螳螂等,各种寄生蜂、黑卵蜂、周蛾赤眼蜂等。在幼虫期喷洒仿生制剂、病毒等,如 26% 甲维灭幼脲Ⅲ号 2 000 倍液,苏云金杆菌(BT)2 000 倍液,再进行防治,也可取得满意效果。

栎枝背舟蛾

【林业有害生物名称】 栎枝背舟蛾

【拉丁学名】 *Hybocampa umbrosa* (Staudinger)

【分类地位】 鳞翅目舟蛾科

【分布】 国内分布在黑龙江、河北、陕西、山东、江苏、浙江、湖北、四川等省。该蛾在河南南阳主要发生于西峡、内乡等县。

【寄主】 板栗、栎树等。

【危害】 板栗、栎树叶片,严重时可食光树叶。

【识别特征】

成虫 体长 18 mm 左右,翅展 50 mm 左右。前翅外半部翅脉黑色,有 1 条很宽的黄褐色外带,呈模糊双齿形,几乎占满了整个外半部,带的两侧具松散的暗褐色边,在前后缘形成 2 个大的暗斜斑。后翅灰白色。

幼虫 头部红褐色,身体深绿色,散生许多黄白色小点。腹背 1~6 节各有 1 个枝状突起,第一节的较长,第八腹节有 1 个大的枝状突,枝状突呈灰紫褐色,气门附近也有 1 个灰紫褐色网状斑。

【生活习性】

1 年发生 3 代,以蛹越冬,翌年 5 月成虫羽化、产卵。6~7 月发生第二代成虫,7~8 月发生第三代,并以此代幼虫于 9~10 月在树干上结茧化蛹越冬。

【防治措施】

参考栎粉舟蛾。

黑蕊尾舟蛾

【林业有害生物名称】 黑蕊尾舟蛾

【拉丁学名】 *Dudusa sphingiformis* Moore

【分类地位】 鳞翅目舟蛾科

【分布】 在河南省主要发生于南阳、安阳、驻马店等地。

【寄主】 栎树、栾树、槭树等。

【危害】 以幼虫咬食新梢嫩叶,由于幼虫个体较大,食量相当大,常把幼叶的叶肉和叶脉一并咬食。

【识别特征】

成虫　体长 23~37 mm,翅展 85 mm 左右。前翅灰黄褐色,基部有 1 个黑点,前缘有 5~6 个暗褐色斑点,从翅顶到后缘近基部呈暗褐色,似呈三角形大斑,内横线呈不规则的白色锯齿形。后翅暗褐色。胸背具竖立冠形毛簇。

幼虫　老熟幼虫体长 60~73 mm,身体背面黄色,腹部第一、第二节间两侧有较大的黄白色斑,各节具长刺,背线、亚背线黑色。

【生活习性】

1 年发生 1 代,以蛹越冬。翌年 4~5 月成虫羽化,产卵于叶面,幼虫 5~10 月危害叶片,11 月老熟幼虫入土做室化蛹越冬。静止时靠 2~4 腹足固着叶柄或枝条,前后端翘起如舟形。当幼虫受到威胁时会用腹部摩擦后翅,发出"吱吱"的响声,为发出更大的响声,腹部几乎会举过头顶。

【防治措施】

同栎粉舟蛾。

栎蚕舟蛾

【林业有害生物名称】 栎蚕舟蛾

【拉丁学名】 *Phalerodonta albibasis*(Chiang)

【分类地位】 鳞翅目舟蛾科

【别名】 麻栎天社蛾、栎毛虫、红头虫

【分布】 全国大部分地区都有分布,河南南阳主要发生在西峡县。

【寄主】 麻栎、栓皮栎、小叶栎、白栎、槲栎。

【危害】 常和栎黄掌舟蛾、花布灯蛾同发生,幼虫取食栎叶,大发生时栎叶被蚕食一空,仅留枝条。

【识别特征】

成虫　雌蛾体长 17~20 mm,翅展 43~50 mm。体灰褐色,触角黄褐色,栉齿状。前翅灰褐色,前缘及基部黑褐色。后翅灰褐色,有 1 条不明显的外横线。腹端有黄褐色和黑褐色丛状绒毛。雄蛾体长 15~18 mm,翅展 39~46 mm;体色比雌蛾的深,腹端无黑褐色丛状绒毛,其他特征与雌蛾同。

卵　圆形,灰白色。

幼虫　老熟幼虫体长 60~65 mm;头橘红色,体黄绿色。

茧 黑褐色,一面扁平,一面凸起。

蛹　长 15~20 mm,褐色,头前面中央有 1 条具有小齿突状的隆起脊,腹端光滑钝形。

【生活史】

1 年发生 1 代,以卵越冬。翌年 4 月上旬,当日平均气温 13℃,相对湿度在 50% 以上时,越冬卵开始孵化。5 月下旬至 6 月上旬幼虫老熟,入土 3~10 cm 深化蛹,蛹期长达 4 个多月。自 10 月下旬至 11 上旬羽化成虫。

【生活习性】

成虫　白天静伏于灌木、草丛或树干基部,黄昏后活动;有趋光性。羽化当天即可交尾,交尾 1 次。

卵　产在树冠中下部的小枝条上,多数卵粒沿枝条排列成 4~6 行的卵块。卵块上覆盖有黑褐色绒毛。每个卵块的卵数最少 46 粒,最多 540 粒。每头雌蛾一生可产卵 1~3 块。

幼虫　初孵幼虫出卵后,群集于小枝条上剥食嫩叶叶肉,使叶片枯萎。3 龄以后日夜取食全叶,沙沙作响。4 龄以后,食量剧增,平均每头幼虫每天能吃栎叶 2 片,当将一株树叶吃光后,则转移到另一株危害。略受惊动,即昂首翘尾,口吐黑液。幼虫共 5 龄,幼虫期 42~52 d。

蛹　幼虫老熟后下树在树干基部杂草根际疏松土中做茧化蛹,入土 3~10 cm 深。

【天敌】

有喜鹊啄食成虫和幼虫。卵期有寄生蜂。幼虫期有多角体病毒和白僵菌。

【防治措施】

同栎黄掌舟蛾。

银二星舟蛾

【林业有害生物名称】　银二星舟蛾

【拉丁学名】　*Lampronadata splendida*(Oberthur)

【分类地位】　鳞翅目舟蛾科

【分布】　在河南省主要发生于南阳、信阳等市。

【寄主】　栎类树种。

【危害】　幼虫取食栎叶,大发生时栎叶将被蚕食一空。

【识别特征】

成虫体长 23~25 mm,雄虫翅展 59~64 mm,雌虫翅展约 74 mm。前翅灰褐色,前缘灰白色,后缘区柠檬黄色;前翅上具"V"形纹,内具 2 个银白色圆点。后翅暗灰褐色,前缘灰白色,后缘褐黄色。

【生活习性】

1 年发生 1~2 代,以蛹越冬。成虫有趋光性,7~8 月出现。该虫与黄二星舟蛾是同属内的害虫,形态特征与其相似,生活习性大体相同,常混同发生危害。

【防治措施】

结合防治栎粉舟蛾,兼治黄二星舟蛾、银二星舟蛾。

黄二星舟蛾

【林业有害生物名称】 黄二星舟蛾

【拉丁学名】 *Lampronadata cristata*（Butler）

【分类地位】 鳞翅目舟蛾科

【别名】 黄二星天社蛾、槲天社蛾

【分布】 分布于东北、华北及东南地区,河南南阳主要发生在南召、西峡、淅川等县。

【寄主】 板栗、栎类、柞树等,是柞蚕生产上的大害虫。

【危害】 幼虫危害叶片,将叶食成缺刻或孔洞,发生严重时常将大片树木叶片吃光。

【识别特征】

成虫　体长 35～40 mm,雄性翅展 65～75 mm,雌性 72～88 mm,全体黄褐色。头、颈板灰白色,胸背中央色较深。触角栉状。前翅横脉纹由两个大小相同的黄色小圆点组成。后翅淡黄褐色。

卵　半球形,褐色,常 3～4 粒堆积在一起。

幼虫　初龄幼虫 1～8 腹节两侧各具 7 对白色斜线。老熟幼虫体长 60～70 mm,头部较大,全体粉绿色,体肥大光滑。

蛹　黑褐色,体长 30～40 mm。

【生活史】

南阳地区 1 年发生 1～2 代,以蛹越冬。翌年 6 月上旬成虫羽化产卵于叶面。幼虫 6 月中旬孵化,分散取食叶片,短期内可吃光树叶,老熟幼虫 7 月中旬入土化蛹。约 85% 的蛹在土中越夏越冬,另一部分蛹于 8 月初羽化、交配、产卵,出现第二代幼虫。第二代幼虫虫口密度低,危害较轻,于 10 月中下旬入土化蛹越冬。

黄二星舟蛾生活史图（2012 年~2015 年）

月份	1~5月			6			7			8			9			10			11~12月		
旬	上	中	下	上	中	下	上	中	下	上	中	下	上	中	下	上	中	下	上	中	下
越夏冬代	○	○	○	○			○	○	○	○	○	○	○	○	○	○	○	○	○	○	○
				+	+																
第一代				·	·	·															
					—	—	—	—	—												
									○	○											
									+	+	+										
第二代											·	·	·								
												—	—	—	—	—	—				
																○	○	○	○	○	○

注:○蛹;+成虫;·卵;—幼虫。

【生活习性】

成虫　平均历期 20～25 d。羽化后 1～2 d 开始交尾,成虫有趋光性,飞翔力强,多在

傍晚活动,白天隐蔽。

卵　历期20 d左右。卵多产在叶片背面,少量产在叶正面,常3~4粒在一起,单雌产卵量500粒左右,平均孵化率85%。

幼虫　第一代历期40~45 d,第二代历期70 d左右。幼虫孵化后,常吐丝下垂,分散啃食叶肉呈箩网状,大龄幼虫食叶留脉,近老熟时食量骤增,短期内可将叶片吃光,夜晚可听到沙沙吃叶声。幼虫共5龄,4~5龄危害最严重。

蛹　越夏越冬代历期长达10个多月,少部分第一代蛹期20 d左右。幼虫老熟后入土做土室化蛹。其多在3 cm以内的土层中。

【发生与危害规律】

黄二星舟蛾发育与温度、湿度的变化关系很大,一般6~7月间高温多雨,对幼虫的发育最为有利。另外,7月中下旬第一代蛹在温度高、湿度大时,羽化为成虫进入第二代数量相对较多,相反绝大部分直接进入越夏越冬。另外,幼虫食性专一,除栎类外,一般不食其他树叶。

【天敌】

黄二星舟蛾的天敌较多,卵期主要有黑卵蜂、黑蚂蚁、甲虫等,幼虫期常有燕子、麻雀、喜鹊、鸡啄食,蛹期最主要的天敌为鼠类,步甲成虫可捕食其幼虫和蛹。

【防治措施】

参考栎粉舟蛾。

栎掌舟蛾

【林业有害生物名称】　栎掌舟蛾

【拉丁学名】　*Phalera assimilis* Bremer et Grey

【分类地位】　鳞翅目舟蛾科

【别名】　栗舟蛾、肖黄掌舟蛾

【分布】　国内主要分布于我国东北地区以及河北、陕西、山东、河南、安徽、江苏、浙江、湖北、江西、四川等省。河南省主要分布在安阳市林州市,平顶山市鲁山县、舞钢市、汝州市,许昌市禹州市、襄城县,洛阳市栾川县、嵩县、汝阳县、新安县,郑州市登封市、新密市、巩义市、荥阳市,新乡市辉县市、卫辉市,南阳市西峡县、南召县、内乡县、淅川县,驻马店市确山县、泌阳县。

【寄主】　主要危害栎类树种,危害较多的是栓皮栎、麻栎。

【危害】　主要以幼虫食叶危害,把叶片食成缺刻状,严重时将叶片吃光,残留叶柄。也危害栗、榆、白杨等树种。

【识别特征】

成虫　雄蛾翅展44~45 mm,雌蛾翅展48~60 mm。头顶淡黄色,触角丝状。胸背前半部黄褐色,后半部灰白色,有两条暗红褐色横线。前翅灰褐色,银白色光泽不显著,前缘顶角处有一略呈肾形的淡黄色大斑,斑内缘有明显棕色边,基线、内线和外线黑色锯齿状,外线沿顶角黄斑内缘伸向后缘。后翅淡褐色,近外缘有不明显浅色横带。

卵　半球形,淡黄色,数百粒单层排列呈块状。

幼虫　体长约 55 mm,头黑色,身体暗红色,老熟时黑色。体被较密的灰白至黄褐色长毛。体上有 8 条橙红色纵线,各体节又有一条橙红色横带。胸足 3 对,腹足俱全。有的个体头部漆黑色,前胸盾与臀板黑色,体略呈淡黑色,纵线橙褐色。

蛹　长 22~25 mm,黑褐色。

【生活史】

栎掌舟蛾在全国各地均 1 年 1 代,以蛹在树下土中越冬。翌年 6 月成虫羽化,7 月中下旬发生量较大。7 月上中旬产卵,8 月上旬幼虫孵化,8 月下旬到 9 月上旬幼虫老熟下树入土化蛹。

【生活习性】

成虫　羽化后白天潜伏在树冠内的叶片上,夜间活动,趋光性较强。

卵　成虫羽化后不久即可交尾产卵,卵多成块产于叶背,常数百粒单层排列在一起。卵期 15 d 左右。

幼虫　孵化后群聚在叶上取食,常成串排列在枝叶上。中龄以后的幼虫食量大增,分散为害。幼虫受惊动时则吐丝下垂,8 月下旬到 9 月上旬幼虫老熟。

蛹　幼虫老熟后下树入土化蛹,以树下 6~10 cm 深土层中居多。

【发生与危害规律】

据多年的调查与研究,凡有栎树分布的地方均有栎掌舟蛾的发生。发生较多的是在背风向阳和人为活动频繁的地方。混交林中,栎类树种占林分 4 成以下的发生较少,2 m 以上的栎类树上发生的较少。纯林和 2 m 以下的栎类林中发生的较多。

【天敌】

有喜鹊啄食成虫和幼虫。卵期有寄生蜂。幼虫期有多角体病毒和白僵菌。

【防治措施】

(1)人工防治。在幼虫发生期,幼龄幼虫尚未分散前组织人力采摘有虫叶片。幼虫分散后可振动树干,击落幼虫,集中杀死。

(2)地面喷药。幼虫落地入土期,地面喷洒白僵菌粉剂或 50%辛硫磷乳剂 300 倍液。喷药后耙一下,效果较好。

(3)药剂防治。在幼虫为害期,可往树上喷 25%敌灭灵可湿性粉或 26%灭幼脲 3 号胶悬剂 1 500 倍液,青虫菌 6 号悬浮剂或 B.t.乳剂 1 000 倍液,对幼虫有较好的防治效果。也可喷洒 50%对硫磷乳油 2 000 倍液或 10%啶虫脒 2 000 倍液。

苹掌舟蛾

【林业有害生物名称】　苹掌舟蛾

【拉丁学名】　*Phalera flavescens* Bremer et Grey

【分类地位】　鳞翅目舟蛾科

【别名】　苹果天社蛾、黑纹天社蛾、舟形毛虫

【分布】　国内大部分区域有分布,在河南南阳各县市均有发生。

【寄主】　栎、苹果、杏、李、梨、核桃、樱桃、海棠、沙果、桃、栗、山楂等。

【危害】　幼虫群栖叶背危害,啃食叶肉,仅剩表皮和叶脉,被害叶成网状。

【识别特征】

成虫　体长25~30 mm,翅展约50 mm;体黄白色,前翅银白稍带黄,近基部中央有1铅色圆斑,斑的外侧有赤褐色线及黑色新月斑;近外缘有铅色圆斑1列,斑的内侧有赤褐色线及黑色新月斑。翅面有4条不清晰的黄褐色波状横纹。后翅淡黄色,外缘杂有黑褐色斑。

卵　球形,直径约1 mm,初产淡绿色,近孵化时灰色。

幼虫　老熟幼虫体长50 mm。头黑色,有光泽,胴部背面紫褐色,腹面紫红色,全身密被灰黄色长毛。静止时头、尾高举似舟。

蛹　体长约23 mm,暗红褐色。

【生活史】

1年发生1代,以蛹在根部附近约7 cm深的土层内越冬,翌年7月上旬至8月上旬羽化,7月中下旬为羽化盛期。8月中旬至9月中旬为幼虫期,幼虫危害至9月下旬老熟后入土化蛹越冬。

【生活习性】

成虫　昼伏夜出,趋光性较强。

卵　产于叶背,常几十粒单层密集成块,卵期约7 d。

幼虫　3龄前的幼虫群栖在叶背危害,啃食叶肉,被害叶成网状。早晚及夜间取食,白天不活动。静止时,幼虫沿叶缘整齐排列,头、尾高举。稍受惊动即吐丝下垂,长大后,咬食全叶。

蛹　老熟后在根部附近约7 cm深的土层内化蛹越冬。

【防治措施】

(1)3龄前幼虫有群集危害的习性,剪除有虫枝叶。

(2)秋翻地或春刨树盘,使越冬蛹暴露于地表失水或为鸟类等天敌所食。

(3)7~8月幼虫期,喷洒26%阿维灭幼脲3号2 000倍液,或喷播青虫菌1亿~2亿孢子/mL,或在幼虫老熟入土期,树冠下面撒施白僵菌,然后耙松土层,以消灭土壤内的幼虫或蛹。

榆掌舟蛾

【林业有害生物名称】　榆掌舟蛾

【拉丁学名】　*Phalera fuscescens* Butler

【分类地位】　鳞翅目舟蛾科

【分布】　全国大部分地区都有分布,河南发生在南阳、郑州等市。

【寄主】　栎、榆、梨、樱桃、板栗等。

【危害】　幼虫取食叶片,严重时常将叶片蚕食一光,影响树木正常生长与绿化效果。

【识别特征】

成虫　黄褐色,体长18~22 mm,翅展48~58 mm。胸背后半部灰白色,有2条暗红褐色横线。前翅灰褐色,具银色光泽,前半部较暗,后半部较明亮;顶角有1个醒目的淡黄色斑,似掌形,边缘黑色,外缘外侧近臀角处有1个暗褐色斑;近似栎黄掌舟蛾,其掌形斑边缘为黄褐色。

卵　椭圆形,灰绿色,近孵化时暗褐色。

幼虫　体长 50 mm 左右。头部黑褐色,体被白色长细毛,体底色青白色,背面纵贯青黑色条纹,体侧具青黑色短斜条纹。臀足退化,尾部向体后上方翘起,体似舟形。

蛹　纺锤形,暗红色。

【生活史】

1 年发生 1 代,以蛹在土层中越冬。翌年 5~6 月成虫羽化产卵,6 月中下旬幼虫孵化,危害至 9 月中下旬,幼虫先后老熟,入土化蛹越冬。

【生活习性】

成虫　翌年 5~6 月成虫羽化,虫有趋光性。

卵　产于叶背面,呈单层块状排列。

幼虫　孵化后,群集叶背面啃食,呈箩网状。幼虫静止时,头的方向一致,排列整齐,尾部上翘,遇惊常吐丝下垂,随后再折返叶面,叶吃光后再成群迁移另叶或他株继续危害。8~9 月危害最凶。大幼虫有假死性,遇惊即坠地。然后沿树干重返树上危害。

【防治措施】

参考栎黄掌舟蛾。

(十七) 刺蛾科 Limacodidae

黄刺蛾

【林业有害生物名称】　黄刺蛾

【拉丁学名】　*Cnidocampa flavescens*（Walker）

【分类地位】　鳞翅目刺蛾科

【别名】　痒辣子

【分布】　在全国除新疆、辽宁、贵州、西藏外各省（区、市）均有发生。

【寄主】　山茱萸、栎、板栗、樱桃、桃、苹果、梨、杏、柿、核桃、石榴、柑橘、山楂、枣、茶、油桐、乌桕、刺槐、桑、杨、枫杨、楝、榆等多种林木、果树。

【危害】　是杂食性害虫。幼虫取食叶片,将叶片吃成很多孔洞、缺刻,影响树势和翌年果树结果。

【识别特征】

成虫　雌虫体长 15~17 mm,翅展 35~39 mm;雄虫体长 13~15 mm,翅展 30~32 mm。体橙黄色,前翅黄褐色,自顶角有 1 条细斜线伸向中室,斜线内方为黄色,外方为褐色;在褐色部分有 1 条深褐色细线自顶角伸至后缘中部,中室部分有 1 个黄褐色圆点。后翅灰黄色。

卵　扁椭圆形,一端略尖,长 1.4~1.5 mm、宽 0.9 mm,淡黄色,卵膜上有龟状刻纹。

幼虫　老熟幼虫体长 19~25 mm,体粗大。头部黄褐色。胸部黄绿色,体自第二节起,各节背线两侧有 1 对枝刺,枝刺上长有黑色刺毛;体背有紫褐色大斑纹,前后宽大,中部狭细成哑铃形,末节背面有 4 个褐色小斑;体两侧各有 9 个枝刺,体侧中部有 2 条蓝色纵纹。

蛹　椭圆形,粗大。体长 13~15 mm。淡黄褐色,头、胸部背面黄色,腹部各节背面有褐色背板。茧椭圆形,质坚硬,黑褐色,有灰白色不规则纵条纹,极似雀卵。

【生活史】

1 年发生 2 代,以幼虫在树干和枝桠处结茧越冬。翌年 5 月中旬开始化蛹,5 月下旬始见成虫。5 月下旬至 6 月中旬为第一代卵期,6~7 月为幼虫期,7 月中下旬为蛹期,7 月下旬至 8 月为成虫期。第二代幼虫 8 月上旬发生,10 月结茧越冬。

【生活习性】

成虫　羽化多在傍晚,夜间活动,有趋光性。

卵　雌蛾产卵多在叶背,卵散产或数粒在一起。

幼虫　食性杂,共 7 龄,老熟后在树枝上吐丝做茧。

蛹　茧初为灰白色,不久变褐色,并露出白色纵纹。结茧位置:高大树木多在树枝分杈处;苗木则结于树干上。第一代幼虫结的茧小而薄,第二代茧大而厚。第 1 代幼虫也可在叶柄和叶片主脉上结茧。

【天敌】

有上海青蜂、刺蛾广肩小蜂、姬蜂、螳螂和核型多角体病毒。

【防治措施】

(1)冬春季成虫羽化前,剪除枝条上的越冬茧。幼虫发生期,剪除带有幼虫的叶片,集中消灭。

(2)将冬春季剪下的越冬茧集中起来,放在纱笼内,纱笼的孔径应小于刺蛾成虫体,而大于寄生蜂、寄生蝇,以保护和利用天敌。也可在幼虫发生期喷洒生物菌药青虫菌 6 号悬浮剂 1 000 倍液。

(3)大发生年份,于幼虫期树上喷洒 26% 阿维灭幼脲 3 号和 25% 苏脲 1 号胶悬剂 1 500 倍液,防治幼虫。

中国绿刺蛾

【林业有害生物名称】　中国绿刺蛾

【拉丁学名】　*Parasa sinica* Moore

【分类地位】　鳞翅目刺蛾科

【别名】　痒辣子

【分布】　国内大部分区域有分布,该蛾在河南省发生于南阳、洛阳、三门峡、许昌、信阳等地。

【寄主】　杨树、山茱萸、苹果、枣、樱桃、柿、核桃等树木。

【危害】　幼虫危害树木的叶片,发生严重时可将大量叶片食光。

【识别特征】

成虫长约 12 mm,翅展 21~28 mm;头胸背面绿色,腹背灰褐色,末端灰黄色;触角雄羽状、雌丝状;前翅绿色,基斑和外缘带暗灰褐色;后翅灰褐色,臀角稍灰黄。

卵　扁平椭圆形,长 1.5 mm,光滑,初淡黄,后变淡黄绿色。

幼虫体长 16~20 mm;头小,棕褐色,缩在前胸下面;体黄绿色,前胸盾具 1 对黑点,背线红色,两侧具蓝绿色点线及黄色宽边,侧线灰黄色较宽,具绿色细边;各节生灰黄色肉质刺瘤 1 对,以中后胸和 8~9 腹节的较大,端部黑色,第 9、10 节上具较大黑瘤 2 对;气门上线绿色,气门线黄色;各节体侧也有 1 对黄色刺瘤,端部黄褐色,上生黄黑刺毛;腹面色较浅。

蛹　长 13~15 mm,短粗,初产淡黄色,后变黄褐色。茧扁椭圆形,暗褐色。

【生活史】

每年发生 2~3 代,以老熟幼虫在茧内越冬。第 1 代于 5 月间陆续化蛹,成虫 6~7 月发生,幼虫 7~8 月发生,老熟后于枝干上结茧越冬。第 2 代于 4 月下旬至 5 月中旬化蛹,5 月下旬至 6 月上旬羽化;第 1 代幼虫发生期为 6~7 月,7 月中下旬化蛹,8 月上旬出现第 1 代成虫;第 2 代幼虫 8 月底开始陆续老熟结茧越冬,但有少数化蛹羽化发生第 3 代,9 月上旬发生第 2 代成虫;第 3 代幼虫 11 月老熟于枝干上结茧越冬。

【生活习性】

成虫　昼伏夜出,有趋光性,羽化后即可交配、产卵。

卵　产卵于叶背,成块状,鱼鳞状排列。

幼虫　初孵幼虫群居,静止在卵壳上不食不动,到 2 龄后,先吃蜕下的皮,后吃卵壳及叶肉,使叶片受害部位呈枯黄的薄膜状,随着龄期的增长,逐渐分散取食。

蛹　老熟幼虫选择枝干杈桠下方结茧,茧棕褐色。

【防治措施】

参考黄刺蛾。

褐边绿刺蛾

【林业有害生物名称】　褐边绿刺蛾

【拉丁学名】　*Latoia consocia* Walker,异名 *Parasa consocia* Walker

【分类地位】　鳞翅目刺蛾科

【别名】　绿刺蛾、青刺蛾

【分布】　分布于全国大部分地区,河南南阳各县市均有发生。

【寄主】　山茱萸、栎、枫杨、麻栎、杨、核桃、紫荆、樱桃、桃、李等。

【危害】　幼虫危害多种林果植物的叶片。

【识别特征】

成虫　雌虫体长 15.5~17 mm,翅展 36~40 mm;雄虫体长 12.5~15 mm,翅展 28~36 mm。头部粉绿色。复眼黑褐色。触角褐色,雌虫触角丝状;雄虫触角近基部十几节为单栉齿状。胸部背面粉绿色。足褐色。前翅粉绿色,基角有略带放射状褐色斑纹,外缘有浅褐色线,缘毛深褐色。

卵　扁椭圆形,长径 1.2~1.3 mm、短径 0.8~0.9 mm,浅绿黄色。

幼虫　老熟幼虫体长 25~28 mm;头小,黄褐色,缩于前胸下;前胸有 1 对黑刺突,背线蓝色,亚背线部位有 10 对刺突,气门线下方有 8 对刺突,刺突黄绿色,生有毒毛;胸足浅黄绿色,无腹足,每腹节的中部有 1 个扁圆形的吸盘,腹部共 7 个吸盘。

蛹　棕褐色,圆形,长 15~17 mm、宽 7~9 mm。茧近圆筒形,长 14.5~16.5 mm、宽 7.5~9.5 mm,棕褐色。

【生活史】

1 年发生 2 代,以幼虫在寄主附近的土表、石块边缘及靠近地面的老树皮缝内结茧越冬。第二年 4 月下旬至 5 月上中旬化蛹。5 月下旬至 6 月成虫羽化产卵,6 月至 7 月下旬为第一代幼虫危害活动时期,7 月中旬后第一代幼虫陆续老熟结茧化蛹;8 月初第一代成虫开始羽化产卵,8 月中旬至 9 月第二代幼虫危害活动,9 月中旬以后陆续老熟结茧越冬。

【生活习性】

成虫　多昼伏夜出,具趋光性。

卵　产于叶背,数十粒成块,呈鱼鳞状排列。卵期 5~7 d。

幼虫　初孵幼虫不取食,以后取食蜕下的皮及叶肉;3、4 龄后渐渐吃穿叶表皮;6 龄后自叶缘向内蚕食。幼虫 3 龄前有群集活动习性,以后分散。幼虫期 30 d 左右。

蛹　茧似羊粪球,翌年化蛹。蛹期 5~46 d。

【防治措施】

(1)消灭越冬虫茧。可结合冬季耕作,挖山、剪修工作,挖除地下茧。

(2)灯光诱蛾。在 6 月和 8 月进行灯光诱杀,效果显著。

(3)摘除虫叶。小幼虫危害时,叶片常被危害成枯黄膜状,应予摘除消灭。

(4)药剂防治。刺蛾为裸露危害,体柔软,用 26%阿维灭幼脲 3 号 1 500 倍液或 1.2 苦·烟乳油 800 倍液或 3%苯氧威 2 000 倍液喷雾。

狡娜刺蛾

【林业有害生物名称】　狡娜刺蛾

【拉丁学名】　*Narosoideus vulpinus*（Wileman）

【分类地位】　鳞翅目刺蛾科

【分布】　国内分布在湖北、台湾、广东、四川、云南等省,在河南南阳该蛾在西峡县首次发现。

【寄主】　栎、栗、杨、柿、核桃、茶树等。

【危害】　幼虫危害树木叶片。

【识别特征】

成虫　中小型褐黄色蛾子。体长约 18.5 mm,翅展 33~43 mm。触角同梨娜刺蛾。身体背面黄色,额和身体腹面红褐色;前翅褐黄色,外线以内的前半部较暗,红褐区,从 2 脉基部到后缘中央有一暗褐色微波浪形中线,外线暗褐色,从前缘到 4 脉一段稍外曲,以后较内曲,外线内侧衬有宽的银灰色边,在端线位置上同样蒙有一宽的银灰色带;后翅黄带褐色。

【生活习性】

1 年发生 2 代,以幼虫在茧内越冬。翌年 5 月中下旬化蛹,6 月上中旬羽化。成虫日间静伏,夜间活动,有趋光性。卵散产在叶背面,卵约 7 d 孵化,幼虫分散取食,7 月中下旬幼虫老熟,做茧化蛹。8 月上中旬成虫羽化产卵,第二代幼虫从 8 月中旬到 9 月中下旬危害。幼虫食性杂。

【防治措施】

同黄刺蛾。

双齿绿刺蛾

【林业有害生物名称】 双齿绿刺蛾

【拉丁学名】 *Latoia hilarata* Staudinger

【分类地位】 鳞翅目刺蛾科

【别名】 棕边青刺蛾

【分布】 分布于全国大部分地区,河南南阳各县市均有发生。

【寄主】 栎、桦、杨、枣、柿、核桃、苹果、杏、山茱萸、桃、樱桃、梨等林果植物。

【危害】 幼虫食性杂,危害林果植物的叶片。

【识别特征】

成虫　体长 7~12 mm,翅展 21~28 mm,头部、触角、下唇须褐色,头顶和胸背绿色,腹背苍黄色。前翅绿色,基斑和外缘带暗灰褐色,其边缘色深,基斑在中室下缘呈角状外突,略呈五角形;外缘带较宽,与外缘平行内弯,其内缘在 Cu2 处向内突出呈一大齿,在 M2 上有一较小的齿突,故得名,这是本种与中国绿刺蛾区别的明显特征。后翅苍黄色。外缘略带灰褐色,臀色暗褐色,缘毛黄色。足密被鳞毛。雄触角栉齿状,雌丝状。

卵　长 0.9~1.0 mm、宽 0.6~0.7 mm,椭圆形扁平、光滑。初产乳白色,近孵化时淡黄色。

幼虫　体长 17 mm 左右,蛞蝓型,头小,大部缩在前胸内,头顶有两上黑点,胸足退化,腹足小。体黄绿至粉绿色,背线天蓝色,两侧有蓝色线,亚背线宽杏黄色,各体节有 4 个枝刺丛,以后胸和第 1、7 腹节背面的一对较大且端部呈黑色,腹末有 4 个黑色绒球状毛丛。

蛹　扁椭圆形,长 11~13 mm、宽 6.3~6.7 mm,钙质较硬,色多同寄主树皮色,一般为灰褐色至暗褐色。茧淡灰褐色,椭圆形,略扁平,长约 11 mm、宽约 7 mm。

【生活史】

1 年发生 2 代,以老熟幼虫在树干基部或树干伤疤、粗皮裂缝中结茧越冬,有时成排群集。4 月下旬开始化蛹,蛹期 25 d 左右,5 月中旬开始羽化,越冬代成虫发生期 5 月中旬至 6 月下旬。

【生活习性】

成虫　昼伏夜出,有趋光性,对糖醋液无明显趋性。成虫寿命 10 d 左右。

卵　多产于叶背中部、主脉附近,块生,形状不规则,多为长圆形,每块有卵数十粒,单雌卵量百余粒。卵期 7~10 d。第一代幼虫发生期 8 月上旬至 9 月上旬,第二代幼虫发生期 8 月中旬至 10 月下旬,10 月上旬陆续老熟,爬到枝干上结茧越冬,以树干基部和粗大枝叉处较多,常数头至数十头群集在一起。

幼虫幼龄期群集,长大即分散危害叶片。老熟幼虫最早于 8 月中旬开始下树结茧越冬。

【防治措施】

同黄刺蛾。

丽绿刺蛾

【林业有害生物名称】 丽绿刺蛾

【拉丁学名】 *Latoia lepida* (Cramer),异名 *Parasa lepida* (Cramer)

【分类地位】 鳞翅目刺蛾科

【别名】 痒辣子

【分布】 包括河南在内的全国大部分地区均有发生。

【寄主】 茶树、杨、枫杨、栎、桃、樱桃等。

【危害】 幼虫食性杂,危害树木的叶片。

【识别特征】

成虫 雌虫体长 16.5~18 mm,翅展 33~43 mm;雄虫体长 14~16 mm,翅展 27~33 mm。头翠绿色,复眼棕黑色;触角褐色,雌虫触角丝状,雄虫触角基部数节为单栉齿状。前翅从中室向上约伸占前缘的 1/4,外缘带宽,从前缘向后渐宽,灰红褐色,其内缘弧形外曲;后翅内半部黄色稍带褐色,外半部褐色渐浓。腹部黄褐色。

卵 扁椭圆形,长径 1.4~1.5 mm,黄绿色。

幼虫 初孵幼虫黄绿色,半透明。老熟幼虫体长 24~25.5 mm,头褐红色,前胸背板黑色,身体翠绿色。中胸及腹部第八节有 1 对蓝斑,后胸及腹部第一和第七节有蓝斑 4 个。腹部第二至第六节在蓝灰基色上有蓝斑 4 个;腹部第一节背侧枝刺上的刺毛中夹有多根橘红色顶端圆钝的刺毛。第一和第九节枝刺端部有数根刺毛,基部有黑色瘤点。

蛹 卵圆形,长 14~16.5 mm、宽 8~9.5 mm,黄褐色。茧扁椭圆形,长 14.5~18 mm、宽 10~12.5 mm;黑褐色;其一端往往附着有黑色毒毛。

【生活史】

1 年发生 2 代,以老熟幼虫在茧内越冬。翌年 4 月下旬开始化蛹,5 月中旬至 6 月中旬成虫羽化产卵;7 月中旬以后幼虫老熟结茧化蛹,7 月下旬第一代成虫羽化产卵;7 月底至 8 月初第二代幼虫孵化,8 月下旬至 9 月中旬幼虫陆续老熟,结茧越冬。

【生活习性】

成虫 有强趋光性。

卵 经常数十粒至百余粒集中产于叶背,呈鱼鳞状排列。

幼虫 6~8 龄,有明显群集危害的习性,6 龄以后逐渐分散,但蜕皮前仍群集叶背。

蛹 老熟幼虫于树枝上或树皮缝、树干基部等处结茧。

丽绿刺蛾各虫态历期

虫态 世代	卵	幼虫	蛹（包括预蛹）	成虫	生活周期
第一代（d）	5.5~7.0	32~48	22~24 (53~97)	5~8	66~84 (97~160)
第一代（d）	5.0~5.0	30~44	16~30	4~9	60~75 (205~281)
第一代（d）	4.0~4.5	38~46		4~7	202~265

注:括号内数字表示1年发生2代时蛹历期和生活周期。

【防治措施】

参考黄刺蛾或窃达刺蛾。

漫绿刺蛾

【林业有害生物名称】 漫绿刺蛾

【拉丁学名】 *Latoia ostia* Swinhoe

【分类地位】 鳞翅目刺蛾科

【分布】 国内分布于四川、云南等省,河南南阳各县市均有发生。

【寄主】 栗、核桃、枣、苹果、桃、梨、杏、李、柿、花红、山茱萸、樱桃、柑橘、杨、刺槐、海棠等果树、林木。

【危害】 幼虫取食叶片,严重危害时只剩主脉和叶柄,甚至全枝或全株的叶片被吃光。

【识别特征】

成虫 雌虫体长14~20 mm,翅展38~56 mm,触角丝状。雄虫体长12~18 mm,翅展32~48 mm,触角基部栉齿状,末端稍细成丝状,全体绿色。头顶和胸背绿色,前翅绿色,暗红褐色基斑较小,伸达后缘;后翅黄绿色或乳黄色,后翅臀角缘毛暗红褐色。

卵 椭圆形,长径1.5~2 mm,淡黄色或淡黄绿色,表面光滑,微有光泽。

幼虫 老熟幼虫体长23~32 mm,头小,黄褐色,缩于前胸下,体近长方体。在胸腹部亚背线和气门上线部位,各有10对瘤状枝刺,腹部第一至第七节的亚背线与气门上线之间有7对瘤状枝刺,其上均布满长度相等的刺,刺丛较短,并有毒毛存在。腹面淡绿色;胸足较小,淡绿色。

蛹 长14~19 mm,初期乳黄色,近羽化时前翅变成暗绿色,触角、足、腹部黄褐色。

茧 椭圆形,长径14~22 mm,横径9~16 mm。灰褐色,质地坚硬,表面附着很多褐色或暗色的毒毛。

【生活史】

1年发生1代,以老熟幼虫在茧内越冬。4月下旬开始化蛹,5月上旬至6月上旬为化蛹高峰期,最迟可延到7月上旬。6月上旬成虫开始羽化,6月中旬至7月中旬为成虫大量羽化期。羽化后3~5 d开始交尾产卵。随着成虫的出现,产卵可从7月上旬持续到

8月下旬。7月中旬出现幼虫,危害至10月上旬,老熟幼虫结茧越冬。

【生活习性】

成虫　有趋光性,前半夜活动危害最烈。

卵　多数产在叶背主脉附近,也有产于叶面的。散产,也有成块的。卵期10~16 d。

幼虫　7月中旬开始孵出,最晚可延至10月下旬。幼虫期40~65 d。幼虫一生蜕皮5次。2龄前群集,3龄后逐渐分散活动和取食。幼虫的迁移性较小,一般是吃完一叶后再咬食邻近的另一叶,吃完全枝上的叶后则行转移。幼虫昼夜均取食,仅脱皮时略有停止。4龄后的食量大增,食性也杂。8~9月是幼虫危害的严重时期,9月中下旬开始做茧,10月底绝大部分幼虫都已做茧越冬。

蛹　常在枝丫和主干下部背阴处及有杂草遮阴但不潮湿又近地表的树干上做茧。有群集做茧习性,少则3~5个,多则20~30个茧连成一片,有的则是一个接连一个地排列着。茧壳外因附有幼虫体毛而呈绿色,有些茧外刺毛逐渐变成灰褐色或黑褐色。茧盖与茧体交界之处有1圈沟状痕迹,便于成虫羽化外出。蛹期25~53 d。

【防治措施】

(1)消灭越冬虫茧。该虫虫茧较为明显也较集中,易于人工采摘,或敲死枝丫和树干上的虫茧,集中销毁。

(2)利用成虫有趋光习性,架设黑光灯诱杀成虫。

(3)幼虫危害时,叶片常被危害成枯黄纱膜状,很容易发现,应予摘除消灭。

(4)幼虫为裸露危害,体柔软,可喷洒26%阿维灭幼脲3号或3%苯氧威2 000倍液防治。

迹斑绿刺蛾

【林业有害生物名称】　迹斑绿刺蛾

【拉丁学名】　*Latoia pastoralis* Butler

【分类地位】　鳞翅目刺蛾科

【别名】　樟刺蛾

【分布】　国内分布于吉林、江西、浙江、四川、海南等省,河南南阳各县市均有发生。

【寄主】　栗、栎、七叶树、樱桃、山茱萸、核桃、柿、杨等。

【危害】　果树、林木的叶片。

【识别特征】

成虫　雌虫体长16~18 mm,翅展38~42 mm;雄虫体长15~19 mm,翅展28~37 mm。头翠绿色。触角褐色,雌虫触角丝状,雄虫触角近基部十几节为单栉齿状。前翅翠绿色,其外有深褐色晕圈,外缘线浅褐色,呈波状宽带,缘毛褐色。后翅浅褐色,缘毛褐色。足浅褐色。腹部浅褐色。

卵　扁椭圆形,长径1.5~1.7 mm,黄绿色。

幼虫　老熟幼虫体长24~25.6 mm、宽9.5~10.5 mm。头红褐色,身体翠绿色。腹部两侧有近方形线框6对,自中胸至第九腹节背侧均有短枝刺,其上着生放射状绿色刺毛。胸部枝刺端为绿色,后胸至第八腹节腹侧各有枝刺1对,其上着生绿色刺毛。腹部枝刺端为橘红色。体侧有棕色波状线条。

蛹　卵圆形,长 14.5~18.5 mm,褐色。茧椭圆形,长 18.5~20.5 mm,深褐色,上附黑色毒毛。

【生活史】

1 年发生 2 代,以老熟幼虫结茧越冬。4 月中下旬化蛹,5 月下旬至 6 月羽化产卵。1 周后幼虫孵化,幼虫期 30 d 左右。老熟幼虫 7 月中下旬在小枝上结茧化蛹。8 月上旬第一代成虫开始羽化产卵,8 月中旬达盛期。8 月下旬至 9 月为第一代幼虫危害盛期,9 月后结茧越冬。

【生活习性】

成虫　多昼伏夜出,有趋光性。

卵　多数散产于叶片上。

幼虫　初孵幼虫不取食,2 龄后啮食脱下的蜕及叶肉,4 龄后咬穿表皮,6 龄后自边缘蚕食叶片。

蛹　多于树皮缝内或树干基部结茧。

【防治措施】

参考黄刺蛾。

扁刺蛾

【林业有害生物名称】　扁刺蛾

【拉丁学名】　*Thosea sinensis*（Walker）

【分类地位】　鳞翅目刺蛾科

【别名】　扁痒辣子

【分布】　全国大部分地区均有发生。

【寄主】　核桃、栎、栗、柿、枣、山茱萸、苹果、梨、桑、泡桐、杨、乌桕、银杏、桂花、苦楝、香樟、枫杨等。

【危害】　幼虫危害林木和果树的叶片,是杂食性害虫。

【识别特征】

成虫　雌虫体长 16.5~17.5 mm,翅展 30~38 mm;雄虫体长 14~16 mm,翅展 26~34 mm。头部灰褐色,复眼黑褐色;触角褐色,雌虫触角丝状,雄虫触角单栉齿状。胸部灰褐色;翅灰褐色,前翅自前缘近中部向后缘有 1 条褐色线。前足各关节处具 1 个白斑。

卵　扁长椭圆形,长径 1.2~1.4 mm、短径 0.9~1.2 mm,初产黄绿色,后变灰褐色。

幼虫　初孵时体色淡,可见中胸到腹部第九节上的枝刺。老熟幼虫扁平长圆形,体长 21~26 mm、体宽 12~13 mm;虫体翠绿色。中、后胸枝刺明显较腹部枝刺短,腹部各节背侧和腹侧间有 1 条白色斜线,基部各有红色斑点 1 对。幼虫共 8 龄。

蛹　近纺锤形,长 11.5~15 mm、宽 7.5~8.5 mm,初化蛹时为乳白色,将羽化时呈黄褐色。茧近圆球形,长 11.5~14 mm、宽 9~11 mm,黑褐色。

【生活史】

1 年发生 1~2 代,以老熟幼虫结茧越冬。越冬幼虫 5 月初开始化蛹。5 月下旬成虫开始羽化,6月中旬为羽化产卵盛期。6月中下旬第一代幼虫孵化,7月下旬至8月上旬结茧化蛹,8月间第一代成虫羽化产卵,1周后出现第二代幼虫,9月底至10月初老熟幼虫陆续结茧越冬。

【生活习性】

成虫　有强趋光性,白天潜伏,夜晚活动。

卵　散产于叶片上,且多产于叶面。卵期6~8 d。

幼虫　初孵幼虫不取食,2龄幼虫啮食卵壳和叶肉,4龄以后逐渐咬穿表皮,6龄后自叶缘蚕食叶片。老熟幼虫早晚沿树干爬下,于树冠附近的浅土层、杂草丛、石砾缝中结茧。结茧入土深度一般在3 cm以内,但在沙质壤土中可深达13 cm左右。

【防治措施】

(1)处理幼虫。幼龄幼虫多群集取食,及时摘除带虫枝、叶。老熟幼虫常沿树干下行地面结茧,可采取树干绑草等方法及时予以清除。

(2)清除越冬虫茧。刺蛾越冬代茧期长达7个月以上。采用挖、翻等方法清除虫茧(虫茧可集中用纱网紧扣,使害虫天敌羽化外出,为免受茧上毒毛之害,可将茧埋在30 cm深土坑内,踩实埋死)。

(3)灯光诱杀。在成虫羽化期于19~21时采用灯光诱杀。

(4)幼龄幼虫期喷洒1.2%苦·烟乳油800倍液或3%苯氧威乳油2 000倍液防治。

艳刺蛾

【林业有害生物名称】　艳刺蛾

【拉丁学名】　*Arbelarosa rufotessellata*(Moore)

【分类地位】　鳞翅目刺蛾科

【别名】　痒辣子

【分布】　国内分布于浙江、江西、广东、四川、云南等省。2015年有害生物普查时,河南在南阳西峡县发现。

【寄主】　杨、核桃、柿、乌桕、栎、栗、樱桃等树木。

【危害】　幼虫危害树木的叶片。

【识别特征】

成虫小型浅黄蛾子,翅上鳞毛较易脱落,标本制作较难。体长约13 mm,翅展22~27 mm。头和胸背浅黄色,胸背具黄褐色横纹;腹部橘红色,具浅黄色横线;前翅褐赭色,被一些浅黄色横线分割成许多带形或小斑,尤以后缘和前缘外半部较显,横脉纹为一红褐色圆点,从前缘3/4向翅尖呈拱形弯伸至2脉末端,端线由一列脉间红褐色点组成;后翅橘红色。

【生活特性】

1年发生2代,以幼虫在茧内越冬。翌年5月中下旬化蛹,6月上中旬羽化。成虫日间静伏,夜间活动,有趋光性。卵散产在叶背面,卵约7 d孵化,幼虫分散取食,7月中下旬幼虫老熟,做茧化蛹。8月上中旬成虫羽化产卵,第二代幼虫从8月中旬到9月中下旬危害。幼虫食性杂。

【防治措施】

参考黄刺蛾。

绒刺蛾

【林业有害生物名称】 绒刺蛾

【拉丁学名】 *Phocoderma velutina* Kollar

【分类地位】 鳞翅目刺蛾科

【别名】 长刺刺蛾

【分布】 河南南阳主要发生在西峡、内乡、淅川、南召等县。

【寄主】 栎、栗、核桃、山茱萸、杨、茶等树木。

【危害】 幼虫危害树木的叶片。

【识别特征】

成虫 翅展36~58 mm。身体暗紫褐色,胸背和腹背中央较暗;前翅暗紫褐色,具光泽,中央有一外衬亮边的暗色斜线,从前缘外侧约3/4伸至后缘内侧的1/3,其中在8脉呈直角形曲线,斜线以内较暗,似呈一长方形大斑,亚缘线清晰暗褐色,与外缘平行;后翅较前翅稍淡,近基部稍带黄色。

【生活特性】

1年发生2代,以幼虫在茧内越冬。翌年5月中下旬化蛹,6月上中旬羽化。成虫日间静伏,夜间活动,有趋光性。卵散产在叶背面,卵约7 d孵化,幼虫分散取食,7月中下旬幼虫老熟,做茧化蛹。8月上中旬成虫羽化产卵,第二代幼虫从8月中旬到9月中下旬危害。幼虫食性杂。

【防治措施】

参考黄刺蛾。

紫刺蛾

【林业有害生物名称】 紫刺蛾

【拉丁学名】 *Apoda dentatus* Oberthür

【分类地位】 鳞翅目刺蛾科

【别名】 锯纹歧刺蛾

【分布】 在河南南阳各县市均有发生。

【寄主】 梅、梨、李、樱桃、桃、栗、栎、榛、茶、杨、柳等树木。

【危害】 幼虫危害树木的叶片。

【识别特征】

成虫 翅展23~25 mm。身体和前翅褐灰色,胸背和前翅较暗;前翅基部有一银白点,中央有一黑色松散斜带,中室下角与臀角之间有一模糊白斑,白斑向内呈楔形纹伸至后缘中央,端线细白色;后翅褐灰色,臀角有一模糊黑点。

幼虫 老熟幼虫体长14~16 mm;头小,棕黄色,缩于前胸盾下;体背线橘黄色,气门上线黄色,老熟时色偏深,亚背线黄绿色,亚背线及气门上线的各体节上有黑色毛瘤1个,各毛瘤上有较长的黑色毛1根,亚腹线及腹面黄白色,自气门以上体表有黄色颗粒密布。

【生活习性】

1年发生2代,以幼虫在茧内越冬。翌年5月中下旬化蛹,6月上中旬成虫羽化。成虫日间静伏,夜间活动,有趋光性。卵散产在叶背面,卵约7 d孵化,幼虫分散取食,7月中下旬幼虫老熟,做茧化蛹。8月上中旬成虫羽化产卵,第二代幼虫从8月中旬到9月中下旬危害,9月下旬10月上旬在枝条上结茧,在茧内越冬。幼虫食性杂。

【防治措施】

参考黄刺蛾。

角齿刺蛾

【林业有害生物名称】 角齿刺蛾

【拉丁学名】 *Rhamnosa angulata kwangtungensis* Hering

【分类地位】 鳞翅目刺蛾科

【别名】 痒辣子

【分布】 国内分布在浙江、湖北、福建、广东、四川等省,河南南阳主要发生在西峡县。

【寄主】 杨、柳、栎、樱桃、栗、茶等树木。

【危害】 幼虫危害树木的叶片。

【识别特征】

成虫 小型蛾子。体长约16 mm,翅展33～35 mm。头和胸背浅红褐色;腹部褐黄色;前翅浅红褐色,有2条暗色平行斜线,分别从前缘近翅尖和3/4处向后斜伸至后缘1/3和齿形毛簇外缘;后翅褐黄色,臀角暗褐色。

【生活习性】

1年发生2代,以幼虫在茧内越冬。翌年5月中下旬化蛹,6月上中旬羽化。成虫日间静伏,夜间活动,有趋光性。卵散产在叶背面,卵历期约7 d,7月上旬卵孵化,幼虫分散取食,7月中下旬幼虫老熟,做茧化蛹。8月上中旬成虫羽化产卵,第二代幼虫从8月中旬到9月中下旬危害。幼虫食性杂。

【防治措施】

参考黄刺蛾。

窃达刺蛾

【林业有害生物名称】 窃达刺蛾

【拉丁学名】 *Darna trima*（Moore）

【分类地位】 鳞翅目刺蛾科

【别名】 痒辣子

【分布】 全国大部分区域有分布,该蛾在河南南阳主要发生于西峡、内乡、淅川、南召等县。

【寄主】 山茱萸、重阳木、山桑、楠树、杨树、核桃、栎、樱桃等多种阔叶树木。

【危害】 幼虫取食叶片,严重时把叶子全部吃光,影响树木生长。

【识别特征】

成虫 雌虫体长 8~10 mm,翅展 18~22 mm,触角丝状;雄虫体长 7~9 mm,翅展 16~22 mm,触角羽毛状。头部灰色,复眼大,黑色;胸部背面有几束灰黑色长毛,腹部被有细长毛。前翅灰褐色,有 5 条明显的黑色横纹,后翅暗灰褐色。

卵 淡黄色,质软,椭圆形。

幼虫 身体扁平,胸部最宽,腹部往后逐渐变细。刚孵化的幼虫白色,体长 1.2~1.6 mm;老熟幼虫体长 15~18 mm;头小,黑褐色,体背褐色或深黄色,上有 1 个近"工"字形的黑褐色斑纹;腹面白色,在背线两旁及体侧各有 10 个枝刺,背上枝刺着生黄色刺毛,刺毛末端有的是黑色。

蛹 黄绿色,除翅外,其余附肢白色。茧坚硬,褐色,长 8~9 mm、宽约 6 mm,蛹壳上有黄色毒毛。

【生活史】

1 年发生 2 代,以幼虫在叶背面越冬。第一代发生在 5~8 月,第二代 8~10 月,越冬代 11 月至翌年 5 月。

【生活习性】

成虫 白天喜栖息在阴凉的灌木丛中,晚上活跃,有趋光性。羽化和交尾以 19 时为主,羽化后第二天傍晚开始交尾,交尾历时 20~30 min。成虫寿命 4~7 d。

卵 交尾后次日开始产卵,产卵量为 50~150 粒。

幼虫 刚孵化的幼虫只取食叶表皮,把叶咬成透明的小洞,随着虫龄的增长,最后把叶片吃光,再向其他地方转移。越冬幼虫以南坡及西南坡为多。

蛹 化蛹前一天停止取食,爬到树根上方及附近的枯枝落叶层中化蛹。化蛹时,虫体逐渐变红,其中背面变成紫红色,腹面变成桃红色,身体逐步卷缩,并吐棕黄色的丝和分泌黏液,黏结成茧。蛹期:越冬代 30 d,第一代 16~18 d,第二代 13~18 d。成虫羽化前,蛹活动剧烈,羽化后成虫将茧咬开一个圆盖钻出。

【天敌】

有捕食性天敌猎蝽、螳螂、蜘蛛和寄生性天敌姬蜂、姬小蜂。

【防治措施】

(1)消灭越冬虫茧。可结合冬季耕作,挖山、剪修工作,挖除地下茧。

(2)灯光诱蛾。在 6 月和 8 月进行灯光诱杀,效果显著。

(3)摘除虫叶。小幼虫危害时,叶片常被危害成枯黄膜状,应予摘除消灭。

(4)药剂防治。刺蛾为裸露危害,体柔软,用 26%阿维灭幼脲 3 号 2 000 倍液或 1.2 苦·烟乳油 800 倍液或 3%苯氧威 2 000 倍液喷雾。

枣奕刺蛾

【林业有害生物名称】 枣奕刺蛾

【拉丁学名】 *Lragoides conjuncta*(Walker)

【分类地位】 鳞翅目刺蛾科

【别名】 枣刺蛾

【分布】 全国大部分地区均有发生。

【寄主】 枣树,也危害栎、柿、核桃、苹果、梨、杏等果树和茶树。

【危害】 幼虫取食叶片,严重时把叶子全部吃光,影响树木生长。

【识别特征】

成虫 雌虫翅展29~33 mm,触角丝状;雄虫翅展28~31.5 mm,触角短栉齿状。全体褐色。头小,胸背上部鳞毛稍长,中间微显褐红色,两边褐色。腹部背面各节有似"人"字形的褐红色鳞毛。前翅基部褐色,中部黄褐色,近外缘处有2块近似菱形的斑纹彼此连接,靠前缘一块褐色,靠后缘一块红褐色,横脉上有1个黑点。后翅灰褐色。

卵 椭圆形,扁平,长径1.2~2.2 mm。初产时鲜黄色,半透明。

幼虫 初孵幼虫筒状,浅黄色,背部色深。头部及第一、第二节各有1对较大的刺突,腹末有2对刺突。老熟幼虫体长约21 mm。头小,褐色,缩于胸前。体浅黄绿色,背面有绿色的云纹,在胸背前3节上有3对、体节中部1对、腹末2对皆为红色长枝刺,体的两侧周边各节上有红色短刺毛丛1对。

蛹 椭圆形,长12~13 mm。初化蛹时黄色,后渐变浅褐色,羽化前变为褐色,翅芽为黑褐色。茧椭圆形,比较坚实,土灰褐色,长11~14.5 mm。

【生活史】

1年发生1代,以老熟幼虫在树干根颈部附近土内7~9 cm深处结茧越冬。翌年6月上旬开始化蛹,蛹期17~31 d。6月下旬开始羽化成虫,同期可见到卵,卵期约7 d。7月上旬幼虫开始孵出危害,危害严重期为7月下旬至8月中旬,自8月下旬开始,幼虫逐渐老熟,下树入土结茧越冬。

【生活习性】

成虫 有趋光性。白天静伏叶背,晚间追逐交尾。

卵 产于叶背,成片排列。初孵幼虫爬行缓慢,集聚较短时间即分散在叶背面危害。

幼虫 初期取食叶肉,留下表皮,虫体稍大即取食全叶。食性杂,但偏食枣树、野枣树的叶片。

【防治措施】

参考黄刺蛾。

桑褐刺蛾

【林业有害生物名称】 桑褐刺蛾

【拉丁学名】 *Setora postornata*(Hampson)

【分类地位】 鳞翅目刺蛾科

【别名】 褐刺蛾

【分布】 全国大部分地区都有分布,河南南阳主要发生在西峡、内乡、南召、方城、邓州等县市。

【寄主】 香樟、苦楝、麻栎、杜仲、七叶树、乌桕、垂柳、重阳木、枫杨、银杏、枣、板栗、柑橘、苹果、樱桃、柿、核桃、冬青等树木以及腊梅、海棠、紫薇、玉兰、樱花、葡萄、红叶李、月季等花卉。

【危害】 幼虫危害树木的叶片。

【识别特征】

成虫 雌虫体长 17.5~19.5 mm,翅展 38~41 mm;雄虫体长 17~18 mm,翅展 30~36 mm。体褐色至深褐色,雌虫体色较浅,雄虫体色较深。复眼黑色,雌虫触角丝状;雄虫触角单栉齿状。前翅臀角附近有 1 个近三角形棕色斑。前足腿节基部具 1 横列白色毛丛。

卵 扁长椭圆形,长径 1.4~1.8 mm、短径 0.9~1.1 mm。卵壳极薄,初产时黄色,半透明,后渐变深。

幼虫 初孵幼虫体色淡黄。背侧与腹侧各有 2 列枝刺,其上着生浅色刺毛。老熟幼虫体长 23.3~35.1 mm,体色黄绿,背线蓝色,每节上有黑点 4 个,排列近菱形。中胸至第九腹节,每节于亚背线上着生枝刺 1 对。从后胸至第八腹节,每节于气门上线上着生枝刺 1 对,长短均匀,每根枝刺上着生带褐色呈散射状的刺毛。

蛹 卵圆形,长 14~15.5 mm、宽 8~10 mm。初为黄色,后渐转褐色。翅芽长达第六腹节。茧呈广椭圆形,长 14~16.5 mm、宽 12~13.5 mm。灰白或灰褐色点纹。

【生活史】

1 年发生 2 代,以老熟幼虫在茧内越冬。越冬幼虫于次年 5 月上旬开始化蛹,5 月底至 6 月初开始羽化产卵,6 月 10 日前后达羽化产卵盛期。卵期:第一代 6~10 d,第二代 5~8 d。幼虫期:第一代 35~39 d,第二代危害期 36~45 d,幼虫危害至 10 月初以老熟幼虫在茧内越冬,在茧中越冬期达 7 个月。

【生活习性】

成虫 具强趋光性,以 20 时前扑灯最盛。对紫外光和白炽光有明显的趋性。成虫白天在树荫、草丛中停息。成虫也可进行孤雌生殖,且不能正常孵化。

卵 常散产于叶片上,很少分布于近中脉处,当密度大时,可 2~3 粒叠产。

幼虫 初孵幼虫能取食卵壳。4 龄以前幼虫取食叶肉,留下透明表皮,以后可咬穿叶片形成孔洞或缺刻。4 龄以后多沿叶缘蚕食叶片,仅残留主脉;幼虫喜结茧于疏松表土层中、草丛间、树叶堆中和石缝中,入土深度 2 cm,最深可达 3.5 cm。

蛹 幼虫老熟后沿树干爬下或直接坠下,然后寻找适宜的场所结茧化蛹或越冬。下树多为 0~16 时。蛹期,第一代 7~10 d,越冬代约 20 d。

【防治措施】

参考黄刺蛾。

黑眉刺蛾

【林业有害生物名称】 黑眉刺蛾

【拉丁学名】 *Narosa nigrisigna* Wileman

【分类地位】 鳞翅目刺蛾科

【别名】 痒辣子

【分布】 在河南南阳主要发生在西峡、内乡、南召、社旗等县。

【寄主】 油桐、核桃、柿、山茱萸、杨、栎、栗、刺槐等。

【危害】 幼虫危害叶片,叶片被害呈网膜状。严重发生影响林木、果树正常生长及结实。

【识别特征】

成虫 雌虫体长 7~9 mm,翅展 18~22 mm;雄虫体长 6~8 mm,翅展 15~18 mm,体淡黄色。触角丝状,黄色;前翅淡黄色,翅面散生褐色斑纹,在顶角上的较暗,近似三角形,此纹内侧有一近"S"形黑褐色斜纹,外线脉处有 1 列黑褐色小点,缘毛较长,淡黄色;后翅灰白色。足上有淡黄色长毛。

卵 扁椭圆形,鲜黄色,长径 0.7~0.8 mm、短径 0.5~0.6 mm。

幼虫 体似龟形,光滑无刺。初龄幼虫黄绿色,随后颜色加深,呈草绿色;老龄幼虫体长 8.0~10.5 mm、宽 4.5~5.5 mm;背线、侧线上有 7 个褐色小点,亚背线,其上有 5~6 个橙红色斑点,中间 2~3 个大而明显。幼虫结茧前呈淡黄色,在茧中化蛹前的老熟幼虫为黄色。

蛹 卵圆形,长 0.4~0.7 mm,初期黄色,后变褐色。茧广椭圆形,长 0.45~0.75 mm、宽 0.4~0.7 mm,灰白或灰褐色,表面光滑,有褐色斑纹;多数茧的两端有 1 个圆形灰白斑,白斑中还有 1 个褐色圆斑。

【生活习性】

黑眉刺蛾 1 年发生 3 代,以老熟幼虫越冬。虫态不甚整齐,有世代重叠现象。10 月中下旬,越冬前老熟幼虫在油桐树枝下侧方或枝梢斜下方结茧。大发生时,因虫口密度高,茧相叠成堆。除越冬代老熟幼虫在枝干上结茧外,第一、二代基本上在油桐叶上结茧。越冬代茧期长达 6 个月,蛹期约 10 d;其余两代茧期各约 10 d,蛹期各 2~3 d。该虫多为晚上羽化,在林间,茧的羽化孔均朝下方。成虫白天静伏在桐叶背面,夜间活跃,具趋光性,成虫寿命 3~5 d。卵散产在叶片背面,开始呈小水珠状,干后形成半透明的薄膜保护卵块。每个卵块有卵 8 粒左右,卵期 7 d 左右。幼龄幼虫开始剥食叶肉,只留半透明的表皮,后蚕食叶片,残留叶脉;到老龄时,食整个叶片和叶脉。黑眉刺蛾主要危害油桐,也兼食油桐林间套种的大豆。在油桐林中,一般林缘危害严重,林内较轻,危害三年桐严重,千年桐较轻;三年桐品种中,又以危害 2~4 年生油桐林严重,5 年以上就逐年减轻。

【防治措施】

(1)该虫越冬代茧期长,可结合冬季管理,摘除虫茧,或敲死枝干上越冬虫茧。

(2)利用成虫的趋光习性,进行灯光诱杀。

(3)摘除虫叶,消灭小幼虫。

(4)幼虫危害均为裸露危害,幼虫体柔软,用 26%阿维灭幼脲 3 号 2 000 倍液喷雾或 3%苯氧威乳油 2 000 倍液防治。

暗扁刺蛾

【林业有害生物名称】 暗扁刺蛾

【拉丁学名】 *Thosea loesa*(Moore)

【分类地位】 鳞翅目刺蛾科

【别名】 痒辣子

【分布】 在河南南阳主要发生在西峡、内乡、南召、方城等县。

【寄主】 栎、栗、杨、茶、核桃、柿、樱桃等树木及农作物。

【危害】 幼虫危害树木及农作物的叶片。

【识别特征】

成虫小型蛾子。体长约 15.5 mm,翅展 26~32 mm。外形与扁刺蛾很近似,但身体和前翅暗红褐色,前翅暗色外线较斜和较近横脉上的黑点,向后伸至后缘中央,外线内衬亮边;后翅暗褐稍带红色。幼虫绿色,背线白色或黄色。

【生活习性】

1 年发生 2 代,以幼虫在茧内越冬。翌年 5 月中下旬化蛹,6 月上中旬羽化。成虫日间静伏,夜间活动,有趋光性。卵散产在叶背面,幼虫孵化后分散取食,7 月中下旬幼虫老熟,做茧化蛹。8 月上中旬成虫羽化产卵,第二代幼虫从 8 月中旬到 9 月中下旬危害。幼虫食性杂。

【防治措施】

同黄刺蛾。

纵带球须刺蛾

【林业有害生物名称】 纵带球须刺蛾

【拉丁学名】 *Scopelodes contracta* Walker

【分类地位】 鳞翅目刺蛾科

【分布】 在河南南阳主要发生在南召、西峡、内乡等县。

【寄主】 栗、柿、核桃、樱桃、油桐、栎、紫薇、杨树等植物。

【危害】 幼虫危害树木的叶片。

【识别特征】

成虫 雌虫体长 17~20 mm,翅展 43~45 mm;雄虫体长 13~15 mm,翅展 30~33 mm。雄虫触角栉齿状,雌虫触角丝状。头和胸部背面暗灰色,腹部橙黄色,末端黑褐色,背面每节有一黑褐色纵纹。雄虫雌虫褐色。翅的内缘、外缘有银灰色缘毛。雄虫前翅中央有 1 条黑色纵纹,从中室中部伸至近翅尖,雌虫此纹则不甚明显。后翅除外缘有银灰色缘毛外,其余为灰黑色,雄虫后翅灰色。

卵 椭圆形,黄色,长径约 1.1 mm,鱼鳞状排列成块。

幼虫 共有 8 龄,其特征和大小随龄期的不同而略有差异。8 龄老熟幼虫体长 20~30 mm,体上有 9~11 对刺突。

蛹 长椭圆形,黄褐色,长 8~13 mm、宽 6~9 mm。茧卵圆形,灰黄至深褐色。

【生活史】

1 年发生 3 代,以老熟幼虫在土中茧内越冬。第一代:卵期 3 月下旬至 4 月下旬,幼虫期 4 月上旬至 6 月上旬,蛹期 5 月下旬至 6 月中旬,成虫期 6 月上旬至 7 月上旬。第二代:卵期 6 月中旬至 7 月上旬,幼虫期 6 月下旬至 7 月下旬,蛹期 7 月中旬至 8 月中旬,成虫期 8 月上旬至 8 月下旬。第三代:卵期 8 月上旬至 8 月下旬,幼虫期 8 月中旬至翌年 2 月。第三代幼虫危害至 9 月上旬至 10 月上旬,幼虫陆续结茧,以老熟幼虫在土中茧内越冬。

【生活习性】

成虫　夜晚活动,交尾后即可产卵,白天则静伏于叶背。

卵　多产于树冠下部嫩叶的叶背。初孵幼虫群集卵块附近取食。

幼虫　1~3龄幼虫仅取食叶背表皮和叶肉,使叶形成白色斑块或全叶枯白。4龄幼虫取食全叶,仅留下叶柄及主脉。幼虫共7~8龄。除末龄幼虫外,其余各龄幼虫均有群集性。幼虫日夜均可落地入土结茧。

【天敌】

主要有核多角体病毒、螳螂、猎蝽、草蛉等。

【防治措施】

参考漫绿刺蛾。

(十八)螟蛾科 Pyralidae

桃蛀螟

【林业有害生物名称】　桃蛀螟

【拉丁学名】　*Dichocrocis punctiferalis* Guenee

【分类地位】　鳞翅目螟蛾科

【别名】　桃蛀野螟、桃斑螟、桃蠹螟、桃实螟、桃蛀虫

【分布】　在全国各地均有发生。

【寄主】　是杂食性害虫,危害板栗、栎、马尾松、杉、白椿、山楂、柿、木瓜、桃、梨、李、向日葵、玉米、棉等。

【危害】　树木新梢和果实。

【识别特征】

成虫　体长12 mm,翅展26 mm。体和翅均为黄色,触角丝状。喙发达,其基部一段的背面也具有黑色鳞毛。胸部颈片中央有由黑色鳞毛组成的黑斑1个,肩板前端外侧及近中央处各有黑斑1个,胸部背面中央有2个黑斑。前翅正面前缘基部有1个黑斑,沿基线有3个黑斑。中室前端有一黑横条,中央有1个近圆形黑斑,内横线共有黑斑4个,外横线及亚外缘线各有黑斑8个,在亚外缘线外面的M_2、M_3及Cu_{1a}的3室中各有黑斑1个。后翅中室内有黑斑2个,外横线及亚外缘线分别由7个及8个黑斑排列而成。腹部背面第一、第三、第四、第五各节各具3个黑斑,第六节有时只有1个黑斑。

卵　椭圆形,长0.6~0.7 mm,宽约0.5 mm。初产乳白色,后变鲜红色。

幼虫　老熟幼虫体长约22 mm,体色颇多变化,有淡灰褐色及淡灰蓝色,体背面紫红色。头暗褐色,前胸背板褐色,臀板灰褐色,腹足趾钩双序缺环。3龄以后各龄幼虫腹部第五节背面灰褐色斑下有2个暗褐色性腺者为雄性,否则为雌性。

蛹　长13 mm、宽4 mm。褐色。腹部末端有卷曲的臀棘。茧白色。

【生活史】

1年发生4代,越冬代幼虫于4月中旬开始化蛹,6月上旬为化蛹末期。成虫从4月

下旬至 6 月上旬羽化。第一代卵产于 5 月上旬至 6 月上旬,幼虫自 5 月上旬至 6 月下旬出现,6 月下旬至 7 月中旬化蛹,成虫自 6 月下旬至 7 月下旬出现。第二代卵产于 6 月下旬至 7 月上旬,幼虫出现于 6 月下旬至 8 月下旬,8 月中旬至 9 月上旬化蛹,成虫自 8 月下旬至 9 月中旬羽化。第三代卵产于 8 月下旬至 9 月中旬,幼虫 8 月下旬至 9 月下旬出现,成虫 9 月上旬至 9 月下旬出现。第四代卵产于 9 月上旬至 9 月下旬,幼虫始见于 9 月上旬,少数幼虫老熟后即开始越冬,其中大部分幼虫 9 月下旬至 10 月中旬化蛹,成虫 9 月下旬至 10 月下旬出现。第五代(越冬代)卵产于 9 月下旬至 10 月下旬,幼虫始见于 9 月中旬,危害至 10 月下旬至 11 月上旬,以老熟幼虫于向日葵遗株和落叶、桃树皮下、玉米、高粱秸秆内及板栗果堆集处等许多不同场所越冬。

【生活习性】

成虫 白天停伏于叶背面,夜间活动,有趋光性。雌、雄均有取食花蜜的习性,以傍晚取食最盛。雌虫经补充营养和交尾后,多于夜间产卵。

卵 散产,也有 2 粒、3 粒、5 粒相连成块的,卵多产于桃果表面、向日葵蜜腺盘上和萼片尖端;危害松梢的则产于松梢上;危害板栗的则产于球果的针刺间,尤以两果相靠部分最多;危害其他植物的,卵多产于幼虫将蛀入危害的部位。卵期因不同世代而异,第一代 6~11 d,第二代 3~7 d,第三代 2~5 d,第四代 5~8 d。

幼虫 初孵幼虫蛀入果、梢等内危害,取食后即从蛀孔排出粪便。桃果受害后,还会从蛀孔分泌黄色透明胶质;蛀入松梢内危害的,可使松梢逐渐枯萎;蛀入蓖麻子内危害的,可将种仁全部吃光,仅留种壳;危害板栗的,多从果柄附近蛀入,在板栗生长期间,多数幼虫尚在果壁上取食,仅少数老熟幼虫蛀入种子,而采收后在堆积 7~10 d 内才大量蛀入种子,且多从栗座处蛀入。幼虫期依不同世代而不同,第一代 15~21 d,第二代 14~22 d,第三代 12~21 d,第四代 12~22 d,第四代部分越冬幼虫,224~270 d,第五代 210~253 d。

蛹 老熟幼虫在被害果内或树下吐丝结白色茧化蛹,而在蓖麻种子内、向日葵花盘薄壁组织及玉米秆、向日葵秆内越冬或化蛹的幼虫,甚至不吐丝结茧,而仅以少数丝围绕身体。蛹期:第一代 7~13 d,第二代 7~13 d,第三代 7~14 d,第四代 7~13 d,第五代 15~23 d。

【天敌】

有蜘蛛捕食成虫,蛹期有广大腿小蜂。

【防治措施】

该虫寄主较多,应调查在当地的桃园和其他寄主之间转移危害的规律,准确掌握各代成虫发生期,在产卵盛期和幼虫孵化盛期喷药,能收到较好的防治效果。

(1)秋季采果前树干绑草,诱集越冬幼虫,早春集中烧毁。同时处理玉米、高粱、向日葵等的茎秆和花盘。

(2)随时拾净和摘除虫果,集中沤肥。同时注意对果园周围的其他寄主进行全面防治。

(3)各代幼虫孵化初期,可喷洒 26%阿维灭幼脲 2 000 倍液,或 1.2 苦·烟乳油 800 倍液,或 3%苯氧威乳油 2 000 倍液,或 10%啶虫脒 1 500 倍液,7 d 后再喷 1 次。

(4)有条件的可架设黑光灯和糖醋液诱杀成虫。

缀叶丛螟

【林业有害生物名称】 缀叶丛螟

【拉丁学名】 *Locastra muscosalis* Walker

【分类地位】 鳞翅目螟蛾科

【别名】 核桃缀叶螟

【分布】 全国大部分地区都有发生。

【寄主】 栎、核桃、漆树、黄栌、盐肤木等。

【危害】 幼虫常吐丝拉网,缀叶为巢,取食其中。

【识别特征】

成虫 雌虫体长 17~19 mm,翅展 35~39 mm;雄虫体长 14~16 mm,翅展 34~37 mm。体红褐色,下唇须向上弯曲。前翅栗褐色,翅基斜矩形,深褐色,外接锯齿形深褐色内横线,中室内有一丛深黑褐色鳞片;雄蛾前翅沿前缘 2/3 处有一腺状突起。后翅灰褐色,外横线不明显,外缘色较深,近外缘中部有 1 个弯月形黄色白斑。

卵 球形,聚集排列成鱼鳞。

幼虫 老熟幼虫体长 34~40 mm;头黑色,有光泽,散布细颗粒。前胸背板黑色,前缘有 6 个白斑,中间 2 斑较大。背线褐红色。亚背线、气门上线及气门下线黑色,并有纵列白斑,气门上线处白斑较大;腹部腹面、腹足褐红色。气门黑色,臀板黑色,两侧具白斑,全体疏生刚毛。

蛹 体长 14~16 mm,暗褐色。茧褐色,扁椭圆形,长 23~25 mm。质地似牛皮纸。

【生活史】

1 年发生 1 代,以老熟幼虫集中在根颈部及距树干 1 m 范围内的土中结扁圆形茧越冬。翌年 6 月中旬越冬幼虫开始化蛹,6 月底至 7 月中旬为化蛹盛期,8 月上旬为末期。7 月上旬开始羽化成虫,7 月下旬为羽化盛期,8 月上旬为羽化末期。7 月下旬孵出小幼虫,8 月上旬至 8 月中旬为孵化盛期。9 月下旬至 10 月中旬幼虫老熟入土化蛹。

【生活习性】

成虫 喜在树冠外围和顶部的叶片上产卵,故外围及顶部受害较内膛重,成虫有趋光性。

卵 产卵于叶背,7 月下旬孵出小幼虫。

幼虫 群居在叶面吐丝拉网,缀叶成苞,在其中食害叶肉,近老熟时则分散危害,缠卷复叶上部的 3~4 片叶在其中食害,严重时将树叶吃光。

蛹 翌年 6 月中旬越冬幼虫开始化蛹,6 月底至 7 月中旬为化蛹盛期,蛹期 10~20 d。

【防治措施】

(1)发现虫苞及时摘除集中烧毁。

(2)在封冻前或解冻后,沿树挖虫茧。或在幼虫发生少的地方,剪下虫枝,集中烧毁。

(3)幼虫孵化期,喷洒 26% 阿维灭幼脲 3 号 2 000 倍液,或 3% 苯氧威 2 000 倍液。

(4)采用杀螟杆菌 200~400 倍液防治幼虫。

(5)采用黑光灯诱杀成虫,坚持数年,效果显著。

玉米螟

【林业有害生物名称】 玉米螟

【拉丁学名】 *Ostrinia nubilalis*（Hübner）

【分类地位】 鳞翅目螟蛾科

【分布】 河南全省各地均有发生。

【寄主】 主要危害玉米,也危害梨、桃、苹果、栎、板栗、柿等树木和果树。

【危害】 幼虫孵化后有钻蛀危害习性,常蛀入嫩梢、嫩茎、幼果,造成断头、枝枯、落花或果实腐烂。

【识别特征】

成虫 黄褐色,雄蛾体长10~13 mm,翅展20~30 mm,体背黄褐色,腹末较瘦尖,触角丝状,灰褐色,前翅黄褐色,有两条褐色波状横纹,两纹之间有两条黄褐色短纹,后翅灰褐色;雌蛾形态与雄蛾相似,色较浅,前翅鲜黄,线纹浅褐色,后翅淡黄褐色,腹部较肥胖。

卵 扁平椭圆形,数粒至数十粒组成卵块,呈鱼鳞状排列,初为乳白色,渐变为黄白色,孵化前卵的一部分为黑褐色(为幼虫头部,称黑头期)。

幼虫 老熟幼虫体长20~30 mm,头深褐色,体背多为淡褐色或淡红色。背中线明显,中后胸各有4个毛片。1~8腹节背面中央有1条横皱纹,其前方有4个毛片,后方有2个毛片。

蛹 长15~18 mm,黄褐色,长纺锤形,尾端有刺毛5~8根。

【生活史】

一年发生3代,温度高、海拔低,发生代数较多。通常以老熟幼虫在玉米茎秆、穗轴内或高粱、向日葵的秸秆中越冬,次年4~5月化蛹,蛹经过10 d左右羽化。多虫态、世代重叠,以每年6~8月危害最严重。

【生活习性】

成虫 夜间活动,飞翔力强,有趋光性,寿命5~10 d。

卵 喜欢在离地50 cm以上、生长较茂盛的玉米叶背面中脉两侧产卵,一个雌蛾可产卵350~700粒,卵期3~5 d。

幼虫 孵出后,先聚集在一起,然后在植株幼嫩部分爬行,开始危害。初孵幼虫,能吐丝下垂,借风力飘迁邻株,形成转株危害。幼虫多为五龄,三龄前主要集中在幼嫩心叶、雄穗、苞叶和花丝上活动取食,被害心叶展开后,即呈现许多横排小孔;四龄以后,大部分钻入茎秆。

【发生危害规律】

玉米螟的危害,主要是因为叶片被幼虫咬食后,会降低其光合效率;雄穗被蛀,常易折断,影响授粉;苞叶、花丝被蛀食,会造成缺粒和秕粒;茎秆、穗柄、穗轴被蛀食后,形成隧道,破坏植株内水分、养分的输送,使茎秆倒折率增加,籽粒产量下降。玉米螟适合在高温、高湿条件下发育,冬季气温较高,天敌寄生量少,有利于玉米螟的繁殖,危害较重;卵期干旱,玉米叶片卷曲,卵块易从叶背面脱落而死亡,危害也较轻。

【防治措施】

1.不同时期防治

(1)越冬期:处理越冬寄主秸秆,在春季越冬幼虫化蛹、羽化前处理完毕。

(2)抽雄前:掌握玉米心叶初见排孔、幼龄幼虫群集心叶而未蛀入茎秆之前,采用1.5%的锌硫磷颗粒剂,或呋喃丹颗粒剂,直接丢放于喇叭口内,均可收到较好的防治效果。

(3)穗期防治:花丝蔫须后,剪掉花丝,用90%的敌百虫0.5 kg、水150 kg、黏土250 kg配制成泥浆涂于剪口,效果良好;也可用50%或80%的敌敌畏乳剂600~800倍液,或折叠人工摘除发现玉米螟卵块人工摘除田外销毁。

2.生物防治

玉米螟的天敌种类很多,主要有寄生卵的赤眼蜂、黑卵蜂,寄生幼虫的寄生蝇、白僵菌、细菌、病毒等。捕食性天敌有瓢虫、步行虫、草蜻蛉等,都对虫口有一定的抑制作用。

(1)利用赤眼蜂防治。赤眼蜂是一种卵寄生性昆虫天敌。能寄生在多种农、林、果、菜害虫的卵和幼虫中。用于防治玉米螟,安全、无毒、无公害,方法简单、效果好。在玉米螟产卵期释放赤眼蜂,选择晴天大面积连片放蜂。放蜂量和次数根据螟蛾卵量确定。一般每公顷释放15万~30万头,分两次释放,每公顷放45个点,在点上选择健壮玉米植株,在其中部一个叶面上,沿主脉撕成两半,取其中一半放上蜂卡,沿茎秆方向轻轻卷成筒状,叶片不要卷得太紧,将蜂卡用线、钉等钉牢。应掌握在赤眼蜂的蜂蛹后期,个别出蜂时释放,把蜂卡挂到田间1 d后即可大量出现。

(2)利用白僵菌:①僵菌封垛。白僵菌可寄生在玉米螟幼虫和蛹上。在早春越冬幼虫开始复苏化蛹前,对残存的秸秆,逐垛喷撒白僵菌粉封垛。方法是每立方米秸秆垛,用每克含100亿孢子的菌粉100 g,喷一个点,即将喷粉管插入垛内,摇动把子,当垛面有菌粉飞出即可。②白僵菌丢心。一般在玉米心叶中期,用500 g含孢子量为50亿~100亿的白僵菌粉,对煤渣颗粒5 kg,每株施入2 g,可有效防治玉米螟的危害。③ Bt 可湿性粉剂。在玉米螟卵孵化期,田间喷施每毫升100亿孢子的BT 乳剂可湿性粉剂200倍液,有效控制虫害。

3.其他防治方法

(1)灯光诱杀。利用高压汞灯或频振式杀虫灯诱杀玉米螟成虫。开灯时间为7月上旬至8月上旬。

(2)化学防治。在玉米心叶末期(5%抽雄),将40%辛硫磷乳油配成0.3%颗粒剂,撒在喇叭筒里;或75%的辛硫磷乳剂1 000倍液,滴于雌穗顶部,效果亦佳。

(十九)尺蛾科 Geometridae

栓皮栎尺蛾

【林业有害生物名称】　栓皮栎尺蛾

【拉丁学名】　*Erannis dira* Butler

【分类地位】　鳞尺目尺蛾科

【别名】 栓皮栎尺蠖、栎步曲

【分布】 国内分布于河南、陕西。河南省主要分布在南阳市西峡县、淅川县、内乡县、南召县和卧龙区，驻马店市确山县、沁阳县。

【寄主】 栓皮栎、麻栎、青冈、板栗等树种。

【危害】 以幼虫取食叶片，大发生时常在早春树叶刚萌发不久即被蚕食一空。严重影响森林景观和林木生长。

【识别特征】

成虫 雌雄异形，雄虫体黄黑色，长 7.5~10 mm，翅展 24~32 mm。触角栉齿状。前翅有黑色波状纹 2 条，近中室处有 1 个明显的棕黑色斑点。外缘线端有 1 列三角形斑点，内缘、外缘有缘毛，后翅灰白色，间有黑色鳞片。雌虫体长 6.3~7.2 mm，黑色。触角丝状，复眼黑色。翅极小，前翅较后翅稍长，具不整齐长缘毛。

卵 圆柱形，长 0.75 mm、宽 0.4 mm，两端略圆，具光泽，卵壳表面有整齐刻纹，初产绿色，渐变褐色，孵化前呈黑紫色。

幼虫 老熟幼虫体长 23 mm，头壳黑棕色，上具棕黄色龟纹。体黄褐色，第五、第六节两侧具褐色突起。

蛹 长 6~10 mm、宽约 3.4 mm，棕色有光泽，第六节气孔上有 1 个棱形凹陷。

【生活史】

在河南南阳 1 年发生 1 代，以蛹在约 5 cm 深土中越夏、越冬。每年 1 月下旬成虫羽化，2 月上中旬达羽化盛期；2 月上旬开始产卵，2 月下旬至 3 月上旬为产卵盛期；3 月中下旬幼虫孵化，5 月上中旬幼虫老熟，5 月中旬开始落地入土化蛹。

栓皮栎尺蛾生活史（河南南阳）

月份	1			2			3			4			5			6~12		
旬	上	中	下	上	中	下	上	中	下	上	中	下	上	中	下	上	中	下
越冬蛹	△	△	△	△	△													
成虫			+	+	+	+	+	+										
卵				○	○	○	○	○	○	○								
幼虫								−	−	−	−	−	−					
越夏越冬蛹														△	△	△	△	△

注：+成虫；○卵；−幼虫；△蛹。

【生活习性】

成虫 出土时间与栎树的发育情况一致。成虫活动多在傍晚，白天隐蔽于草丛、树皮下。雄蛾飞翔力弱，一般飞行高度距地面不超过 2 m。雌蛾不能飞行，但爬行迅速。

卵 成虫天黑 2 h 后即开始活动，交尾、产卵也多在夜间进行。卵多散产在树干粗皮裂缝内，少数产在树冠枝条上。

幼虫 幼龄幼虫具吐丝习性，借此转移危害。幼虫多在夜间取食，白天多静止于枝条与叶柄之间，拟态极似小枝或叶柄，有假死性。

蛹 老熟幼虫停食下树爬行 2~3 d，多集中于树冠下约 5 cm 深的疏松土中做土室化蛹,亦有在寄主附近灌木丛根迹处或杂草间土内做室化蛹。蛹在土壤中零星分布,大部分集中在树冠的投影下。

【立地类型】

坡向、坡度、坡位不同,林间的温湿条件有明显区别。以栎尺蛾分布密度看,一般阳坡高于阴坡、西坡高于东坡,特别是虫源地和害虫初发期,其规律更为明显。

【林种类型】

以栎类纯林虫口密度最高,栎类、松类混交林虫口密度则次之。以实际效果看,栎类的混交类型、混交树种和混交比例不同,对抑制栎尺蛾为害程度的作用各异。当纯林变成混交林后,由于林分结构的改变,有效地破坏了虫源地的产生和发展,扰乱了食物信息传递,提高了对栎尺蛾的控制能力。

【树龄与树势】

栎尺蛾数量大暴发时,几乎无树龄的选择。但在一般情况下,当食料充足时,在树龄不整齐的栎林内,一般以 8~20 年生、树高 2.0 m 的栎类树上卵块密度最大,受害最严重。受害的树木幼树较老树恢复能力强。该虫主要取食栎类树种,专食性较强,对其他阔叶树种几乎不取食。

【气候条件】

老熟幼虫下树化蛹与气候变化关系较大,5 月上中旬雨水多,利于幼虫结茧化蛹,若过于干旱,影响化蛹;次年冬春季如果雨水多、土壤湿润,利于成虫羽化出土。

【天敌】

据初步观察,目前已发现栎尺蛾的捕食性天敌有广腹螳螂、中华广肩步行虫、花蜘蛛;寄生性天敌有家蚕追寄蝇;捕食此虫的鸟类有大杜鹃、喜鹊、大山雀、灰掠鸟等。

【防治措施】

(1)成虫出土期围绕树干基部地面喷洒 15% 蓖麻油酸烟碱乳油 800 倍液,熏杀出土成虫。

(2)树干涂胶环或药带,阻止雌虫上树。

(3)人工振动树干,收集幼虫,集中杀死。

(4)幼虫期喷洒青虫菌 500~800 倍液或苏云金杆菌(含 1 亿孢子数/mL)2 000 倍液或 26% 阿维灭幼脲 3 号悬浮剂 2 000 倍液,对虫口密度大的林区可使用飞机低量喷洒阿维-灭幼脲或 BT 进行防治。

(5)郁闭度在 0.6 以上的林分,采用敌马烟剂防治,用药 15 kg/hm^2,于无风的早晨或傍晚放烟防治幼虫。

(6)黑光灯诱杀成虫。

(7)保护利用天敌。

栓皮栎薄尺蛾

【林业有害生物名称】 栓皮栎薄尺蛾

【拉丁学名】 *lnurois fletcheri* lnoue

【分类地位】 鳞翅目尺蛾科

【别名】 薄尺蛾、栓皮栎薄尺蠖

【分布】 分布于河南及陕西省。

【寄主】 栓皮栎、麻栎、青冈等栎类树种,也危害杏、栗、梨、梅、桃等果树。

【危害】 食栓皮栎树叶,严重时常将树叶吃光。

【识别特征】

成虫 雌雄异形。雄蛾体长 5.2~7 mm,翅展 20~25 mm。体暗黄褐色,触角栉齿状,与体等长。复眼圆形,黑色。前翅土黄色,外横线和内横线处有由暗褐色斑点组成的波状纹 1 条。前、后翅中室外端各有 1 个椭圆形褐色斑点;后翅灰白色。雌蛾体长 6~8 mm,土黄色。翅退化。触角丝状。复眼圆形,黑色。腹末生有一小撮黑色长毛丛。

卵 圆筒形,两端圆形,长 0.75 mm、宽 0.5 mm,表面光滑,具光泽。初产灰褐色,后变灰白色或灰色,孵化前变灰黑色。

幼虫 老熟幼虫体长 19 mm 左右,头壳淡绿色,体黄绿色。

蛹 初化蛹黄绿色,后渐变为黄褐色。长 6.3 mm 左右、宽 2.5 mm 左右,尾端有 2 个小刺。茧土色,长 7.1 mm 左右、宽 4.4 mm 左右。

【生活史】

1 年发生 1 代,以蛹在树干周围表土层内越夏、越冬。翌年 1 月中旬开始羽化,2 月上旬达羽化盛期,3 月下旬幼虫孵化,4 月下旬老熟幼虫坠地入土化蛹,蛹期长达 9 个月。

【生活习性】

成虫 有趋光性,耐寒性较强。雌蛾交尾后 1~4 d 开始产卵。

卵 产于树冠枝条上,呈块状或带状,一般是 2~4 行,排列紧密而整齐,每头雌蛾平均产卵 79.5 粒,最多达 131 粒。

幼虫 多在夜间取食,白天静伏于叶背面。

【林种类型】

以栎类纯林虫口密度最高,栎类、松类混交林虫口密度则次之。以实际效果看,栎类的混交类型、混交树种和混交比例不同,对抑制栎尺蛾为害程度的作用各异。当纯林变成混交林后,由于林分结构的改变,有效地破坏了虫源地的产生和发展,扰乱了食物信息传递,提高了对栎尺蛾的控制能力。

【树龄与树势】

在一般情况下,当食料充足时,在树龄不整齐的栎林内,一般以 8~20 年生受害最严重。受害的树木幼树较老树恢复能力强。该虫主要取食栎类树种,专食性较强,对其他阔叶树种几乎不取食。

【气候条件】

老熟幼虫下树化蛹与气候变化关系较大,5 月上中旬雨水多,利于幼虫结茧化蛹,若过于干旱,影响化蛹;次年冬春季如果雨水多、土壤湿润,利于成虫羽化出土。

【天敌】

有寄生蝇、白僵菌、大小山雀等。

【防治措施】

参考栓皮栎尺蛾。

栓皮栎波尺蛾

【林业有害生物名称】 栓皮栎波尺蛾

【拉丁学名】 *Larerannis filipjevi* Wehrli

【分类地位】 鳞翅目尺蛾科

【别名】 栓皮栎波尺蠖、波尺蛾

【分布】 主要发生在河南、陕西、山西、安徽、湖北等省。

【寄主】 是杂食性害虫。危害栓皮栎、麻栎、槲栎等栎类,也危害苹果、杏、海棠、山茱萸、山楂等林木、果树。

【危害】 食栓皮栎树叶,大发生时栎叶被食一空,状如火烧。

【识别特征】

成虫 小型蛾子。体灰褐色,雌雄异形。雄虫体长 6~8 mm,翅展 22~30 mm。前后翅各有 3 条黑褐色波状带(后翅不明显),前后翅外缘线有黑褐色三角形小斑点 7~8 枚。触角栉齿状,复眼圆形、黑色。雌虫体长 7~10 mm,黑褐色,体粗壮,背面有灰黑色鳞片组成的两条纵纹;翅退化,狭长,翅展仅有 5~6 mm。前翅约为后翅的 1/2,有 3 条黑色波纹。

卵 圆柱形,长约 0.8 mm,粗 0.5 mm 左右,卵壳表面有排列整齐的花纹。初产翠绿色,后渐变淡绿色或半红半绿色。孵化前灰黑色或紫黑色。

幼虫 老熟幼虫体长 23~28 mm,黑褐色,腹部第二、第三节两侧有 2 个黑色圆形突起;体背有 4 条黄色或褐色纵线。

蛹 纺锤形,体长 6.5~9.3 mm、宽 2.4~3.0 mm。初产淡绿色,后变棕黑色或棕红色。第 6 节近气门处有 1 菱形凹陷,尾端分叉。

【生活史】

1 年发生 1 代,以蛹在土内越夏、越冬。成虫 1 月下旬开始羽化、交尾、产卵,2 月为羽化盛期。3 月下旬幼虫开始孵化,4 月底老熟幼虫开始入土化蛹,5 月上旬化蛹盛期,蛹期长达 9 个月。

【生活习性】

成虫 羽化 1 d 后开始交尾,多在傍晚活动,白天隐蔽;有趋光性,而且耐寒性较强,气温为 3~5℃ 时羽化数量最多;雌蛾性引诱能力明显。

卵 多产在树干 2 m 以下的粗皮裂缝内,产卵量平均 176 粒。

幼虫 初孵幼虫在芽苞内取食,幼虫共 5 龄,4~5 龄危害最严重,可将叶片吃光或仅残留叶脉,危害期在 40 d 以上。幼虫有吐丝下垂习性,初龄靠风力传播。

蛹 老熟幼虫落地化蛹,其深度在 6 cm 以内的土层中,以 2 cm 处数量最多。

【发生与危害规律】

成虫 羽化与温度、湿度的变化关系很大,一般是温度高、湿度小羽化数量多,相反则降低,甚至不羽化。

幼虫 经过连续观察,栎树林林地边沿栎波尺蛾幼虫平均虫口密度比林内高,树木受到更严重的危害。林地中部和上部边沿虫口密度比下部林地边沿虫口密度高。林地阳坡平均虫口密度比阴坡高。栎树林林地中部和上部边沿之间幼虫平均虫口密度差别不明显;林地下部同中上部林内虫口密度也没有明显差别。

【天敌】

卵期主要有黑卵蜂、赤眼蜂以及黑蚂蚁、甲虫等,卵期寄生情况受温湿度影响大,一般温度高、湿度小寄生率高;幼虫和蛹期天敌主要有瓢虫、黑蚂蚁、虎甲、步甲、毛虫追寄蝇、杆菌、灰喜鹊、麻雀等,蛹期最主要的天敌是鼠类。成虫期主要天敌是鸟类。

【防治措施】

参考栓皮栎尺蛾。

黄星尺蛾

【林业有害生物名称】 黄星尺蛾

【拉丁学名】 *Arichanna melanaria fraterna* Butler

【分类地位】 鳞翅目尺蛾科

【别名】 黄星尺蠖

【分布】 分布于河南省郑州市、南阳市。

【寄主】 栎类树种及灌木。

【危害】 食栎类及灌木树叶。

【识别特征】

成虫 中型蛾子,前翅长 18~24 mm。触角双栉形,触角线形。下唇须深灰褐色,头胸腹部色略浅。前翅黄至灰黄色,排列黑斑;亚基线为 2 个小黑斑;内线和外线为双列黑斑;中点大而圆,其外侧有时有黑斑组成的中线;亚缘线和缘线各为 1 列黑斑;上述黑斑有时局部互相融合;缘毛黑与黄色相间。后翅基部附近灰褐色,在中点内侧逐渐过渡为黄色;中点大而圆;外线、亚缘线和缘线各为 1 列黑斑;缘毛黄色,掺杂少量灰黑色。翅反面颜色、斑纹与正面相似。

【生活习性】

2015 年林业有害生物普查发现,目前观测到成虫 7~8 月出现,具趋光性,9~11 月是幼虫危害期。

【防治措施】

参考栓皮栎波尺蛾。

木橑尺蛾

【林业有害生物名称】 木橑尺蠖

【拉丁学名】 *Culcula panterinaria* Bremer et Grey

【分类地位】 鳞翅目尺蛾科

【别名】 黄连木尺蛾、木橑步曲、吊死鬼

【分布】 国内分布于山东、河北、内蒙古、山西、河南、陕西、四川、云南、广西、台湾。河南省分布于安阳市安阳县、林州市,焦作市沁阳市、博爱县、修武县,三门峡市灵宝县、陕

县,许昌市禹州市、襄城县,洛阳市栾川县、嵩县、新安县,鹤壁市淇县、山城区、鹤山区、淇滨区,漯河市舞阳县、临颍县、源汇区、郾城区、召陵区,郑州市登封市、新密市、巩义市、荥阳市及济源市等地。

【寄主】 栎类、核桃、黄连木等,其他寄主还有蝶形花科、菊科、榆科、蔷薇科、葡萄科、桑科、锦葵科、漆科等30余科的近170种植物。

【危害】 是一种杂食性害虫,幼虫以栎类、核桃、黄连木等叶子为食,大发生时,一棵大树的叶子几天内就被吃光。

【识别特征】

成虫 体长18~31 mm,翅展52~78 mm,前、后翅白色,上有许多斑纹。前翅中央和后翅中央各有一浅灰色斑,外缘都有一断续波纹状黄棕色斑纹。雄蛾触角为短羽毛状,雌蛾为丝状。

卵 绿色,扁圆形,排列密集成块状,上有一层黄棕色绒毛。

幼虫 体长约70 mm,体色随所食植物的颜色有变化。头顶两侧呈圆锥状突起,额有深褐色"八"形凹纹。

蛹 长约30 mm,孵化时由翠绿色变为黑褐色,体表布满小刻点,但光滑。

【生活史】

1年发生1代,以蛹在地表下1~10 cm处越冬。成虫羽化始期在5月,盛期在6月中下旬,末期8月上旬,长达3个月。幼虫于6月中下旬孵化,孵化盛期在7月中旬至8月初。老熟幼虫于8月底开始入土化蛹,化蛹盛期为9月,末期为10月下旬。

【生活习性】

成虫 白天静伏在树干、叶丛及杂草、作物等处,夜间活动交尾产卵。有较强的趋光性。寿命4~12 d。

幼虫 孵化后即迅速分散,很活泼,爬行快,受惊即吐丝下垂,借风力转移危害。

卵 多产在树皮缝里或石块上,以树杈处较多。

【发生与危害规律】

冬季少雨雪,春季干旱的年份,越冬蛹死亡率较高,5月降雨较多,成虫羽化率高,幼虫发生量大。

【防治措施】

(1)幼虫发生期,喷洒26%阿维灭幼脲3号2 000倍液,或3%苯氧威乳油2 000倍液进行防治。

(2)大面积发生时,2~3龄期,采用飞机低量喷洒26%阿维灭幼脲Ⅲ号,每公顷用药量450~600 mL。

(3)喷洒苏云金杆菌(BT)乳剂,800~1 000倍的含孢量100亿个/mL喷雾防治幼虫和蛹。

(4)利用成虫趋光习性,灯光诱杀。

木橑尺蠖生活史(南阳市)

月	1~4			5			6			7			8			9			10~12		
旬	上	中	下	上	中	下	上	中	下	上	中	下	上	中	下	上	中	下	上	中	下
生活史	△	△	△	△	△																
				▲	▲	▲	▲	▲	▲	▲	▲	▲									
						○	○	○	○	○	○	○	○	○						
								◇	◇	◇	◇	◇	◇	◇	◇					
														△	△	△	△	△	△	△

注:△越冬蛹;▲成虫;○卵;◇幼虫。

刺槐尺蛾

【林业有害生物名称】 刺槐尺蛾

【拉丁学名】 *Napocheima robiniae* Chu

【分类地位】 鳞翅目尺蛾科

【别名】 刺槐尺蠖

【分布】 河南省在南阳、安阳、济源、洛阳等市有分布。

【寄主】 刺槐、栎、栗、枣、核桃、苹果、梨、桃、香椿、白椿、杨、楸、楝等多种林木和果树。

【危害】 突发性强,常在短短几天内将叶片吃光。

【识别特征】

成虫 雌雄差异很大。雄虫体长 16~18 mm,翅展 35~44 mm,体棕色。触角双栉齿状,灰白色,栉齿棕色。胸部、腹部深棕色,具长毛,尤以胸部和腹面毛甚长,可掩盖足部胫节。前翅黄棕色,内外横线外侧均有白色镶边。前后翅中室上有 1 个小黑点。后翅灰黄色,中室上小黑点外有 2 条灰黑色横线。雌虫无翅,体长 12~14 mm,体土黄色,密布绒毛。足与触角色较深,触角丝状。卵圆筒形,暗褐色,近孵化时黑褐色。

卵 钝椭圆形,长 0.58~0.67 mm、宽 0.42~0.48 mm,一端较平截。初产时绿色,后渐变为暗红色直至灰黑色。卵亮白色透明,密布蜂窝状小凹陷。

幼虫 初孵幼虫黄褐色,取食后变为绿色。幼虫两型:一型 2~5 龄直至老熟前均为绿色,另一型则 2~5 龄备节体侧有黑褐色条状或圆形斑块。末龄幼虫老熟时体长 20~40 mm,体背为紫红色,胴部淡黄色。气门黑色,圆形。腹部第八节背面有 1 对深黄色突起。

蛹 雄蛹 16.3 mm×5.6 mm,雌蛹 16.5 mm×5.8 mm。初时为粉绿色,渐变为紫色至褐色。臀棘具钩刺两枚,其长度约为臀棘全长的 1/2 弱,雄蛹两钩刺平行,雌蛹两钩刺向外呈分叉状。化蛹场所通常都在树冠投影范围内,以树冠东南向最多。在有适宜化蛹场所(土质松软)条件下,离树干最远不超过 12 m。幼虫入土深度一般为 3~6 cm,少数可达 12 cm。城市行道树生境内,多在绿篱下、墙浮土中化蛹。在裸露地面上也能化蛹,但成活率极低。

【生活史】

1 年发生 1 代,以蛹在表土层内结土茧越夏越冬。翌年 2 月下旬成虫开始羽化。3 月下旬至 4 月上旬羽化盛期,4 月下旬羽化结束。成虫发生期长达 50 多天,雌虫与雄虫交尾后即产卵。4月上旬卵开始孵化,4月中旬进入盛期,4月下旬孵化结束。先后20余天,4月上旬至5月中旬为幼虫危害期。5月中旬幼虫开始下树,7月下旬至8月中旬化蛹越夏越冬。蛹期达8个多月。

【生活习性】

成虫　多于傍晚羽化,羽化后即可交尾,雌虫一生交尾1次,少数也有2次的。交尾一般在夜间,历时0.5~6 h,一遇惊扰即迅速分开。成虫寿命依气温而异,雄虫为2.5~19 d,雌虫为2.5~17 d,耐寒性强,地表刚解冻便羽化出土,雄蛾白天静伏于树干或草丛中,傍晚活动,具趋光性。

卵　每雌产卵量25~1 500粒,平均为420粒。卵散产于叶片、叶柄和小枝上,以树冠南面最多,产卵活动多在每日的19~0时,幼虫孵化以19~21时为盛,同一雌蛾所产的卵孵化整齐,孵化率在90%以上。孵化孔大多位于卵较平截一端,孔口不整齐。卵期10~12 d。幼虫共6龄。1~3龄期食量小,抗药性弱;4龄食量猛增,抗药性强。

幼虫　幼虫孵化后即开始取食,幼龄时食叶呈网状,3龄后取食叶肉,仅留中脉。幼虫一生食叶量为1.679 g/头,相当于槐树1个成熟复叶全部叶片的重量,其中1~4龄幼虫食叶量为0.18 g/头,占幼虫全部食量的10%,末龄幼虫食叶量为1.49 g/头,占全食量的80%。因此,槐尺蛾大发生时,平均每个复叶有虫1头,几天内就可将叶片全部吃光。幼虫能吐丝下垂,随风扩散,或借助胸足和2对腹足做弓形运动,老熟幼虫已完全丧失吐丝能力,能沿树干向下爬行,或直接掉落地面。1龄幼虫的耐饥力,在平均气温为29 ℃时只有1 d。幼虫体背出现紫红色,幼虫即已老熟,老熟幼虫大多于白天离树入土化蛹。初龄幼虫有吐丝下垂习性,随风扩散,故扩散蔓延快。

【天敌】

有黑卵蜂、广肩步甲、寄蝇、小茧蜂、胡蜂、土蜂、麻雀、大山雀、白僵菌等。

【发生与危害规律】

成虫产卵量与补充营养显著呈正相关。成虫羽化后即有35%左右的卵粒已发育成熟,即使不给任何食物,这些卵都可以顺利产出;在自然界,成虫取食珍珠梅等的花蜜。幼虫可日夜取食危害叶片。

【防治措施】

(1)营造混交林是防治刺槐尺蛾的有效途径。

(2)越冬蛹羽化前结合中耕除草,翻挖树盘消灭蛹。

(3)幼虫危害期摇树或振枝,使虫吐丝下垂坠地,集中处理;或于各代幼虫吐丝下地准备化蛹时,人工收集杀死。

(4)1~2龄幼虫期喷2 000倍的26%阿维灭幼脲3号胶悬剂,或飞机超低容量(600 g/hm^2)喷洒26%阿维灭幼脲3号胶悬剂,或于较低龄幼虫期喷800~1 000倍的含孢子100亿个/mL的BT乳剂。

(5)地面防治可喷洒4 000倍液20%菊杀乳油,或4 000倍的20%灭扫利乳油等毒杀幼虫。

(6)保护胡蜂、土蜂、寄生蜂、麻雀等天敌,维护林间生物多样性。

(7)灯光诱杀成虫。

刺槐外斑尺蛾

【林业有害生物名称】 刺槐外斑尺蛾

【拉丁学名】 *Extropis excellens* Butler

【分类地位】 鳞翅目尺蛾科

【别名】 刺槐外斑尺蠖、棉步曲

【分布】 分布于河南、北京、东北等地。

【寄主】 刺槐、杨、柳、榆、板栗、栎、苹果、海棠、梨、棉花、花生、绿豆、苜蓿等。

【危害】 危害树木的叶片和嫩梢,严重时可将树叶食光。

【识别特征】

成虫 雌蛾体长 15 mm 左右,翅展 40 mm 左右。体灰褐色。触角丝状。翅灰褐色,翅面散布许多褐色斑点。前翅外横线波状较明显,锯齿形,中部有 1 个明显的黑褐色近圆形大斑;亚外缘线锯齿形。外缘有 1 列黑色条纹。腹部背面基部 2 节各有 1 对横列的黑色毛束。雄蛾体长 13 mm 左右,翅展 32 mm 左右。触角短栉齿状。体色和斑纹较雌蛾色深明显。

卵 椭圆形,横径约 0.8 mm。青绿色,近孵化时变褐色。

幼虫 老熟幼虫体长 35 mm 左右,体色变化很大,有茶褐色、灰褐色、青褐色等。体上有不同形状的灰黑色条纹和斑块。胸部第一、第二节之间色深,呈褐色,中胸至腹部第八节两侧各有 1 条断续的褐色侧线。

蛹 体长 13 mm 左右、宽 5 mm 左右。暗红褐色,纺锤形,尾部末端具 2 个刺突。

【生活史】

1 年发生 4 代,以蛹在表土层中越冬。翌年 4 月上旬成虫开始羽化、产卵,4 月中下旬为第一代幼虫危害期,5 月上旬开始入土化蛹,蛹期 10 d 左右,羽化为第一代成虫。第二代成虫 7 月上中旬出现,第三代成虫 8 月中下旬发生。第四代幼虫危害至 9 月中下旬,然后先后老熟入土化蛹越冬。

【生活习性】

成虫 趋光性极强。产卵于树干近基部 2 m 以下的粗皮缝内,堆积成块,上覆灰色绒毛。成虫寿命 5 d 左右。

卵 每雌产卵 600～1 360 粒,卵期 15 d 左右。

幼虫 孵化后,沿树干、枝条向叶片迁移,啃食叶肉,残留表皮,遇惊则吐丝下垂随风飘迁。幼虫危害时期,在枝条间吐丝拉网,连缀枝叶,如帐幕状。4 龄幼虫食量大增,把叶片咬成缺刻或孔洞,严重时把叶片吃光,树冠呈火烧状。幼虫期 25 d 左右。

蛹 老熟幼虫多集中在树干基部周围 3～6 cm 深的土层中化蛹。

【发生与危害规律】

该虫具有暴食性,短时间能将整枝、整树叶片食光。在高温干旱年份,1 年可 2～3 次将叶片吃光,造成林木上部枯死,从主干中下部萌芽,给林木生长造成严重危害。

【天敌】

有绒茧蜂等。

【防治措施】

参考刺槐尺蛾。

刺槐眉尺蛾

【林业有害生物名称】　刺槐眉尺蛾

【拉丁学名】　*Meichihuo cihuai* Yang

【分类地位】　鳞翅目尺蛾科

【别名】　刺槐眉蠖

【分布】　该虫分布于河南、陕西等地。

【寄主】　危害栎、槲、刺槐、椿、漆树、杜仲、银杏、楝、皂荚、楸、杨等树木。

【危害】　食性杂,危害严重,有时会连年危害。

【识别特征】

成虫　雌雄异形。雄虫体长 13 ~ 15 mm,翅展 33 ~ 42 mm。触角羽毛状,灰白色,羽毛褐色。前翅暗红褐色,外横线和内横线黑色弯曲,两线外侧有白色镶边,两线之间近前缘有 1 条黑纹。后翅灰褐色,有 2 条褐色横线,在内横线内侧有 1 个黑褐色小斑。雌虫无翅,黄褐色,体长 12 ~ 14 mm,触角丝状。

卵　长径约 0.9 mm,圆筒形,暗褐色,近孵化时黑褐色。

幼虫　初孵幼虫头壳橙黄色,胸、腹部暗绿色。老熟幼虫体长约 45 mm,颅侧区有大小不等、排列不规则的黑斑。胸、腹部淡黄色,腹部第八节背面有 1 对深黄色突起。

蛹　雄蛹长 12 ~ 16 mm,雌蛹长 13 ~ 18 mm,暗红褐色,纺锤形。各体节上半部密布圆形刻点。末节棕黑色。臀棘末端并列 2 刺,向腹面斜伸。

茧　椭圆形,长径 15 ~ 22 mm、短径 10 ~ 15 mm。

【生活史】

1 年发生 1 代,以蛹在表土层茧内越夏、越冬,翌年 2 月下旬成虫开始羽化,羽化盛期 3 月下旬至 4 月上旬,4 月下旬羽化结束。4 月上旬卵开始孵化,中旬进入盛期,下旬孵化结束。幼虫期发生期 4 月上旬至 7 月下旬,5 ~ 6 月是幼虫主要危害时期,7 月中下旬危害结束。8 月初老熟幼虫开始做茧化蛹越夏、越冬。

【生活习性】

成虫　耐寒性强,有趋光性。成虫发生期上达 50 多天。

卵　产在 1 年生枝梢的阴面。产卵期与成虫发生期基本一致。卵历期 20 多天。

幼虫　初孵幼虫有吐丝下垂、随风扩散的习性。初孵幼虫有耐饥力,危害叶片呈不规则穿孔,或沿叶缘吃成小缺刻。大幼虫暴食叶片,仅留主脉,或全部食尽。幼虫日夜取食,受惊则坠落地面,过后又沿树干爬上,继续危害。

蛹　老熟幼虫下树在土壤疏松处做茧化蛹。

【天敌】

有寄生蜂、步甲、蠋蝽、姬蜂、猎蝽、画眉、杜鹃、树麻雀、山麻雀、白僵菌等。

【防治措施】

参考刺槐尺蛾。

绾霜尺蛾

【林业有害生物名称】 绾霜尺蛾

【拉丁学名】 *Boarmia displiscens* Butler

【分类地位】 鳞翅目尺蛾科

【别名】 绾霜尺蠖

【分布】 河南省 2015 年在南阳市西峡县首次发现。

【寄主】 槲栎、栓皮栎、麻栎等栎类树种。

【危害】 树木叶片及嫩梢。

【识别特征】

成虫体长 15～18 mm,翅展 43～46 mm。头部黄白色;触角栉齿状,黄褐色,中部赤褐色。体被灰褐色短绒毛,腹端部丛毛灰白色。翅底色灰白,具有暗斑,前翅有 2 条波状线,翅展开时,前翅 2 条波状线与后翅 2 条波状线相连。前、后翅翅面均有纵绾和灰黑色小麻点。

【生活习性】

目前观测到 6～8 月出现成虫。成虫具趋光性,白天潜伏树冠叶丛间,夜晚活动。

【防治措施】

(1)叶面喷药。对栗园、疏林地,采用叶面喷洒 1.8% 阿维灭幼脲或 3% 高渗苯氧威 2 000 倍液,防治幼虫,防治效果可达 90% 以上。

(2)施放烟剂。对郁闭度 0.6 以上的林分,采用敌马烟剂防治,每公顷用药 15 kg,于无风的早晨或傍晚放烟,防治幼虫效果可达 80% 以上,但要注意预防火灾发生。

(3)灯光诱杀。于 7～8 月成虫发生期,用 400 W 黑光灯或 200 W 水银灯诱杀成虫,每晚可捕杀千头以上,多者上万头。

(4)人工防治。幼虫期组织人力,利用幼虫遇振动后坠地的特点,振动树干,收集捕杀。

(5)生物及仿生制剂防治。注意保护利用天敌资源,如捕食性天敌鸟类、步甲、螳螂等,各种寄生蜂、黑卵蜂、周蛾赤眼蜂等。在幼虫期喷洒仿生制剂、病毒等,如 26% 阿维灭幼脲Ⅲ号 2 000 倍液,苏云金杆菌(BT)2 000 倍液,再进行防治,也可取得满意效果。

油桐尺蛾

【林业有害生物名称】 油桐尺蛾

【拉丁学名】 *Buzura suppressaria* Guenee

【分类地位】 鳞翅目尺蛾科

【分布】 分布于河南、湖北、湖南、福建、浙江、江西、广东、广西、贵州、四川等省。

【寄主】 板栗、麻栎、油桐、侧柏、茶树、乌桕、柿、杨树、枣、刺槐、漆树等。

【危害】 树木叶片及嫩梢。

【识别特征】

成虫 雌体长约 23 mm,翅展约 65 mm,灰白色,触角丝状,胸部密被灰色细毛。翅基片及腹部各节后缘生黄色鳞片。前翅外缘为波状缺刻,缘毛黄色;翅反面灰白色,中央有1个黑斑;后翅色泽及斑纹与前翅同。腹部肥大,末端有成簇黄毛。雄虫体长约 17 mm,翅展约 56 mm,触角栉齿状。体、翅色纹大部分与雌虫同,腹部瘦小。

卵　圆形,长约 0.7 mm,淡绿色,近孵化时黑褐色。卵块较松散,表面盖有黄色绒毛。

幼虫　共 6 龄,初孵幼虫体深褐色。尾足发达扁阔,淡黄色。5 龄虫头前端平截,第五腹节气门前上方开始出现 1 个颗粒状突起,气门紫红色。老熟幼虫体长平均 64.6 mm。

蛹　圆锥形,黑褐色。雌蛹体长约 26 mm,雄蛹体长约 19 mm。身体前端有 2 个齿片状突起。第十腹节背面有齿状突起,臀棘明显。

【生活史】

1 年发生 2 代,以蛹在树干周围土中越冬。翌年 4 月上旬成虫开始羽化,4 月下旬到5 月初为羽化盛期,5 月中旬为羽化末期,整个羽化期 1 个多月。5 ~ 6 月为第一代幼虫发生期,7 月化蛹,蛹期 15 ~ 20 d。7 月下旬成虫开始羽化产卵。第二代幼虫发生在 8 ~ 9 月中旬。9 月中旬开始化蛹越冬。

【生活习性】

成虫　雌蛾腹尖的二氯甲烷抽提物也能诱到雄蛾。成虫趋光性弱,但对白色物体有一定趋性,喜栖息在涂白的树干上。

卵　产在树皮裂缝、伤疤及刺蛾的茧壳内。卵块排列较松散,卵期 7 ~ 12 d。

幼虫　初孵幼虫仅吃叶子周缘的下表皮及叶肉,叶子被害处呈针孔大小的凹穴。留下的上表皮失水褪绿,外观呈铁锈色斑点,日久成小洞。遇惊即吐丝下垂。2 龄幼虫开始从叶缘取食,形成小缺刻,留下叶脉。6 龄幼虫则食全叶。第一代幼虫期 40 d 左右,第二代幼虫期 35 d 左右。

【发生与危害规律】

油桐尺蛾的发生与环境有密切关系,桐林与其他杂灌木呈块状混交者,虫害发生频率低,危害轻;反之,大面积纯桐林成片,虫害易蔓延成灾。

【天敌】

有寄生蜂、鸟类。

【防治措施】

(1)结合中耕垦抚,挖捡虫蛹。

(2)人工捕杀成虫,刮除卵块。

(3)保护利用天敌。

(4)用含 2 亿 ~ 4 亿孢子数/mL 的苏云金杆菌(BT)液或 3% 苯氧威 2 000 倍液喷杀龄幼虫。

四月尺蛾

【林业有害生物名称】　四月尺蛾

【拉丁学名】　*Selenia tetralunaria* Hufnagel

【分类地位】　鳞翅目尺蛾科

【别名】 四月尺蠖

【分布】 在河南省分布于南阳市、信阳市。

【寄主】 栎、柳树、李子树、山楂树、梨树、桦等。

【危害】 树木叶片及嫩梢。

【识别特征】

成虫 翅灰褐色,外横线以外较淡;前翅尖有1条弧形斑,外横线有1个圆点,后翅圆点更清楚;前翅中室外端有1条月形线纹;翅反面有橙黄色斑。后翅上更显著。

幼虫 紫色,枝状,1～2腹节上各有1对小突起,4～5腹节膨大,上有小突起。

【生活习性】

1年发生2代,以蛹在树干上越冬。目前观测到4～5月出现成虫,成虫具趋光性。6～10月是幼虫危害期,幼虫食性较杂。

【防治措施】

(1)结合冬季管理,人工摘除蛹茧。

(2)灯光诱杀成虫。

(3)树冠可喷洒20%杀灭菊酯乳油、25%氯氰菊酯乳油3 000～4 000倍液,毒杀成虫。

(4)喷洒3%苯氧威乳油2 000倍液或1.2%杀苦·烟乳油800倍液防治幼虫。

点尾尺蛾

【林业有害生物名称】 点尾尺蛾

【拉丁学名】 *Euctenuropteryx nigrociliaria* Leech

【分类地位】 鳞翅目尺蛾科

【别名】 粗榧尺蛾

【分布】 国内主要分布于湖南(湘北、湘东、湘西)、陕西、甘肃、江西、四川、西藏。

【寄主】 栎、杉、粗榧等。

【危害】 树木叶片,严重时可食光大量树叶。

【识别特征】

成虫 前翅长38 mm,翅体白色,翅面布有黄色鳞片,亚外缘附近有短条状组成的云状黄纹,腹部黄白色,全身被白色绒毛。前翅有3条黑褐色线,内、外线较长,自前缘直达后缘,中点短线形,位于中室顶端,前缘具断续不完整的黑褐色边,外缘具完整的黑褐色边;后翅中室顶端有1黑褐色点,连接此点有1褐色斜线,在近M3处有1尾状突,在突起部分有1橘红色小点,其外包围黑色鳞片,形成黑圈,在此点圈的下侧有1近长方形的小黑斑,外缘具明显的黑褐色边。前、后翅的反面亚外缘附近,有一系列短条状褐色斑纹。

幼虫 老熟幼虫体长57～60 mm;头黄绿色,两侧有圆形黑斑1对,很似眼状,单眼部位及唇基均为黑色;体色尘黄,背线、气门上线、气门下线、亚腹线黑色,胸部及腹部的第七节以后,上述线条不连贯,成点纹,腹部第一至第六节各节间有较宽的黑色横纹,节间中部还有与背线及气门上线贯穿的黑色横纹,使背上成黄绿色方块,亚腹线与节间横线组成椭圆形斑,腹线黄绿色,气门筛黄色,围气门片黑色;胸足黄绿色,胫节及跗节黑色;腹足黄绿色,外侧有黑色斑。

【生活史】

1年发生1代,以卵越冬。越冬卵3月下旬至4月下旬孵化,幼虫7月危害最严重,8月上中旬老熟幼虫在寄主及附近杂草、灌木枝叶上化蛹,8月下旬至9月下旬羽化产卵进行越冬期。

【生活习性】

成虫产卵在树干缝中,平铺成块。初孵幼虫有群居性,3龄后分散取食,幼虫喜在小枝条上身体平直栖居。蛹黄色,有黑色条纹及斑点。

【防治措施】

参照四月尺蛾。

(二十)夜蛾科 Noctuidae

杨梦尼夜蛾

【林业有害生物名称】 杨梦尼夜蛾

【拉丁学名】 *Orthosia incerta* Hüfnagel

【分类地位】 鳞翅目夜蛾科

【分布】 在中国内分布在内蒙古大兴安岭、吉林、新疆、宁夏、黑龙江、陕西及浙江等地。

【寄主】 杨、柳、榆、栎、山楂、刺槐、海棠、苹果、樱桃、桃、杏、月季等。

【危害】 初孵幼虫钻蛀芽苞和幼果,展叶后初龄幼虫在叶背取食叶肉,叶残留上表皮。

【识别特征】

成虫 雌体长14~19 mm,翅展41~43 mm。头、胸灰褐色,腹部褐黄色;触角丝状。雄虫触角栉齿状。前翅灰褐色,前缘较灰,环纹、肾纹棕色,边缘灰色。外横线锯齿形,亚外缘线浅黄色,内侧衬黑棕色。后翅暗褐色。

卵 扁圆球形,长径约1 mm。初产呈乳黄色,后渐变灰白色,孵化时深灰色。中央有1个褐色斑,卵壳上有明显的放射状纵脊线。

幼虫 初孵幼虫头部和胸部黑色,体灰白色,2龄后呈绿色,老熟幼虫体长40 mm,绿色,气门上线和亚背线为黄白色,背线为白色,体表光滑。

蛹 红褐色,体长16~20 mm、宽6~7 mm,末端有1个粗突起,上面着生2根较细的"八"字形臀棘。

【生活史】

1年发生1代,以蛹在土壤中越冬。翌年3月上旬成虫羽化产卵,5月中下旬是卵孵化高峰期。幼虫期约1个月。幼虫6月下旬化蛹,进入越夏越冬期,长达9个月。

【生活习性】

成虫 3月上旬成虫羽化,夜间飞翔交尾。趋光性很强。

卵 多成堆产在树干上、枝条的疤痕或粗皮处,向阳面较多。卵期约30 d。

幼虫　初孵幼虫有钻蛀芽苞和幼果的习性。展叶后初龄幼虫仅在叶背取食叶肉,叶残留上表皮。1～2龄幼虫遇惊有吐丝下垂逃跑习性,还可借风传播。幼虫共5龄,昼夜取食,畏光。幼虫期约1个月。

蛹　以蛹在土壤中越夏越冬,长达9个月。

【防治措施】

(1)利用成虫趋光性,采取灯光诱杀。

(2)利用其初龄幼虫遇惊有吐丝下垂逃跑习性,采取人工摇枝振落,捕而杀之。

(3)喷洒BT800倍液、3%苯氧威2 000倍液、1.2%苦·烟800倍液防治幼虫。

彩剑夜蛾

【林业有害生物名称】　彩剑夜蛾

【拉丁学名】　*Calogramma festiva*(Danovan)

【分类地位】　鳞翅目夜蛾科

【分布】　2015年有害生物普查时,在河南省南阳市西峡县发现。

【寄主】　栎树、山蒜、百合等。

【危害】　栎树的嫩叶,并转移危害山蒜和百合。

【识别特征】

成虫　全体粉黄色,头、颈板及翅基片有血红色斑,前翅有许多血红色和黑色斑纹,外线比较完整,为两条血红色曲折线,外侧有红黑色相间的斑,但在M_2脉处间断;后翅色淡。

幼虫　棕色,老熟幼虫体长47～53 mm;前端较细头部墨绿色,傍额区褐色;身体背面褐色,具有灰色不规则斑纹,腹面绛红色,背线黄色,中胸与后胸以及第二至第九腹节亚背面各有一黑色"一"字形纹,第二至第八腹节气门前上方各有一块黑斑,臀板黑色,胸足黑色,腹足外侧有一黑斑,气门黑色。

【生活习性】

目前调查到成虫7月、8月出现,有趋光性。幼虫4月、5月与几种栓皮栎尺蛾混同发生,危害栓皮栎树的嫩叶,7月、8月和栎粉舟蛾混同发生,并转移危害山蒜和百合。老熟幼虫入土化蛹。

【防治措施】

结合防治几种栓皮栎尺蛾和栎粉舟蛾,兼治此虫。

大地老虎

【林业有害生物名称】　大地老虎

【拉丁学名】　*Agrotis tokionis* Butler

【分类地位】　鳞翅目夜蛾科

【分布】　河南省各地均有发生。

【寄主】　食性杂,危害多种树木和作物。

【危害】　幼虫咬食幼苗的嫩茎叶,使整株死亡,常给苗圃造成严重的经济损失。

【识别特征】

成虫　体长 20 ~ 22 mm,翅展 45 ~ 48 mm,头部、胸部褐色,下唇须第 2 节外侧具黑斑,颈板中部具黑横线 1 条。腹部、前翅灰褐色,外横线以内前缘区、中室暗褐色,基线双线褐色达亚中褶处,内横线波浪形,双线黑色,剑纹黑边窄小,环纹具黑边圆形褐色,肾纹大具黑边,褐色,外侧具 1 黑斑近达外横线,中横线褐色,外横线锯齿状双线褐色,亚缘线锯齿形浅褐色,缘线呈一列黑色点,后翅浅黄褐色。

卵　半球形,卵长 1.8 mm、高 1.5 mm,初淡黄后渐变黄褐色,孵化前灰褐色。

幼虫　老熟幼虫体长 41 ~ 61 mm,黄褐色,体表皱纹多,颗粒不明显。头部褐色,中央具黑褐色纵纹 1 对,额(唇基)三角形,底边大于斜边,各腹节 2 毛片与 1 毛片大小相似。大地老虎气门长卵形黑色,臀板除末端 2 根刚毛附近为黄褐色外,几乎全为深褐色,且全布满龟裂状皱纹。

蛹　长 23 ~ 29 mm,初浅黄色,后变黄褐色。

【生活史】

每年发生 1 代,以 3 ~ 6 龄幼虫在土表或草丛潜伏越冬,越冬幼虫在 4 月开始活动危害,6 月中下旬老熟幼虫在土壤 3 ~ 5 cm 深处筑土室越夏,越夏幼虫危害至 8 月下旬化蛹,9 月上旬羽化为成虫产卵,9 月中旬幼虫孵出,危害至 10 月中下旬进入越冬。

【生活习性】

成虫　白天栖草丛中及阴暗处,夜出活动,有趋光性和趋化性。

幼虫　初龄幼虫在叶片上栖居危害,5 龄后移居土下,昼伏夜出。越夏幼虫对高温有较高的抵抗力,但由于土壤湿度过干或过湿,或土壤结构受耕作等生产活动田间操作所破坏,越夏幼虫死亡率很高。如气温上升到 6 ℃ 以上时,越冬幼虫仍活动取食,抗低温能力较强,在 - 14 ℃ 情况下越冬幼虫很少死亡。

卵　散产于土表或生长幼嫩的杂草茎叶上,每雌产卵量 648 ~ 1 486 粒。

蛹　幼虫老熟后钻入土中 6 ~ 9 cm 深做室化蛹。

【监测预报】

对成虫的测报可采用黑光灯或蜜糖液诱蛾器,在华北地区春季自 4 月 15 日至 5 月 20 日设置,如平均每天每台诱蛾 5 ~ 10 头以上,表示进入发蛾盛期,蛾量最多的一天即为高峰期,过后 20 ~ 25 d 即为 2 ~ 3 龄幼虫盛期,为防治适期;诱蛾器如连续两天在 30 头以上,预兆将有大发生的可能。对幼虫的测报采用田间调查的方法,如定苗前每平方米有幼虫 0.5 ~ 1 头,或定苗后每平方米有幼虫 0.1 ~ 0.3 头(或百株蔬菜幼苗上有虫 1 ~ 2 头),即应防治。

【天敌】

地老虎的天敌较多,如中华广肩步行虫、甘蓝夜蛾拟瘦姬蜂、夜蛾瘦姬蜂、螟蛉绒茧蜂、夜蛾土茧寄生蜂、伞裙追寄生蝇、黏虫侧须寄生蝇、饰额短须寄生蝇。此外,有虻、蚂蚁、蚜狮、螨、蟾蜍、鼬鼠、鸟类及若干种类的细菌、真菌和颗粒病毒等。

【防治措施】

(1)除草灭虫。早春播种或用幼嫩苗木造林前,进行深耕细耙,可消灭部分卵、幼虫和杂草。

（2）诱杀成虫。利用糖醋酒液或甘薯发酵液诱杀；或用苜蓿、灰菜等柔嫩多汁的鲜草，每25～40 kg鲜草拌90%敌百虫250 g，加水0.5 kg，用225 kg/hm²，黄昏前堆放在苗圃地上诱杀。

（3）轮作灭虫。实行水旱轮作可消灭多种地下害虫，在地老虎发生后及时进行灌水可收到一定效果。

（4）捕杀幼虫。清晨在受害苗周围，或沿着残留在洞口的被害茎叶，将土扒开3～5 cm深即可发现幼虫或在幼虫盛发期的傍晚16～22时捕杀幼虫。

（5）药剂防治。推荐使用15%蓖麻油酸烟碱乳油3 000倍液泼浇，可杀死地下各种地老虎幼虫；或用该药的150倍液拌麦麸、饼粉配成毒饵，每公顷圃地撒毒饵150～225 kg，防治幼虫。

高山翠夜蛾

【林业有害生物名称】 高山翠夜蛾

【拉丁学名】 *Daseochaeta aplium*（Osbeck）

【分类地位】 鳞翅目夜蛾科

【分布】 在河南分布于南阳、焦作、洛阳、信阳、济源等地。

【寄主】 栎树、桦树等。

【危害】 栎树、桦树叶片。

【识别特征】

成虫 体长13 mm左右，翅展33 mm左右，体绿色。前翅前缘脉基部有1个黑斑，内横线为1条黑带，环形纹黑色，后端为一白点；中横线黑色锯齿形，肾形纹白色，中央及内缘各有1条黑色弧线；外横线双线黑色，呈不规则锯齿形。后翅黑棕色，翅中部有1条隐约的黑线，臀角有2条白纹。腹部黑棕色，背面有1列黑毛簇。

幼虫 老熟幼虫体长26～31 mm；头黄褐色，布满不规则黑斑，头顶两侧隆起，灰黄色；体灰褐色，腹部第一、第三、第六节背部中央有扁圆形白斑；各体节有较长的暗黄色毛簇，第八节亚背面有白斑1对，胸足黑色，腹足暗黄色，端部黑色。

【生活习性】

以蛹越冬。生活史不详。幼龄幼虫群居，老熟后分散，受害叶片呈孔洞。成虫白天潜伏叶丛间、石缝中、杂草内，夜晚活动，有趋光性。

【防治措施】

参考栎黄掌舟蛾。

栗皮夜蛾

【林业有害生物名称】 栗皮夜蛾

【拉丁学名】 *Characoma ruficirra* Hampson

【分类地位】 鳞翅目夜蛾科

【分布】 分布于山东、河北、河南、江西等省。

【寄主】 栗、栎类。

【危害】 幼虫蛀食果实,板栗采收季节,如遇阴雨连绵,被害栗果容易霉烂变质。

【识别特征】

成虫 体长 8～10 mm,前翅长 8～10 mm,体淡灰黑色。前翅银灰色,基部灰黑色,亚基线为平行的黑色双线,内横线细波状,其内侧呈灰色宽横带,中横线在后缘上方向内屈折与内横线相连。外横线屈折。内、外横线之间灰白色,近前缘处具灰黑色半圆形大斑,外横线近后缘上方外侧有灰黑色椭圆形斑点,十分明显。后翅淡灰色。

卵 半球形,直径 0.6～0.8 mm,顶端有圆形突起,周围有放射隆起线。初产时乳白色,后变橘黄色,孵化前灰白色。

幼虫 老熟幼虫体长约 15 mm,青绿色,背面和两侧隐约可见 3 条灰色纵带。头部、前胸盾和背板深褐色。体节上有明显褐色毛片,腹部各节背面有 4 个毛片,排列呈梯形。

蛹 长约 10 mm,白色,后褐色渐变黑,体较粗短,体节间带白粉。茧坚固密封,纺锤形,长约 13 mm。

【生活史】

1 年发生 3 代,以蛹在落地栗苞刺间的茧内越冬,各代发生期见下表。

栗皮夜蛾各发生期表

代 别	虫态及发生期			
	卵	幼虫	蛹	成虫
第一代	5 月中旬至 6 月下旬	5 月下旬至 7 月中旬	6 月下旬至 8 月上旬	7 月上旬至 8 月中旬
第二代	7 月上旬至 8 月下旬	7 月中旬至 9 月上旬	8 月中旬至 9 月中旬	8 月下旬至 10 月上旬
第三(越冬)代	8 月下旬至 10 月上旬	9 月上旬至 11 月下旬	10 月中旬至 翌年 6 月上旬	次年 5 月上旬 至 6 月中旬

【生活习性】

成虫 一般羽化后 3 d 进行交尾,白天潜藏在阴凉处,夜间活动交尾产卵。雄蛾有趋光性。

卵 第一代卵多产在栗苞的刺束内,第二代卵多产于栗苞蓬刺上端和橡子刺苞上。

幼虫 孵化后,开始取食苞刺、苞皮至苞肉,3 龄后蛀入栗实,粪便堆积在蛀入孔附近的丝网上,被害栗苞苞刺变黄干枯。老熟后,爬出栗实在栗柄、刺束或粪便堆积处吐丝结茧化蛹。第二代幼虫孵化后先啃食蓬刺,以后渐向蓬苞皮层蛀食。栗苞被害后,顶端呈放射状裂开,露出栗实,粪粒和丝堆粘在苞上,易于识别。

【发生与危害规律】

山下、山中比山上受害严重;纯林受害比混交林、散生栗树重;短冠栗树受害比高冠栗树重;同一株栗树以中下部受害重。

【防治措施】

(1)生物防治。栗皮夜蛾 1 代、2 代的幼虫,3 龄以前都在栗苞外危害,此时可用"7216"菌粉(每克含活孢子 100 亿)100 倍液,进行高射喷雾,重点喷栗树的中、下部栗苞。

（2）药剂防治。对 3 龄前幼虫,可用 1.2% 苦·烟乳油 800 倍液或 10% 啶虫脒乳油 2 000 倍液等喷杀。

（3）冬季彻底清净园地落地栗苞,集中处理,可以减少越冬虫源。

细皮夜蛾

【林业有害生物名称】 细皮夜蛾

【拉丁学名】 *Selepa celtis* Moore

【分类地位】 鳞翅目夜蛾科

【分布】 分布于河南、广东、江苏、浙江、福建、江西、湖北、四川、广西等省。

【寄主】 板栗、梨、大叶紫薇等。

【危害】 幼虫将叶片食成孔洞、缺刻,或将叶肉食光只剩叶脉。

【识别特征】

成虫 雄虫体长 8 ~ 9 mm,翅展 20 ~ 22 mm;雌虫体长 9 ~ 11 mm,翅展 24 ~ 26 mm。前翅灰棕色,中央有一螺形圈纹,圈中有 3 个较明显的鳞片突起,近中央的 1 个呈灰白色,其余 2 个棕色。近臀角处亦有 3 个明显的棕色鳞片小突起。后翅灰白色。

卵 孢子形,直径和长分别约为 0.25 mm,淡黄色。顶部中央有小圆形凹陷。

幼虫 老熟幼虫体长 14 ~ 22 mm,黄色。腹部第二至第六节侧面各有 1 个黑点,至后期各成为 2 个黑点;腹部侧面有 2 条灰色纵纹。

蛹 椭圆形,长 8.5 ~ 11 mm,呈米黄色。腹部正面第六节、背面第九节各有 1 列纵行脊突。茧长 15 ~ 20 mm,椭圆形。

【生活史】

在河南一年发生 4 ~ 5 代,以蛹越冬。次年 4 月下旬成虫羽化产卵,5 月上旬幼虫孵化,6 月上旬第一代幼虫老熟化蛹,6 月中旬成虫羽化产卵,6 月下旬幼虫孵化,7 月中旬第二代幼虫老熟化蛹,7 月下旬成虫羽化产卵,8 月上旬幼虫孵化,危害至 8 月底第三代幼虫老熟化蛹,9 月上旬成虫羽化产卵,9 月中旬幼虫孵化,危害至 10 月上旬第四代幼虫老熟化蛹进入越冬,还有少部分进入第五代,于 11 月初化蛹越冬。

【生活习性】

成虫 以下半夜羽化较多,羽化后第二晚或第三晚交配产卵,成虫有趋光性,并有取食糖水和露水的习性。雌蛾产卵量为 37 ~ 127 粒,平均 72 粒。成虫寿命 4 ~ 10 d。

卵 一般一雌产一卵块。卵绝大部产于叶面,少数产于叶背,卵近孵化时变为灰黄色,卵期为 8 ~ 10 d。

幼虫 群集性很强,除末龄幼虫稍有分散外,同一卵块孵化的幼虫始终群集取食。幼虫共 5 龄。幼虫期 13.5 ~ 19 d。在日平均气温在 26 ℃ 条件下,1 ~ 4 龄幼虫发育历期均为 3 d,5 龄 3.5 ~ 4.5 d。1 ~ 4 龄幼虫仅取食叶背表皮层及叶肉,5 龄幼虫则将叶片食成孔洞、缺刻,或将叶肉食光只剩叶脉。

蛹 老熟幼虫在树叶上到处爬动,寻找结茧场所,绝大部分幼虫跌落地面,依土粒或其他碎物结薄茧化蛹,少数在树枝上结茧。蛹的历期除越冬代外,其余各代 8 ~ 10 d。完成 1 代需 35 ~ 45 d。

【发生与危害规律】

河南在 6 月下旬到 8 月下旬,夏季高温季节发生比较严重。

【天敌】

幼虫期主要天敌有螳螂、胡蜂和蚂蚁。

【防治措施】

(1)利用幼虫群集危害的习性,剪除有虫枝叶,集中处理。

(2)树冠均匀喷洒 26% 阿维灭幼脲Ⅲ号或 3% 苯氧威乳油 2 000 倍液,可喷洒 2 ~ 3 次,每次间隔 7 ~ 10 d。

男夜蛾

【林业有害生物名称】　男夜蛾

【拉丁学名】　*Ericeia inangulata*(Guenee)

【分类地位】　鳞翅目夜蛾科

【分布】　2015 年有害生物普查时,在河南省南阳市发现。

【寄主】　栎、杨、灌木等。

【危害】　树木叶片。

【识别特征】

成虫　体长约 18.5 mm,翅展约 39 mm。全体灰褐色,触角丝状与体同色;前翅内、外线不很完整,褐色波浪形,肾纹褐色,顶角有一黑色内斜线,线前又有一灰色波浪纹,翅外缘有 1 列褐点;后翅外线及亚端线均为双线波浪形,外缘有 1 列褐点。成虫标本保存不易褪色。

幼虫　老熟幼虫体长 50 ~ 55 mm;前端较细,腹部第一至第三节常弯曲成桥形,第一对腹足极小,第二对次之;头部灰黄色,头顶每侧有一白斑点,侧面有黑色不规则网纹;身体灰黄色或灰黑色,满布黄褐色或黑色斑纹,腹线黑色,臀板黄褐色,有斑点,胸足黄褐色。

【生活习性】

幼虫白天多栖于植株下部,将身体伸直紧贴于枝条上,与树枝颜色相仿,不易被发现,老熟幼虫将叶片聚成一苞,在其中化蛹,蛹期在 8 月上旬,约 10 d。成虫 8 月中下旬出现,白天潜伏,夜晚活动,有趋光性。

【天敌】

注意保护黄鹂、家燕、灰山椒鸟、山雀、斑鸠、灰喜鹊等鸟类、步甲、微小花蝽、螳螂、黑马蚁、猎蝽、赤眼蜂、草蛉、周氏啮小蜂等天敌。

【防治措施】

(1)利用灯光诱杀成虫。

(2)8 月上旬老熟幼虫在寄主树上将叶聚苞于内化蛹,易于发现,可组织人力采摘蛹苞。

(3)幼虫发生期,在树枝干部位,每隔 10 d 喷洒 1 次 3% 苯氧威乳油 2 000 倍液,毒杀幼虫,视其虫情,喷洒 2 ~ 3 次。

苹梢鹰夜蛾

【林业有害生物名称】 苹梢鹰夜蛾

【拉丁学名】 *Hypocala subsatura* Guenee

【分类地位】 鳞翅目夜蛾科

【别名】 苹果梢夜蛾

【分布】 全国大部分地区有分布。

【寄主】 柿、苹果、栎等。

【危害】 幼虫将梢部叶片纵卷危害。

【识别特征】

成虫 体长约 16 mm,翅展约 30 mm。下唇须发达,如鸟嘴。腹部、前翅反面及后翅,为黑黄两色构成的花纹。腹部各节间黄色,后翅有 2 个黄色圆斑,中后有一黄色回形条纹,臀角有 2 个小黄斑。

卵 馒头形,浅黄色,表面有放射状纹。

幼虫 老熟幼虫体长约 36 mm;前端与后端粗细相似,4 对腹足及臀足均正常发达;头部黄褐色,有不明显的暗褐斑,额及上唇黑褐色;身体黑色,前胸盾黑色,上有黄褐斑,中胸背面有 4 个不规则的小黄斑,胸足外侧黑褐色,腹足黄色,外侧基部具有黑斑。

蛹 体长 14～20 mm,红褐色,呈纺锤形,腹部末端较圆,有尾刺 4 个,刺端稍弯。

【生活史】

1 年发生 1～2 代,以老熟幼虫入土做茧越冬(少数个体当年化蛹,继续发生第二代)。翌年 5 月成虫出现产卵,5 月下旬第一代幼虫开始危害。9 月中下旬幼虫老熟后入土做茧化蛹。

【生活习性】

成虫 翌年 5 月成虫出现,有趋光性。

卵 以块状产在枝梢顶端嫩叶上,单雌产卵 100～150 粒。

幼虫 第一代幼虫开始危害苹果嫩梢顶端叶片。幼虫长大后将梢部叶片纵卷危害。幼虫活泼,稍受惊动即从卷叶中脱出落地,并有转梢危害习性。

蛹 以老熟幼虫入土做茧越冬。

【防治措施】

(1)人工振树,收集幼虫,集中杀死。

(2)幼虫发生前期,喷洒 3% 苯氧威乳油 2 000 倍液或 1.2% 苦·烟乳油 800 倍液进行防治。

长冬夜蛾

【林业有害生物名称】 长冬夜蛾

【拉丁学名】 *Cucullia elongata* (Butler)

【分类地位】 鳞翅目夜蛾科

【分布】 2015 年有害生物普查时,在河南省南阳市内乡县发现。

【寄主】 栎、山茱萸、栗、银杏、山楂等。

【危害】 寄主叶片,常将寄主吃成光杆。

【识别特征】

老熟幼虫体长 40~42 mm;头黑色,有不规则的黑色斑;体粉绿色,背线黄色,亚背线为黑色宽带,气门上线为黑色细带,两线间翠绿色,气门线粉绿色,气门下线黑色,腹面淡黄色,气门筛黄色,围气门片黑色,刚毛黑色,胸足黄绿色,腹足深绿,端部黄褐色。

【生活习性】

幼虫散居,危害寄主叶片,常将寄主吃成光杆,幼虫老熟在寄主附近入土吐丝做室,茧较厚,以蛹越冬。成虫 5 月及 7~8 月发生,有趋光性。

【防治措施】

(1)秋后深翻树盘和刮粗翘皮杀灭越冬蛹。

(2)26% 阿维灭幼脲 3 号悬浮剂 2 000 倍液、3% 苯氧威乳油 2 000 倍液、1.2% 苦·烟乳油 800 倍液防治幼虫。

黄夜蛾

【林业有害生物名称】 黄夜蛾

【拉丁学名】 *Xanthodes malvae* Esper

【分类地位】 鳞翅目夜蛾科

【分布】 分布于河南南阳、许昌、郑州等地。

【寄主】 锦葵、豆类、杨、柳、栎等。

【危害】 树木叶片和嫩梢。

【识别特征】

小型黄蛾。体长 9~12 mm,翅展 25~28 mm。头部黄白色,触角丝状与体同色;胸部黄色,腹部淡褐黄色;前翅黄色,内横线褐色呈波浪形,肾形纹为褐色椭圆形圈,外横线褐色外弯,外缘有 2 个小黑斑;后翅黄色。

【生活特性】

成虫 6 月、7 月出现,白天潜伏,夜晚活动,对月光和灯光有趋性。

【防治措施】

参考苹梢鹰夜蛾。

果红裙扁身夜蛾

【林业有害生物名称】 果红裙扁身夜蛾

【拉丁学名】 *Amphipyra pyramidea* (Linnaeus)

【分类地位】 鳞翅目夜蛾科

【别名】 黑带夜蛾

【分布】 分布于河南等地。

【寄主】 桃、梨、杏、苹果、海棠、樱桃、葡萄、核桃、栎、桦、杨、枫杨、柳、榆等。

【危害】 幼虫取食叶片也啃食果皮。

【识别特征】

成虫　体长 20～27 mm,翅展 50～63 mm,暗紫褐色,头部色略浅,触角丝状。前翅暗褐色稍紫,基线曲折黑色;内线双条锯齿状,一条灰褐色,另一条黑色,其间白色;外线为双条锯齿状,一条黑色,另一条灰白色,其间白色;亚端线细锯齿状,黑褐色衬以灰白色;外缘白色,脉间各具黑点 1 个;外线至外缘间色浅;环纹椭圆形,灰白色,前方一黑斑伸至外线处。后翅红褐色,前缘色暗。

幼虫　体长 39～42 mm,浅黄绿色,头部苍白绿色,头顶、前头和上颚青白色。背线白色;亚背线黄白色,中胸后各节呈细斜纹,其左右有小黑点。第八腹节背面具一锥形大突起,似尾角,略向后倾,尖端硬化红褐色。胸足、腹足俱全。

蛹　长 30 mm,赤褐色。

【生活习性】

1 年发生 1 代。以初龄幼虫在伤疤、皮缝、枝杈及缝隙等处越冬。翌年春 4～5 月陆续出蛰,取食叶片也啃食果皮,发生期不整齐,5 月下旬至 7 月陆续老熟,吐丝缀叶于内结茧化蛹,6～9 月相继羽化,10 月初在林地还可偶见成虫。成虫夜间活动,交配、产卵。初孵幼虫稍加取食后便寻找适宜场所越冬。

【防治措施】

(1)在幼虫时树冠喷洒核多角体病毒(AciNPV)2.5×10^{10} 个/亩,或喷洒含 3 亿孢子数/mL 的 BT 乳剂防治。

(2)26% 阿维灭幼脲Ⅲ号悬浮剂 2 000 倍液、3% 苯氧威乳油 2 000 倍液、1.2% 苦·烟乳油 800 倍液防治幼虫。

蔷薇扁身夜蛾

【林业有害生物名称】　蔷薇扁身夜蛾

【拉丁学名】　*Amphipyra perflua* (Fabricius)

【分类地位】　鳞翅目夜蛾科

【分布】　2015 年有害生物普查时,在河南南阳西峡、内乡县发现。

【寄主】　杨、柳、栎、榆等。

【危害】　幼虫危害树木叶片。

【识别特征】

成虫头、胸黑棕色;前翅外线以内黑棕色,外线以外淡棕色,内、外线双线锯齿形;后翅暗褐色;腹部暗褐色。幼虫灰绿色,第九节背面有隆起。

【生活习性】

成虫 7～10 月上旬均有发生,白天多在杨、柳树下及草丛间潜伏,不太活泼,夜晚活动,对月光和灯光有趋性。

【防治措施】

参考苹梢鹰夜蛾。

桦灰夜蛾

【林业有害生物名称】 桦灰夜蛾

【拉丁学名】 *Polia contigua*（Schiffermüller et Denis）

【分类地位】 鳞翅目夜蛾科

【分布】 2015 年有害生物普查时,在河南南阳发现。

【寄主】 桦、栎、榛、杨、柳、菊、杨梅、枸杞等。

【危害】 以幼虫危害树木叶片。

【识别特征】

小型灰蛾。体长约 13 mm,翅展约 31 mm。触角丝状与体同色。头、胸灰色;前翅灰色带褐,基剑纹和中剑纹黑色,环纹灰白色,其后方有一灰色斜斑,内线、外线及亚端线双线,线间灰白色,亚端线中部两侧有黑尖齿;后翅淡褐色;腹部灰褐色。幼虫暗绿黄色,背面有"V"形暗纹。

【生活习性】

成虫 7~9 月均有发生,白天潜伏,夜晚活动,有趋光性。

【防治措施】

参考苹梢鹰夜蛾。

（二十一）天蛾科 Sphingidae

栗六点天蛾

【林业有害生物名称】 栗六点天蛾

【拉丁学名】 *Marumba sperchius* Ménéntries

【分类地位】 鳞翅目天蛾科

【分布】 在河南分布于南阳、安阳、洛阳、济源、驻马店等地。

【寄主】 栗树、槲栎、核桃树等。

【危害】 以幼虫蚕食叶片。

【识别特征】

成虫 体长约 45 mm,翅展 100~125 mm,大型蛾子,体粗壮,纺锤形,末端尖。复眼明显;喙发达;触角棍棒状,末端尖细弯曲成小钩,与体同色。体翅淡褐色。前翅大而狭,外缘齿状,黄褐色细边,具 6 条暗褐色条纹,后角处有 1 个白斑,其中包括 2 个暗褐色圆斑。后翅黄褐色,无斑纹。

幼虫 老熟幼虫体长 75~85 mm。头近三角形,与体同色,额区深绿色;体黄绿色,胸部有刺状颗粒,各节有 7~8 个小环,身体两侧各有 7 条淡黄色斜纹,腹部第一节上的斜纹呈"丁"字形。第六节上的斜纹直达尾角,尾角长 11 mm,绿色,有白色颗粒,气门白色。

【生活习性】

1 年发生 2 代,以蛹在地面茧中越冬。翌年 5 月羽化成虫,第二代成虫 8 月出现。成虫具趋光性。7~10 月幼虫蚕食叶片。卵散产于叶片背面,卵期 7~10 d。

【天敌】

有赤眼蜂、螳螂等。

【防治措施】

(1)黑光灯诱杀成虫。

(2)锄草或翻地杀蛹。

(3)保护利用天敌。

(4)喷洒3%苯氧威乳油2 000倍液、26%阿维灭幼脲Ⅲ号悬浮剂2 000倍液、1.2%苦·烟乳油1 000倍液、BT制剂800倍液防治幼虫。

鹰翅天蛾

【林业有害生物名称】 鹰翅蛾

【拉丁学名】 *Oxyambulyx ochracea* (Butler)

【分类地位】 鳞翅目天蛾科

【分布】 在河南分布于南阳、洛阳、安阳、郑州、济源等地。

【寄主】 核桃、栎类等。

【危害】 树木嫩梢和叶片。

【识别特征】

成虫 翅展97~110 mm,体翅橙褐色。前翅具褐绿色波状纹,外缘线褐绿色,顶角向下弯曲呈弓状似鹰翅,翅基有褐绿色圆斑2个,近后角内上方有褐绿色斑及黑色斑。后翅橙黄色,有棕褐色中带及外缘带。

卵 黄色,孵化前呈深绿色。

幼虫 老熟幼虫体长68~75 mm;头黄绿色。呈圆锥形。体色粉绿,布满黄粉色斑点,背线淡黄色,体侧自前胸至腹部第七节有向后倾斜的黄色带状纹8条,最末一条直达尾角,尾角长13 mm,向后方直立,端部稍呈褐色,上布黑色微刺,杂有白色斑点,臀板上方有一较大的黄色区域,胸足棕色,爪黑色,腹足绿色,端部黄褐色,腹面青绿色。

【生活习性】

1年发生1~2代,幼虫入土做室化蛹越冬。越冬蛹6月中旬羽化,成虫有趋光性,产卵于寄主叶面,单产,初产卵黄色,孵化前呈深绿色。初孵幼虫头黄色,体粉绿色,周身多微刺,尾角细长。

【防治措施】

参考栗六点天蛾。

栎鹰翅天蛾

【林业有害生物名称】 栎鹰翅天蛾

【拉丁学名】 *Oxyambulyx liturata* (Butler)

【分类地位】 鳞翅目天蛾科

【分布】 在河南分布于南阳、三门峡等地。

【寄主】 栎树、核桃树等。

【危害】 树木嫩梢和叶片。

【识别特征】

成虫 翅展 130 mm 左右。体翅橙褐色,胸部两侧棕褐色。前翅内横线下方有绿褐色圆斑 1 个,亚外缘线褐绿色,后角近后缘有月形黑纹。后翅橙褐色,有暗褐色横带 2 条,顶角内散布褐色斑,前缘黄色。腹部背面中央有一褐色纵线,各节后缘有褐色横纹,腹面橙黄色。

【生活习性】

1 年发生 1 代,以蛹越冬。翌年成虫 5~6 月出现,趋光性强。

【防治措施】

参考栗六点天蛾。

核桃鹰翅天蛾

【林业有害生物名称】 核桃鹰翅天蛾

【拉丁学名】 *Oxyambulyx schauffelbergeri* (B. e. G.)

【分类地位】 鳞翅目天蛾科

【分布】 分布于河南南阳、洛阳、安阳等地。

【寄主】 核桃树、枫杨树、栎树等。

【危害】 树木叶片。

【识别特征】

成虫 翅展 98~105 mm。前翅基部前缘及下方有褐色圆形纹,外横线内侧有波状细纹,顶角弓形向后角弯曲,翅中间有 1 个棕色小斑。后翅茶褐色,满布暗褐色斑纹,前后翅反面橙褐色,散生暗色斑点。

【生活习性】

1 年发生 1 代,以蛹越冬。成虫 7 月出现,具趋光性。卵产于叶背面主脉附近。

【防治措施】

参考栗六点天蛾。

(二十二) 大蚕蛾科 Saturniidae(天蚕蛾科)

绿尾大蚕蛾

【林业有害生物名称】 绿尾大蚕蛾

【拉丁学名】 *Actias selene ningpoana* Felder

【分类地位】 鳞翅目大蚕蛾科

【别名】 燕尾水青蛾、大水青蛾

【分布】 全国大部分地区有分布。

【寄主】 杨、柳、乌桕、核桃、栗、栎、樟、喜树、苹果、梨、樱桃、杏、木槿、枫杨、白榆等。

【危害】 树木嫩芽和叶片。

【识别特征】

成虫　颜色鲜艳。体长 35～40 mm,翅展 122 mm 左右。体表具浓厚白色绒毛,头部、胸部、肩板基部前缘有暗紫色横切带。翅粉绿色,基部有白色绒毛;前翅前缘暗紫色,混杂有白色鳞毛;翅的外缘黄褐色;中室末端有眼斑 1 个;翅脉较明显,灰黄色。后翅也有一眼纹,后角尾状突出,长 40 mm。

卵　球形稍扁,直径约 2 mm。米黄色,上有胶状物将卵粘成堆。

幼虫　老熟幼虫体长 73～80 mm;头部绿褐色,头较小;体黄绿色,气门线以下至腹面浓绿色,腹面黑色;臀板中央及臀足后缘有紫褐色斑;第一至八腹节的气门线上边赤褐色,下边黄色;围气门片橙褐色,外围有淡绿色环;胸足棕褐色,尖端黑色;腹足端棕褐色,上部有黑色横带。

蛹　长径 45～50 mm,赤褐色,额区有 1 个浅黄色三角斑。茧灰褐色,长卵圆形,长径 50～55 mm、短径 25～30 mm。

【生活史】

1 年发生 2 代,在树上做茧化蛹越冬。越冬蛹 4 月中旬至 5 月上旬羽化、产卵。卵期 10～15 d。第一代幼虫 5 月上中旬孵化。幼虫共 5 龄,历期 36～44 d。老熟幼虫 6 月上旬开始化蛹,6 月中旬达盛期。蛹期 15～20 d。第一代成虫 6 月下旬至 7 月初羽化、产卵。卵期 8～9 d。第二代幼虫 7 月上旬孵化,危害至 9 月底 10 月初老熟幼虫结茧化蛹。越冬蛹期 6 个月。

【生活习性】

成虫　多昼伏夜出,有趋光性。

卵　产于寄主叶背,成堆。卵孵化率高,但不整齐。

幼虫　1 龄、2 龄幼虫有群集性,较活跃;3 龄以后逐渐分散取食。第一代茧与越冬茧结的部位略有不同,前者多数在树枝条上,少数在树干下部。

蛹　越冬茧基本在树干下部分叉处或地被物上。茧外都有寄主叶包裹。

【天敌】

卵期有赤眼蜂寄生。

【防治措施】

(1)人工捕杀幼虫和摘茧。

(2)黑光灯诱蛾。

(3)应用 2 亿孢子数/mL 苏云金杆菌(BT),或 1 亿多角体/mL 核型多角体病毒致死虫尸液喷杀幼虫。

(4)应用 26% 阿维灭幼脲 3 号悬浮剂 2 000 倍液,或 3% 苯氧威乳油 2 000 倍液喷杀 3 龄以前幼虫。

(5)保护利用天敌。

银杏大蚕蛾

【林业有害生物名称】　银杏大蚕蛾

【拉丁学名】　*Dictyoloca japonica* Moore

【分类地位】 鳞翅目大蚕蛾科

【别名】 白果蚕、白毛虫、漆毛虫、核桃楸大蚕蛾

【分布】 全国各地均有分布。

【寄主】 银杏、核桃、漆树、栗、栎、枫杨、楸、榛、榆、柳、柿、李、梨、苹果等。

【危害】 树木叶片。

【识别特征】

成虫 雌体长 26~60 mm,翅展 95~150 mm;雄虫体长 25~40 mm,翅展 90~125 mm。体色不一。前翅内横线赤褐色,外横线暗褐色,两线近后缘处相近,中间形成宽阔的银灰色区;中室端部有新月形透明斑,斑在翅脊形成眼珠状,周围有白色、紫红色和暗褐色轮纹;顶角向前缘处有 1 个黑色半圆形斑;后角有一白色新月牙形纹。后翅从基部到外横线间有宽广的紫红色区,亚外缘线区橙黄色,外缘线灰黄色;中室端有 1 个大的圆形眼斑,中间黑色如眼珠,外围有 1 条灰橙色圆圈及 2 条银白色线圈;后角有 1 个新月形白斑。前后翅的亚外缘线由 2 条赤褐色的波状纹组成并相互连接。

卵 椭圆形,长径 2~2.5 mm。

幼虫 老熟幼虫体长 65~110 mm。体色有黑色型和绿色型 2 种,前者从气门上线至腹中线两侧均为黑色,其间夹有少而不规则的褐黄色小点;亚背部至气门上部各节毛瘤上有长短不一的刺毛。后者气门上线至腹中线两侧淡绿色。

蛹 黄褐色,雌蛹长 45~60 mm,雄蛹长 30~45 mm。腹末两侧各有臀棘 1 束。茧长 45~55~70 mm,黄褐色,长椭圆形,网状,丝质胶结坚硬。

【生活史】

1 年发生 1 代,以卵越冬。越冬卵 4 月下旬孵化,幼虫危害至 6 月中下旬老熟化蛹,8 月中旬成虫羽化,9 月中旬为羽化盛期,9 月下旬至 10 月上旬成虫产卵进入越冬。

【生活习性】

成虫 白天静伏,傍晚开始活动,飞翔力不强,趋光性不强,成虫寿命 5~7 d。

卵 产在茧内、蛹壳里、树皮下、缝隙间或树干上附生的苔藓植物丛中。产时,卵粒堆集成疏松的卵块。卵期 5~6 个月。

幼虫 1~2 龄幼虫群集叶片背面,头向叶缘排列取食,使叶片出现缺刻;耐寒力强。3 龄时较分散,活动范围扩大。4 龄、5 龄、6 龄分散活动,危害状明显,甚至吃光树叶。老熟时,多在树冠下部枝叶间缀叶结茧化蛹,常数条联结一处,挂在枝叶间累累易见。幼虫 5~6 龄,幼虫期 36~72 d。

蛹 历期 115~147 d。蛹 6 月下旬进入夏眠滞育状态,直到 8 月中旬以后才恢复活动、羽化、交尾、产卵。

【天敌】

有赤眼蜂、黑卵蜂、平腹小蜂、家蚕追寄蝇、黑点瘤姬蜂等。

【防治措施】

参考绿尾大蚕蛾。

柞蚕

【林业有害生物名称】 柞蚕

【拉丁学名】 *Antheraea pernyi* Guérin – Méneville

【分类地位】 鳞翅目大蚕蛾科

【分布】 柞蚕分布于东北、华北、华东、中南、西南各地。

【寄主】 栎属植物、核桃、樟树、山楂、山荆子、桦树、枫杨等。

【危害】 树木的叶片。

【识别特征】

成虫 雌蛾体长 35～45 mm,翅展 150～180 mm;雄蛾体长 30～35 mm,翅展 130～160 mm。蛾体橙黄色或黄褐色。翅基片、前胸前缘、前翅前缘均呈紫褐色,杂有白色鳞片;前后翅内横线白色,外侧紫褐色,外横线黄褐色,亚外缘线紫褐色,外侧白色;在顶角部白色明显,中央末端有较大透明眼状斑纹,圆圈外有白、黑、紫红轮廓。后翅眼纹四周黑线明显。

卵 椭圆形,略扁平。长 1.5～2 mm,灰白或乳白色,卵两端大小不一。

幼虫 长筒形。老熟幼虫头壳表面有许多半球形突起。胸、腹部两侧各具 1 条淡褐色或白色气门线,由前至后逐渐加宽。腹部腹面中央有 1 条红紫色纵线。亚背线、气门上线和下线均着生许多毛丛突起,体表还布有散生刚毛。

蛹 初化蛹时呈淡绿色,后变深褐色或浅褐色。雌蛹体长约 45 mm、宽 22 mm;雄蛹体长约 38 mm、宽 19 mm。

【生活史】

1 年发生 1 代,以蛹越冬。3～4 月上旬成虫羽化、产卵,4 月上中旬幼虫孵化,幼虫危害至 5 月中下旬老熟结茧化蛹,进入滞育,翌年 4 月羽化成虫。

【生活习性】

幼虫约经 40～52 d,经 4 眠(5 龄)发育成熟,吐丝结茧。刚蜕皮的幼虫喜食皮蜕,1～3 龄小蚕喜食嫩柞叶。4～5 龄壮蚕喜食适熟柞叶。幼虫还有直接饮水的习性。成虫、幼虫有较强的趋光性,特别是 1 龄柞蚕趋光性最强。此外,小蚕还有明显的群集性和向上性。幼虫有很高的警觉性,如遇敌害袭击,则头部左右摇摆,喀喀作响,吐出碱性胃液自卫。老熟幼虫选择适宜位置吐丝结茧,以茧蒂系缚住柞枝。

【防治措施】

参考绿尾大蚕蛾。

樟蚕

【林业有害生物名称】 樟蚕

【拉丁学名】 *Eriogyna pyretorum*(Westwood),樟蚕在我国有 3 个亚种:*E. pyretorum pyretorum* Westwood;*E. pyretorum cognata* Jordan;*E. pyretorum lucifera* Jordan。河南南阳发生的是 *E. pyretorum cognata* Jordan。

【分类地位】 鳞翅目大蚕蛾科

【别名】 枫蚕

【分布】 分布于东北、华北、华东、四川等地,河南主要发生在南阳、安阳、济源。

【寄主】 枫杨、樟、栎、栗、核桃、喜树、沙梨、乌桕、漆树、银杏、女贞等。

【危害】 树木叶片。

【识别特征】

成虫 呈颜色较鲜艳。体长 32 mm 左右,翅展 100 mm 左右。触角羽毛状。体翅灰褐色,前翅基部呈暗褐色,三角形。前后翅上各有一眼纹,外层为蓝黑色,内层外侧有淡蓝色半圆纹,最内层为土黄色圈,其内侧暗红褐色,中间为新月形透明斑,前翅顶角外侧有紫红色纹 2 条,内侧有黑短纹 2 条;内横线棕黑色,外横线棕色双锯齿形;后翅与前翅略相同,眼纹较小;胸部背腹面和末端密被黑褐色绒毛,腹部节间有白色绒毛环。

卵 乳白色,筒形,长径 2 mm。

幼虫 老熟幼虫体长 85～100 mm。头绿色。身体黄绿色;背线及亚背线、气门上线、气门下线及侧腹线部位每体节上有枝刺,顶端平,中央下凹,四周有褐色小刺,各体节之间色较深;胸足橘黄色,腹足略黄色,围气门片黑色。

蛹 体长 27～34 mm,深红褐色,纺锤形,全体坚硬;额区有 1 个不明显近方形浅色斑;有臀棘。茧灰褐色,长椭圆形。

【生活史】

1 年发生 1 代,以蛹在茧内越冬。翌年 2 月底开始羽化,3 月中旬为羽化盛期,3 月底成虫终见。3 月上旬开始产卵,卵期 10 d,最长 30 d。3 月中旬到 8 月为幼虫危害期,9 月上旬老熟幼虫结茧化蛹越冬。

【生活习性】

成虫 趋光性很强,飞翔力弱。白天产卵。

卵 成堆产于树干或树枝上,少数散产。每堆有卵 50 余粒,每雌一生可产卵 250～420 粒。卵块上密被黑绒毛。幼虫共 8 龄。

幼虫 1～3 龄幼虫具群集性,4 龄以后分散危害。幼虫受惊时,虫体紧缩,有转移取食习性。

蛹 老熟幼虫在树干或树干分杈处结茧化蛹。

【天敌】

有赤眼蜂、黑点瘤姬蜂、匙鬃瘤姬蜂、家蚕追寄蝇等。

【防治措施】

参考绿尾大蚕蛾。

(二十三)蛱蝶科 Nymphalidae

小红蛱蝶

【林业有害生物名称】 小红蛱蝶

【拉丁学名】 *Vanessa cardui* Linnaeus,异名 *Cynthia cardui* Linnaeus pyrameis cardui L.

【分类地位】 鳞翅目蛱蝶科

【别名】 赤蛱蝶、花蛱蝶、斑赤蛱蝶、姬赤蛱蝶、麻赤蛱蝶

【分布】 在河南分布于南阳、平顶山、驻马店、洛阳等地。

【寄主】 栎、杨、榆等。

【危害】 喜吸食柳大瘤蚜分泌的蜜汁及树木汁液。

【识别特征】

成虫 体长约 16 mm,翅展约 54 mm。前翅黑褐色,顶角附近有几个小白斑,翅中央有红黄色不规则的横带,基部与后缘密生暗黄色鳞片;后翅基部与前缘暗褐色,密生暗黄色鳞片,其余部分红黄色,沿外缘有 3 列黑斑,内侧一列最大,中室端部有一褐色横带。卵椭圆形,绿色,表面有 16 条纵脊。

幼虫 体暗褐色,背线黑色,亚背线黄色、褐色、黑色相杂;气门下线较粗,黄色,有瘤状突起;腹面淡赤色;体上有 7 列黑色短枝刺。头略带方形,毛瘤小。

蛹 圆锥形,背面高低不平,腹部背面有 7 列突起,以亚背线突起最大。

【生活习性】

以卵越冬,成虫在 9 ~ 10 月大量出现,喜吸食柳大瘤蚜分泌的蜜汁及树木汁液。

【防治措施】

一般不能造成大的危害,不进行防治。

柞栎蛱蝶

【林业有害生物名称】 柞栎蛱蝶

【拉丁学名】 *Phalanta phalanta* Drury

【分类地位】 鳞翅目蛱蝶科

【别名】 母生蛱蝶

【分布】 该蝶分布于广东、台湾等地,河南在南阳发现。

【寄主】 柞、栎、栗、杨、枫杨等。

【危害】 成虫吸食花蜜,幼虫喜食嫩叶。

【识别特征】

成虫 体长 15 ~ 20 mm,翅展 45 ~ 60 mm。翅背面黄橙色,斑纹黑色。前翅中室中部和端部各有 2 条纵向波状纹;中室外各室有 3 个斑纹;自前缘顶角处至 Cu_2 脉间,连接外缘有 1 条较粗的波状纹,与外边的 1 条细线及 1 列由三角形斑纹组成的缘线相会合。后翅中室中有 1 个新月形小斑;在中室端附近及上、下有 6 个新月形小斑;中线较细,外面有 4 个较大的椭圆形斑点;边缘线由三角形斑组成。

卵 高馒头形,直径约 0.6 mm。初产时淡黄色,孵化时变成灰黄色。卵壳有纵向隆起脊,各线间又有横纹若干条,形成许多小方格。

幼虫 老熟幼虫体长 20 ~ 29 mm,体呈圆筒形,中间稍粗,表面光滑,淡棕色或褐色,临近化蛹时变成叶绿色。有 6 条纵向排列的黑色棘刺,每根棘刺长 4 ~ 5 mm,上生约 1 mm 长的小刺若干根,棘刺基部为淡黄色圆斑。头部无棘刺,棕色;两颊黑色;额白色。气门椭圆形,黑色,周围有 1 圈白环。气门下线白色。蛹长 14 ~ 18 mm。头顶平直。背面胸、腹部连接处微凹陷。体色绿色。在亚背线位置,从头至尾排有 10 对由金、银、红、黑 4

色组成的瘤状突起,瘤的表面光滑。

蛹 体前翅前缘处微隆起,也由金、银、红、黑 4 色组成,外缘中部有金银色的瓜子形斑纹,斑纹四周红色。臀棘黑色,端部着生钩刺。

【生活习性】

1 年发生多代。卵散产在嫩芽、嫩叶或有嫩叶的叶柄和枝条上。成虫吸食花蜜以 12～16 时为盛。幼虫喜食嫩叶,傍晚、早晨和 15 时为取食高峰。3 龄后的幼虫,还爬到小枝或与体色相似的枯枝、枯叶下栖息;受惊时身体卷缩,吐丝下垂。末龄幼虫吐丝做垫,用尾足钩在丝垫上化蛹。纯林或林地周围的刺篱子多,则发生多。

【天敌】

有多种蜘蛛、善飞狭额寄蝇、大腿蜂、广腹螳螂、蚂蚁等。

【防治措施】

(1)因地制宜选择多树种营造混交林,培植保护天敌的蜜源植物,同时结合抚育清除引诱物。

(2)人工摘除卵块、蛹、虫苞或捕捉老龄幼虫及群集期的幼龄幼虫。

(3)保护和利用天敌。

(4)用 100 亿/g 孢子数青虫菌、苏云金杆菌 800～1 000 倍液,或 1 亿～2 亿/mL 的白僵菌孢子悬浮液,或 3% 苯氧威乳油 2 000 倍液,或 1.2% 杀苦·烟乳油 1 000 倍液,或 26% 阿维灭幼脲 3 号胶悬剂 2 000 倍液,喷雾防治。

三、同翅目 Homoptera

(一)蚜科 Aphididae

板栗大蚜

【林业有害生物名称】 板栗大蚜

【拉丁学名】 *Lachnus tropicalis*(Van der Goot)

【分类地位】 同翅目蚜科

【别名】 栗大蚜

【分布】 在全国各地均有分布,河南南阳主要发生在西峡、内乡、南召等县。

【寄主】 板栗、柞、麻栎等。

【危害】 成虫及若虫聚集新梢、栗苞、果梗吸食汁液,使枝梢枯萎,果实不能成熟。

【识别特征】

成虫 (无翅孤雌蚜)体长卵形,长 3.1 mm,灰黑色或赭黑色;体表具微细网纹,背密生长毛;触角有瓦状纹,长 1.6 mm,各附肢全为黑色。有翅孤雌蚜,体长卵形,长 3.9 mm,赭黑色,触角长 2.1 mm,翅黑色,不透明。

卵 椭圆形,长约 1.5 mm。黑色,具光泽,被白色粉状物。

若蚜 初孵近长圆形,体长 1.5～2 mm,黄褐色;老熟若蚜为黑色。有翅若蚜胸部两侧可见翅芽。

【生活史】

1年可发生10多代,以卵在栗树枝干芽腋及裂缝中越冬。次年3月底至4月上旬越冬卵孵化为干母。4月底至5月上中旬达到繁殖盛期,也是全年为害最严重的时期。5月中下旬开始产生有翅蚜,部分迁至夏寄主上繁殖。11月产生性母,性母再产生雌、雄蚜,交配后产卵越冬。

【生活习性】

成虫密集在枝干原处吸食汁液,成熟后胎生无翅孤雌蚜和繁殖后代,大量分泌蜜露,污染树叶,9～10月在栗树上孤雌胎生繁殖,常群集在栗苞果梗处为害,栗大蚜在旬平均气温约23 ℃、相对湿度70%左右时适宜繁殖,一般7～9 d即可完成1代。气温高于25 ℃、湿度80%以上虫口密度逐渐下降。遇暴风雨冲刷会造成大量死亡。

【防治措施】

(1)冬季在卵群集处,结合刮树皮,用石硫合剂进行涂白。

(2)春季若蚜孵化时及5月有翅胎生雌蚜出现时,喷洒20%的啶虫脒2 000倍液或1.2%苦参碱乳油800～1 000倍液防治1～3次。

栗角斑蚜

【林业有害生物名称】 栗角斑蚜

【拉丁学名】 *Myzocallis Ruricola*（Mats.）

【分类地位】 同翅目蚜科

【别名】 栗斑翅蚜、栗花翅蚜虫

【分布】 在河南主要发生于南阳、信阳等地。

【寄主】 板栗、锥栗、栎类树种。

【危害】 成虫、若虫危害叶片,使树势衰弱,引起早期落叶,其分泌物又可引起叶片发生霉菌寄生。

【识别特征】

成虫 (有翅胎生雌蚜)体长约1.5 mm,翅展5～6 mm,蚜体暗绿色至赤褐色,被白色绵状物;头部、触角及足略带淡黄色;复眼红褐色;腹部扁平,背面中央和两侧有黑色纹;沿翅脉呈淡黑色带状斑纹,故名花翅蚜;触角1/3处有暗色斑3～4个,故又名角斑蚜。无翅胎生雄蚜,体长1.4～1.5 mm,略呈长三角形,暗绿色至淡赤褐色,被白色粉状物;触角淡黄色,触角端部有暗色斑;足淡黄色。

卵 椭圆形,长0.4 mm,黑绿色。

若虫 虫体与无翅胎生雌蚜相似,初龄若虫绿褐色,稍大时体暗绿色并出现黑斑。头胸部棕黄褐色。触角及足黄白色。

【生活习性】

1年发生10多代,以卵在枝条和分杈处越冬。栗树发芽时孵化,并群栖叶背面危害、繁殖。雨季前产生有翅胎生雌蚜,进行迁飞扩散。行孤雌胎生繁殖。平均气温在24 ℃时,12 d可完成1代;平均气温降至16 ℃时,开始产生有性蚜。10月中旬大量产卵,卵多产于枝梢上及分杈处。干旱年份发生较重,秋季发生量最大。

【防治措施】

参考板栗大蚜。

桃蚜

【林业有害生物名称】 桃蚜

【拉丁学名】 *Myzus persicae*（Sulzer）

【分类地位】 同翅目蚜科

【别名】 桃赤蚜、烟蚜、菜蚜,俗名腻虫

【分布】 发生范围较广,国内大部分区域有分布。

【寄主】 桃、杏、李、柑橘、栎类、樱桃、梨、柿、烟草、白菜和萝卜等植物。

【危害】 成虫、若虫群集新梢和叶片背面危害。桃、李、杏等被害叶趋缩向背面作不规则状卷曲,严重影响枝、叶的发育。其分泌物易招生霉菌,可传播病毒,造成严重危害。

【识别特征】

成虫 （无翅孤雌蚜）体长 2.6 mm。体淡色,头部深色,体表粗糙,但背中域光滑,第七、第八腹节有网纹。额瘤显著,中额瘤微隆。触角长 2.1 mm。腹管长筒形,端部黑色。尾片黑褐色,圆锥形,近端部 1/3 收缩,有曲毛。

有翅孤雌蚜 体长 2 mm,头、胸黑色,腹部淡色。腹部有黑褐色斑纹,翅无色透明,翅痣灰黄或青黄色。触角第三节有小圆形次生感觉圈。腹部第四至第六节背中融合为一块大斑,第二至第六节各有大型缘斑,第八节背中有 1 对小突起。

有翅雄蚜 体长 1.3~1.9 mm,体色深绿、灰黄、暗红或红褐。头胸部黑色。

卵 椭圆形,长 0.5~0.7 mm,初为橙黄色,后变成漆黑色而有光泽。

【生活史】

1 年发生 10 多代,世代重叠极为严重。以无翅胎生雌蚜在菠菜、窖藏白菜或室内越冬,或在菜心里产卵越冬。翌春 4 月下旬产生有翅蚜,迁飞至已定植的甘蓝、花椰菜上继续胎生繁殖,至 10 月下旬进入越冬。靠近桃树的也可产生有翅蚜飞回桃树交配产卵越冬。

【生活习性】

桃蚜一般营全周期生活,早春,越冬卵孵化为干母,在冬寄主上营孤雌胎生,繁殖数代皆为干雌。当断霜以后,产生有翅胎生雌蚜,迁飞到十字花科、茄科作物等侨居寄主上为害,并不断营孤雌胎生繁殖出无翅胎生雌蚜,继续进行为害。直至晚秋当夏寄主衰老,不利于桃蚜生活时,才产生有翅性母蚜,迁飞到冬寄主上,生出无翅卵生雌蚜和有翅雄蚜,雌雄交配后,在冬寄主植物上产卵越冬。越冬卵抗寒力很强,即使在北方高寒地区也能安全越冬。桃蚜也可以一直营孤雌生殖的不全周期生活,比如在北方地区的冬季,仍可在温室内的茄果类蔬菜上继续繁殖为害。桃蚜的发育起点温度为 4.3 ℃,高于 28 ℃则不利,春、秋季呈两个发生危害高峰。桃蚜对黄色、橙色有强烈的趋性,而对银灰色有负趋性。

【发生危害规律】

桃蚜靠有翅蚜迁飞向远距离扩散,一年内有翅蚜迁飞 3 次。

第一次是越冬后桃蚜从冬寄主向夏寄主上的迁飞。在菜区,温室内的桃蚜,由于冬茬

西红柿和甜椒植株衰老,营养条件恶化,大量产生有翅蚜,这也会成为甜椒的重要蚜源。起初,在近邻蚜源处的侨居寄主呈点片形式发生和受害。在时间上常与甜椒定植、马铃薯出土、洋槐开花、柳树飞絮等物候相吻合。据此可预测桃蚜第一次迁飞的时间。

第二次是在夏寄主作物内或夏寄主作物之间的迁飞,这次迁飞来势猛,面积大,受害重。当有翅蚜占蚜虫总量的30%时,7~10 d后即5月中旬至6月中旬便是有翅蚜迁飞的高峰期。

第三次是桃蚜从夏寄主向冬寄主上的迁飞,一般在10月中旬,天气较冷,蚜虫的夏寄主植株衰老,营养条件变差时期。

桃蚜在不同年份发生量不同,主要受雨量、气温等气候因子所影响。一般气温适中(16~22 ℃),降雨是蚜虫发生的限制因素。

【天敌】
桃蚜的天敌有瓢虫、食蚜蝇、草蛉、烟蚜茧蜂、菜蚜茧蜂、蜘蛛、寄生菌等。

【防治措施】
(1)加强预测预报,适时组织防治。
(2)设施栽培时,提倡采用防虫纱网,主防蚜虫,兼防菜青虫、夜蛾、跳甲等。
(3)发生期喷施1.2%苦参碱水剂800倍液、50%高渗抗蚜威可湿性粉剂2 000倍液、20%的啶虫脒2 000倍液、10%吡虫啉可湿性粉剂1 000倍液防治,注意采收前10 d停止用药。

(二)粉虱科 Aleyrodidae

黑粉虱

【林业有害生物名称】 黑粉虱
【拉丁学名】 *Aleurolobus marlatti* Quaintance
【分类地位】 同翅目粉虱科
【别名】 橘黑粉虱、柑橘圆粉虱、柑橘无翅粉虱、马氏粉虱
【分布】 在河南南阳各县均有发生。
【寄主】 山楂、梨、桃、柑橘、柿、栗、栎、茶、葡萄、无花果等果树、林木。
【危害】 成、若虫刺吸叶、果实和嫩枝的汁液,被害叶出现失绿黄白斑点,随危害加重斑点扩展成片,进而全叶苍白早落;被害果实风味品质降低;幼果受害严重时常脱落。排泄蜜露可诱发煤污病。

【识别特征】
成虫 体长1.2~1.3 mm,橙黄色有褐色斑纹。复眼红色。触角刚毛状,淡黄色。翅白色半透明,翅面被有白色蜡粉;前、后翅各具1条纵脉。雄虫较小,腹末有2片抱握器和向上弯曲的阳茎。雌虫腹末有3个生殖瓣。

卵 椭圆形,长0.22~0.23 mm,基部1短柄,直立附着叶上,卵壳表面光滑。初产淡黄绿色,孵化前淡绿褐色。

若虫 初孵体长0.25 mm,椭圆形,淡黄绿色。触角丝状;足短壮发达能爬行。静止

后固定着不动似介壳虫,体渐变褐色。体周围分泌有白色蜡质物。

蛹　椭圆形,雌长 1 mm 左右,黑色有光泽;壳周缘有整齐的白色针芒状蜡丝围绕,蜡丝近透明。

【生活习性】

一年发生 3 代,多以 2 龄若虫于枯叶或 1~2 年生枝上越冬。山楂发芽后继续危害、化蛹、羽化。各代成虫盛发期大体为:越冬代 5 月中旬前后,第一代 7 月上旬前后,第二代 9 月中旬前后。以第三代若虫越冬。成虫喜较阴暗的环境,多在树冠内膛枝叶上活动。卵多散产于叶背,1 片叶上可产数十粒卵。初孵若虫寻找适宜场所静止固定危害,不再转移,非越冬若虫多爬到叶背和果实上,越冬若虫多爬到当年生枝上危害。

【天敌】

有瓢虫、草蛉、寄生蜂、寄生菌等。

【防治措施】

(1)保护和引放天敌。

(2)合理修剪,保持园地通风透光,可减轻发生与危害。

(3)早春发芽前结合防治介壳虫、蚜虫、红蜘蛛等害虫,喷洒含油量 5% 的柴油乳剂或黏土柴油乳剂,毒杀越冬若虫。

(4)成虫发生期(5 月中旬、7 月上旬、9 月中旬)冠内喷洒 50% 稻丰散乳油,20% 的啶虫脒 2 000 倍液,或者用 25% 灭螨猛乳油、10% 扑虱灵乳油 1 000 倍液防治。

黑刺粉虱

【林业有害生物名称】　黑刺粉虱

【拉丁学名】　*Aleurocanthus spiniferus*（Quaintance）

【分类地位】　同翅目粉虱科

【别名】　刺粉虱、橘刺粉虱

【分布】　在河南南阳、许昌、郑州等地均有发生。

【寄主】　柑橘、柿、茶、柳、枫、栎类等果树和林木。

【危害】　成、若虫刺吸叶和嫩枝的汁液,导致全叶苍白早落。

【识别特征】

成虫　体长 0.96~1.3 mm,橙黄色。复眼肾形,红色。前翅紫褐色上有 7 个白斑;后翅小,淡紫褐色。

卵　新月形,长约 0.25 mm,基部钝圆,具 1 小柄,直立附着在叶上,初产乳白色,后渐变淡黄色,孵化前呈灰黑色。

若虫　若虫体长约 0.7 mm,黑色,体背上具刺毛,体周缘分泌有明显的白蜡圈;若虫共分 3 龄。初龄若虫椭圆形,淡黄色,体背生浅色刺毛,体渐变为灰色至黑色有光泽,体周缘分泌 1 圈白蜡质物;2 龄若虫黄黑色,体背具刺毛。

蛹　椭圆形,初化蛹黄色渐变黑色蛹壳椭圆形,长 0.7~1.1 mm,漆黑色有光泽,壳边锯齿状,周缘有较宽的白蜡边,背面显著隆起,胸部腹部有长刺,两侧边缘有长刺。

【生活习性】

一年发生 4~5 代,以若虫于叶背越冬。越冬若虫 3 月化蛹,3 月下旬至 4 月羽化。世代不整齐,从 3 月中旬至 11 月下旬林间各虫态均可见。各代若虫发生期:第一代 4 月下旬至 6 月下旬,第二代 6 月下旬至 7 月中旬,第三代 7 月中旬至 9 月上旬,第四代 10 月至翌年 2 月。

【发生与危害规律】

成虫喜较阴暗的环境,多在树冠内膛枝叶上活动。卵散产于叶背,散生或密集呈圆弧形,数粒至数十粒一起。若虫共 3 龄,2 龄、3 龄固定危害。卵期:第一代 22 d,2~4 代 10~15 d。非越冬若虫期 20~36 d。蛹期 7~34 d。

【天敌】

有瓢虫、草蛉、寄生蜂、寄生菌等。

【防治措施】

参照黑粉虱。

(三)蚧科 Coccidae

日本龟蜡蚧

【林业有害生物名称】 日本龟蜡蚧

【拉丁学名】 *Ceroplastes japonicus* Creen

【分类地位】 同翅目蚧科

【别名】 龟蜡介壳虫、枣龟蜡蚧、日本蜡蚧

【分布】 在全国大部分地区均有分布。

【寄主】 寄主有 100 余种,主要危害枣、柿、苹果、梨、桃、李、杏、山楂、柑橘、无花果、樱桃、梅、石榴、栎、栗、茶等果树、林木,是杂食性害虫。

【危害】 吸食树液并排出大量排泄物,招致煤污菌寄生,影响光合作用,引起落叶、落果,严重时可引起树木干枯死亡。

【识别特征】

成虫 雌成虫椭圆形,紫红色,背覆白色蜡质介壳,表面有龟状凹纹。触角丝状,刺吸式口器,头胸腹不明显。足细小。蜡壳长平均 3.97 mm、宽平均 3.87 mm。雄虫体长 0.91~1.28 mm,翅展 2.11~2.23 mm。全身棕褐色,头及前胸背斑色深,触角鞭状。翅白色透明,具 2 条明显脉纹,基部分离。

卵 椭圆形,长径约 0.3 mm,初产时橙黄色,近孵化时紫红色。

若虫 初孵若虫体扁平,椭圆形,长约 0.5 mm。触角丝状,复眼黑色,足 3 对细小,臀裂两侧各有 1 根刺毛。7~10 d 全身被蜡,周缘有 12 个三角形的蜡芒,头部有渐尖的长刺,尾部蜡刺短并有缺裂。后期若虫蜡壳加厚,雌雄分化,雄蜡壳长椭圆形,较扁平,似星芒状。雌虫蜡壳卵圆形至椭圆形,背部微隆起,周缘有 7 个圆突,状似龟甲。

蛹 雄蛹在介壳下化蛹,为裸蛹,梭形,棕褐色,翅芽色较淡,长约 1.2 mm、宽 0.5 mm。

【生活史】

1年发生1代,以受精雌虫在枝条上越冬。翌年3月下旬越冬雌虫开始发育。5月底6月初开始产卵,6月上中旬为盛期,卵期7～10 d。若虫6月中下旬开始孵化,6月底7月初为盛期。雄虫8月上旬开始化蛹,8月下旬开始羽化并交尾,9月中下旬盛期,10月上旬末期。11月中旬进入越冬。

【生活习性】

初孵若虫爬行很快,可借风力传播,多固定在叶片正面靠近叶脉处危害,并排出大量排泄物,招致煤污菌寄生,影响光合作用,引起落叶、落果。7月末雌雄开始分化,雌虫在叶上危害,8月上中旬开始由叶转移到枝条上固定危害,以1～2年生枝上为多,收枣前为转枝高峰。

【天敌】

近20种。捕食性天敌10多种,其中以红点唇瓢虫为主,每头可捕食4 500～7 600头日本龟蜡蚧。寄生性天敌约9种,以长盾金小蜂为主,为体外寄生蜂,寄生于龟蜡蚧腹下,取食蚧卵。

【防治措施】

(1)发芽前喷5度硫合剂、5%柴油乳剂或功夫菊酯1 000。

(2)抓若虫发生期,6～7月喷1.2%烟参碱乳油1 000倍液,或40%速扑杀或杀扑膦2 000倍液防治。

(3)抓雌成虫产卵前期,人工刮刷雌成虫体。

(4)保护利用天敌。

角蜡蚧

【林业有害生物名称】　角蜡蚧

【拉丁学名】　*Ceroplastes ceriferus*（Anderson）

【分类地位】　同翅目蚧科

【别名】　角蜡介壳虫

【分布】　在河南南阳、信阳和洛阳等地有发生。

【寄主】　樱桃、桃、杏、苹果、栎、板栗、柿、松、桑、椿、柳等林木、果树,杂食性。

【危害】　吸食树液并排出大量排泄物,招致煤污菌寄生,严重影响树木生长。

【识别特征】

成虫　雌成虫体短椭圆形,有时宽大于长,不太突起,长6～7.5 mm,长者可达9.5 mm,宽8.7 mm,高5.5 mm。触角6节,第三节最长。足不大,短粗;胫跗关节不硬化;爪冠毛粗,端非特殊膨大。气门路宽,特别是体缘处有10～12个五格腺之宽度,气门刺粗,锥形,集成直角三角形之刺区,其直角向背延伸,角顶有最大之一刺存在。多格腺在足之基节附近成群分布,在前四腹节腹板上形成横列,其他腹节腹板上则形成很宽的带。复孔在体腹面者为椭圆形二格腺,集成宽亚缘带,在体中部特别是口器旁有大量数目,体背之复孔除体侧有6～7块空白区外,其他区均密被复孔;复孔为椭圆形者大多限于体之亚缘区,四方形者则在体中部,三角形者在全体均有分布。缘毛短而少,稀疏分布,仅尾叶端上缘毛较长。雌蜡壳被灰白色,死体则为褐黄色,并略呈红色,前端三块,侧边每侧二块,端一块,背面一块无。

卵　椭圆形,长0.3 mm左右,紫红色。

若虫　初龄扁椭圆形,长0.5 mm左右,红褐色;2龄出现蜡壳,雌蜡壳长椭圆形,呈乳白色微红,前端具蜡突,两侧每边4块,后端2块,背面呈圆锥形稍向前弯曲;雄蜡壳椭圆形,长2~2.5 mm,背面隆起较低,周围有蜡突。

【生活史】

一年生1代,以受精雌虫于枝上越冬。翌春继续为害,6月产卵于体下,卵期约1周。若虫期80~90 d,雌虫脱3次皮羽化为成虫,雄虫脱2次皮为预蛹,进而化蛹,羽化期与雌同,交配后雄虫死亡,雌虫继续为害至越冬。

【生活习性】

初孵若虫、雌虫多于枝上固着为害,雄虫多到叶上主脉两侧群集为害。每雌产卵250~3 000粒。卵在4月上旬至5月下旬陆续孵化,刚孵化的若虫暂在母体下停留片刻后,从母体下爬出分散在嫩叶、嫩枝上吸食为害,5~8 d脱皮为二龄若虫,同时分泌白色蜡丝,在枝上固定。在成虫产卵和若虫刚孵化阶段,降雨量大小对种群数量影响很大,但干旱对其影响不大。

【防治措施】

参考日本龟蜡蚧。

(四)盾蚧科 Diaspididae

桑盾蚧

【林业有害生物名称】　桑盾蚧

【拉丁学名】　*Pseudaulacaspis pentagona* Targioni - Tozzetti

【分类地位】　同翅目盾蚧科

【别名】　桑白盾蚧、桑盾介壳虫、桑白介壳虫

【分布】　在全国大部分地区均有分布。

【寄主】　栗、栎、李、桃、杏、樱桃、苹果、梨、柿、核桃、油桐、桑、梅等果树及林木,是杂食性害虫。

【危害】　成、若虫主要危害枝条和树干,在叶片、果实上也有少量发生。枝干被害可造成树势衰弱或枝条死亡。

【识别特征】

成虫　雌雄壳体和虫体差异很大。雌成虫橙黄或橙红色,体扁平卵圆形,长约1 mm,腹部分节明显。雌介壳圆形,直径2~2.5 mm,略隆起,有螺旋纹,灰白至灰褐色,壳点黄褐色,在介壳中央偏旁。无翅,足、触角均退化。雄成虫橙黄至橙红色,体长0.6~0.7 mm,仅有翅1对。雄介壳细长,白色,长约1 mm,背面有3条纵脊,壳点橙黄色,位于介壳的前端。羽化后虫体呈橘黄色,有翅,前翅膜质,眼黑色,触角念珠状。

卵　椭圆形,长径仅0.25~0.3 mm。初产时淡粉红色,渐变淡黄褐色,孵化前橙红色。

若虫　初孵若虫淡黄褐色,扁椭圆形,体长 0.3 mm 左右,可见触角、复眼和足,能爬行,腹末端具尾毛两根,体表有绵毛状物遮盖。脱皮之后眼、触角、足、尾毛均退化或消失,开始分泌蜡质介壳。

【生活特性】

每年发生 2 代,主要以受精雌虫在寄主上越冬。春天,越冬雌虫开始吸食树液,虫体迅速膨大,体内卵粒逐渐形成,4 月中下旬产卵,遂产卵在介壳内,每雌产卵 50 ~ 120 余粒。卵期 10 d 左右(夏秋季节卵期 4 ~ 7 d)。若虫孵出后具触角、复眼和胸足,从介壳底下各自爬向合适的处所,以口针插入树皮组织吸食汁液后就固定不再移动,经 5 ~ 7 d 开始分泌出白色蜡粉覆盖于体上。雌若虫期 2 龄,第 2 次脱皮后变为雌成虫。雄若虫期也为 2 龄,脱第 2 次皮后变为"前蛹",再经脱皮为"蛹",最后羽化为具翅的雄成虫。但雄成虫寿命仅 1 d 左右,交尾后不久就死亡。6 月中旬发育成熟,雌雄交尾,7 月上旬开始产卵。8 月出现第二代若虫,9 月发育成熟,雌雄交尾,以受精雌虫越冬。在果树上发生严重时,枝条表面布满灰白色雌虫介壳,在雌雄介壳分化期枝条表面布满白色虫体,雄虫脱皮时其壳似白粉层。

【天敌】

桑白蚧的天敌种类较多,桑白蚧褐黄蚜小蜂(Prospaltella beriosei How)是寄生性天敌中的优势种,红点唇瓢虫(Chilocorus kuwanae Silvestri)和日本方头甲(Cybocophalus nipponicus EndrÖdy – Younga)则是捕食性天敌中的优势种,它们是在自然界中控制桑白蚧的有效天敌。

【防治措施】

(1)抓幼虫孵化期喷药防治。此期雌虫介壳和树皮间出现缝隙,可以进入药液以杀死成虫,幼虫孵化后从母体下钻出,爬行扩散,3 ~ 5 d 后开始形成介壳。雌虫期抗药力较低,防治效果好,可喷洒 40% 速扑杀 2 000 倍液等,也可喷洒 0.3 度石硫合剂。

(2)发芽前喷洒 40% 速扑杀 2 000 倍液或蚧螨灵 1 500 倍液,5 度石硫合剂或 3% ~ 5% 的柴油乳剂杀死越冬雌虫。

(3)冬季刷除越冬虫体。

(五)珠蚧科 Margarodidae(绵蚧科、硕蚧科)

草履蚧

【林业有害生物名称】　草履蚧

【拉丁学名】　*Drosicha corpulenta*(Kuwana)

【分类地位】　同翅目珠蚧科

【别名】　桑虱

【分布】　在河南省各地均有发生。

【寄主】　泡桐、杨、柳、楝、刺槐、栎、栗、核桃、枣、柿、梨、苹果、桃、樱桃、柑橘、无花果、栎、桑、月季等,食性较杂。

【危害】　若虫、雌成虫密集于细枝芽基刺吸危害,致使芽不能萌发,或发芽后的幼叶干枯死亡,重者可致树木死亡。

【识别特征】

成虫　雌成虫体长约 10 mm,背面有皱褶、扁平椭圆形,似草鞋,赭色,周缘和腹面淡黄色,触角、口器和足均黑色,体被白色蜡粉。雄成虫体长 5～6 mm,翅展约 10 mm。体紫红色,头胸淡黑色。前翅淡黑色。触角黑色,丝状;腹部末端有枝刺 17 根。

卵　椭圆形。初产时黄白色渐呈赤黄色,产于白色绵状的卵囊内。

若虫　体形似雌成虫,但略小。各龄触角节数不同,1 龄 5 节,2 龄 6 节,3 龄 7 节。

蛹　体长约 4 mm;触角可见 10 节;翅芽明显。茧长椭圆形,白色,蜡质絮状。

【生活史】

一年发生 1 代,大多以卵在卵囊内于土中越冬,少量以 1 龄若虫在土中越冬。越冬卵于翌年 2 月上旬至 3 月上旬孵化,孵化后的若虫仍停留在卵囊内。2 月中旬后,随气温升高,若虫开始出土上树,2 月底达盛期,3 月中旬基本结束。个别年份,冬季气温偏高时,上年 12 月就有部分若虫孵出,1 月下旬开始出土上树。4 月中下旬第二次蜕皮,雄若虫不再取食,潜伏于树皮缝或土缝、杂草等处,分泌大量蜡丝缠绕化蛹。蛹期 10 d 左右,于 4 月底 5 月初羽化为成虫。4 月下旬至 5 月上旬,雌若虫第三次蜕皮为雌成虫,并与雄成虫交配。5 月中旬为交配盛期。5 月中下旬雌成虫开始下树,钻入树干周围石块下、土缝、杂草等处,分泌白色绵状卵囊,产卵于其中。

【生活习性】

成虫　雄成虫羽化后不取食,白天活动量小,傍晚活动量大;阴天整日活动。4 月下旬至 5 月上旬,雌若虫第三次蜕皮为雌成虫,并与雄成虫交配。5 月中旬为交配盛期。

卵　5 月中下旬雌成虫开始下树,钻入树干周围石块下、土缝等处,分泌白色绵状卵囊,产卵于其中。雌虫产卵多少与土壤含水量有关,土壤含水率低于 3% 以下时,雌成虫会大量死亡。

若虫　初龄若虫行动迟缓,喜在树洞或树杈等处隐蔽群居。10～14 时在树的向阳面活动,沿树干爬至嫩梢、幼芽等处取食。若虫于 3 月底 4 月初第一次蜕皮后,虫体增大,开始分泌蜡质物。

蛹　4 月中下旬第二次蜕皮,雄若虫不再取食,潜伏于树皮缝或土缝、杂草等处,分泌大量蜡丝缠绕化蛹。蛹期 10 d 左右,于 4 月底 5 月初羽化为成虫。

【防治措施】

(1)2 月 10 日前,绕树干基部一周涂粘虫剂,环宽 20～30 cm。粘虫剂可用废机油、棉油泥、柴油或蓖麻油 0.5 kg,充分加热煮后,再加入粉碎的松香 0.5 kg,待熔化后立即停火,即可备用。为避免产生药害,在涂粘虫剂前,可绕树干 1 周绑塑料布,然后把粘虫剂涂在塑料布上。

(2)在若虫上树前(12 月底或翌年 1 月初),绑药草绳进行防治。即将树干的老皮刮除,缠 2 圈草绳(大拇指粗),在其上缘绑一略长于树干周长、宽 20～30 cm 的塑膜,用喷雾器往草绳上喷蚧死净或 25% 蛾蚜灵可湿性粉剂,其浓度为 150～200 倍液,以喷透为宜。而后将塑料布向下反卷成喇叭口状,用大头针别紧接口即可,可诱集害虫于喇叭口下的草绳上毒死,以后每隔 10～15 d 喷 1 次药液。

（3）果园、农林间作地，结合冬耕、施肥等挖除越冬虫卵，可减轻发生量。

（4）瓢虫是草履蚧的天敌，注意保护。

吹绵蚧

【林业有害生物名称】 吹绵蚧

【拉丁学名】 *lcerya purchasi* Maskell

【分类地位】 同翅目珠蚧科

【别名】 吹绵介壳虫

【分布】 除西北区域外各省均有发生。

【寄主】 食性杂，寄主植物超过250种，包括芸香科、壳斗科、蔷薇科、豆科、葡萄科、木樨科、天南星科及松杉科等几十种农林及观赏植物。

【危害】 以成、若虫刺吸芽、梢和叶片汁液，严重时可引起枝干干枯。

【识别特征】

成虫 雌成虫橘红色，椭圆形，长4～7 mm、宽3～3.5 mm；腹面扁平，背面隆起，呈龟甲状；体外被有白色而微带黄色的蜡粉及絮状纤维；腹末有白色半卵形卵囊。雄成虫体小而细长，橘红色，长约2.9 mm；触角黑色，各节轮生刚毛。

卵 长椭圆形，初产时橙黄色，长0.65 mm，日久渐变橘红色，密集于卵囊内。

若虫 初孵若虫长0.66 mm。体呈卵圆形，橘红色。体外覆淡黄色的蜡粉及蜡丝。触角黑色。2龄后雌雄异形。

蛹 橘红色，椭圆形，腹末凹入呈叉状。茧长椭圆形，白色，丝质薄。

【生活史】

一年发生2代，以若虫、成虫或卵越冬。第一代卵于次年3月上旬开始出现（少数最早在上年12月即开始产卵），5月最盛。卵期14～27 d。若虫发生于5月上旬至6月下旬，若虫期48～54 d。成虫发生于6月中旬至10月上旬，7月中旬最盛。产卵期较长，平均为31.4 d，第二代卵在7月上旬至8月中旬产出，8月上旬最盛，卵期9～11 d。若虫发生在7月中旬至11月下旬，8月、9月最盛，若虫期49～106 d。

【生活习性】

成虫 喜集居于主梢阴面及枝杈处，或枝条及叶片上，吸取树液并营虫囊产卵，不再转动。此虫多发生在林木过密、潮湿、不通风透光的地方。雄虫飞翔力弱。吹绵蚧可雌雄异体受精，又可孤雌生殖。

若虫 初孵若虫颇活跃，1龄、2龄向树冠外层迁移，多寄居于新梢及叶背的叶脉两旁。2龄后，即渐向大枝及主干爬行。2龄雄若虫爬到枝条裂缝或杂草间营茧化蛹。

【天敌】

有澳洲瓢虫、大红瓢虫、红缘瓢虫等。小红瓢虫也取食吹绵蚧；有2种草蛉幼虫取食吹绵蚧，澳洲瓢虫能有效地抑制该虫大发生。

【防治措施】

（1）发生严重的地方，应释放澳洲瓢虫或大红瓢虫。释放时间：澳洲瓢虫以4～6月和9～10月为最好；大红瓢虫以4～9月为最好。放虫数量：1个300～500株的果园，放虫量 100 ~ 200 头为宜,愈多愈好。放虫后不能喷药,以免杀伤天敌。放虫后,1 ~ 2 个月可将吹绵蚧控制住。

(2)加强肥水管理,适当整枝,使树冠通风透光,降低温度。

(3)少量发生时,及时组织人力刮除,减少虫源。

(4)若虫期数量多,又无瓢虫时,用 20% 螨克乳油 1 000 倍液或 40% 速扑杀乳油 2 000倍液或蚧螨灵乳油 1 500 倍液;或用45% 结晶石硫合剂,萌芽前 30 倍液,早春季节、晚秋季节 300 倍液防治;或用 29% 果园清于早春季节、晚秋季节 500 倍液喷雾防治。

（六）链蚧科 Asterolecaniidae

栗链蚧

【林业有害生物名称】 栗链蚧

【拉丁学名】 *Asterolecanium castaneae* Russell

【分类地位】 同翅目链蚧科

【别名】 栗链介壳虫

【分布】 国内分布于安徽、江西、浙江、江苏、湖南等省。河南近年来在南阳市西峡、内乡、南召县发生。

【寄主】 栎、板栗、茅栗。

【危害】 若虫和成虫群集附着在栗树枝、干上取食,受害处表皮下陷,凹凸不平;当年的新枝条被害后,表皮皱缩开裂,干枯而死;叶片被害呈淡黄色斑点。栗树受害生长不良,严重的造成枝条或全株枯死。

【识别特征】

成虫 雌性蜡壳略呈圆形,黄绿色或黄褐色,直径 0.9 ~ 1 mm,背面突起,有 3 条纵脊及弱的横带,体缘有粉红色刷状蜡丝。虫体梨形,褐色,长 0.5 ~ 0.8 mm。雄性蜡壳长椭圆形,淡黄色,长 1 ~ 1.1 mm,背突起,有 1 条较明显的纵脊。雄虫体淡褐色,长 0.8 ~ 0.9 mm,翅展 1.7 ~ 2 mm,翅白色透明略有光泽,并有纵脉 2 条;胸部具宝塔形或环状"山"字形斑纹;触角丝状,各节簇生细长毛。

卵 椭圆形,长 0.2 ~ 0.3 mm,初为乳白色,后呈粉红色,近孵化时呈暗红色。

若虫 椭圆形,触角、足及口器均发达。腹部分节明显,末端着生细长毛 1 对。若虫固定后呈红褐色。

蛹 雄蛹为离蛹,圆锥形,褐色,长 0.8 ~ 0.9 mm、宽 0.4 ~ 0.5 mm。

【生活习性】

1 年发生 1 ~ 2 代,以受精的雌虫在栗树枝干上越冬。翌年 3 月上中旬(气温在 10 ℃左右)越冬虫体由深绿色转变成褐色或赤褐色,3 月下旬至 4 月上旬开始产卵,4 月中下旬为盛期,5 月上中旬为末期;4 月中旬开始孵化,5 月上中旬为盛期,6 月上旬为末期。第一代雄虫 5 月下旬开始化蛹,6 月上旬羽化,6 月中旬为盛期,6 月下旬为羽化末期;第一代雌虫 6 月下旬开始产卵,7 月上中旬为产卵盛期,7 月下旬为末期;7 月上旬卵孵化,延至 8 月上旬结束。第二代雄虫于 7 月下旬开始化蛹,8 月上旬羽化,8 月中旬为羽化盛期,

10 月、11 月受精雌成虫进入越冬。介壳初呈黄绿色,后变为红褐色。

孵化后约 25 d(第二龄),雄体变大,多数群集在栗树叶片和嫩枝条上。雌虫多群集在树皮薄的主干、枝条及嫩枝上。实生苗板栗受害轻,嫁接板栗受害重。栗链蚧喜阴,耕作粗放,杂草丛生,林内通风透光不良,有利于栗链蚧的生长发育。背光面虫口密度较迎光面的大。

【天敌】

有红点唇瓢虫。捕食率可达 15% ~25% 。

【防治措施】

(1)对带虫的苗木或接穗必须禁运,或进行灭虫后才能调运。灭虫方法是:用洗衣粉 0.5 kg,加水 15 ~25 kg,将苗木或接穗浸入溶液中约 30 min,即可杀死栗链蚧。

(2)加强经营管理,及时清理栗园,合理修枝整形,创造不利其生存的环境条件。

(3)若虫孵化后约一个星期,用 5% 氟虫脲乳油 1 000 ~2 000 倍液或 40% 速扑杀 2 000倍液或蚧螨灵 1 500 倍液喷洒。

(七)粉蚧科 Pseudococcidae

桑粉蚧

【林业有害生物名称】 桑粉蚧

【拉丁学名】 *Pseudococcus comstocki*(Kuwana)

【分类地位】 同翅目粉蚧科

【别名】 梨粉蚧、李粉蚧、康氏粉蚧

【分布】 在河南南阳市、开封市、安阳市均有发生。

【寄主】 桑、苹果、梨、桃、李、枣、梅、山楂、葡萄、杏、核桃、柑橘、无花果、石榴、栎、栗、柿、茶等,是杂食性害虫。

【危害】 吸食树木嫩梢、芽、叶片汁液。

【识别特征】

成虫 雌体长约 5 mm、宽 3 mm 左右,椭圆形,淡粉红色,被较厚的白色蜡粉,体缘具 17 对白色蜡刺,前端蜡刺短,向后渐长,最末 1 对最长约为体长的 2/3;触角丝状,眼半球形,足细长。雄体长约 1.1 mm,翅展 2 mm 左右,紫褐色,触角和胸背中央色淡,前翅发达透明,后翅退化为平衡棒,尾毛长。

卵 椭圆形,长 0.3 ~0.4 mm,浅橙黄色被白色蜡粉。

若虫 雌 3 龄,雄 2 龄。1 龄椭圆形,长 0.5 mm,淡黄色体侧布满刺毛;2 龄体长 1 mm,被白色蜡粉,体缘出现蜡刺;3 龄体长 1.7 mm,与雌成虫相似。

蛹 雄蛹长约 1.2 mm,淡紫色。茧长椭圆形,长 2 ~2.5 mm,白色绵絮状。

【生活习性】

一年发生 3 代,主要以卵在树体各种缝隙及树干基部附近土石缝处越冬,少数以若虫和受精雌成虫越冬。寄主萌动发芽时越冬若虫开始活动,卵开始孵化分散危害,第一代若虫盛发期为 5 月中下旬,6 月上旬至 7 月上旬陆续羽化,交配产卵。第二代若虫 6 月下旬

至 7 月下旬孵化,盛期为 7 月上中旬,8 月上旬至 9 月上旬羽化,交配产卵。第三代若虫 8 月中旬开始孵化,8 月下旬至 9 月上旬进入盛期,9 月下旬开始羽化,交配产卵越冬;早产的卵可孵化,以若虫越冬;羽化迟者交配后不产卵即越冬。雌若虫期 35 ~ 50 d,雄若虫期 25 ~ 40 d。雌成虫交配后再经短时间取食,寻找适宜场所分泌卵囊产卵其中。越冬卵多产树体缝隙中。此虫可随时活动转移危害。

【天敌】

瓢虫和草蛉。

【防治措施】

(1)新建梨园必须从无虫区调运苗木、接穗。

(2)冬季结合修剪,剪除虫枝,刮除树干老皮,以消灭越冬若虫。

(3)虫口密度大,危害严重的地方,冬季 1 ~ 2 月可喷松脂合剂 10 倍液,能有效地减少越冬虫口基数。在梨圆蚧发生季节,应掌握在卵孵化盛期喷药防治,特别应着重在第一代若虫盛发期,在卵孵化率达 60% 时是第一次喷药最佳时期,隔 10 ~ 15 d 再喷 1 次。适用药剂有:48% 毒死蜱乳油 800 倍液,25% 杀虫净乳油 400 ~ 600 倍液,50% 稻丰散乳油,25% 优乐得可湿性粉剂 1 500 ~ 2 000 倍液,29% 果园清乳油 300 ~ 500 倍液,40% 速扑杀乳油 2 000 倍液,蚧螨灵乳油 1 500 倍液。

(4)另在果树休眠期结合防治其他病虫刮除老翘皮,最好用硬刷子刷除缝隙中越冬虫态集中处理。休眠期药剂防治应在刮皮之后进行。

(八)红蚧科 Kermesidae

板栗红蚧

【林业有害生物名称】 板栗红蚧

【拉丁学名】 *Kermes nawae* Kuwana

【分类地位】 同翅目红蚧科

【别名】 栗红蚧、栗红蚧壳虫

【分布】 在河南分布于河南南阳、信阳等地。

【寄主】 板栗、茅栗、栎类。

【危害】 若虫和成虫群集于枝干上吸取树液。枝杈处或芽附近常数个集生一处。被害栗树长势衰弱,严重的可造成枯枝以至濒死。

【识别特征】

成虫 雌成虫体初呈扁球形,嫩绿色,后呈黄绿色球状,触角丝状;介壳球状,直径 4 ~ 5 mm,红褐色,具光泽,表面散生小黑点,并有数条黑色横纹,基部一侧附有数条白色蜡丝。雄成虫体长约 1.6 mm,翅展约 3.3 mm,体棕褐色,触角丝状;翅薄而透明,翅面上密生细毛;腹部 8 节,分节明显,腹末第二节的两侧各具 1 根细而长的白色蜡丝,腹末具一锥状交尾器。卵椭圆形,长约 0.15 mm,初产时白色,后呈粉红色,将孵化时呈紫红色。

若虫 初孵肉黄色,椭圆形。2 龄若虫体上黏附有 1 龄若虫蜕下的皮壳,虫体肉红色,臀部 2 根尾毛后期脱落,仅留残迹。

茧　白色丝棉状,扁椭圆形,长约 2 mm。

蛹　为离蛹,圆锥形,黄褐色。

【生活习性】

一年发生 1 代,以 2 龄若虫在枝干上越冬。雌成虫翌年 3 月初虫体逐渐膨大,3 月中旬开始羽化,形成介壳,4 月中旬进入羽化盛期。越冬后的 2 龄雄若虫蜕皮后多迁移至虫枝基部附近的树皮裂缝、伤口等处,数个聚集结茧化蛹,3 月下旬开始羽化,4 月上旬羽化盛期。卵产于介壳下,5 月上旬孵化。初孵若虫活跃,善爬行,活动 2 ~ 3 d 后即在枝条的合适部位定栖。

【天敌】

主要有芽枝孢霉菌、黑缘红瓢虫及一种小蜂。

【防治措施】

(1)开春 4 月,刮除枝条上的雌介壳虫。

(2)5 月中旬若虫孵出时,喷洒 0.3 ~ 0.5 度石硫合剂,或 29% 果园清乳油 500 倍液,或烟参碱乳油 1 000 倍液,或 40% 速扑杀乳油 2 000 倍液,或蚧螨灵乳油 1 500 倍液。

(九)蝉科 Cicadidae

褐斑蝉

【林业有害生物名称】　褐斑蝉

【拉丁学名】　*Platypleura kaempferi* Fabricius

【分类地位】　同翅目蝉科

【别名】　蟪蛄、斑蝉、斑翅蝉

【分布】　在河南南阳各县市均有发生。

【寄主】　杨、柳、泡桐、法桐、桑、栗、栎、柿、苹果、梨、山楂、桃、李、梅、核桃、柑橘等,是杂食性害虫。

【危害】　刺吸树木嫩芽、小枝和叶片汁液,可引起小枝干枯,生长衰弱。

【识别特征】

成虫　体长 20 ~ 25 mm,翅展 65 ~ 75 mm,头部和前、中胸背板暗绿色,具黑色斑纹;腹部黑色,每节后缘暗绿色或暗褐色。复眼大,褐色,3 个单眼红色,呈三角形排列在头顶。触角刚毛状。前胸宽于头部,近前缘两侧突出。翅脉透明暗褐色;前翅具深浅不一的黑褐色云状斑纹;后翅黄褐色。腹部腹面和足褐色。

卵　梭形,长约 1.5 mm,乳白色渐变黄色。

若虫　体长 18 ~ 22 mm,黄褐色,翅芽、腹背微绿色。前足腿节、胫节具发达齿为开掘足。

【生活习性】

约数年发生 1 代,以若虫在土中越冬。若虫老熟后爬出地面,在树干或杂草茎上蜕皮羽化,成虫于 6 ~ 7 月出现,主要白天活动,多在 7 ~ 8 月产卵,产卵于当年生枝条内,每孔产数粒,产卵孔纵向排列不规则,每枝可着卵百余粒,一般当年孵化,若虫落地入土,刺吸根部汁液。雄成虫鸣声为"徐、徐……",诱雌来交配。

【防治措施】

(1)彻底剪除产卵枝烧毁灭卵,结合管理在冬春修剪时进行,效果极好。

(2)老熟若虫出土羽化期,早晚捕捉出土若虫和刚羽化的成虫,可供食用。

(3)可试行在树干上和干基部附近地面喷洒残效期长的高浓度触杀剂或地面撒药粉,毒杀出土若虫。

黑蚱蝉

【林业有害生物名称】 黑蚱蝉

【拉丁学名】 *Cryptotympana atrata* Fabricius

【分类地位】 同翅目蝉科

【别名】 黑蝉、蚱蝉,俗名知了

【分布】 全国各地均有分布。

【寄主】 杨树、柳树、泡桐、刺槐、法桐、桑树、松树、竹子、苹果、梨、桃、李、杏、樱桃、柿、栎、栗、柑橘、山茱萸、葡萄等多种林木和果树,是杂食性害虫。

【危害】 成虫刺吸枝条汁液,产卵于1年生枝梢木质部内。致产卵部以上枝梢多枯死;若虫生活在土中,刺吸根部汁液,削弱树势。

【识别特征】

成虫 体长43~48 mm,翅展122~130 mm,黑色具光泽,局部密生金黄色细毛。头部具黄褐色斑纹。复眼大、突出,黄绿色,单眼黄褐色微红。中胸背面有"X"形红褐色隆起。翅透明,翅基部黑色,翅脉黄褐色。前足基节隆线、腿节背面及中、后足腿节背面和胫节红褐色。

卵 近梭形,长2.5 mm,乳白色渐变淡黄色。

若虫 体长35~40 mm,黄褐色,有翅芽,前足腿、胫节粗大,下缘有齿或刺,为开掘足。

【生活习性】

数年发生1代,以卵在枝条内或以若虫于土中越冬。成虫6~9月发生,7~8月盛发,产卵于当年生枝条木质部内,致使枝条枯死或易折断,8月为产卵盛期,每雌虫产卵500~600粒,成虫寿命2个多月,卵期10个月。翌年6月若虫孵化落地入土危害树根,秋后转入深土层越冬,春暖转至耕作层危害,经数年老熟若虫爬到树干或树枝上,夜间蜕皮羽化为成虫。

【防治措施】

(1)彻底剪除产卵枝烧毁灭卵,结合管理在冬春修剪时进行,效果极好。

(2)老熟若虫出土羽化期,早晚捕捉出土若虫和刚羽化的成虫,可供食用。

(3)可试行在树干上和干基部附近地面喷洒残效期长的高浓度触杀剂或地面撒药粉,毒杀出土若虫。

松寒蝉

【林业有害生物名称】 松寒蝉

【拉丁学名】 *Meimuna mongolica* Distant

【分类地位】 同翅目蝉科

【分布】 在河南分布于南阳、洛阳、驻马店等市。

【寄主】 松、栎、板栗、刺槐、杨、桑、合欢等树木。

【危害】 成虫刺吸枝条汁液,若虫生活在土中,刺吸根部汁液,削弱树势。

【识别特征】

成虫体长 28～32 mm,翅展 58～90 mm。头黄绿色,有不规则的黑色斑纹。前胸背板黄绿色,有 8 条黑色纵纹,中间 2 条常在后端连接,组成倒梯形;中胸背板黄绿色,有不规则的黑色纵纹。翅透明,前翅近顶角的 2 条横脉两侧呈烟褐色。雄虫腹部有较发达的音盖。

【生活习性】

数年发生 1 代,以卵在枝条内或以若虫于土中越冬。成虫 6～9 月发生,7～8 月盛发,产卵于当年生枝条木质部内,致使枝条枯死或易折断,8 月为产卵盛期,每雌虫产卵 500～600 粒,成虫寿命 2 个多月,卵期 10 个月。翌年 6 月若虫孵化落地入土危害树根,秋后转入深土层越冬,春暖转至耕作层危害,经数年老熟若虫爬到树干或树枝上,夜间蜕皮羽化为成虫。

【防治措施】

防治方法同黑蚱蝉。

蚱蟟

【林业有害生物名称】 蚱蟟

【拉丁学名】 *Euterpnosia chinensis* Mats

【分类地位】 同翅目蝉科

【别名】 鸣蝉、知了

【分布】 国内各地都有,在河南分布于南阳、洛阳、驻马店等市。

【寄主】 杨、栎、柳、泡桐、法桐、桑、栗、柿、山茱萸、猕猴桃、葡萄、苹果、梨、山楂、桃、李、柑橘等多种林木、果树,是杂食性害虫。

【危害】 成虫刺吸枝条汁液,产卵于 1 年生枝梢木质部内,致产卵部位以上枝梢多枯死;若虫生活在土中,刺吸寄主根部汁液,削弱树势。

【识别特征】

成虫 体长 33～38 mm,翅展 110～120 mm,体粗壮,暗绿色,有黑斑纹,局部具白蜡粉。复眼大,暗褐色,单眼 3 个,红色,排列于头顶呈三角形。前胸背板近梯形,后侧角扩张成叶状,宽于头部和中胸基部,背板上有 5 个长形瘤状隆起,横列。中胸背板前半部中央具一"W"形凹纹。翅透明,翅脉黄褐色;前翅横脉上有暗褐色斑点。喙长超过后足基节,端达第一腹节。

卵　长 1.8~1.9 mm、宽 0.35 mm,梭形,上端尖,下端较钝,初乳白色渐变淡黄色。

若虫　体长 30~35 mm,黄褐色。额膨大明显,触角和喙发达,前胸背板、中胸背板均较大,翅芽伸达第三腹节。

【生活习性】

数年发生 1 代,以若虫和卵越冬。若虫老熟后出土上树蜕皮羽化,成虫 7~8 月大量出现,寿命 50~60 d,成虫白天活动,雄虫善鸣以引雌虫前来交配,产卵于当年生枝条中下部木质部内,每雌可产卵 400~500 粒。越冬卵翌年 5 月、6 月间孵化,若虫落地入土到根部危害。

【防治措施】

参考黑蚱蝉。

（十）叶蝉科 Cicadellidae

大青叶蝉

【林业有害生物名称】　大青叶蝉

【拉丁学名】　*Cicadella viridis*（Linnaeus）

【分类地位】　同翅目叶蝉科

【别名】　大绿浮尘子

【分布】　在全国各地均有发生。

【寄主】　山茱萸、樱桃、桃、李、苹果、杨、柳、槐、榆、桑、枣、竹、白椿、核桃、桧柏、梧桐、构树、扁柏、梨等多种果树和各种豆类、蔬菜、禾本科植物、棉花及花卉。

【危害】　成虫和若虫危害叶片,刺吸汁液,造成退色、畸形、卷缩,甚至全叶枯死。此外,还可传播病毒病。

【识别特征】

成虫　雌体长 9.4~10.1 mm,头宽 2.4~2.7 mm,雄体长 7.2~8.3 mm,头宽 2.3~2.5 mm。头部颜面淡褐色,两颊微青,在颊区近唇基缝处左右各有 1 小黑斑;触角窝上方、两单眼之间有 1 对黑斑。复眼绿色。前胸背板淡黄绿色,后半部深青绿色。小盾片淡黄绿色。前翅绿色带有青蓝色泽,前缘淡白色,端部透明,动脉为青黄色,具有狭窄的漆黑色边缘。后翅烟黑色,半透明。腹部背面蓝黑色,两侧及末节色淡为橙黄色带有烟黑色,胸、腹部腹面及足橙黄色。

卵　白色微黄,长卵圆形,长 1.6 mm 左右。中间微弯曲,一端稍细,表面光滑。

若虫　初孵化时呈白色,微带黄绿色。头大腹小。复眼红色。体色渐变淡黄色、浅灰色或灰黑色。3 龄后出现翅芽。老熟若虫体长 6~7 mm,头冠部有 2 个黑斑,胸背及两侧有 4 条褐色纵纹直达腹端。

【生活习性】

1 年发生 3 代,以卵在树枝皮内越冬。翌年春季 4 月孵化,第一代成虫出现于 5 月中下旬,第二代 6 月末至 7 月末,第三代 8 月中旬至 9 月中旬。卵发育历期:第一至第二代 9~15 d,越冬代 5 个多月。若虫发育历期:第一代 40~47 d,第二代 22~26 d,第三代

23~27 d。成虫交配后次日产卵,卵产于寄主叶背主脉组织中,卵痕月牙状,每处有卵 3~15 粒,一般 10 粒左右,排列整齐,第三代成虫羽化 20 d 以上才能交配,卵产在果树及杨、柳等树枝表皮内。初孵幼虫有群集性。在早晨或黄昏气温低时,成虫、若虫皆潜伏不动,午间气温高时较为活跃。成虫趋光性极强。

【防治措施】

(1)在成虫期利用灯光诱杀,可以大量消灭成虫。

(2)成虫早晨不活跃,可以在露水未干时,进行网捕。

(3)9 月底 10 月初,当雌成虫转移至树木产卵以及 4 月中旬越冬卵孵化,幼龄若虫转移到矮小植物上时,虫口集中,用叶蝉散(又名异丙威)2% 粉剂,每亩用药 2 kg,或使用 26% 阿维灭幼脲 2 000 倍液喷洒防治。

黑尾叶蝉

【林业有害生物名称】 黑尾叶蝉

【拉丁学名】 *Nephotettix cincticeps* (Uhler)

【分类地位】 同翅目叶蝉科

【分布】 在河南南阳、洛阳、信阳均有发生。

【寄主】 栎类、杏、猕猴桃、山茱萸、油茶、竹、檫、杨、柳、榆、槐、枣、椿、楝、核桃和苹果、梨、桃等多种果树、林木等农作物。

【危害】 成虫和若虫危害叶片,刺吸汁液,造成退色、畸形、卷缩,甚至全叶枯死。

【识别特征】

成虫　体长 4~6 mm,体黄绿色或鲜绿色,前翅绿色,末端 1/3 黑色者为雄虫,末端带黄褐色者为雌虫。后足发达善跳跃。

卵　长卵圆形,长约 1 mm,黄色,微弯曲。

若虫　体长 3~4 mm,淡绿色,腹部各节生有短细的刚毛,前胸背板、小盾板及翅芽上饰有黑点。

【生活习性】

叶蝉多半会危害植物生长,部分种类更是稻作的重要害虫。一年发生 3~4 代,以 3~4 龄若虫及少量成虫在绿肥田边、塘边、河边的杂草上越冬。成虫把卵产在叶鞘边缘内侧组织中,每雌产卵 100~300 多粒,若虫喜栖息在植株下部或叶片背面取食,有群集性,3~4 龄若虫尤其活跃。越冬若虫多在 4 月羽化为成虫,迁入稻田或茭白田为害,少雨年份易大发生。

【天敌】

主要天敌有褐腰赤眼蜂、捕食性蜘蛛等。

【防治措施】

参考大青叶蝉。

（十一）角蝉科 Membracidae

桑梢角蝉

【林业有害生物名称】 梢角蝉

【拉丁学名】 *Cargara genistae* (Fabr.)

【分类地位】 同翅目角蝉科

【别名】 黑圆角蝉、黑角蝉、桑角蝉

【分布】 在河南主要发生于南阳、商丘、郑州、信阳等地。

【寄主】 桑树、柳树、杨树、榆树、柑橘、山楂、枣、柿、枸杞等。

【危害】 成、若虫刺吸枝叶的汁液致树势衰弱。

【识别特征】

成虫　雌虫体长 4.6~4.8 mm,翅展约 10 mm,多呈红褐色,雄较小,黑色。头黑色下倾,头顶及额和唇在同一平面上偏向腹面;触角刚毛状,复眼红褐色,单眼 1 对淡黄色位于复眼间;头胸部密布刻点和黄细毛。前胸背板前部两侧具角状突起,即肩角,前胸背板后方呈屋脊状向后延伸至前翅中部即近臀角处,前胸背板中脊,前端不明显,在前翅斜面至末端均明显,小盾片两侧基部白色,前翅为复翅,浅黄褐色,基部色暗,顶角圆形,后翅透明,灰白色。足基节、腿节的基部黑色,其余黄褐色。跗节 3 节。

卵　长圆形,长径约 1.3 mm,乳白色至黄色。

若虫　体长 3.8~4.7 mm,与成虫略似,共 5 龄,1 龄淡黄褐色,2~5 龄淡绿色至深绿色。

【生活习性】

河南每年发生 1 代,以卵在枝梢内越冬。第 2 年 5 月孵化,若虫刺吸嫩梢、芽和叶的汁液,行动迟缓。7、8 月羽化为成虫,成虫白天活动,能飞善跳,9 月开始交配产卵,卵散产在当年发生枝条的顶端皮下。

【防治措施】

参照大青叶蝉。

（十二）蜡蝉科 Fulgoridae

斑衣蜡蝉

【林业有害生物名称】 斑衣蜡蝉

【拉丁学名】 *Lycorma delicatula* (White)

【分类地位】 同翅目蜡蝉科

【分布】 在全省各地均有发生。

【寄主】 臭椿、香椿、刺槐、楸、榆、青铜、白桐、三角枫、五角枫、栎、女贞、合欢、杨、杏、李、桃、海棠、葡萄、黄杨等植物,是杂食性害虫。

【危害】 吸食树木嫩芽、枝干和叶片树液。

【识别特征】

成虫　雌虫体长 18～22 mm,翅展 50～52 mm;雄虫体长 14～17 mm,翅展 40～45 mm。体隆起,头部小,头顶前方与额相连接处呈锐角。触角在复眼下方,鲜红色,歪锥状,柄节短圆柱形,梗节膨大成卵形,鞭节极细小。前翅长卵形,上布黑色斑点 10～20 余个,各个体间变化大;端部 1/3 黑色,脉纹白色。后翅膜质,扇状,基部一半红色,有黑色斑 6～7 个,翅中有倒三角形的白色区,翅端及脉纹为黑色。卵呈块状,表面覆一层灰色粉状疏松的蜡质,内为排列整齐的卵。

卵　长圆形,长约 3 mm、宽约 1.5 mm。卵背面两侧有凹入线,中部成纵脊起,脊起的前半部有长卵形的卵孔盖,脊的前端有角状突出;卵的前面平截或微凹,后面钝圆形,腹面平坦。

若虫　4 龄若虫体长 13 mm、宽 6 mm。体背淡红色,头部最前的尖角,两侧及复眼基部黑色。体足基色黑,布有白色斑点。头部较以前各龄延伸。翅芽明显。

【生活习性】

一年发生 1 代,以卵越冬。于 4 月中旬后陆续孵出若虫,并开始危害,其间蜕皮 4 次,6 月中旬变为成虫,至 8 月中旬开始交尾产卵,直至 10 月下旬。对林木危害时间达 6 个月之久。卵产于树皮向阳面。初孵若虫白色而柔软,约半小时后逐渐变为黑色,并显出白点,体壁的硬度也增加,过不久开始取食。其他各龄初蜕皮的若虫全体呈粉红色,不久变为黑色,并显出红色及白色斑纹。成虫、若虫均有群集性,遇惊扰,身体迅速向侧方移动,或即跳跃以助飞翔。蜡蝉的跳跃力甚强,飞翔力不强,偶作假死状。蜡蝉取食时,口器插入植物组织颇深,所刺的植物伤口常流出树汁。肛门排出物晶洁、甘甜如蜜,以傍晚排泄最多,引诱蜜蜂及蝇舐食,并诱发霉病,加速削弱树木。

【天敌】

有舞毒蛾卵平腹小蜂和若虫的寄生蜂等 3 种。

【防治措施】

(1)斑衣蜡蝉以臭椿为原寄主,在危害严重的纯林内,应改种其他树种或营造混交林,以减轻其危害。

(2)保护和利用天敌。

(3)对成虫和若虫,可用 20% 灭扫利乳油 3 000 倍液或 20% 啶虫脒 2 000 倍液喷雾防治。

(4)消灭卵块。

(十三) 广翅蜡蝉科 Ricaniidae

八点广翅蜡蝉

【林业有害生物名称】　八点广翅蜡蝉

【拉丁学名】　*Ricania speculum* Walker

【分类地位】　同翅目广翅蜡蝉科

【别名】　八点蜡蝉、八点光蝉、橘八点光蝉、黑褐蛾蜡蝉、黑羽衣

【分布】　在河南主要分布于南阳、许昌、驻马店等地。

【寄主】　油桐、乌桕、桑、槐、茶、苹果、梨、桃、杏、李、梅、樱桃、枣、栎、栗、山楂、柑橘等近100种植物,是杂食性害虫。

【危害】　成、若虫喜于嫩枝和芽、叶上刺吸汁液;产卵于当年生枝条内,影响枝条生长,重者产卵部以上枯死,削弱树势。

【识别特征】

成虫　体长11.5~13.5 mm,翅展23.5~26 mm,黑褐色疏被白蜡粉。触角刚毛状短小,翅革质密布纵横脉呈网状,前翅宽大,略呈三角形,翅面被稀薄白色蜡粉,翅上有6~7个白色透明斑。后翅半透明,翅脉黑色,中室端有1小白透明斑,外缘前半部有1列半圆形小白色透明斑,分布于脉间。腹部和足褐色。

卵　长约1.2 mm,长卵形,卵顶具1圆形小突起,初乳白色渐变淡黄色。

若虫　体长5~6 mm、宽3.5~4 mm,体略呈钝菱形,翅芽处最宽,暗黄褐色,布有深浅不同的斑纹,体疏被白色蜡粉,体呈灰白色,腹部末端有4束白色绵毛状蜡丝,呈扇状伸出,蜡丝覆于体背以保护身体,向上直立或伸向后方。

【生活习性】

一年发生1代,以卵于枝条内越冬。5月间陆续孵化,危害至7月下旬开始老熟羽化,8月中旬前后为羽化盛期,8月下旬至10月下旬为产卵期。白天活动危害,若虫有群集性,爬行迅速,善于跳跃;成虫飞行力较强且迅速,产卵于当年生枝木质部内,以直径4~5 mm粗的枝背光面且光滑处落卵较多,每处产卵5~22粒成块,产卵孔排成1纵列,孔外带出部分木丝并覆有白色绵毛状蜡丝,极易发现与识别。

【防治措施】

(1)结合管理,特别是冬春修剪,剪除有卵块的枝集中处理,减少虫源。

(2)危害期结合防治其他害虫兼治此虫,可喷洒果树上常用菊酯类及其复配药剂。由于虫体特别是若虫被有蜡粉,混用含油量0.3%~0.4%的柴油乳剂,或黏土柴油乳剂,或喷洒渗透性强的药剂20%的啶虫脒乳油1 500倍液,可提高防效。

四、半翅目 Hemiptera

(一)网蝽科 Tingidae

梨网蝽

【林业有害生物名称】　梨网蝽

【拉丁学名】　*Stephanitis nashi* Esaki et Takeya

【分类地位】　半翅目网蝽科

【别名】　梨花网蝽,俗名军配虫

【分布】　在河南省各地均有发生。

【寄主】　苹果、桃、李、杏、枣、梅、木瓜、栎、山楂、樱桃等树木。

【危害】 成虫和若虫均在叶片背面吸汁危害,被害叶正面形成苍白斑点,引起落叶,影响树势和产量。此虫还分泌黏液,诱致烟煤病发生,污染叶片。

【识别特征】

成虫 体长 3.5 mm,扁平,暗褐色。前胸背板两侧突出部分与前翅均半透明呈网状。前翅具黑褐色斑纹,静止时两翅叠起,黑褐色斑纹呈"X"状。

卵 长椭圆形,一端略弯曲,长径 0.6 mm 左右。初产淡绿色半透明,后变淡黄色。

若虫 共 5 龄,初孵若虫透明无色,成长后变为淡褐色,似成虫,但仅具翅芽。头、胸、腹两侧着生刺状突。

【生活史及生活习性】

1 年发生 3 ~ 4 代,以成虫在枯枝落叶、枝干翘皮裂缝、杂草及土、石缝中越冬。翌年 4 月上旬至 5 月上旬越冬成虫出蛰,开始产卵。由于成虫出蛰期不整齐,5 月中旬以后各虫态同时出现,世代重叠。一年中以 7 ~ 8 月危害最重。干旱年份发生更严重。成虫产卵于叶背主脉两侧叶肉内,每叶可产数十粒。卵期 15 d 左右。初孵若虫不甚活动,有群集性,2 龄后逐渐扩大危害活动范围。成、若虫喜群集于叶背主脉附近危害。至 10 月中下旬以后,成虫寻找适当处所越冬。

【防治措施】

(1)在成虫出蛰活动前,彻底清理果园内及附近的杂草、枯枝落叶,刮除翘皮,集中烧毁或深埋,消灭越冬成虫。

(2)9 月在树干上捆扎草把,诱集成虫入草把越冬,清洁果园时一起处理。

(3)药剂防治的重点放在越冬成虫出蛰后和第一代若虫期的防治。使用药剂有 10% 啶虫脒乳油 2 000 倍液、20% 吡虫啉 1 000 倍液、20% 灭多威乳油 3 000 倍液、20% 净叶宝乳油 1 500 倍液等。

褐角肩网蝽

【林业有害生物名称】 褐角肩网蝽

【拉丁学名】 *Uhlerites debilis* (Uhler)

【分类地位】 半翅目网蝽科

【分布】 在河南省主要分布于南阳、信阳等地。

【寄主】 麻栎、柞栎、槲栎等林木。

【危害】 成虫和若虫均在叶片背面吸汁危害,被害叶正面形成苍白斑点,引起落叶,影响树势和产量。

【识别特征】

成虫 体长 2.7 ~ 2.8 mm、宽 1.4 mm 左右,长椭圆形,黄褐色。头部黄褐色,短宽,大部被头兜所覆盖;头刺黄白色,细棒状。触角灰黄色,中长,第四节褐色,端部具直立长毛。前胸背板较宽,褐色,头兜、侧背板及三角突的端角黄白色,背面具深而大的刻点。前翅宽椭圆形,两前翅端部合而为一,呈宽圆形,黄白色。翅中部至端部有 1 块明显褐色"X"形斑;前翅亚前缘域及中域交接处略微隆起,使中域表面平坦,中域及膜域之间分界明显;膜片较长,外缘端部不向外扩展。腹部腹面、中胸及后胸侧板前半部深褐色,后半部黄白色。各足黄白色,胫节端部浅褐色,跗节褐色。

卵 长方形,前端略弯曲。长 0.44～0.55 mm,宽 0.16～0.17 mm,深褐色。

若虫 末龄若虫体长约 2 mm,灰白色。头部有头刺 5 根。触角灰黄色。翅芽白色,两端略暗。腹侧第五至第九节各有刺 1 对;腹背第三、第五、第六、第八节上各有粗黑刺 1 根。

【生活史】

1 年发生 3 代,以成虫在枯枝落叶、树皮缝、石缝和杂草中越冬。翌春栎类发芽后成虫开始出蛰活动,从 4 月下旬开始至 6 月上旬结束,出蛰历期较长,且不整齐。第一、二代成虫发生期分别为 6 月中旬至 7 月中下旬、8 月中下旬至 9 月下旬,世代重叠现象较为严重。第一代若虫发生期在 5 月下旬至 6 月中旬,第二代若虫发生期为 7 月下旬至 8 月下旬,第三代若虫发生期为 9 月中旬至 10 月上旬。

【生活习性】

成虫 出蛰后多在叶背刺吸汁液,经一段时间的取食后在 5 月中旬开始交尾。10 月下旬成虫活动逐渐减少。11 月上旬不再活动,多数群聚叶背,部分爬进枝皮裂缝。11 月下旬成虫相继落地进入越冬状态。

卵 成虫可多次交配,交配后第二天开始产卵,卵产在叶背主脉附近的组织内,产卵处流出汁液凝结成褐色条斑。成虫产卵期 5～7 d。每雌虫产卵 113～205 粒,卵孵化期 6～14 d。

若虫 孵化后在叶背群集 4～6 h 开始刺吸汁液,同时排出棕黄色胶状粪便。若虫活动范围较小,一般在产卵叶片上即可完成生长发育。若虫期 13～35 d。若虫羽化多在上午 7 时和下午 5 时,阴雨天气亦有成虫出现,羽化 1 d 后便在叶背刺吸为害。

【防治措施】

参照梨网蝽。

(二)盾蝽科 Scutelleridae

丽盾蝽

【林业有害生物名称】 丽盾蝽

【拉丁学名】 *Chrysocoris grandis*(Thunberg)

【分类地位】 半翅目盾蝽科

【别名】 大盾蝽象、黄色长盾蝽、苦楝盾蝽

【分布】 主要分布在河南省南阳、洛阳等地。

【寄主】 柑橘、栎、板栗、苦楝、油桐等。

【危害】 以成、若虫取食嫩梢或花序,致结实率降低、嫩芽和嫩梢枯死。

【识别特征】

成虫体长 18～25 mm、宽 9～12 mm,椭圆形,黄色至黄褐色,有时具浅紫色闪光,密布黑色小刻点。头三角形,基部和中叶黑色,中叶较侧叶长。触角黑色。喙黑色,伸达腹部中央,前胸背板前半部有 1 黑斑;小盾片基缘处黑色,前半中央有 1 黑斑,中央两侧各生 1

短黑横斑。前翅膜片稍长于腹末。足黑色,胫节背面有纵沟。侧接缘黄、黑色相间。雌虫前胸背板前部中央的黑斑与头基部黑斑分离,雄虫则两斑相连。

【生活习性】

以成虫在密蔽的树叶背面越冬较集中,翌春 4~5 月开始活动,多分散为害,进入 5~7 月为害较重。以成、若虫取食嫩梢或板栗花序,致结实率降低、嫩梢枯死。

【防治措施】

(1)利用成虫有假死习性,冬季振落捕杀成虫。

(2)若虫发生期或成虫群集在秋梢的 9 月、10 月,或翌年早春出蛰后至产卵前药剂防治,可喷 20% 吡虫啉乳油 1 000 倍液或 20% 灭多威乳油 3 000 倍液。

(3)保护和引放天敌。

金绿宽盾蝽

【林业有害生物名称】 金绿宽盾蝽

【拉丁学名】 *Poecilocoris lewisi*(Distant)

【分类地位】 半翅目盾蝽科

【分布】 在河南省南阳市卧龙区、宛城区、内乡县、西峡县、南召县等地发生。

【寄主】 松树、葡萄、侧柏、栎类等。

【危害】 若虫、成虫在密蔽的树叶背面集中危害。

【识别特征】

成虫体长 13~15 mm、宽 9~10 mm。宽椭圆形,体色金绿色。体上有条状规则的斑纹。触角蓝色,足及身体下方黄色。

【生活习性】

一年发生 1 代,以 5 龄若虫在石块下、土缝中越冬。翌年春季开始活动,吸食植物汁液。卵多产于各种寄主植物的叶背面,呈块状,在针叶树上多呈长条状排列,阔叶树上则多 4 粒 1 排,呈倾斜方向。若虫有群聚性,11 月转移越冬。

【防治措施】

参考丽盾蝽。

(三)异蝽科 Urostylidae

淡娇异蝽

【林业有害生物名称】 淡娇异蝽

【拉丁学名】 *Vrostylis yangi* Maa

【分类地位】 半翅目异蝽科

【分布】 在河南省主要分布于南阳、信阳、新乡等地。

【寄主】 板栗、茅栗。

【危害】 成、若虫危害幼芽和嫩梢,致使新梢停止生长,嫩叶卷曲或枯萎,严重受害者花芽不能形成,至枝梢甚至全株死亡。

【识别特征】

成虫　体较扁平,体色随季节不同而变化,6~9月呈草绿色;10月以后由草绿色、黄绿色到栗黄色;最后呈赭色并略带草绿色金属光泽。雌虫长椭圆形,体长10~12 mm、宽4~5 mm;雄虫宽菱形,体长9~9.5 mm、宽3.5~4.5 mm。头小,单眼淡褐色,复眼黑色突出。触角5节。前胸背板前缘、侧缘稍向上卷;前角、侧角不突出,两侧角附近各有1个较明显的黑点;小盾片呈倒等腰三角形。足浅赭色,腿节、胫节上有稀疏短毛。

卵　瓜籽形,淡绿色或玉绿色,长0.7~0.8 mm。按"人"字形排成双行单层卵块,卵块上有一层厚约1 mm的灰白色(后期变成红棕色)蜡状覆盖物。

若虫　共分5龄,末龄若虫体草绿色,长6~10 mm、宽3.5~4.5 mm,体背有明显的翅芽。触角草绿色,端节端部黑色。

【生活习性】

一年发生1代,以卵越冬。越冬卵2月下旬至3月上旬孵化;4月上中旬若虫开始危害幼芽和嫩梢;5月中旬至6月上旬羽化为成虫,10月底至11月初成虫开始交尾产卵,产卵后陆续死亡。卵多产在树枝下方的树皮上,少数成虫在附近的杂灌木上产卵。卵块条状,互不重叠,沿树枝近平行排列成卵块群。1~2龄若虫期35~40 d,1~2龄若虫有群集危害习性。3龄以后若虫食量大增。若虫从3龄开始能放出臭气。成虫活泼善爬行,受惊后能做短距离飞翔。其体色随季节不同而变化。

【防治措施】

(1)冬季人工刮除枝条和树干上的越冬卵块。

(2)春季越冬卵孵化期,可用20%灭多威乳油3 000倍液喷洒树冠,效果显著。

(3)成虫发生期,用10%啶虫脒乳油2 000倍液或20%吡虫啉1 000倍液对树冠和地面喷雾,防治2次,每次间隔10 d。

(四)蝽科 Pentatomidae

赤条蝽

【林业有害生物名称】　赤条蝽

【拉丁学名】　*Graphosoma rubrolineata*(Westwood)

【分类地位】　半翅目蝽科

【分布】　在河南省主要分布于南阳、驻马店、信阳等地。

【寄主】　栎类、榆树、杨树以及农作物和蔬菜等。

【危害】　叶片和嫩芽。

【识别特征】

成虫　体长8~12 mm、宽6.5~7.5 mm。胸部背板具黑色与黄红色相间的纵条纹;中央1条向前延伸,可达头部中片的中间,向后延伸可达小盾片的末端;其两侧的2条,向前延伸可沿头部的边缘直上而达侧片的前端,向后纵走直至小盾片末端;靠近前胸盾片的侧角,各有1条,由前侧的边上起向后斜走,与小盾片上侧区的纵条相接。前翅革质部的外缘区,也有2支纵条,向前延伸可达前胸盾片侧角,向后延伸至革质部的末端;其余相间部分均为黑条,共5支。头短而倾垂。触角棕黑色,基部2节红黄色。喙管黑色,基部黄褐色。前胸背板前缘呈扁薄的边,侧角圆钝,不伸出;小盾片较狭,伸达胸部末端,露出前翅革片的一部分;前翅膜质部灰黑色,常隐藏于小盾片下而不可见;侧接缘明显外露,其上亦有红黄色与黑色相间的点纹。足棕黑色。身体腹面全部为红黄色,其上散布很多大黑点。

卵　长约1 mm,桶形,初期乳白色,后变浅黄褐色,卵壳上被白色绒毛。

若虫　末龄若虫体长8~10 mm,体红褐色,其上有纵条纹,外形似成虫,无翅仅有翅芽,翅芽达腹部第三节,侧缘黑色,各节有橙红色斑。成虫及若虫的臭腺发达。遇敌时即放出臭气。

【生活习性】

在中国各地均有发生,各地均1年发生1代,以成虫在田间枯枝落叶、杂草丛中、石块下、土缝里越冬。4月中下旬越冬成虫开始活动,5月上旬至7月下旬成虫交配并产卵,6月上旬至8月中旬越冬成虫陆续死亡。若虫于5月中旬至8月上旬出现,6月下旬成虫开始羽化出来,在寄主上为害,成虫白天活动,卵多产于叶片和嫩荚上,卵成块,一般排列2行,每块卵约10粒。初孵若虫群集在卵壳附近,2龄以后分散。若虫共5龄。卵期9~13 d,若虫期约40 d,成虫期300 d左右。

【防治措施】

(1)秋冬季对赤条蝽发生多的地块进行耕翻,可消灭部分越冬虫态。零星种植地块,可人工捕捉成虫、摘卵。

(2)在搞好测报的前提下,掌握住当地卵孵化盛期喷洒1%阿维菌素乳油2 000倍液或10%啶虫脒乳油2 000倍液。

硕蝽

【林业有害生物名称】　硕蝽

【拉丁学名】　*Eurostus validus* Dallas

【分类地位】　半翅目蝽科

【分布】　河南省主要分布在南阳、驻马店、信阳等地。

【寄主】　板栗、茅栗和栎类。

【危害】　成、若虫吸食嫩梢、叶片汁液,严重者使枝梢凋萎、焦枯。

【识别特征】

成虫　体长23~31 mm、宽11~14 mm。长卵圆形,棕红色,密布浅细刻点。头小,三角形。触角黑色,末节枯黄色。前盾片前缘带蓝绿光。小盾片近三角形,两侧缘蓝绿色,末端翘起呈小匙状。足深栗色,跗节稍黄,腿节近末端处有2枚锐刺。

卵　扁桶形,直径约2.5 mm,灰绿色。卵孵化前可见红色小眼点。

若虫　末龄若虫体长19~25 mm、宽11~15 mm。黄绿色至淡绿色。

【生活史】

一年发生1代,以4龄若虫在寄主树附近近地面的青绿叶背面蛰伏越冬。翌年4月上中旬开始活动取食;5月中旬至6月下旬羽化,以5月中下旬较盛;产卵期为6月上旬至7月下旬,前后共历期50 d左右;6月下旬至8月初成虫陆续死亡。卵于6月中旬至8月中旬孵化,10月上中旬若虫进入4龄后越冬。

【生活习性】

成虫　飞翔力强,喜于树体上部栖息危害,交配多在上午,长达约3 h。具假死性,受惊扰时会喷射臭液(其成分为:2－可溶性环己烯巴比妥(2－hexenal)、2－辛醇(2－octe－nal)、2－葵烯酰(2－decenal)等),但早晚低温时常假死坠地,正午高温时则逃飞。有弱趋光性和群集性。

卵　多产在寄主植物附近的双子叶杂草叶背,卵块平铺,每块10多粒卵。

若虫　初龄若虫常群集叶背,在卵块旁静伏2~3 d,2、3龄才分散活动爬至嫩梢叶背吸汁。嫩梢被害严重者明显凋萎。5龄若虫老熟后,爬至老叶背面,或附近其他杂灌木近地面的叶背面,静伏3~6 d后羽化。该蝽在活动期间遇到天敌时,能施放臭气,还有较弱的假死性。

【防治措施】

(1)冬季清除林间(园地)枯枝落叶、杂草、石块,消灭越冬若虫。

(2)若虫活动危害期和成虫羽化期,使用20%吡虫啉乳油1 000倍液或20%灭多威乳油3 000倍液喷雾防治2~3次,间隔7~10 d。

麻皮蝽

【林业有害生物名称】　麻皮蝽

【拉丁学名】　*Erthesina fullo*(Thunberg)

【分类地位】　半翅目蝽科

【别名】　黄斑蝽

【分布】　在全省各地均有发生。

【寄主】　李、苹果、桃、梨、枣、葡萄、柿、柑橘、栎类、泡桐、桑、刺槐、竹子、榆等。

【危害】　危害树木叶片和幼芽。

【识别特征】

成虫　体长20.0~25.0 mm、宽10.0~11.5 mm。体黑褐密布黑色刻点及细碎不规则黄斑。头部狭长,侧叶与中叶末端约等长,侧叶末端狭尖。触角5节黑色,第1节短而粗大,第5节基部1/3为浅黄色。喙浅黄,4节,末节黑色,达第3腹节后缘。头部前端至小盾片有1条黄色细中纵线。前胸背板前缘及前侧缘具黄色窄边。胸部腹板黄白色,密布黑色刻点。各腿节基部2/3浅黄,两侧及端部黑褐,各胫节黑色,中侧具淡绿色环斑,腹部接缘各节中间具小黄斑,腹面黄白,节间黑色,两侧散生黑色刻点,气门黑色,腹面中央具一纵沟,长达第5腹节。

卵　黄白色,圆筒状,横径约8 mm左右。顶端有盖,周缘具刺毛。

若虫　各龄均扁洋梨形,前尖削后浑圆,老龄体长约19 mm,似成虫,自头端至小盾片具一黄红色细中纵线。体侧缘具淡黄狭边。腹部3~6节的节间中央各具一块黑褐色隆起斑,斑块周缘淡黄色,上具橙黄或红色臭腺孔各一对。腹侧缘各节有一黑褐色斑。喙黑褐伸达第3腹节后缘。

【生活史及生活习性】

此虫1年发生2代,以成虫在枯枝落叶下、草丛中、树皮裂缝、梯田堰坝缝、围墙缝等处越冬。越冬成虫3月下旬寄主萌芽后开始出蛰活动,危害开始出现,4月下旬至7月中旬产卵,第1代若虫5月上旬至7月下旬孵化,6月下旬至8月中旬初羽化;第2代7月下旬初至9月上旬孵化,8月底至10月中旬羽化。均危害至秋末陆续越冬。

成虫飞翔力强,喜于树体上部栖息危害,交配多在上午,长达约3 h。有弱趋光性和群集性,初龄若虫常群集叶背,2、3龄才分散活动,卵多成块产于叶背,每块约12粒。

【防治措施】

(1)捕杀成虫。在果园附近的建筑物,尤其屋檐下常集中大量成虫,在其上爬行或静伏、交尾,很易捕打。

(2)若虫发生期喷药防治。可喷10%啶虫脒乳油2 000倍液或20%灭多威乳油3 000倍液。

油绿蝽

【林业有害生物名称】 油绿蝽

【拉丁学名】 *Glaucias dorsalis*(Dohrn)

【分类地位】 半翅目蝽科

【分布】 在河南省主要分布于南阳、郑州、洛阳等地。

【寄主】 栎类和多种果树、风景树等。

【危害】 树木叶片和幼芽。

【识别特征】

成虫体长14~16.5 mm、宽7.5~9 mm。青绿色,有光泽。此虫虽与稻绿蝽极相似,但仍易分开。个体较稻绿蝽大,腹下基部中间具腹刺,前伸可达后足基部间。中胸和后胸盾片上具隆脊,后胸盾片上的隆脊较宽,其上平坦且后端与腹刺相接。

【生活习性】

1~2龄若虫有群集性,若虫和成虫有假死性,成虫有趋光性和趋绿性。

【防治措施】

(1)冬季清除田园地被杂草,消灭部分成虫。

(2)灯光诱杀成虫。

(3)成虫和若虫危害期,喷洒10%啶虫脒乳油2 000倍液或20%灭多威乳油3 000倍液。

五、膜翅目 Hymenoptera

(一)瘿蜂科 Cynipidae

栗瘿蜂

【林业有害生物名称】 栗瘿蜂

【拉丁学名】　*Dryocosmus kuriphilus*（Yasumatsu）

【分类地位】　膜翅目瘿蜂科

【别名】　板栗瘿蜂、栗瘤蜂

【分布】　在河南省主要分布于南阳、信阳、驻马店、安阳等地。

【寄主】　主要危害板栗、栎类。

【危害】　以幼虫危害芽和叶片,受害严重时,虫瘿比比皆是,树很少长出新梢,不能结实,树势衰弱,枝条枯死。

【识别特征】

成虫　体长 2～3 mm,翅展 4.5～5 mm,黑褐色,有金属光泽。头短而宽。触角丝状,基部两节黄褐色,其余为褐色。胸部膨大,背面光滑,前胸背板有 4 条纵线。两对翅膜质透明,翅面有细毛。前翅翅脉褐色,无翅痣。足黄褐色,有腿节距,跗节端部黑色。产卵管褐色。仅有雌虫,无雄虫。

卵　椭圆形,乳白色,长 0.1～0.2 mm。一端有细长柄,呈丝状,长约 0.6 mm。

幼虫　体长 2.5～3 mm,乳白色。老熟幼虫黄白色。体肥胖,略弯曲。头部稍尖,口器淡褐色。末端较圆钝。胴部可见 12 节,无足。

蛹　为离蛹,体长 2～3 mm,初期为乳白色,渐变为黄褐色。复眼红色,羽化前变为黑色。

【生活史】

一年发生 1 代,11 月以初孵幼虫在被害芽内越冬。翌年春季栗芽萌动时,幼虫活动取食,被害芽逐渐形成虫瘿,其颜色初呈翠绿色,后变为赤褐色,略呈圆形,其大小视寄生的幼虫数而定,一般长 1～2.5 cm、宽 0.9～2 cm。虫瘿内的虫室,后期长 1～3.1 mm、宽 1～2 mm,室壁木质化,坚硬。每瘿内幼虫数 1～16 头,以 2～5 头为多,老熟后即在虫室内化蛹。

【生活习性】

成虫　羽化后在瘿内停留 10～15 d,咬宽约 1 mm 虫道外出。出瘿后爬至叶面,经 3～5 min 即可飞翔。飞行能力不强,大部分时间在树上爬行,晚间则停息于栗叶背面。风速 1～2 m/s 的情况下不影响正常活动。成虫无趋光性及补充营养习性,可孤雌生殖。

卵　初孵幼虫在芽内进行短时间摄食,形成较虫体稍大的虫室,虫室边缘组织肿胀。

【发生与危害规律】

天敌、降水等是影响此虫数量消长的重要因素。寄生性天敌有中华长尾小蜂、葛氏长尾小蜂、尾带旋小蜂、杂色广肩小蜂、栗瘿蜂、绵旋小蜂、双刺广肩小蜂等。

【防治措施】

(1)剪除虫枝。剪除虫瘿周围的无效枝,尤其是树冠中部的无效枝,能消灭其中的幼虫。剪除虫瘿。在新虫瘿形成期,及时剪除虫瘿,消灭其中的幼虫。剪虫瘿的时间越早越好。

(2)保护和利用寄生蜂是防治栗瘿蜂的最好办法。保护的方法是在寄生蜂成虫发生期(4月)不喷施任何化学农药。8月以后采集枯瘿,其内有大量的中华长尾小蜂幼虫;翌年 3～4 月悬挂栗园中,使寄生蜂自然羽化,寄生栗瘿蜂。

(3)在栗瘿蜂成虫发生期,可喷洒3%高渗苯氧威2 000倍液或20%吡虫啉1 000倍液,杀死栗瘿蜂成虫。

栎叶瘿蜂

【林业有害生物名称】 栎叶瘿蜂

【拉丁学名】 *Diplolepis agama* Hart.

【分类地位】 膜翅目瘿蜂科

【分布】 河南省主要分布在郑州市、登封市、新密市、巩义市、荥阳市,南阳市西峡县、南召县、内乡县、淅川县,三门峡市渑池县和信阳市平桥区、新县。

【寄主】 栓皮栎、麻栎、青冈、板栗等树种。

【危害】 以幼虫吸取叶片汁液,并刺激叶片在侧脉上形成直径约5~8 mm的圆形虫瘿,极度消耗树体营养,严重削弱树木长势。

【识别特征】

成虫 成虫体长2 mm左右,体黄褐色,翅透明。

幼虫 老熟幼虫白色,肥胖多皱,头尾较钝,体长4~6 mm。

蛹 为裸蛹,长5 mm,初为白色,较肥大,寡节原足型,头部有一对复眼,黑色,腹末有一直径1 mm的黑点,后期变为褐色。

【生活史】

栎叶瘿蜂一年发生1代,以蛹在圆形虫室内越冬。次年4月上中旬羽化为成虫,成虫4月上旬开始扬飞,4月中下旬为扬飞盛期,5月上旬扬飞基本结束。4月中下旬产卵,5月上中旬幼虫大量孵化,幼虫于9月上中旬在脱落的虫瘿内化蛹,10月中下旬化蛹结束进入越冬期。

【生活习性】

成虫 羽化后从圆形虫室进入球形虫瘿内,然后从球形虫瘿上咬一直径约2 mm的圆形虫孔,头朝外钻出。成虫出孔时间可持续数十分钟。成虫白天、晚上均可出孔,出孔后常沿地面不断爬行。在温度较高时或光照条件下,成虫较为活泼,爬行时不断做展翅状。有较强的飞翔能力,一次飞翔可达数十米。

幼虫 孵化后,从叶片侧脉中吸取汁液,并刺激受害部位在叶脉上形成一小球状虫瘿,在虫瘿中央形成栗蓬状圆形虫室,虫室外有数十根针状体,外似栗蓬。虫室下端有一长柄与虫瘿内壁及寄主组织相连。幼虫于虫室内隐蔽刺吸汁液,后期虫室增大,形成直径2.5~4 mm的圆球,剖开圆球,可见其中的白色幼虫。虫瘿开始较小,直径1 mm,后随幼虫的发育而逐渐增大,直径达到5~8 mm。虫瘿多分布在叶片的正面,也有少量分布于叶片的背面。虫瘿开始颜色呈灰褐、黄褐或红褐不等,后期颜色呈紫红、青色或淡黄色,由光照不同所致,光照充足的虫瘿颜色为紫红色或红褐色,光照不良的虫瘿为淡黄色或青色。单个叶片最多虫瘿达52个。虫瘿5月上旬开始出现,5月中下旬逐渐增多,5月下旬、6月上旬达到最多。6月上旬虫瘿开始脱落,7月中旬进入脱落高峰,7月下旬虫瘿基本脱落结束。脱落期长达2个月。

蛹 虫瘿脱落后,幼虫随虫瘿掉至地面,然后在虫瘿内老熟化蛹。

【发生与危害规律】

林缘较林内重,孤立木较片林重,小树较大树重,低海拔较高海拔发生重。该虫发生严重与否与春夏降雨量的多少密切相关。4~7月降水较多时,该虫发生较重,4~7月干旱少雨,则发生较轻。

【防治措施】

参考栗瘿蜂。

六、直翅目 Orthoptera

(一)蝗科 Acrididae

中华蚱蜢

【林业有害生物名称】　中华蚱蜢

【拉丁学名】　*Acrida chinensis*(westwood)

【分类地位】　直翅目蝗科

【分布】　全国大部分地区均有分布。

【寄主】　栎、杨、榆、柳、苹果、梨、桃、茶、泡桐等树木及农作物的叶片,是杂食性害虫。

【危害】　成虫及若虫食叶,影响生长发育,降低商品价值。

【识别特征】

成虫　体长80~100 mm,雄虫体小于雌虫。体绿色或黄褐色,背面具淡红色纵条纹,有的个体为纯绿色,无其他杂色斑纹。触角淡褐色,呈剑状,宽扁,基部数节最宽,长为宽的8.5倍左右。头顶呈"V"形凹陷,自复眼后缘到前胸背板前缘有1条淡红色纵条纹;颜面圆阔,向后极度倾斜,与头顶成锐角。前胸背板中隆线、侧隆线及底缘呈淡红色;侧片的上缘沿侧隆线之下有较宽的淡红色纵条纹;中胸和后胸各有向下倾斜至中足和后足基部的淡红色斜条纹。前翅绿色或枯草色,常有淡红色纵条纹,后翅淡绿色。足胫节的刺较细小,后足腿节端部内、外侧各有1个明显的齿,爪间垫与爪似等长。

若虫　体形与成虫近似,体长小于成虫。

卵　成块状,卵粒数多少不等。

【生活习性】

各地均为一年1代。成虫产卵于土层内,成块状,外被胶囊。以卵在土层中越冬。若虫(蝗蝻)为5龄。成虫善飞,若虫以跳跃扩散为主。

在各类杂草中混生,保持一定湿度和土层疏松的场所,有利于蚱蜢的产卵和卵的孵化。一般常见发生于农田与杂草丛生的沟渠相邻处。

【防治措施】

(1)若虫期将林内离地面1 m以下的小枝及萌芽砍除,断绝若虫食料。

(2)幼蝻期喷洒20%吡虫啉2 000倍液或3%高渗苯氧乳油2 000倍液。

(3)组织人工扑打成虫和幼虫。

（二）蝼蛄科 Gryllotalpidae

东方蝼蛄

【林业有害生物名称】 东方蝼蛄

【拉丁学名】 *Gryllotalpa Orientalis* Burmeister

【分类地位】 直翅目蝼蛄科

【别名】 非洲蝼蛄,俗名拉拉蛄、土豹子

【分布】 在河南各地均有发生。

【寄主】 各种林木幼苗和刚播下的种子。

【危害】 成虫与若虫均能危害,取食各种林木幼苗和刚播下的种子,并在地表挖掘坑道把幼苗拱倒,给苗圃造成重大经济损失。

【识别特征】

成虫 体长 30～35 mm,淡黄褐色,密生细毛,形态与华北蝼蛄相似,但体躯小,故又称小蝼蛄;后足胫节背侧内缘有棘 3～4 个。腹部近纺锤形。

卵 椭圆形,较华北蝼蛄大,初产时长 2～2.4 mm、宽 1.4～1.6 mm,初产时黄白色有光泽,后变为黄褐色,孵化前呈暗紫色或暗褐色。

若虫 共 6 龄,初孵若虫体长 4 mm 左右,末龄若虫体长 24～28 mm,后足胫节有棘 3～4 个。

【生活史】

2 年发生 1 代,以成虫和若虫在土壤 60～120 cm 深处越冬。越冬成虫在 5 月交尾产卵,卵期 21～30 d,若虫期 400 多天,共蜕皮 6 次,第二年夏秋季羽化为成虫,少数当年即可产卵,但大部分则再次越冬,至第三年 5～6 月交尾产卵。

【生活习性】

无论成虫和若虫均于夜间在表土层或地面上活动,21 时至次日凌晨 3 时为活动取食高峰。炎热的中午则躲至土壤深处。有 5 种趋性:①群集性,初孵若虫有群集性,怕风、怕光、怕水,以后分散危害。②趋光性,成虫在飞翔时均有强烈的趋光性。③趋化性,对甜味物质特别嗜好,因此可用煮至半熟的谷子、炒香的豆饼及麸糠制成毒饵,诱杀效果特别好。④趋粪性,蝼蛄对厩肥和未腐熟的有机物、粪坑具有趋性。⑤喜湿性,蝼蛄喜在潮湿的土中生活,因此河渠旁低洼地等处蝼蛄发生均较干旱环境多而严重。

【发生与危害规律】

全年活动大致分为 6 个时期:①冬季休眠期。10～11 月,成虫和若虫在土壤下 60～120 cm 深处越冬,一窝一头,头部向下。②春季苏醒期。洞顶壅起一堆虚土隧道,此时是春季调查虫口密度、蝼蛄种类、挖洞灭虫和防治的有利时机。③出窝迁移期。4～5 月蝼蛄进入活动盛期,出窝迁移,地面出现大量弯曲的虚土隧道,在隧道上留有一小孔。此时是结合播种拌药和撒施毒饵防治蝼蛄的关键时期。④猖獗危害期。5～6 月,蝼蛄活动量和食量大增,并准备交尾产卵,形成危害高峰。⑤越夏产卵期。6 月中下旬至 8 月下旬,

天气炎热,若虫潜入 30 ~ 40 cm 深的土层中越夏,接近交尾产卵末期。可结合夏季除草和人工挖窝,消灭虫卵和若虫。⑥秋季危害期。9 ~ 10 月成虫和若虫上升土表集中活动,形成秋季危害高峰。

多在沿河、池埂、沟渠附近产卵,喜潮湿。产卵前,雌成虫在 5 ~ 20 cm 深处做穴,穴中仅有一长椭圆形卵室,穴口用草把堵塞。

【防治措施】

(1)施用毒土。在做苗床(垄)时,向床面或垄沟里撒布配好的毒土,然后翻入土中。毒土配制方法同大地老虎。

(2)毒饵诱杀。用 20% 速灭杀丁 50 ~ 100 倍液加炒香的麦麸或磨碎的豆饼 5 kg 搅拌均匀,傍晚时均匀撒于苗床面或沟施。每亩用毒饵 1.5 ~ 3 kg,可兼治地老虎幼虫。

(3)灯光诱杀。在苗圃地周围设黑光灯、电灯或火堆诱杀。在天气闷热或将要下雨的夜晚,以 20 ~ 22 时诱杀效果最好。灯光最好设在距苗木有一定距离的地方,以免落地蝼蛄爬进田内而造成危害。

(4)春季灭虫。在蝼蛄春季出蛰阶段,如发现虫洞,可沿虫洞向下挖,一般挖到 45 cm 左右深时即可找到蝼蛄。

(5)夏季挖窝毁卵。在蝼蛄产卵盛期,发现产卵洞口,从产卵洞口向下挖 5 ~ 10 cm 深,即可挖出虫卵。

华北蝼蛄

【林业有害生物名称】 华北蝼蛄

【拉丁学名】 *Cryllotalpa unispina* Saussure

【分类地位】 直翅目蝼蛄科

【别名】 拉拉蛄、土狗、泥狗等

【分布】 在河南各地均有发生。

【寄主】 各类树木以及农作物、蔬菜幼苗。

【危害】 主要危害苗圃实生幼苗,以及农作物、蔬菜幼苗等。

【识别特征】

成虫 体长 36 ~ 55 mm,前胸宽 7 ~ 11 mm。体色比东方蝼蛄浅,呈黄褐色。前翅覆盖腹部不到 1/3,后足胫节背面内侧有棘 1 个或消失。

卵 椭圆形,体长 1.6 ~ 1.8 mm、宽 1.1 ~ 1.3 mm,初产乳白色具光泽,后期为黄褐色。

若虫 初孵为乳白色,蜕 1 次皮后变为浅黄褐色,5 ~ 6 龄后与成虫体色近似。初龄若虫体长 3.6 ~ 4 mm,末龄若虫体长 36 ~ 40 mm。

【生活习性】

3 年完成 1 代,以成虫或较高龄若虫在土下 30 ~ 90 cm 处越冬。越冬成虫于 3 ~ 4 月上中旬开始活动,6 ~ 7 月交配产卵。产卵时先在土深 10 ~ 15 cm 处做椭圆形卵室,卵室的上方另挖 1 个运动室(产卵后栖息),每室有卵 50 ~ 85 粒。每头雌虫产卵 120 ~ 160 粒,卵期 20 ~ 25 d,6 月中下旬卵孵化为若虫。到秋季 8 ~ 9 龄时越冬,翌年春继续危害,至秋季达 12 ~ 13 龄时再越冬。到第三年 8 月上中旬,若虫羽化为成虫,即以成虫越冬。

【防治措施】

参考东方蝼蛄。

七、等翅目 Isoptera

(一)白蚁科 Termitidae

黑翅土白蚁

【林业有害生物名称】　黑翅土白蚁

【拉丁学名】　*Odontotermes formosanus*（Shiraki）

【分类地位】　等翅目白蚁科

【分布】　河南省主要分布在南阳、信阳、洛阳等地。

【寄主】　板栗、栎类、泡桐、杉、松、樟树等果树、林木。

【危害】　营土居生活,咬食幼苗及根,并筑泥道沿树干通往树梢,致树木枯死。该虫分兵蚁、有翅成虫、工蚁和蚁王、蚁后。

【识别特征】

兵蚁　体长 5.1 ~ 5.9 mm,头部暗黄色,左上额内侧中点有 1 齿。有翅成虫体长 26.9 ~ 29.1 mm,翅展 45.1 ~ 49.9 mm。体背黑褐色,全身密被细毛,前胸背中有 1 个淡黄色"十"字纹。

工蚁　体长 4.9 ~ 6.1 mm,头部黄色,胸腹灰白色。

蚁王、蚁后　与有翅成虫相似,仅体色较深,体壁较厚。蚁后腹部渐膨大,体长 70 ~ 79.9 mm。

卵　椭圆形,乳白色。长径 0.6 mm 左右。

【生活习性】

该虫是群体营土居生活的社会性昆虫,在巢群中一般有蚁王、蚁后各 1 个,专司繁殖。有翅蚁在巢群中形成后,于 5 月、6 月闷热天气,群出婚飞,脱翅求偶,寻适当处所入土深 150 cm 处建新巢,繁殖后代。蚁巢以王室(主巢)为中心,周围布满大小不等的菌圃(副巢),各副巢上端常储有大量卵,主巢与各副巢间有蚁路相通。哺育工作先由雌雄蚁承担,后由工蚁承担,雌雄兵蚁无繁殖能力,是巢穴的保卫者,数量仅次于工蚁。工蚁承担巢内的一切主要工作,数量最多。4 月初工蚁在土中咬食树根,出土沿树干筑泥路蛀食树皮,侵害干部木材。11 ~ 12 月,集中在巢中越冬。

【防治措施】

(1)5 月、6 月有翅蚁出巢婚飞分群时,用灯光诱杀,可避免新蚁群增多。

(2)在蚁巢主道,注入杀虫剂,封闭孔口。

(3)在被害园地(林地),挖 1 m × 0.6 m × 0.6 m 的坑,放入甘蔗渣、松木、蕨类,洒上米汤、糖液,再喷上白蚁粉、灭蚁灵,盖上稻草,诱黑翅土白蚁入坑集中消灭。

八、蜱螨目(真螨目)Acariformes

(一)瘿螨科 Eriophyidae

栗叶瘿螨

【林业有害生物名称】 栗叶瘿螨

【拉丁学名】 *Eriophyes castanis* Lu

【分类地位】 蜱螨目瘿螨科

【别名】 栗瘿壁虱

【分布】 河南南阳主要发生在西峡、内乡、南召等县。

【寄主】 板栗、栎类。

【危害】 叶片被害处,在正面出现袋状虫瘿,虫瘿倒立于叶面,顶部钝圆,瘿体稍弯曲,基部收缩,似瓶颈,表面光滑无毛,草绿色,瘿内壁生毛管状物,乳白色,虫瘿在后期干枯变褐,不脱落,被害叶片上有几十个虫瘿,多者上百个,阻碍光合作用。

【识别特征】

成螨 体长 160~180 μm,体浅黄色或乳白色,长蠕形。胸腹部共有 50 多个环节。尾端有吸盘,可以吸附叶表。体侧各有刚毛 4 根,尾端两侧各 1 根,爪梳状。初越冬的冬型成螨乳白色,渐变成淡黄色。体节明显,头胸和腹部可以明显分开。

卵 椭圆形,透明,近孵化时稍凹陷。

幼螨 初孵幼螨无色透明,渐变为乳白色。

若螨 半透明。

【生活习性】

一年发生多代,以雌成螨在 1~2 年生枝条的芽鳞下越冬。春季栗树展叶期开始危害,瘿体初期很小,后逐渐长大,至 6~7 月瘿体最大,最长的可达 1.5 cm。从展叶至 9 月末不断有新鲜虫瘿长出。螨在瘿内毛管状附属物之间活动,一个瘿内有螨几百头。虫瘿后期干枯,螨从叶背孔口成群钻出,在叶面爬行。10 月下旬大量的螨从瘿内钻出,爬到枝条上寻找越冬场所。在 1~2 年生幼嫩枝条的饱满顶芽上,可聚集千头以上,在芽基部叶痕的脱落层下也聚有大量冬型螨,在饱满花芽的第一鳞片下越冬虫体较多,第二鳞片下很少,其他暴露部位冬型螨越冬后大部分不能成活。虫体集中成堆时,有拉丝习性。

【防治措施】

(1)在生长季剪除被害枝条或摘除有虫瘿的叶片,即可收到较好的防治效果。

(2)往树上喷洒选择性杀螨剂用 20% 螨死净悬浮剂 3 000 倍液,5% 尼索朗乳油 2 000 倍液,全年喷药 1~2 次,可控制危害。在夏季活动螨发生高峰期,也可喷洒 20% 三氯杀螨醇乳油 1 000 倍液,对活动螨有较好的防治效果。

(3)栗园天敌种类较多,常见的有草蛉、食螨瓢虫、蓟马、小黑花蝽及多种捕食螨,应注意保护利用。

（二）叶螨科 Tetranychidae

板栗叶螨

【林业有害生物名称】　板栗叶螨

【拉丁学名】　*Paratetranychus* SP.

【分类地位】　蜱螨目叶螨科

【别名】　板栗红蜘蛛、栗叶螨

【分布】　国内大部分产区都有分布,河南南阳主要发生在内乡、西峡、南召、淅川等县。

【寄主】　板栗、茅栗、栎类,板栗受害较为严重。

【危害】　成虫和若虫危害叶片正面,受害叶片先沿叶脉失绿变灰黄色,继而全叶灰白,远看如蒙上一层尘土,严重时叶片枯焦,早期脱落。

【识别特征】

成虫　雌成虫椭圆形,背面隆起,肩部较宽,腹末钝圆;头、胸橘红色,肩部两侧各有1个明显的暗红色圆点;足较粗壮,淡琥珀色,体背刚毛粗大,黄白色,基部有黄白色肉瘤。雄虫体较小,近三角形,腹末稍尖。

卵　冬型暗红色,扁圆形,上有1尖端稍弯的丝柄,并有细丝和卵面相连,卵壳表面有微细的放射状刻纹。夏卵乳黄色,洋葱头形,初产卵乳白色,半透明。

若虫　近圆球形,绿褐色,4对足。幼螨初孵时乳白色,取食后渐变淡黄色,3对足。

【生活习性】

1年发生5~9代,以卵在1~4年生枝条上越冬,尤以1年生枝条芽的周围及枝条粗皮、缝隙、分叉等处最多。越冬卵5月上旬开始孵化,初孵幼螨先爬到叶背危害,数日后转到叶正面危害,以侧脉凹陷处最多。全年发生盛期在5月中旬至7月上旬,60 d左右,此时正是1~4代发生期,以后各代分别发生在7月、8月、9月。从第二代开始(5月中旬以后)世代重叠,以卵的数量最多。成虫多集中在叶正面主脉两侧凹陷处拉丝、产卵,卵期8~9 d。

【发生与危害规律】

天气干旱、气温高,往往造成严重危害,危害部位仅在叶正面,故暴风雨或大雨都可将虫体冲洗掉。

【防治措施】

（1）药剂涂干。涂药时间在5~6月,最好在5月上旬。使用药剂有3%高渗苯氧威乳油或10%啶虫脒乳油300倍液。涂药的方法:在树干离地30 cm处,刮去粗皮约20 cm的环带(幼树可以不刮皮),然后用板刷将药液沿环涂上,再用塑料布包扎,以防药液损失和人畜中毒,10多天后再涂1次,杀虫效果可维持30多天。

（2）树上喷药。5月上旬开始喷2次20%啶虫脒2 000倍液,或20%吡虫啉2 000倍液,或用波美0.2度石硫合剂与三氯杀螨砜800倍混合液。

（3）保护利用天敌。

榆全爪螨

【林业有害生物名称】 榆全爪螨

【拉丁学名】 *Panonychus ulmi* Koch

【分类地位】 蜱螨目叶螨科

【别名】 苹果红蜘蛛、苹果红叶螨

【分布】 全国大部分地区均有发生。

【寄主】 榆树、月季、玫瑰、樱花、海棠、苹果、栗、栎、山楂、沙果、梨、李、樱桃、柑橘、枫杨等果树、林木及花卉,是杂食性害虫。

【危害】 成螨、幼螨、若螨危害嫩芽、嫩茎、新叶、花蕾。严重受害造成叶片变色,花朵变小,新叶提早脱落。

【识别特征】

成虫 雌成螨体圆形或椭圆形,背隆起,体长 381 ~ 446 μm、宽 268 ~ 292 μm,橘红色或暗红色;背毛刚毛状,上生有绒毛,背毛白色,着生在黄色的疣突上;足 Ⅰ 跗节具 2 对双刚毛;彼此相近,双毛近基侧有 4 根刚毛;跗节爪为条状,各生 1 对粘毛;爪间突爪状,其腹基侧具 3 对与爪间爪等长的针状毛,它们与爪间突爪呈直角。雄螨体菱形,末端略尖,体长 270 ~ 300 μm,橘红色。

卵 近圆形,两端略呈扁平,直径 130 ~ 200 μm。夏卵色浅,橘红色;冬卵色深,暗红色。卵壳表面有放射状的细凹陷。卵顶有一小茎,似洋葱状。

幼螨 体长 180 ~ 200 μm,体色从柠檬黄到橙红色。

若螨 体长为 200 ~ 300 μm,橙红色。

【生活史】

1 年发生 8 ~ 9 代;发育起始温度为 7 ℃,完成一代的有效积温为 195.4 日度。以暗红色的滞育卵在 2 ~ 4 年生的侧枝分杈处、短枝、叶痕、侧枝等处越冬。受害严重的秋末落叶后,可在上述越冬卵所在部位见到暗红色斑块。越冬卵抗寒能力很强。

【生活习性】

翌年 4 月下旬至 5 月上旬,越冬卵开始孵化,由于孵化时间较集中,这时就成为第一次化学防治适期。榆全爪螨是以卵越冬,早春螨量集中,危害来势猛,一有疏忽,就会使新叶全部受害变枯黄。

越冬卵孵化后就取食危害;开花盛期即为越冬代成螨出现的高峰期,终花期为其出现末期,同时也是第一代夏卵的出现盛期;至 5 月底第一代夏卵已基本孵化完毕,同时出现第 1 代雌成螨,但还未产卵。因此,5 月底至 6 月初是第二个适宜防治时期。6 ~ 7 月是榆全爪螨全年发生高峰期,出现世代重叠,造成的危害也很显著。8 月以后开始产越冬卵(滞育卵),一直延续到 10 月初霜期。

两性生殖是榆全爪螨的主要繁殖方式,但也能营孤雌生殖。雄螨可多次交尾。雌螨羽化后即能交尾。夏螨多产于叶背,少数产于叶面。

【天敌】

有深点食螨瓢虫、六点塔蓟马、小花蝽、草蛉、植绥螨和虫霉菌等 30 余种。

【防治措施】

（1）保护和引放天敌，防止害螨的大发生。

（2）成、幼、若螨发生严重危害时，可采取化学药剂防治。使用的药剂有 20% 杀螨醇 1 000 倍液；或 20% 三氯杀螨砜或 20% 敌螨丹 1 000～2 000 倍液，喷杀卵及幼螨、若螨效果良好。

针叶小爪螨

【林业有害生物名称】　针叶小爪螨

【拉丁学名】　*Oligonychus ununguis*（Jacobi）

【分类地位】　蜱螨目叶螨科

【分布】　在我国分布于华北、西北、中南地区，河南南阳主要发生在南召、桐柏、内乡、西峡等县。

【寄主】　板栗、锥栗、茅栗、栎类。

【危害】　该虫原寄生于杉类、松类、柏树等针叶树上。成、幼螨在叶片正面吸食叶液，叶片受害部位变为黄褐色，严重发生时造成早期大量落叶，削弱树势，影响翌年开花结果。

【识别特征】

成螨　成雌螨体椭圆形，长 420～550 μm，褐红色；须肢跗节上的端感器呈长方形，背感器小枝状，短于端感器；口针鞘端部中央略呈凹陷；背毛刚毛状，具绒毛，不着生在疣突上；足 I 跗节具双刚毛 1 对，彼此相距较近，其腹面仅 1 根刚毛；爪退化为条状，各具粘毛 1 对；爪间突爪状，腹侧基部有 5 对针状毛。阳茎较粗短，钩部弯曲成钝角或直角，无端锤，须部钝。

卵　圆球形，直径约 100 μm。初产卵淡黄色，后变紫红色。半透明，有光泽。

幼螨　近圆形，孵化后取食呈淡绿色。

若螨　比幼螨活泼，体褐色带微红。

【生活史】

1 年可发生 8～9 代，以紫红色越冬卵在寄主的叶、叶柄、叶痕、小枝条以及粗皮缝隙等处越冬。翌年，当气温上升到 10 ℃以上时，越冬卵就开始孵化。幼螨爬上嫩叶取食危害，至成螨产卵繁殖。少数越冬雌螨出蛰，爬往新叶取食产卵。防治适期为 6～7 月，这时是针叶小爪螨每年发生的高峰期，是防治的关键时刻。

【生活习性】

针叶小爪螨喜欢在叶面取食、繁殖，螨量大时，也能在叶背危害和产卵。繁殖方式主要是两性生殖，其次为孤雌生殖。刚羽化的雌螨即行交尾，经 1～2 d 开始产卵。若螨和成螨均具吐丝习性。

【发生与危害规律】

温暖、干燥是针叶小爪螨生长发育和繁殖的有利环境条件。适宜温度为 25～30 ℃；螨量的多少和危害程度还与坡向、树龄、郁闭度、海拔、品种密切相关。阳坡比阴坡发生早、危害重，中坡比下坡发生早、危害重，东西坡比南北坡发生早、危害重；4～5 年生的树木受害重;郁闭度低、海拔低的林地比郁闭度高、海拔高的受害重。

【防治措施】

(1)保护和应用天敌捕食螨、捕食性蓟马、草青蛉、隐翅虫、花蝽、食螨瓢虫和寄生菌类等。

(2)搞好虫情预测预报,当发现每百叶害螨数超过 100 头,而天敌不到 5 头时,就要全面进行防治。

(3)6~7 月根据虫情发生情况及时喷药防治。喷药时必须先喷树冠的里面,后喷树冠的外周。药剂有 20% 三氯杀螨砜可湿性粉剂 600~800 倍液,20% 杀螨酯可湿性粉剂 600~800 倍液,20% 啶虫脒 2 000 倍液,3% 苯氧威 2 000 倍液,1.2% 苦·烟乳剂 800 倍液,在害螨盛发期防治 1~2 次。用洗衣粉 500 倍液防治害螨效果在 90% 以上。

山楂叶螨

【林业有害生物名称】 山楂叶螨

【拉丁学名】 *Tetranychus viennensis* Zacher

【分类地位】 蜱螨目叶螨科

【别名】 火龙

【分布】 国内分布于北京、天津、黑龙江、吉林、辽宁、河北、内蒙古、山东、山西、陕西、宁夏、青海、新疆、西藏、甘肃、湖北、江西、广西等省(区、市)。河南省分布于新乡市辉县市、卫辉市,安阳市龙安区、汤阴县、林州市,漯河市舞阳县、临颍县、源汇区、郾城区、召陵区,三门峡市渑池县,信阳市平桥区,南阳市西峡县、南召县、内乡县、淅川县、方城县等。

【寄主】 山楂、榛、栎、椴、刺槐、臭椿、柳、泡桐、三球悬铃木、欧美杨、毛白杨、枫、橡树、核桃、花石榴、木槿、苹果、沙果、杏、桃、梨、李、刺花梨、海棠、樱桃李、樱桃、欧洲甜樱桃、山桃等。

【危害】 以成螨或若螨吸取植物叶片的汁液,使叶片失绿、焦黄、干枯而脱落,发生严重时树叶似火烧一般。

【识别特征】

成螨 雌螨体卵圆形,背隆起,体长 540~590 μm、宽 278~360 μm,越冬型(滞育型)为鲜红色,有光泽;非越冬型为暗红色,体背两侧有黑色纹。雄螨体菱形,长 310~433 μm,末端略尖,浅绿色,体背两侧往往有褐斑。

卵 圆球形,半透明。初产卵为黄白色或浅黄色,孵化前呈橙红色,并呈现出 2 个红色斑点。卵可悬挂在蛛丝上。

幼、若螨 初孵幼螨体近圆形,体长平均 190 μm。未取食前为淡黄白色,取食后为黄绿色。体侧有深绿色颗粒斑。单眼红色。经第一次脱皮后就成若螨 1,体椭圆形,平均体长为 220 μm,黄绿色,经第二次静止脱皮变为若螨 2,平均体长 400 μm。

【生活史】

该虫在河南省一年发生 12~13 代,以受精雌成螨在枝干粗皮裂缝、树干基部和土缝里越冬。翌年 4 月上旬左右,越冬雌成螨开始出蛰,为害叶片 7~8 d 后开始产卵,山楂叶螨从第一代幼虫以后出现世代重叠。全年有两个为害严重时期,即 5~6 月和 7~8 月。

在 7 月下旬、8 月即产生越冬型雌成虫。被害树受害轻时,在 9 月出现越冬型成虫。

【生活习性】

成螨　该虫以受精雌成螨在枝干粗皮裂缝、树干基部和土缝里越冬。翌年春当平均气温上升至 9~11 ℃,树芽开始萌动和膨大时,时间为 4 月上旬左右,越冬雌成螨开始出蛰,树芽露顶时它就爬往芽上取食,如遇阴雨或倒春寒,又会回到附近缝隙内潜藏不动。整个出蛰时间可持续 40 d,但以前面 20 d 为主。越冬成螨出蛰后转到芽上为害,以后再转到叶片上为害。全年有两个为害严重时期,即 5~6 月和 7~8 月,发生猖獗、繁殖快,虫口密度高,易成灾。当被害树虫口密度大时,被害叶片干枯脱落,在 7 月下旬、8 月即产生越冬型雌成虫。被害树受害轻时,红蜘蛛在 9 月出现越冬型成虫。

卵　成虫为害叶片 7~8 d 后开始产卵。卵产于叶背主脉两侧或丝网上,每只雌成螨日产卵 1~9 粒,平均 3.82 粒。当气温为 18~20 ℃时,雌成螨的寿命约为 40 d,平均产卵日数 13.1~22.3 d,平均产卵总数为 43.9~83.9 粒,最多可达 146 粒。卵期随季节而异,春季卵期 10 天,夏季 5 d。

幼、若螨　山楂叶螨从第一代幼、若螨以后出现世代重叠,各虫态混合交错发生,为害严重。刚孵化的幼虫较活泼,前若螨已具有吐丝结网习性。从幼螨发育到雌成螨要脱皮 3 次,雄螨只脱皮 2 次,比雌螨发育快。在自然情况下山楂红蜘蛛常形成自然小群落,在叶片背面 3~5 头成群为害,并吐丝拉网。

【发生与危害规律】

山楂叶螨多栖息、危害于树冠的中下部和内膛的叶背处,树冠上部占 10%、中部占 20%、下部占 40%、内膛占 30%。传播方式有爬行、风力传送及随人、畜、果实和树苗传播。山楂叶螨每年发生严重与否,与当年气温、降水有很大关系。如高温干旱之年发生就严重,潮湿多雨之年则发生轻。一般在暴雨后很快就降低红蜘蛛的虫口密度。

【天敌】

主要有束管食螨瓢虫、深点食螨瓢虫、陕西食螨瓢虫、肉食蓟马、小花蝽、草蛉、粉蛉和捕食螨。

【防治措施】

(1)注意保护和引放天敌。

(2)特别应注意早期防治,可选用 20% 三氯杀螨砜可湿性粉剂 600~800 倍液,20% 杀螨酯可湿性粉剂 600~800 倍液,10% 天王星乳油 3 000 倍液(FMC 亚太有限公司农药部),20% 牵牛星(速螨酮)可湿性粉剂 2 000 倍液,柑橘上冬季喷洒波美 1~2 度石硫合剂或 45% 晶体石硫合剂 10 倍液。

板栗小爪螨

【林业有害生物名称】　板栗小爪螨

【拉丁学名】　*Oligonychus coffeae*（Nietner）

【分类地位】　蜱螨目叶螨科

【别名】　咖啡小爪螨

【分布】　河南南阳主要发生在西峡、内乡、南召等县。

【寄主】 板栗、茅栗、柑橘、金橘、茶、合欢、油梨和棉花等植物。

【危害】 成螨、幼螨和若螨危害叶片、芽,受害部位退绿,以后渐变成红色或暗红色,叶片失去光泽,叶质变硬,干枯脱落,严重时造成大量落叶。

【识别特征】

成螨 雌性成螨椭圆形,体长 420～450 μm、宽 280～330 μm;体紫红色,足和颚体洋红色;口针鞘前缘中部凹陷;气门沟端部稍膨大,小球状;背毛刚毛状,白色,不着生在疣突上;足Ⅰ胫节有触毛和感毛;跗节有 2 对双刚毛,相距较近,在后双刚毛的后方有近侧刚毛 4 根;爪退化成条状,各具粘毛 1 对。雄螨长约 369 μm,腹末略尖,呈菱状。

卵 圆球形,直径约 110 μm。卵顶有白色细毛 1 根,卵红色。

幼螨 近圆形,体长约 200 μm,宽 100 μm,初孵幼螨鲜红色,后变暗红色。

若螨 体卵形,呈暗红色或紫红色。

【生活习性】

1 年发生 10 多代。早春 3 月底至 4 月初,越冬雌成螨开始活动危害。在叶表面栖息和危害,但遇气候干旱就转移到叶背危害。具吐丝习性。繁殖方式以两性生殖为主,也能营产雄孤雌生殖。卵散产于叶表面主侧脉两侧,或叶表面凹陷处。该螨除爬行迁移外,还可借助风力、人畜和苗木携带进行远距离传播。

【防治措施】

(1)秋季在主干和主枝下绑草把,将越冬雌成螨诱集到草把上并烧毁。冬季清除园地落叶、杂草,刮除老树干翘皮,带出园地深埋或烧毁。结合园地秋冬季深翻、灌水,消灭越冬雌成螨。

(2)5 月上旬在离地面 30 cm 树干处,用刮皮刀刮去树干粗皮 20 cm 宽,刮皮后涂 3% 苯氧威乳油 50 倍液。6 月中旬麦收前后使用 20% 三氯杀螨砜可湿性粉剂 600～800 倍液、20% 杀螨酯可湿性粉剂 600～800 倍液、1.8% 齐螨素乳油 3 000 倍液,20% 三唑锡悬浮剂 2 000 倍液防治。

(三)细须螨科 Tenuipalpidae

卵形短须螨

【林业有害生物名称】 卵形短须螨

【拉丁学名】 *Brevipalpus obovatus* Donnadieu

【分类地位】 蜱螨目细须螨科

【分布】 全国大部分地区均有分布。

【寄主】 石榴、柿、栗、栎、桃、桑、枣、花椒、木槿、女贞、冬青、刺槐以及许多花卉、蔬菜和灌木等植物,是杂食性害虫。

【危害】 雌螨主要在寄主叶背栖息危害,其次是在嫩茎和叶柄。叶被害症状为油渍状紫褐色斑块,失去光泽,严重时被害叶变为褐色或赤褐色,叶柄霉烂,导致落叶,形成光杆,树势变弱,翌年春梢细弱,芽瘦叶薄,直接影响产量。

【识别特征】

成螨　成雌螨体卵形,较扁平,体背有网状纹,体长 270 ~ 231 μm、宽 130 ~ 160 μm。橙红、鲜红或暗红色。须肢较简单,无胫节爪,须肢末端有刚毛 3 根。背刚毛披针状,不着生在疣突上。前足体和后足体之间有 1 条明显的横缝,在第二对背中毛的侧上方各有背孔 1 个。体背前缘中央有 1 对小峰状突起。气门沟端部膨大成球状。足节间收缩;足 II 跗节端侧有棒状感毛 1 根;第一至第四足跗节端背面各具长鞭状刚毛 1 根;爪间突条状,生有粘毛 2 列。受精囊圆球状,表面具有微刺。雄螨体末略尖,楔状,体长 250 ~ 277 μm、宽 120 ~ 150 μm。在后足体与末体之间有一清晰的横线纹。

卵　椭圆形,长径为 80 ~ 110 μm,卵面光滑。初产卵鲜红色,随着胚胎发育卵色变淡,孵化前为乳白色。

幼螨　椭圆形,橙红色。经第一次静止蜕皮就变为有 4 对足的前若螨,体变成卵形。

若螨　幼螨经第二次静止蜕皮就成后若螨,体色变为鲜红色,体背出现网状纹。

【生活习性】

1 年发生 6 ~ 7 代,多数以成螨群集在寄主基部土下 6 cm 处越冬,少数在叶背、腋芽或落叶中越冬。翌年春季当气温达 15 ℃时,越冬雌螨出蛰,先在寄主下部繁殖,随着螨量增多而逐渐往上蔓延扩散,但仍以中部数量最多。卵形短须螨以产雌孤雌生殖为主,很少营两性生殖。卵主要产于叶背,其次产于叶面、叶柄、枝条和腋芽上。它的个体发育由卵、幼螨、前若螨、后若螨和成螨 5 个虫态组成。该螨最适宜的温度范围为 25 ~ 30 ℃,完成一代的历期为 20 ~ 27 d。

【天敌】

主要有长须螨和食螨瓢虫。

【防治措施】

(1)保护和引放天敌,特别是食螨瓢虫和捕食螨。当捕食螨与害螨(石榴小爪螨)虫口密度达 1:25 左右时,若无喷药伤害的情况下,有效控制期可在半年以上。

(2)加强栽培管理,做好虫情测报工作。

(3)药剂防治。杀卵(螨)剂有 20% 三氯杀螨砜可湿性粉剂 600 ~ 800 倍液;20% 杀螨酯可湿性粉剂 600 ~ 800 倍液。杀虫剂有胶体硫 400 倍液;石硫合剂春季用波美 0.3 ~ 0.5 度,冬季用波美 4 ~ 5 度。杀虫杀螨剂有 20% 三氯杀螨醇 700 倍液,以及敌螨丹、保棉丰等。

参 考 文 献

[1] 林晓安.河南林业有害生物防治技术[M].郑州:黄河水利出版社,2005.

[2] 萧刚柔.中国森林昆虫[M].北京:中国林业出版社,1983.

[3] 周嘉熹.西北森林害虫及防治[M].西安:陕西科学技术出版社,1994.

[4] 邱强.中国果树病虫原色图鉴[M].郑州:河南科学技术出版社,2004.

[5] 关继东.森林病虫防治[M].北京:高等教育出版社,2002.

[6] 高瑞桐.杨树害虫综合防治研究[M].北京:中国林业出版社,2003.

[7] 杨子琦,曹华国.园林植物病虫害防治图鉴[M].北京:中国林业出版社,2002.

[8] 杨有乾.河南森林昆虫志[M].郑州.河南科学技术出版社,1988.

[9] 王晓丽,王予彤,段立清,等.四种植物酚类物质对舞毒蛾生长发育及繁殖的影响[J].昆虫学报,
2014,,57(7):831-836.

[10] 王邦磊,孙新杰,丛海江,等."绿得保"粉剂防治栎尺蠖试验研究[J].河南林业科技,2003,23(1):
12-13.

[11] 张国财,胡春祥,岳书奎,等.舞毒蛾林间大面积防治[J].东北林业大学学报,2001,29(1):129-
132.

[12] 林秀琴,黄金水,蔡守平,等.木麻黄小枝内含物及其对木毒蛾抗性的关系[M].热带作物学报,
2014,35(2):329-332.

[13] 汤列香,代拴发.栎尺蛾生物学特性及其防治对策研究[M].陕西林业科技,2007(4):119-120,
123.

[14] 汪学俭,王辉锋.尺蛾科雌蛾无翅类群重要害虫春尺蠖的研究综述[M].山地农业生物学报,2014
(4):84-88,91.

[15] 王少明,黄贤斌,赵青,等.春尺蛾生物学特性及防治对策初探[J].湖北林业科技,2014,43(3):24-
25,29.

[16] 卢川川,温瑞贞.细皮夜蛾的生活习性及防治试验[J].昆虫知识,1985(2):78-80.

[17] 孙新杰,王邦磊,丛海江,等.触破式微胶囊剂防治天牛成虫试验研究[J].河南林业科技,2003,23
(2):9-10.

[18] 李方平,孙新杰,高梅.栓皮栎波尺蛾幼虫林间分布型观察研究[J].河南林业科技,2010(3):40-
41.

[19] 丁博,孙新杰,李方平.豫西南栎树食叶害虫发生现状及治理对策[J].河南林业科技,2010,30(3):
87-88.

[20] 宋海龙,孙新杰,曹旭红,等.敌敌畏烟剂防治栎波尺蛾、栎尺蛾试验研究[J].现代农业科技,2010
(22):152.

[21] 孙新杰,陈明会,范培林.栓皮栎波尺蛾生命表研究初报[J].林业科技.2010,35(6):28-30.

[22] 曹旭红,孙新杰,杨君,等.栓皮栎波尺蛾防治指标研究初报[J].现代农业科技,2011(1):163,
165.

[23] 孙新杰,杨冰,雷改平,等.栎松混交林抗逆食叶害虫效果调查[J].中国森林病虫,2011(5):45.

[24] 郭青波,王秀伟,靳立伟,等,南阳地区黄二星舟蛾生物学特性观察及防治技术[J].现代园艺,2016
(11):144.

[25] 付豪,王克,孙新杰,等.栎黄二星舟蛾在南阳地区的发生状况及防控措施[J].现代园艺,2014(23):88.

[26] 王征,房丽娟,冯学普,等.栎树云斑天牛发生危害规律及防治技术[J].现代园艺,2015(19):115.

[27] 张政,范培林,孙新杰,等.南阳市弧纹虎天牛危险性风险分析[J].现代农业科技,2013(4):160,162.

[28] 王焱,范培林,郭青波,等.豫西南地区栓皮栎尺蠖危险性风险评估分析[J].现代农业科技,2012(8):194.

[29] 宋晓梅,孙新杰,吕豪然,等.无公害药剂防治栎尺蛾效果研究[J].现代农业科技,2012(23):136.

[30] 刘冰,孙新杰,王德清."敌敌畏"烟剂防治板栗淡娇异蝽试验[J].现代园艺,2017(21):11.

[31] 王捷,刘兴,孙新杰,等.南阳地区云斑白条天牛危险性风险分析[J].现代园艺,2017(15):156-157.

[32] 郭青波,孙荣霞,王焱,等.直升飞机喷洒啶虫脒防治黄二星舟蛾试验[J].现代园艺,2016(11):40.

[33] 王邦磊,孙新杰,赵学勇,等.长江防护林工程区病虫害发生现状及治理对策[J].中国森林病虫,2002(4):42-44.

[34] 孙新杰,魏文昌,李强,等.弧纹虎天牛生物学特性及防治技术[J].河南林业科技,2000(1):31-32.

[35] 蔡荣权.中国经济昆虫志[M].北京:科学出版社,1979.

[36] 国家林业局森防总站.中国林业有害生物风险评估[M].哈尔滨:东北林业大学出版社,2014.

[37] 蒋青,梁忆冰,王乃扬,等.有害生物危险性评价的定量分析方法研究[J].植物检疫,1995(4):208-211.

[38] 陈华豪.林业应用数理统计[M].大连:大连海事大学出版社,1988.

[39] 朱志军,朱媛,李苏珍,等.栎粉舟蛾生物学特性初报[J].中国森林病虫,2007,26(5):21-22,37.

[40] 朱弘复,等.蛾类图册[M].北京:科学出版社,1973.

[41] 丁岩饮.昆虫种群数学生态学原理及应用[M].北京:科学出版社,1980.

[42] 南京农学院.田间试验与统计方法[M].2版.北京:农业出版社,1979.

[43] 北京林学院.数理统计[M].北京:中国林业出版社,1983.

[44] 汤清波,王探柱.一种测定鳞翅目幼虫取食选择的方法:叶蝶法及其改进和注意事项[J].昆虫知识,2007,44(6):912-915.

[45] 刘保民.生物农药的发展与苏云金杆菌杀虫剂研究现状[J].农业技术与装备,2011(2):27-28.

[46] 李贵明,张响乐,万兽全.苏云金杆菌在森林害虫综合治理中的应用[J].林业研究:英文版,2001(1):51-54.

[47] 常国彬,洪晓燕.无公害防治中的农药选择与使用[J].中国森林病虫,2010,29(1):43-45.

[48] 雷文涛,黄贤斌.高射程喷雾机喷施3%高渗苯氧威防治杨树食叶害虫试验初报[J].湖北生态工程职业技术学院学报,2006,4(4):13-14.

[49] 朵建国,田冰洁,李桂林,等.佳多频振式杀虫灯在林果害虫预测预报和防治中的应用[J].中国森林病虫,2002,21(增刊):44-46.

[50] 林晓安.飞机超低量喷洒灭幼脲Ⅲ号与阿维菌素混剂防治试验[J].林业科技开发,2005,19(5):69-70.

[51] 朱建华,陈顺立,张再福.森林病虫害预测预报[M].厦门:厦门大学出版社,2002.

[52] 曹文田,刘猛,马小明,等.全国森林病虫害防治管理信息系统[J].中国森林病虫,2008(4):2731.

[53] 赵铁良,耿海东,张旭东,等.气温变化对我国森林病虫害的影响[J].中国森林病虫,2003,22(3):29-32.

参与编写者注示

1. 薛照宇　孙新杰　范培林　杨　君　丛海江　王　焱　王德清　张　政　李　博
   岳建顺　庞　彬　梁林丽　徐康同　河南省南阳市森林病虫害防治检疫站
2. 王　捷　镇平县森林病虫害防治检疫站
3. 董建军　南阳市白河国家湿地公园管理处
4. 侯　波　商丘市国有宁陵林场
5. 刘　瑜　党　英　西峡县木寨林场
6. 薛　丹　西峡县林政稽查大队
7. 李俊红　邓州市森林病虫害防治检疫站
8. 丁修强　驻马店市豫城市政工程设计院有限公司
9. 刘　聪　驻马店市园林管理局
10. 李　昌　王志敏　王新建　王雪峰　刘　坦　张晓辰　张　鹏　郑小亮　段淑娟
    史俊喜　驻马店市薄山林场
11. 马晓茹　南阳市林业技术推广站
12. 王万强　南阳市林业科学研究院
13. 王亚苏　陈天武　南阳市宛城区林业技术推广站
14. 王　峥　西峡县经济林试验推广中心
15. 王彦芳　南阳市林业调查规划管理站
16. 申军伟　王　蕊　刘朝侠　张　冰　雷改平　河南内乡湍河湿地省级自然保护区管
    理局
17. 付　豪　潘　孟　王国锋　唐河县林业局
18. 刘　兴　王庆合　曹　苗　刘　勋　南阳市林业局
19. 刘全德　杨艳梅　扶沟县林业科学研究所
20. 吕　辉　黄小朴　西峡县阳城镇农业服务中心
21. 张　驰　周海青　西峡县黑烟镇林场
22. 张　丽　金爱侠　桐柏县林业局
23. 陈明会　淅川县林业技术推广站
24. 张雪杰　西峡县森林病虫害防治检疫站
25. 李振晓　张晚霞　南阳市园林绿化管理局
26. 张清浩　内乡县林业局
26. 李　翔　国有淅川荆关林场
28. 胡　阳　南阳市宛城区森林病虫害防治检疫站
29. 赵改定　内乡县灌涨镇农业服务中心
30. 赵艳丽　内乡县七里坪乡农业服务中心
31. 宰文强　南召县林业局
32. 裴志涛　淅川县林业局